マハン海戦論

MAHAN ON NAVAL WARFARE:
SELECTIONS FROM THE WRITINGS OF REAR ADMIRAL ALFRED T. MAHAN

アルフレッド・セイヤー・マハン〔著〕
ALFRED THAYER MAHAN
アラン・ウェストコット〔編〕
ALLAN WESTCOTT
矢吹啓〔訳〕
HIRAKU YABUKI

原書房

マハン海戦論

Alfred Thayer Mahan
アルフレッド・セイヤー・マハン

目次

第二部　歴史におけるシー・パワー

181

第三部 海軍政策と国家政策

附録

［訳文凡例］

❖——訳者追記は本文中に〈　〉内に記した。

❖——編註は頁下段に▼で、訳註は頁下段に❖で示した。編註に追記する場合には〈訳註。……〉とした。

❖——訳註における階級表記は、人物の説明の際には最終階級、出来事の説明の際には当時の階級を基準とした。

❖——訳註の作成にあたっては、マハンの各著作および『コーベット海洋戦略の諸原則』（原書房、二〇一六年）のほか、以下の書籍等を中心に参照した。Peter Kemp, ed., *The Oxford Companion to Ships & the Sea* (Oxford, 1976); R.G. Grant, ed., *Battle at Sea: 3000 Years of Naval Warfare* (London, 2008); T.A. Heathcote, *The British Admirals of the Fleet 1734-1995: A Biographical Dictionary* (Barnsley, 2002); John D. Grainger, *Dictionary of British Naval Battles* (Woodbridge, 2012); N.A.M. Rodger, *The Command of the Ocean: A Naval History of Britain, 1649-1815* (London, 2004); Richard Harding, *Seapower and Naval Warfare, 1650-1830* (London, 1999); Lawrence Sondhaus, *Naval Warfare, 1815-1914* (Abingdon, 2001); *Oxford Dictionary of National Biography*.

❖——人名、地名は基本的に各国の原語の発音を採用した。ただし、一部英語表記が相応しいと思われる場合にはこの限りでない。たとえば、アシャント島、ジャットランド海戦など。

❖——軍事用語については、現代的な用語や旧日本陸海軍の用語を参照したが、時代性を反映しているものに関しては極力原語のニュアンスを活かし、あえて現代的な用語に統一しなかった。

❖——イングランド／イギリスの表記については、判別できる限りにおいて一七〇七年の合同法以前をイングランド、以後をイギリスとした。原文にはEnglandとGreat Britainの表記が混在しているが、マハン自身はイングランド／イギリスを明確には区別していない。なお、British Islandsはブリテン諸島とした。

［図表一覧］

図1——地中海(A.T. Mahan, *The Influence of Sea Power Upon History, 1660-1783*, p. 15.)、五四〜五五頁。＊
図2——中央位置の価値を示す略図(A.T. Mahan, *Naval Strategy*, p. 34.)、八六頁。
図3——プレヴネにおける戦略的状況、一八七七年(A.T. Mahan, *Naval Strategy*, p. 36.)、八八頁。＊
図4——メキシコ湾とカリブ海(A.T. Mahan, *Naval Strategy*, p. 382.)、一四四〜一四五頁。
図5——ロドニーとド・ギシェン、一七八〇年四月一七日(A.T. Mahan., *The Influence of Sea Power Upon History, 1660-1783*, p. 378.)、二一〇〜二一一頁。
図6——ヨークタウン戦役、一七八一年(National Park Service, *American Revolution at a Glance*.)、二一八頁。＊
図7——グレイヴスとド・グラス、一七八一年九月五日(A.T. Mahan, *The Major Operations of the Navies in the War of American Independence*, p. 180.)、二一九頁。
図8——「栄光の六月一日」の海戦、一七九四年(A.T. Mahan, *The Influence of Sea Power Upon the French Revolution and Empire*, Vol. I, p. 137.)、二三四〜二三五頁。＊
図9——バルト海とその接近路(A.T. Mahan, *Life of Nelson*, Vol. II, p. 74.)、二四〇〜二四一頁。
図10——コペンハーゲンの海戦、一八〇一年四月二日(A.T. Mahan, *Life of Nelson*, Vol. II, p. 80.)、二四四頁。＊
図11——英仏海峡と北海(A.T. Mahan, *Life of Nelson*, Vol. II, p. 121.)、二五四〜二五五頁。＊
図12——北大西洋(A.T. Mahan, *Life of Nelson*, Vol. II, p. 318.)、二六〇〜二六一頁。
図13——トラファルガーの海戦、一八〇五年一〇月二一日(A.T. Mahan, *Life of Nelson*, Vol. II, p. 371.)、二七九頁。
図14——五大湖境界地帯、一八一二年〜一八一四年(A.T. Mahan, *Sea Power in its Relations to the War of 1812*, Vol. I, p. 370.)、三〇二〜三〇三頁＊
図15——西インド諸島、サンティアゴ戦役の作戦行動(A. Westcott, and W.O. Stephens, *A History of Sea Power*, p. 323.)、三一四〜三一五頁。＊
図16——日露海戦の舞台(A.T. Mahan, *Naval Strategy*, p. 426.)、三五八〜三五九頁。

＊とあるのは訳者が新規に追加した図。

自身の回顧録『帆船から蒸気船へ』(*From Sail to Steam*)の中で、マハン海軍少将は海軍を一生の仕事とする彼の選択についての父親の見解と自身の後の判断を伝えている。「私のことを注意深く見ていた父は、私が民間の職業ほどには軍人に向いていないと思うと言っていた。今では私自身も父は正しかったと思う。なぜなら、〈海軍での経歴が〉失敗に終わったと不満を言う理由はないが、他の職業ではより成功したはずだと信じているからだ[▼001]」。

父のデニス・ハート・マハン(Dennis Hart Mahan)は米陸軍士官学校《ウエストポイント》の卒業生で、後には同士官学校の著名な工学教授となっており、したがって息子の性格と軍人の要件を比較する十分な資格があった。そのうえ、父と息子両方の判断は、マハンの名前が今日では他のどの米国海軍士官よりも広く知られている一方で、彼の名声は船や艦隊の指揮官としての功績ではなく偉大な海軍史家と海戦の研究者としての功績に基づいている、という事実により裏付けられているように思われるかもしれない。

▼001 Mahan, *From Sail to Steam*, p. xiv.

当時の選択にまつわる一見賢明らしい判断がどのようなものだったとしても、結果的に、その選択は彼自身にとっても海軍にとっても幸運なことだった。海上と陸上での海軍士官としての長期にわたる多様な勤務が、海軍史と国際関係の研究にとって貴重な予備知識を彼に与えた。その一方で、彼の著作はすべての海洋国家にシー・パワーの重要性を深く悟らせ、自身の職業〈海軍士官〉を、時代の進歩に後れないようにする海軍史と海軍科学への関心を持つよう刺激した。専門家としての経験と彼の著作との間にある直接の関係が、海軍における彼の人生の細部にまで重要性を与えている。

アルフレッド・セイヤー・マハン(Alfred Thayer Mahan)は、一八五六年九月三〇日にメリーランド州アナポリスにある海軍兵学校《ネイヴァル・アカデミー》に入学した。一八四〇年九月二七日、ウェストポイント生まれの彼は、入学時点で一六歳になって三日しか経っていなかった。その他多くの海軍志願者と同様に、彼は自身の〈士官候補生としての〉任官を懇請し、陸軍士官学校で父のもとで学び、当時は陸軍長官になっていたジェファーソン・デイヴィス❖001の影響力を利用して、ついに任官を確保した。それまでの二年間にコロンビア・カレッジで学んでいたため、この少年は——海軍兵学校の記録上では唯一の事例と信じられている特別許可により——初年度の勉強を省略して、当時の用語によれば「ヤングスター」学年、「五五年組」

❖001 ジェファーソン・デイヴィス(Jefferson Finis Davis, 1808-1889)は、米国の陸軍軍人、政治家。ミシシッピ州下院議員を務めた後、一八四六年～一八四八年の米墨戦争にミシシッピ義勇軍の一指揮官として従軍しメキシコ軍と戦って功績を挙げ、戦後には上院軍事委員会の委員長、またピアース大統領のもとで陸軍長官を務める。南北戦争の際にはミシシッピ州代表として合衆国からの分離を宣言し、南部連合国初代大統領となった。

に入ることを許された。一八五一年までは、海軍士官候補生の課程は海上での五年とそれに続く海軍兵学校での一年で構成されていた。マハンは旧課程の最後の学年が卒業した後の秋に入学した。彼はこの以前の学年の、より成熟した「船乗り」としての性格に、当時は新人いじめ《ヘイジング》が全くなかった理由を見出している。その慣例は「拒絶されたというよりむしろ無視された」のだった。海軍兵学校が南北戦争〈一八六一年～一八六五年〉の間にニューポートに移転され、「どの教授や海軍士官も競うことができない影響力を持つ年長の生徒から切り離されて、新しい模範が生徒たちの集団によって発展させられた▼002」時に新人いじめは始まったのだ。

その時期の海軍兵学校登録簿の埃にまみれたファイルには、後年に有名になる少年たちの名前が書かれている。ジョージ・デューイ❖002はマハンの一学年先輩で、シュライとサンプソン❖003はそれぞれ一学年と二学年後輩だった。卒業時には、デューイは学年一五人の中で第五位、マハンは学年二〇人のうちどうやら首席に非常に近い成績で第二位、またサンプソンは首席だった。最終学年では、この未来の歴史家〈マハン〉は船舶操縦術《シーマンシップ》、物理学、政治科学、道徳科学で第一位、海軍戦術と砲術で第三位、「蒸気機関」で第四位、天文学と航海術で第五位だった。その前年には、物理学と修辞学、スペイン語で優秀な成績を残していた。こう

▼002 Mahan, *From Sail to Steam*, p. 55.

❖002 米西戦争のマニラ湾海戦で功績を挙げ、海軍大元帥となる。三二六頁の訳註１３４を参照せよ。

❖003 米西戦争で、それぞれ高速戦隊と北大西洋戦隊を指揮した。上官だったサンプソン海軍少将の指揮下で、シュライ海軍代将がサンティアゴ・デ・クーバ海戦で勝利を挙げるが、戦後にシュライの功績の評価を巡って論争となった。三一一～三一二頁の訳註１２２および１２３を参照せよ。

した詳細は、いわゆる実践的分野が今日ほどには優勢ではない昔のカリキュラムの科目を表しているために、とりわけ注目に値する。入学時に四九人を数えたマハンの学年では、二九人が課程修了までに落伍するか退学した。

古いフリゲート艦コングレス号で南米海域を航海した後、すぐにマハンは一八六一年八月三一日に大尉に任官され、その後ほどなくして当時ポトマック小艦隊に所属していた蒸気コルベット艦ポカホンタス号の副長に任命された。彼の学年の各員が戦争の最初の年に同様に引き立てられており、それは戦時ならではの急速な昇進だった。ポカホンタス号でポート・ロイヤルを攻撃して砲火に晒された後、まずは南大西洋沿岸沖のポカホンタス号で、そしてテキサスのサビーン海峡沖のセミノール号で封鎖任務の長い退屈な数ヶ月を過ごした。この後者の場所は「人里離れた、最果ての場所だった」とマハンは述べている。「毎日毎日、我々は何もせずにいた――ひたすら横揺れの中で」。その単調さを破ったのは、ニューポートの海軍兵学校での快適な八ヶ月とマケドニアン号でのイギリスへの「練習航海」だった。また戦争の最後の年には、再び大西洋沿岸の封鎖で、ダールグレン海軍少将[004]の〈兵器科〉幕僚としてより多様な活動に従事した。

一八六五年に海軍少佐に任命されたマハンは、続く二〇年間を海上と陸上の交互勤務という慣例の中で過ごした。一八六七年から一八六九年には、蒸気ス

❖004 ジョン・A・B・ダールグレン海軍少将(Rear Admiral John Adolphus Bernard Dahlgren, 1809-1870)は海軍兵器の改良で功績を挙げ、彼が開発した「ダールグレン砲」は合衆国海軍の制式兵器となった。南北戦争が勃発した際にワシントン海軍工廠の司令官に任命され、一八六三年には南大西洋封鎖戦隊の司令長官となった。

ループ艦イロコイ号❖005に乗り組んでグアドループ、リオ、ケープタウン、マダガスカル、アデン、ボンベイ〈現ムンバイ〉を経由して日本へ向かう遠洋航海が、海軍の中でさえ珍しい世界を見る機会を与え、新しい条約港の開港と中世日本❖006の最後の日々を目撃するのに間に合うように彼を神戸に連れて行った。

四五歳で海軍大佐となった一八八五年には、彼はまだ、永遠の名声を獲得することになる特徴的な才能を示す機会にほとんど恵まれていなかった。ある程度は彼が執筆し『メキシコ湾と内水』（*The Gulf and Inland Waters*）と題して二年前に出版された本のお陰もあっただろうが、より可能性が高いのは、海軍士官たちが同僚たちに対して発揮する鋭敏な洞察の結果として、彼は当時ロード・アイランド州ニューポートに設立されたばかりの海軍大学校《ネイヴァル・ウォー・カレッジ》で海軍史と海軍戦術について一連の講義をするようこの時に要請された。この任務を受諾したことが、彼の経歴の転機となる。

この招請は、南米西岸沖のワチューセット号に乗り組んでいた彼に届いた。彼がルース海軍少将❖007の後任の校長として海軍大学校に居を定めたのは、約二年後の一八八六年八月のことだった。その間の政権交代がこの新しい海軍教育機関に対してあまり好意的でない政策をもたらしており、その結果として、再びマハンの言葉を引用するなら、その後の四、五年間、海軍大学校は「縮帆が下

❖005 原文では「フリゲート艦」とあるが、「スループ艦」が正しい。
❖006 原文ママ。
❖007 スティーヴン・B・ルース海軍少将（Rear Admiral Stephen Bleecker Luce, 1827-1917）は、海軍教育および訓練の改革者。海軍大学校の創設に尽力し、初代校長となる。

ろされて、どの方角からいつやって来るか分からない突風《スコール》に身構えていた」。敵対的な海軍長官とさほど熱心でない海軍を前に、不十分ないし絶無の予算でこの正念場の時期を通じてこの組織を安全に導いたというのは、彼の機転と不屈を物語っており、それは彼の海軍への少なからぬ功績だった。

　主に海軍大学校に七年間を捧げた後、マハンはヨーロッパ戦隊の巡洋艦シカゴ号の指揮官として最後の海上勤務についた。この時、『シー・パワーが歴史に及ぼした影響』[❖008](*The Influence of Sea Power upon History*)は既に出版されており、フランス革命と帝国に関する著作[❖009]はほぼ刊行準備ができていた。その完成まで海上勤務を延期したいと要請したところ、航海局の上官からの回答は「本を執筆するのは海軍士官の仕事ではない」というものだった。この発言は狭量なものだった。なぜなら、海軍もその他の職業も自由な議論と研究の刺激なしにはそのうち停滞してしまい、そうした議論と研究は出版を通じて最高の表現を獲得するからだ。この発言は、海軍と国家にとってマハンの著作が有する莫大な価値が非常に軽視されていたことも示していた。それでも、彼がこの最後の航海——新しい艦隊の船に関する唯一の経験——をしたのは、この著者にとって良いことだった。最初の著作の重要性が母国では認識されていなかったとしても——彼が出版社を見つけるのに非常に苦労したことが語られている——、それは海外では

❖008 日本では『海上権力史論』として知られている。シー・パワー(Sea Power)を「海上権力」と訳すことには異論もあり、本書では原題を採用した。

❖009 Mahan, *The Influence of Sea Power Upon the French Revolution and Empire, 1793-1812*, 2 Vols. (Boston, 1892).

完全に認識されていた。彼のイギリスへの到着は国民的賛辞を贈る機会とされ、オックスフォード大学とケンブリッジ大学の両方から〈名誉〉学位が授与されたのはその一つの表現に過ぎなかった。彼が帰国した際に米国の大学が競って同様の名誉学位を授与したことは、いささか滑稽である。

四〇年の勤務の後、一八九六年に引退すると、彼は一八九八年五月九日からスペインとの戦争が終結するまで海軍戦争委員会《ネイヴァル・ウォー・ボード》の一員として参画すべく召集された。彼の同僚にはモントゴメリー・シーカード海軍少将[❖010]とA・S・クラウニンシールド海軍大佐[❖011]がいた。この委員会が実質的に戦争の海軍戦略を監督した。その討議と各委員の影響力の大小については記録がないが、海軍の配置は効果的であり、[❖012]沿岸都市の恐怖感への譲歩として「高速戦隊」がハンプトン・ローズに配置されたことを除けば、こうした配備はマハンにより著作の中で完全に承認されている。[❖013]

一年後に第一回ハーグ平和会議の米国使節団の一員として選ばれたことは、国際関係と海戦を支配する法則に関して彼が詳細な知識を持っていたことに鑑みれば、極めて適切なものだった。米国使節団の姿勢を決定する中で、モンロー主義に関して米国の行動の自由を制限するいかなる合意、また海上の私有財産の〈拿捕〉免除に対しては断固とした態度を取った。この後者の方針に反対する

❖010 モントゴメリー・シーカード海軍少将(Rear Admiral Montgomery Sicard, 1836-1900)は、一八九七年に北大西洋戦隊の司令長官に任命されるが、米西戦争勃発時には病気のため辞任せざるを得なかった。

❖011 アレント・スカイラー・クラウニンシールド海軍少将(Rear Admiral Arent Schuyler Crowningshield, 1843-1908)、米西戦争勃発時には航海局局長として海軍戦争委員会に加わった。

❖012 一九四一年版の序文では、「より重要な決断の一部はマハンが加わる前になされていたが、戦争の間ずっと海軍の配置は効果的であり」と修正されている。

❖013 海軍戦争委員会は半ば非公式な組織であって、その実態を伝える史料は少なく、海

議論を、彼は後に紙上で、▼003また海軍省の覚書の中で効果的に展開した。この任務を達成すると共に、文筆家としての仕事を除けば、彼の公務が終わった。

海軍においては、その他の職業と同様に、理論に精通していることと実際に技量を有していることの間、思慮に富む学者であることと有能な活動家であることの間には矛盾があることが――多くの場合は不当に――しばしば想定されている。そして、彼の同時代人の間で、マハンに関してこうした想定が広まっていたことは否定できない。こうした問題について結論を下すことは困難だが、友人の同僚士官による以下の声明に基づく立証がいかにも適切である。「任務はそれがどんな形で訪れるとしても神聖なものであった。彼はいつもその履行に全力を尽くした。彼が船上で卓越して著名になったと主張することはできない。運か状況が勇敢なことをする機会を彼に与えず、彼の謙虚さがただただ華々しいことをする機会を拒んだのだった。部下や一艦の艦長としては、彼がしたことは十分に見事だった。この点に関する彼の資質については、南北戦争が勃発した時、海軍兵学校生徒としての航海を完了する際に、艦長となることが予期されていた船員仲間《シップメイト》の士官に、『副長《ファースト・レフテナント》』として同行するよう要請されたという事実以外に何の証拠も必要ない。旧海軍《オールド・ネイヴィー》の同僚たちにとって、この誘いは専門家としての最高の形の承認だった。戦時の艦隊司令長官として、ゆくゆく

軍の公式記録でも助言機関に過ぎなかったと述べられている。しかし、ある研究者によれば、当時のロング海軍長官が前線の司令官に出していた命令の多くは海軍戦争委員会が起草したものほぼそのままであって、当委員会が実質的な戦争指導に大きく関わっていたという。こうした幽霊組織が影響力を振るうことに当時の世論は批判的で、マハン自身も各員の責任の所在が曖昧なことを指摘して当委員会の廃止を求めていた。Cf. Kenneth C. Wenzer, "The Naval War Board of 1898," *Canadian Military History*, Vol. XXV, Iss. 1 (2016), pp. 1-23.〉

▼003 四一一～四二五頁を見よ。

彼の名が永遠に変わることなく結びつけられることになる、彼が確かに身につけていた〈海戦〉術《アート》の熟練を示すことができたかもしれないより広範な戦場は、彼には与えられないと運命が定めたのだ」[▼004]。

同じ記事から、より親密な描写を引用してもよいだろう。「実物としてのマハンは背が高く、痩せ形で、直立し、青い目で、血色は良く、髪と髭はもともと薄茶色だった。彼は肉体を魂の神殿として大切にし、節制生活、屋外競技、豊富な運動で肉体に敬意を払っていた。振る舞いにおいては、彼は過度に謙虚で、威厳があり、丁重だった。概して人々との会話では寡黙で、彼の親密さという滅多にない恩恵を享受した者は彼がユーモアの鋭い感覚と、愉快な挿話の蘊蓄を有していると知っていた。そうした友人たちにとって彼は非常に魅力的な仲間で、それ以外のそれほど親しくない知人に対して見せる厳粛で無口な哲学者の姿からは大きく異なっていた。彼の家庭生活は理想的なものだった」。

海軍大学校での講義が、『シー・パワーが歴史に及ぼした影響』の基礎となった。著者は、ペルーのリマにある英人クラブ[❖014]の図書室で、モムゼンの『ローマ史』(*History of Rome*)を読んでいる間に、核心となる着想がどのように降ってきたのかを我々に伝えている。「ローマ人がしばしばアフリカを侵略したように、ハンニバルが長距離の陸路の代わりに海路でイタリアを侵略したとしたら、物事はど

▼004 Rear Admiral Bradley A. Fiske, *U.S. Naval Institute [Proceedings]*, January-February, 1915, p. 2.

❖014 正式にはフェニックス・クラブ。Cf. Larrie D. Ferreiro, "Mahan and the 'English Club' of Lima, Peru: The Genesis of *The Influence of Sea Power upon History*," *Journal of Military History*, Vol. LXXII, No. 3 (July 2008), pp. 901-906.

う異なっていたか……が突然頭に閃いた」。一年後、米国に戻ってきた時には、講義計画が既に形づくられていた。「一方の出来事が他方の出来事に及ぼす影響を示すという観点から、過去二世紀の一般史と海軍史を同時に考察しよう」。一八八六年五月から九月の間に執筆され、またその後の四年間に講義として提示された本書は、一八九〇年の春に出版されるまで丁寧に改訂された。

本書は、当時広範な影響力を振るったし、現在でも振るい続けている。著者の名声は後の著作により高まった一方で、本書は彼の最も有名で最高の著作であり続けている。この理由の一つは、それが彼の根本的な教えを理解しやすい形で述べていることである。八九頁しかない序文と第一章は、偉大な海軍国家《シー・パワー》の興亡と海洋発展に影響を及ぼす国家的特徴を駆け足で概観している。一六六〇年から一七八三年にかけての期間を詳細に扱う本書の残りの部分は、既に述べられた結論を補強するものだ。

また、適時性もその成功に寄与した。本書は国際関係における変化と新しい門出の時期に、信頼できる手引きを提供したのだ。ドイツは、ほぼ二〇年間にわたりビスマルクのもとで一八七一年に成立した帝国を強化していた。一八八八年にヴィルヘルム二世が即位した時には、統治者と国民の両方の野心は既に植民地拡大と世界強国へと向かっていた。ドイツ海軍省は陸軍省とは別に一八八九年に設置され、その翌年にはヘルゴラントが獲得され、[015] キール運河はほぼ完成していた。イギリスでは、一八八九年の海軍防衛法がその後に四年間に七〇隻〈の軍艦〉を増加させた。イギリスが海軍力を測る物差しとしたのは、依然としてフランスとロシアであった。米国では、一八九〇年に、その艦種としては米国海軍に加わる最初のものとなる三隻の戦艦の建艦を議会が許可した。その後一〇年間の各国の競争は、主に商業と植民地拡大のためのものであり、スペインの植民地帝国の最終的な没落と、制海に置かれる重要性の一層の増大により特徴づけられていた。

この膨張に参加する諸国にとって、マハンはある種の福音であり、海軍政策のあらゆる議論についての聖句をもたらした。「最初の著作の後で、また特に一八九五年以降、マハンは海軍と海洋に関する事柄についてあらゆる思考の確固たる基礎を提供した。シー・パワーとは、それを遵守するにせよ逸脱するにせよ、帝国の興亡を左右する基本原則であると明確に見なされたのだ[005]」と、あるフランス人著述家は述べている。

特にイギリスにとっては、この本は自国が富と領土において成長してきた手段の時宜を得た分析だった。これは実際には新発見ではなかった。ほぼ三世紀前にフランシス・ベーコン[016]がこう書いていた。「海の主人たることは、君主国の

❖015 一八九〇年のヘルゴラント＝ザンジバル条約により、英独間のアフリカ植民地を巡る争いは一時的に解決され、キール運河の入り口や北海に面するドイツの主要港への接近路という戦略的に重要な位置にあり、一八一四年からイギリスが領有していたヘルゴラント島がドイツに譲渡された。

▼005 Auguste Moireau, "La Maîtrise de la Mer: Les Théories du Capitaine Mahan," *Revue des Deux Mondes*, 5th Period, Vol. XI (October, 1902), pp. 681-708.

❖016 フランシス・ベーコン(Francis Bacon, 1561-1626)はイングランドの哲学者、法学者、政治家。法務長官、大法官などを歴任する一方で、自

大要［縮図］である……海を制するものには大きな自由があり、望むままに戦争をしたりしなかったりすることができる」▼006。ベーコンの前にも後にも、イングランドはこの原則に沿って行動してきた。しかし、この命題に完全な表現を与え、具体的な例証によって示し、また現代の状況に当てはめることがマハンに残されていた。イギリスの海軍史家、ジュリアン・コーベット卿❖017はこう書いている。「初めて、海軍史は哲学的基礎の上に据えられた。今まで海軍史の役目を果たしてきた事実の塊から、広範な一般化が可能だった。政治家と時事評論家の耳が開かれ、世界政治において新しい音色が響き始めた。より高次の観念における政治パンフレットと見なされた――なぜなら、それがこの有名な本に最適な描写だからだ――本書には、それが政治思想と行動に及ぼした、突然の深遠な影響において匹敵するものがほとんどない」▼007。

ドイツは、遅れることなく世界帝国がシー・パワーに極めて重大に依存しているというこの解釈を心に刻んだ。皇帝〈ヴィルヘルム二世〉は本書を読み、その各頁に書き込み、ドイツ艦隊の全艦に本書を備えさせた▼008。本書はすぐに、ドイツ語だけでなく、フランス語、日本語、ロシア語、イタリア語、スペイン語に翻訳された。本書、および同著者のその後の著作は、ロシアとの戦争で発揮された強さへと当時急速に興隆しつつあった日本海軍の士官たちによって、おそら

然科学や人文学、神学などの分野で多数の著作を残し、イギリス経験論の祖と呼ばれる。

▼006 “Of [the True Greatness of] Kingdoms and Estates.”〈訳註。フランシス・ベーコン「王国の真の偉大さについて」『随筆集』第二九編より。Cf. Francis Bacon, *The Essayes or Counsels, Civil and Morall* (London, 1625).〉

❖017 ジュリアン・スタフォード・コーベット(Julian Stafford Corbett, 1854-1922)は、イギリスの海軍史家、海洋戦略家。ケンブリッジ大学法学部を卒業し法廷弁護士となる。一九世紀末から海軍史の著作を執筆し始め、英海軍大学校で海軍史を講義した。主著は一九一一年に出版された『海洋戦略の諸原則』(矢吹啓訳、

く非常に一生懸命に研究された。「私が知る限りでは、私の著作は他のどの言語よりも日本語に多く翻訳されている」▼009とマハンは書いている。海戦を学ぶ者すべての恩義は、ある著名なイタリア海軍士官兼著述家がよく表現している――「我々すべての偉大な教師、マハン」▼010。

『シー・パワーが歴史に及ぼした影響』について述べられたことは、程度の差はあれ、その後の二五年間に現れた一六冊の歴史書と評論集にも当てはまる。初期の著作が扱う範囲を拡張すると同時に、概してその高い質は維持された。これらのうち最も重要な『シー・パワーがフランス革命と帝国に及ぼした影響』(*The Influence of Sea Power upon the French Revolution and Empire*)は、一七九三年から一八一二年にかけての期間を扱っている。本書とアメリカ独立戦争および一八一二年戦争〈米英戦争〉の研究は、最初の著作とあわせて一六六〇年から一八一五年までの連続的な歴史シリーズを構成している。『ネルソン伝』(*Life of Nelson*)と『ファラガット伝』(*Life of Farragut*)は、これら二人の指揮官についてのスタンダードな専門的伝記であり、マハンの見解を受け入れるなら、両者は海軍指揮官の中でそれぞれ第一位と第二位に位置している。同時代の海戦に関する彼の思索の極致は、一九一一年に出版された『海軍戦略』(*Naval Strategy*)にまとめられている。一八八七年に最初に行われた講義に基づき、変化する状況に適合するようにその後も頻繁に

原書房、二〇一六年)。

▼007 "The Revival of Naval History," *Contemporary Review*, Vol. CX (December 1916), pp. 734-740.「政治パンフレット」という用語は本書の海外での影響力を示唆しているが、その目的と議論の方式を描写する上では明らかに不適切である。〈訳註。原書ではNovember 1917と誤記されている。〉

▼008 Archibald Hurd, "The Kaiser's Dreams of Sea Power," *Nineteenth Century and After*, Vol. LX (August 1906), pp. 215-223.〈訳註。原書では*Fortnightly Review*と誤記されている。〉

▼009 Mahan, *From Sail to Steam*, p. 303.

▼010 Captain Romeo Bernotti's letter to the editor, April 25, 1918.

加筆され修正された本書は、専門の学者にとっては貴重だが、〈マハンの他の〉歴史著作にみられる構造の連続性と明瞭さをいくらか欠いている。

これらの著作の信頼性は、著者の技術的知識と長年の実戦経験によって裏打ちされていた、と繰り返してもよいだろう。❖018 そのうえ、ローズヴェルト❖019が述べたように、「マハンは一流の政治家の思考を併せ持つ、唯一の偉大な海軍著述家だった」▼011。彼の関心は常に、単なる歴史の事実にではなく、「事象の道理」と今日への教訓にあった。

引退後には、マハン提督はより頻繁かつ自由に、現在と将来の問題について執筆した。マハンが扱った主題のうちいくつかは、明らかに専門的なものだった――戦艦の速度と大きさ、艦隊の規模と構成、配置、海戦に影響を及ぼす国際慣例の修正、同時代の戦争における海軍に関する事件などである。その他の主題は、国際政治のより広範な分野に足を踏み入れており、米国の植民地拡大と世界情勢への積極的な関与、我々の影響力を感じさせるための十分な海軍の必要性、仲裁の有用性だけでなく限界、国際関係における重要な要素としての武力の存続、これらに対する著者の確固たる信念を表明していた。

こうした議論において、彼はわずかな好戦的愛国主義《ジンゴイズム》や狂乱の煽動もなく執筆していた。現実をしっかりと摑み、ぶれることなく真実を尊重する彼の反論

❖018 編者はマハンの著述の限界には触れていないが、実際には専門的観点から同時代人による多くの批判があり、二〇世紀に入ると蒸気船時代以降の技術や戦術については米海軍内部でもマハンの評価は下がっていた。

❖019 セオドア・ローズヴェルト（Theodore Roosevelt, 1858-1919）は、一九〇一年から一九〇九年まで第二六代米国大統領。最初の著作『一八一二年戦争の海戦』（*The Naval War of 1812*）で海軍史家として名を成し、一八九七年には海軍次官となり、米西戦争に際して当初は海軍戦争委員会の委員長を務めた。

▼011 "A Great Public Servant," *The Outlook*, January 13, 1915.

❖020 一九四一年版の序文では、

が持つ、人を落ち着かせ冷静にさせる効果を否定する者は、即時の軍備放棄と普遍的仲裁の熱狂的唱道者だけだろう。彼が書いたものはすべて確かな信念に支えられていただけでなく、最高の理想により鼓舞されていた。❖020

彼の文体は、聴衆とテーマによって自然と多少変化した。彼の歴史的著述は条件付けにより重々しくなったと正しく描写されており、〈読者の〉注意力に負担をかけると同時に、体裁に重みと威厳を加えるぎこちなく膨満した文章が特徴である。これは概して歴史書については正しいが、その主題が彼に本物の雄弁を鼓舞している箇所も多数ある。『ネルソン伝』と『海軍士官の諸類型』(*Types of Naval Officers*)では、こうした欠陥がほとんどなく、『帆船から蒸気船へ』以上に愉快な海軍の回顧録は滅多にない。「私の魂に絶えず付きまとう心配の種は、正確かつ明晰であろうとすることだった。私は成功しないかもしれないが、私の願いには疑問の余地がなかった。適用と表現の両方に関して、事実において正確であり、結論において正しくあろうとすることが、その他すべての動機を支配していた」▼013と著者自身も書いている。大量の「美しい文章《ファイン・ライティング》」を省いて、これらの基準に導かれた散文の一頁を選んでもよいのだ。

一九一四年一二月一日、マハン少将は心不全で突然死去した。一ヶ月前、彼はロング・アイランドのクワグ(Quogue)にある自宅を離れて、米国膨張の歴史

❖020 マハンが米国の海外拡張運動と海軍政策に及ぼした同時代的影響について、約二頁にわたって加筆されている。

▼013 Mahan, *From Sail to Steam*, p. 288.

とそのシー・パワーとの関係について調査するためにワシントンにやって来ていた。ヨーロッパでの戦争勃発から四ヶ月後の彼の死は、あるいは彼がその接近を明らかに予見していた戦争の外交および軍事に関する出来事だけでなく、同盟国の大義に関する米国の重大な利害関係の継続的な研究によって早められたのかもしれない。その時点で彼の政治的および専門的な知恵が失われてしまったのは残念なことだった。

しかしながら、彼の仕事の大部分は完成されていた。先見の明と熱心な唱道に基づく世論と専門家の見解への影響によって、彼は多くの重要な海軍政策および国家政策の実施を進めるために大いに貢献した。その中でも、戦争への備えとしての平時の艦隊集中、厳密に防勢の海軍政策の放棄、専門的問題の体系的な研究、カリブ海での米国の立場の強化、パナマの要塞化を挙げることができるだろう。「彼の興味は自身の主題のより大きな側面にあった。彼は海戦と施政両方の戦術よりも戦略に一層大きな関心を払っていた」とローズヴェルトは書いた。このより大きな分野において、彼の著作は時の流れにほとんど影響されることなく価値を維持するだろう。[021]

アラン・ウェストコット
米海軍兵学校、一九一八年六月

[021] 一九四一年の序文の結びでは、第一次世界大戦を通じて明らかになった兵器の進歩やシー・パワーの限界をマハンが完全には認識していなかったことを認めつつも、改めてシー・パワーの重要性を強調している。

第一部

海軍の基本原則

第一章　歴史研究の価値▼001

シー・パワーの歴史は主として、決してそれだけというわけではないが、国家間の争い、相互に敵対するものたちの争い、しばしば最後には戦争となる暴力的な争いの物語である。海上交易が諸国の富や国力に及ぼす深遠な影響は、海上交易の成長と繁栄を司る真の原則が見出される遥か前から明らかだった。こうした恩恵を自国民に不釣り合いなほどに大きく確保するために、独占や禁制という平和的な立法手段や、それらが失敗したときには直接の暴力によって、他者を締め出すためにあらゆる努力が費やされてきた。利害の衝突、つまり通商の利益および遠く離れた未入植の商業地域のうちすべてではないにせよ、より大きな取り分を専有しようとする、相互に対立する試みにより引き起こされた怒りの感情が、戦争へと導いたのだ。その一方で、その他の原因から生起する戦争は、その遂行と結果が海の管制によって大きく修正されている。したがっ

▼001 Mahan, *The Influence of Sea Power upon History, 1660-1783* (Boston, 1890), pp. 1-2, 8-10.

て、シー・パワーの歴史とは、海上や海岸において国民を強大にする傾向のあるすべての事柄を含むが、主としては軍事史なのだ。シー・パワーの歴史が本書の以下で考察されるのは、必ずしもそれに限定されるわけではないが、主にこの〈軍事史という〉側面においてである。

本書のような過去の軍事史の研究は、〈原則の〉正しい理解、そして将来の戦争の巧みな遂行に欠かせないものとして、偉大な軍事指導者たちにより推奨されている。ナポレオン❖001は、向上心に溢れる軍人が研究すべき戦役の中に、火薬がまだ知られていなかった〈時代の〉アレクサンドロス〈大王〉❖002とハンニバル❖003、カエサル❖004の戦役を挙げている。また、戦争の条件の多くは武器の進歩とともに時代ごとに様々に変化するが、歴史という学び場の教えには、依然として変わらないもの、したがって普遍的に適用できるもの、一般原則まで高めることができるものがあることは、専門的著述家の間で相当に合意されている。同じ理由から、過去の海の歴史《シー・ヒストリー》の研究は、過去半世紀の科学的進歩により、また原動力としての蒸気の導入により海軍兵器にもたらされてきた大きな変化にもかかわらず、海洋戦争の一般原則を説明するものとして有益だと言えるだろう。［省略された各頁は、ガレー船と帆船の戦争から引き出される教訓を指摘している。——編者。］

敵対する軍隊や艦隊が接触《コンタクト》（おそらく他の何よりも明確に戦術と戦略を区分する線を指し

❖001 ナポレオン・ボナパルト(Napoleon Bonaparte, 1769-1821)、コルシカ島出身のフランス軍人、一八〇四年～一八一五年のフランス皇帝。失敗に終わったエジプト遠征の後、一七九九年に帰国してクーデタで統領政府を樹立して第一統領、軍事的独裁者となる。一八一二年のロシア侵攻失敗から情勢が悪化し、最終的には一八一五年のワーテルローの戦いで敗れた。

❖002 マケドニア王アレクサンドロス三世(Alexander III of Macedon, 356 B.C.-323 B.C.)、通称はアレクサンドロス大王。暗殺された父フィリッポス二世に代わって全ギリシアに覇を唱え、東方遠征を行ってアケメネス朝ペルシア帝国を征服し、ギリシア・エジプトからインド西部にまたがる大帝国を建設した。

示す言葉）する前に、戦域全体におよぶ全作戦計画に関し、いくつか決定しなければならない問題がある。これらには、戦争における海軍の適切な役割、その真の目標、海軍が集中すべき一つまたは複数の地点、石炭と糧食の補給廠の設立、これらの補給廠と本国基地の間の交通の維持、戦争の決定的作戦ないし副次的作戦としての通商破壊の軍事的価値、また、この通商破壊を、散開する遊弋艦《クルーザー》[005]によるものであろうと通商船舶が必ず通過するいくつかの重要地点を大挙して掌握することによるものであろうと、最も有効に遂行するための体制が含まれる。これらはすべて戦略的な問題であり、これらすべてについて歴史は多くを語っている。近年、イギリスの海軍軍人の間では、フランスとの戦争時〈フランス革命戦争〉のイギリス海軍の配置に関する、ハウ卿[006]とセント・ヴィンセント卿[007]というイギリスの二人の偉大な提督の方針の相対的な長所について、価値ある議論が行われている。この問題は純粋に戦略的なもので、単に歴史的重要性があるだけではない。今でも非常に重要であり、その決断が依拠する原則は当時も今も同じである。セント・ヴィンセントの方針はイギリスを侵略から守り、ネルソン[008]と彼の同僚の提督たちによってトラファルガー〈の海戦〉という結果をもたらした。

　そういうわけで、過去の教えに全く失われることのない価値があるのは、海

❖003 ハンニバル（Hannibal, 247 B.C.-c. 183 B.C.）は、第二回ポエニ戦争でローマと戦ったカルタゴの将軍。紀元前二一六年のカンナエの戦いでローマ軍を包囲殲滅するが、紀元前二〇二年のザマの戦いでローマ軍に敗れる。

❖004 カエサル（Caesar, 100 B.C.-44 B.C.）は、ローマの政治家、将軍。紀元前五八年から紀元前五一年にかけてのガリア戦争に勝利してガリア全域をローマの属州とし、ブリテン島にも侵攻した。

❖005 当時の艦種を示す用語ではなく、作戦のために分遣される戦闘艦はその艦種や大きさにかかわらずこう呼ばれた。

❖006 初代ハウ伯リチャード・ハウ海軍元帥（Admiral of theFleet Richard, Earl Howe, 1726-1799）、当時最も重要なイギリスの海軍士官、アメリ

軍戦略の分野において特にそうだろう。条件が相対的に不変であるために、基本原則の例証としてだけでなく、先例としても有益なのだ。これは、戦略的考察が艦隊を導いた地点で両艦隊が衝突する、戦術に関してはそれほど明確な真理ではない。人類の絶えざる進歩は兵器の不断の変化を引き起こし、それとともに戦い方も――戦場における兵士や船の扱いと配置において――不断に変化するに違いない。したがって、海に関係する多くの人々は、過去の経験を学ぶことから得られる利益などない、研究に費やされる時間は無駄だと考える傾向が生まれる。この見方は自然なものではあるが、諸国が艦隊を海に出し、その活動範囲を指示するよう導き、そうして世界の歴史を変えてきたし、これからも変え続ける広範な戦略的考察を完全に視界の外に置いてしまうものであるだけでなく、戦術に関してでさえ一方的で偏狭な見方でもある。過去の戦闘は、戦争の基本原則に準拠して戦われたかどうかに応じて勝負が決まった。勝敗の原因を注意深く学ぶ海軍軍人は、これらの基本原則を見出し徐々に吸収するだけでなく、自身の時代の船と兵器の戦術的利用にそれらを適用する優れた素質を手に入れるだろう。また、必然的なことだが、戦術の変化は兵器の変化の後で起こっただけでなく、こうした変化の間隔がはなはだ長いということにも気付くだろう。それは、兵器の改良は一人か二人の人物による努力の賜物である

カ独立戦争とフランス革命戦争の両方で功績を挙げたほか、一七八三年から一七八八年まで海軍大臣を務めた。フランス革命戦争中の「栄光の六月一日」の海戦の指揮については本書二二章を見よ。

❖007 セント・ヴィンセント伯ジョン・ジャーヴィス海軍元帥（Admiral of the Fleet Sir John Jervis, Lord St. Vincent, 1735-1823）は、一八〇一年から一八〇四年まで海軍大臣を務めた。フランス革命戦争中には西インド諸島で活躍し、フランスの様々な重要な島を攻略した。その後、地中海艦隊の指揮を任され、一七九七年にはサン・ビセンテ岬沖でスペイン艦隊に対して偉大な勝利を収め、伯爵に叙せられた。

❖008 ホレイショ・ネルソン海軍中将、初代子爵（Vice Ad-

のに、戦術の変化は保守的な人々の惰性を克服しなければならないという事実に基づいているのは間違いない。しかし、これは大きな悪弊なのだ。それは、一つ一つの変化を率直に認めること、新しい船や兵器の力と限界を慎重に研究すること、そしてその結果として、その船や兵器の戦術となる、それらが持つ能力を発揮する使用法を採用することによってのみ是正できるだろう。軍人一般がこうした骨折りをすると望んでも無意味だが、この努力をする者は大いに有利な立場で戦いに出るだろうということを歴史は示している——それ自体、小さからぬ価値ある教訓なのだ。

miral Horatio, first Viscount Nelson, 1758-1805)、サン・ビセンテ岬の海戦、ナイル(アブキール湾)の海戦、コペンハーゲン襲撃などで功績を挙げる。トラファルガーの海戦では、自身は命を落としながらフランス・スペイン連合艦隊を壊滅させた。コペンハーゲン襲撃については本書二三章、トラファルガーの海戦については本書二五章を見よ。

第二章｜「理論的」訓練vs「実践的」訓練▼002

歴史的事例

海軍士官、また現役軍務に召集されるすべての軍人を、彼らの任務の遂行に適すように〈訓練〉するための一番の方法が何であるかについては、昔から二つの対立する意見がある。その一つ、いわゆる実践的軍人の意見は、早くから海に出て海上に留まり続けることが必要なすべてだというもので、もう一つの意見は、研究、〈すなわち〉入念な知的準備に最適な結果を見出すものだ。私は、個人的には米国海軍は後者の側に偏りすぎていると考えていると公言することに何のためらいもない。しかし、それをさておいても、非常に広範に行われている知的活動が、戦闘の中での船の統御や海軍戦役の計画、戦略的問題と戦術的問題の研究、さらには海上での軍事作戦の維持〈兵站〉に関係する副次的事項に

▼002 Mahan, "Objects of the Naval War College," *Naval Administration and Warfare* (Boston, 1908), pp. 193-194, 233-240.〈訳註。一八八八年の海軍大学校での講演。〉

すら注がれていないことはほとんど疑いようがないようだ。▼003 今ではフランスとイギリスという二つの海洋大国の経験により十分に試された、海軍士官の訓練に関する二つの意見の結果を我々は手にしている。英仏両国はそれぞれ、明確な目的というよりはむしろ国民的傾向により、いずれかの見解に過度に身を投じたのだ。その結果は、近代史が記録する唯一の、ほぼ同等の海軍の間で激しく争われた広範に及ぶ海洋戦争を生起させた、アメリカ独立戦争において明らかとなった。私が思うに、双方の海軍史を読んだ後では、イギリス人は船上での絶えざる訓練から習得した遥かに優れた船舶操縦術《シーマンシップ》をこの戦いに持ち込んだ一方で、世紀半ばの海軍退廃により同様の経験を積むことが許されなかったフランス人士官は、自らの職業の慎重な研究に専念していたことに疑いの余地はない。要するに、実践的軍人と理論的軍人と通常呼ばれる者たちが互いに戦ったのであり、理論と実践のいずれかを無視する計画、または正しい理論的思考が実践的任務の成功に欠かせないという事実を無視する計画が、いずれもいかに有害であるかをその結果が示したのだ。イギリス人の実践的な船舶操縦術《シーマンシップ》と経験は、自国指揮官における正しい戦術的概念の欠如、また、主に研究によって培われたフランス人の優れた技術により、頻繁に挫かれた。フランス海軍は政府の誤った政策と見せ掛けの職業的伝統に導かれていた、というのは真実で

▼003 これ以前の一節で、著者は米国の海軍思考が兵器の問題に没頭していることを示している。──編者。

ある。その機動性により、フランス海軍は攻勢戦争に著しく適していたが、フランスは故意に海軍を絶えず防勢的活動に従事させた。しかし、この体制《システム》が不完全だったとしても、フランス海軍には体制があり、思想があり、士官たちが慣れ親しんだ計画があった一方で、イギリス海軍には通常そのどれもなかった——そして、貧弱な体制は何もないよりましである。……

実践的とは何か?

ある人に以下のように言われたことがある。「海軍大学校に士官を集めたいなら、次の昇進試験に合格する助けとなる何かを与えればよい」。しかし、戦争が起こるとき、戦争の試験は、できる限り好意的に解釈しようとする数人の優しい紳士の評決〈昇進試験〉よりも、軍人の能力を測るさらに徹底的な試練となるだろう。その時、諸君を傷つけようとあらゆる能力と手段を懸命に奮う相手に諸君は遭遇する。それでは、不安げに試験に向けて準備する我々は、幅広い戦略の領域か、または単艦であれ艦隊であれ、より限定された戦術の領域において、どのように行動するか、どのように戦うかに関する考察を、まさに緊急行動の瞬間まで先延ばしにすることが、「実践的」軍人に相応しい「実践的」な手続きであると見なすべきだろうか? 海軍は戦争のために存在し、問題は回答を迫る。「過去の経験の習熟、基本原則を引き出し、明確化し、吸収することをこのように怠るのは、実践的だろうか？」帆を絞る前に、突風《スコール》が吹き付けるまで待つのは「実践的」だろうか？　海軍大学校の目標と狙いがこうした研究を奨励し、こうした結果を促進し、こうした思想を育み広めることだとすれば、たとえ初めはその手法が実験的であり、その結果が不完全であるとしても、その意図が「実践的」でないとして非難することができようか？

「実践的」という言葉は、それと正しく論理的に対置される「理論的」という別の言葉の誤解に苦しめられ、評判を落としている。理論は、実践するためではなく、思索や熟考に終始する物事の仕組みとして正しく定義される。こうした考えは、数学者の会合で乾杯する際に使われるとされる音頭に面白おかしく表現されていた。「有益な目的に応用することで純粋数学を堕落させる者に永遠の地獄あれ」。したがって、「理論的」という言葉は、思考自体に終始し、行動に結びつくことのない思考プロセスにのみ、正しく正当に適用される。しかし、自然ではあるが非常に不幸な思考の混乱により、この言葉は有益であろうとなかろうと一切の思考プロセスに適用されるようになり、それらすべてに汚名を着せている一方で、「実践的」という言葉は功利主義の時代のあらゆる栄誉を持ち去っている。

❖009 オーストリア大公カール・ルートヴィヒ・ヨハン(Karl Ludwig Johann, Archduke of Austria, 1771-1847)は、オーストリアの軍人、軍事改革者。フランス革命戦争で頭角を現し、一七九六年にはライン方面軍の司令官としてフランス軍を破り、一七九七年と一八〇五年にはイタリアのオーストリア軍を指揮する。一八〇九年にはアスペルン＝エスリンクの戦いでナポレオンに勝利するが、直後のヴァグラムの戦いで敗北する。アスペルン＝エスリンクの戦いはナポレオンにとって自身が直接指揮する大規模な会戦での初めての敗北だったとされる。

❖010 アントワーヌ＝アンリ・ジョミニ陸軍大将(General Baron Antoine-Henri Jomini, 1779-1869)、スイス出身の軍

したがって、海軍大学校が奨励しようとする思考や研究、熟考の方向が、どんな有益な目的にも導かない、どんな有効な行動も引き起こさないとして実際に非難されうるならば、それは当然ながら「実践的」でないという有罪宣告に該当する。しかし、海軍大学校の努力の方向にこの汚名を適用する覚悟があるものは、ナポレオンやその名高い敵手であるオーストリアのカール大公、❖009 また兵術と軍事史の多作な著述家であるジョミニ❖010 などを「実践的」でない軍人と見なす覚悟も持たなければならない。ジョミニの著作は、たとえより新しい〈戦争史〉摘要によりいくらか取って代わられたにせよ、戦争の原則の深遠な研究と解説としての名声をほとんど、または全く失っていない。

ジョミニは、戦争を外から眺める単なる軍事理論家ではなかった。彼はナポレオン戦争の最中に盛時を迎えた著名で思慮に富んだ軍人であり、同時代の評判が非常に高かったので、彼が皇帝〈ナポレオン〉に仕える軍務を離れたとき、直ちに同盟国君主〈ロシア皇帝アレクサンドル一世〉の腹心の助言者として高い地位に召し抱えられた。それにもかかわらず、彼は戦略について何と言っているだろうか？　戦略とは、彼にとって軍事学の最高峰《クイーン》であり、あらゆる戦役の成功の基礎となるものだ。いかに上部構造が美麗だとしても、土台が不安定であれば根本的に台無しで不完全な建物のように――したがって、戦略が間違っていれば、

人、軍事著述家。一八〇四年に『大戦術論』(*Traité de Grande Tactique*)(後に『大軍事作戦論』(*Traité des Grandes Opérations Militaires*)と改題)を執筆、ナポレオンの将軍の一人、ミシェル・ネイに認められて副官となり、ウルムの戦いやアウステルリッツの戦いに参加する。フランス軍内部で孤立し、一八一三年にはロシア軍へと移籍した。精力的に執筆活動を続ける一方で、サンクト・ペテルスブルクのロシア陸軍幕僚学校設立に尽力する。一八三七年に執筆した『戦争術概論』(*Précis de l'Art de la Guerre*)はクラウゼヴィッツ『戦争論』(*Vom Kriege*)と並ぶ軍事理論書であり、一九世紀の軍事思想に大きな影響を及ぼした。〉

戦場での将軍の技量、兵士の武勇、勝利の燦爛は、さもなければいかに決定的であるとしても、その効果を発揮できない。それでもなお、もしその影響がこれほど遠くまで及ぶなら、間違いなく「実践的」と見なされるべき戦略を、彼はどう定義するのだろうか？　「戦略とは、地図の上で戦争する術《アート》である。それは戦役の中の作戦、戦場での軍隊の衝突に先立つものだ。それは小さな私室においてなされ、分割コンパス《ディバイダー》を手に持ち、資料を横に置く学者の仕事である」❖011と彼は述べた。言い換えれば、それは思考プロセスに始まるものであるが、頭の中で終わるものではない、したがって戦略は実践的なものなのだ。

偉大なナポレオンのとある逸話を我々のほとんどが知っているが、それでもそれが私の目的にとても相応しいので、敢えてここで繰り返さなければならない。参考文献を確認する時間がなかったので記憶から引用しなければならないが、本質的な正確さについては確信している。とある初期の非常に決定的な戦役の数週間前、秘書のブーリエンヌ❖012は執務室に入り、当時の第一統領〈ナポレオン〉が目の前に大きな地図を広げて床に大の字になっているのを見つけた。ブーリエンヌが困惑したのは、赤と黒の針が地図中に突き刺されていたことだった。少しの沈黙の後で、陸軍士官学校時代の旧友だった秘書は、それが一体何を意味しているのか尋ねた。統領は優しく笑い、秘書をばか呼ばわりして、こう述

❖011 前半はジョミニ『戦争術概論』の英訳版からの引用。後半は同じく英訳版に含まれる附録「優れた戦略的慧眼を獲得する方法についての覚書」を参照していると思われる。Cf. Antoine Henri de Jomini, *The Art of War*, translated by G.H. Mendell and W.P. Craighill (Philadelphia, 1862), pp. 69, 338.（ジョミニ著、佐藤徳太郎訳『戦争概論』（中央公論新社、二〇〇一年）、六四頁。なお、同邦訳書は一九四七年刊のJ・D・ヒットル(J.D. Hittle)による抄訳版を底本としており、附録は含まれていない。）

❖012 ルイ・アントワーヌ・フォヴレ・ド・ブーリエンヌ(Louis Antoine Fauvelet de Bourrienne, 1769-1834)は、フランス革命期の外交官。ブリエンヌの陸軍幼年学校でナ

べた。「この針一式はオーストリア軍を、そしてこちらはフランス軍を表している。この日に私はパリを離れるだろう。そうすると私の軍隊はこのような位置につくだろう。この日に」と彼は日付を明示し、「私はここにいるはずで」と指さし、「私の軍隊はここに移動しているだろう。その時、私は山を越え、数日後に私の軍隊はここ、オーストリア軍はこういうふうに動いているだろう。そしてこの日、私は彼らをここで打ち破るだろう」と針を刺した。おそらくその問題が「実践的」ではないと考えたのだろう、ブーリエンヌは何も言わなかった。しかし、数週間後に、戦いの後で〈マレンゴの戦い❖013だと思う〉、彼は軍用馬車で将軍に同席した。〈ナポレオンがブーリエンヌに語った〉計画が実行されたのであり、彼はその出来事をボナパルトに思い出させた。ナポレオン自身、この特定の場合における予知の並外れた正確さに微笑んだ。❖014

　こうした出来事に照らして、私が提示したい質問には、答えはもちろん一つしかない。将軍が私室で従事した研究、こうした学者の仕事は、「実践的」だろうか？　または、何らかの合理的な手法により、研究をその後のことから分離させて、「実践的」という言葉だけがその先に適用されるようにすることは可能だろうか？　テュイルリー宮殿❖015から出立する馬車に乗った時に彼は初めて実践的になり始めたのか、それとも彼が軍隊と合流したとき、または戦役の最初の

ポレオンと共に学び、一七九七年にはオーストリアとの交渉でナポレオンを助けた。エジプト遠征に私設秘書官として同行するが、後に疎遠となる。

❖013 一八〇〇年六月一四日に起きた北イタリアでの戦闘。ナポレオン率いるフランス軍の勝利の結果、オーストリア軍は北イタリアから追い出された。

❖014 マハンが記憶から引用した逸話は、Louis Antoine Fauvelet de Bourrienne, *Mémoires de M. de Bourrienne*, Vol. IV (Paris, 1829), pp. 85-87.(ド・ブーリエンヌ著、栗原古城訳『奈翁実伝』(玄黄社、一九二〇年)、二七八〜二八九頁。)

❖015 ルーヴル宮殿の西側に隣接しており、一七九九年にナポレオンが第一統領となって

銃砲が撃たれたときに実践が始まったのだろうか？　または、その一方で、もし彼が戦役の研究に費やした時間を、新たな戦争兵器の開発準備をして過ごし、そのために計画が未熟なままに戦場に向かったならば、彼は「実践的」とはほど遠いことをしたことにならないだろうか？

しかし、ブーリエンヌの話の重要性を完全に理解するために、我々はさらに少し遡って探求を進めなければならない。〈ナポレオン・〉ボナパルトがマレンゴの大戦役を計画した才能と精密さはどこからやって来たのだろうか？　確かに、一部は滅多に比肩するもののない生来の天賦の才のお陰だろう。一部はそうだが、決して全部が全部そうではない。彼自身の処方箋に耳を傾けよう。「偉大な将軍になろうとする者には、研究をさせよ」。何を研究するのか？「歴史を研究せよ。偉大な将軍たち――アレクサンドロス、ハンニバル、カエサル（彼らは火薬の匂いを嗅いだことも、装甲艦を夢に見たこともない〈――括弧の挿入は著者マハン。〉）――の戦役はもちろん、テュレンヌ❖016とフリードリヒ❖017、そして余、ナポレオンの戦役を研究するのだ❖018」。もしボナパルトが、自身の天賦の才を除いて何も用意せず、研究により獲得された過去の知識に由来する知的能力と円熟した経験なしに、マレンゴの戦役を計画するために私室に入ったとしたら、彼は準備が不足していたことだろう。それなら、行動の時が訪れていなかった事前の研究と熟考は、

からは公邸および王宮として利用された。

❖016 テュレンヌ子爵アンリ・ド・ラ・トゥール・ドーヴェルニュ（Henri de la Tour d'Auvergne, Vicomte de Turenne, 1611-1675）、フランス大元帥の一人。オランダのオラニエ公マウリッツのもとで軍務についた後、フランス軍に移って三〇年戦争（一六一八年～一六四八年）および仏西戦争（一六三五年～一六五九年）を戦った。その後、ルイ十四世麾下の元帥としてオランダやドイツで転戦する。

❖017 フリードリヒ二世（Frederick II, 1712-1786）、一七四〇年からプロイセンの啓蒙君主。オーストリア領シュレジエンに侵攻してオーストリア継承戦争（一七四〇年～一七四八年）に参戦し、七年戦争（一七五六年～一七六三年）で

即座の行動を引き起こさなかったために、「実践的」ではないのだろうか？　ボナパルトに行動の時が訪れることがなかったならば、研究と熟考は「非実践的」ですらあったのだろうか？

かつて賢人が「天が下のすべての事には季節がある」[019]と述べたように、ある事の時を別の事の時に利用することはできない。行動の時があることは皆が認めているが、準備の時もあることをきちんと考慮する者はほとんどいない。準備の時を準備のために利用することは、その方法が何であれ、実践的である。準備を行動の時まで先延ばしにするのは実践的ではない。我々の新しい海軍は今、準備をしている。その兵器に関しては、すでに準備ができているなどとはとても言えない。我々には——または、未来の艦長や提督には——、まだ猶予期間がある。まだ研究する時間がある。戦争の歴史と大家の格言の研究により、過去の経験を吸収し、戦争の不朽の原則に染まり、浸る時間があるのだ。しかし、準備の時は過ぎ去り、いつかは行動の時がやって来るだろう。その時、提督は腰を落ち着けて、単に過去の経験の研究である歴史研究によって、目の前の問題の知的理解を高めることができるだろうか？　そんなことはなく、提督は行動の時に直面しているのであって、自分の常識に頼らなければならないのだ。

はフランスとオーストリアを中心とするヨーロッパ諸国と戦った。

❖018　ここでもマハンは記憶に頼った引用をしている。原典では、ナポレオン自身の戦役には触れずにスウェーデン王グスタフ二世アドルフを挙げている。Cf. Napoleon, *Maximes de Guerre de Napoléon* (Paris, 1827), pp. 45-46.

❖019　旧約聖書『コヘレトの言葉』第三章第一節より。「すべての物事にはそれぞれ相応しい時がある」を意味する。

第三章　シー・パワーの諸要素▼004

政治的および社会的な観点から、海が最初にはっきりと姿を現すのは、大街道として、というよりも、おそらくは広大な共有地としてである。そこでは多くの人々があらゆる方向に通行することができるが、いくつかの使い古された道〈の存在〉は他でもない特定の航路を選ぶよう支配的な道理が人々を導いていることを示している。これらの航路は交易路と呼ばれ、それらを定めている道理は世界の歴史の中に探さなければならない。

海上のあらゆる既知や未知の危険にもかかわらず、水路による旅と交通は陸路によるよりも常に容易で安価だった。オランダの商業的卓越は、海運だけでなく、自国とドイツの内陸部への安価で容易なアクセスをもたらす無数の平穏な水路のお陰だった。この陸路輸送に対する水路輸送の優位は、二〇〇年前にそうだったように、道路がほんの少ししかなく非常に悪路で、戦争が頻繁に起

▼004 A.T. Mahan, *The Influence of Sea Power upon History, 1660-1783* (Boston: Little, Brown and Company, 1890), pp. 25-59. S・G・W・ベンジャミン氏は、「たった八九頁からなる」本書の序文と最初の章で、「マハン大佐は帝国へのシー・パワーの影響に関する有名な理論を提示した」と指摘している（ニューヨーク・タイムズ紙（N.Y. *Times*）書評、一九〇二年二月二日）。本抜粋集には、第一章の大部分が含まれている。——編者。

こり、社会が不安定だった時期にはさらに顕著だった。その時、海上交通は略奪の危険に晒されていたが、それでも陸上交通よりは安全で速かった。当時のオランダのある著述家は、イングランドとの戦争における自国の成算を評価して、中でもイングランドの水路が十分に国内を通っていないこと、したがって、道路が悪路であるために、王国の一部から別の場所に輸送される物資は海路を通らなければならず、その途上で捕獲される危険に晒されていることに気付いている。[020] 純粋な国内交易に関しては、現在はこの危険は一般的には存在しない。水上輸送はまだ安価であるが、ほとんどの文明国にとって、今や沿岸交易の破壊や消失は単に不便であるだけだろう。しかしながら、フランス共和国と第一帝政の戦争の時でさえ、この時期の歴史とその周辺で発展した軽い海軍本に親しんでいる者は、海がイギリスの遊弋艦に埋め尽くされ、整備された内陸路があったにもかかわらず、見つからないようフランス沿岸部を点々と動く護送船団への言及がいかに頻出するかを知っている。

しかしながら、現代の状況では、国内交易は海に面する国の商業の一部でしかない。外国の必需品や贅沢品は自国船や外国船で港に運ばれなければならず、これらの船は、大地の恵みであれ人の手によるものであれ、その国の商品を代わりに運んで帰って行く。そして、この海運業が自国の艦船によって行われる

[020] Cf. Pieter de la Court, *The True Interest and Political Maxims of the Republick of Holland and West-Friesland* (London, 1702), p. 281; Pieter de la Court, *Interest van Holland, ofte Gronden van Hollands-Welvaren* (Amsterdam, 1662), p. 172. 本書一六六九年版の英訳版が一七〇二年、一七四三年、一七四六年に出版されているが、イギリスではオランダ共和国の事実上の最高指導者ヨハン・デ・ウィットの著作であると誤解されていた。

べきだというのが各国の願いである。こうしてあちこちに航行する船は帰港する安全な港を持たなければならず、またその航海の間、できる限りずっと母国の保護を受けていなければならない。

こうした戦時の保護は、武装船舶によって提供されなければならない。したがって、好戦的な傾向を持ち、軍事組織の一部門としてのみ海軍を維持する国家の場合を除けば、その言葉の限定的な意味において、海軍の必要性は非武装船舶の存在から生じ、それと共に失われる。▼005 米国は現在好戦的意図を持っておらず、海上交易が姿を消しているので、武装艦隊の減退と一般的な関心の欠如はあくまでその論理的な結果である。どんな理由であれ海上交易が再び儲かると分かる時には、戦闘艦隊の再興を強いるほどに十分大きな海運への関心が再燃するだろう。中米地峡を通る運河航路がほぼ確実なものと見られるようになれば、同じ結果を導くほどに好戦的な衝動が十分強くなる可能性もある。しかしながら、金儲けを愛する平和国家には先見の明がなく、特に今日では適切な軍事的準備のためには先見の明が必要とされているため、〈戦闘艦隊の再興が〉実現するかは疑わしい。

国家が非武装船舶と武装船舶と共に自国の海岸から進出するにつれて、平和な交易のため、避難と補給のために船が頼ることのできる地点の必要性がすぐ

▼005 海軍の必要に関する著者のその後の見解については、四四一〜四四四頁を見よ。——編者。

に感じられるようになる。現在は、外国領であるにせよ友好港が世界中にあり、平和が広まっている間はそこに頼るだけで十分である。平和の継続により米国は長いこと恵まれてきたが、常に友好港があったわけではないし、平和がずっと続くとも限らない。昔は、新しい未踏地域での交易を求める商船員は、生命と自由の危険を冒して疑い深かったり敵対的だったりする部族から金儲けをしたし、儲けの大きな船荷を満載に集めるのに大いに手間取った。したがって、自身や代理人が程よく安全に留まることができ、船を安全に係留することができ、その土地の商品を母国へ運ぶ母国船団の到着を待ちながら商品を継続的に集積することのできる根拠地を、一つかそれ以上、自身の交易路の遠端において力尽くで奪うか、好意で与えられることを直感的に求めていた。初期の航海では莫大な儲けと同時に大きな危険があったので、こうした拠点は自然と増え、植民地となるまでに成長した。その究極的な発展と成功は、植民地を生み出した本国の傾向と政策に依存しており、世界の歴史、特に世界の海の歴史の非常に大きな部分を占めている。植民地はすべて上記のような単純で自然な誕生と成長を経験したわけではない。多くはその着想と創設においてより公的、また純粋に政治的であって、私的な個人の行為というよりは人民の統治者の行為だった。しかし、その後の拡張を伴う交易拠点、金儲けを追求する冒険者が作ったたに過ぎないものは、その理屈と本質において、入念に組織され勅許を受けた植民地と同じだった。どちらの場合にも、自国商品の新しい販路や船舶にとっての新しい活動範囲、自国民の雇用拡大、自国の安楽と富を求めて、母国は異国に足場を獲得したのだ。

しかしながら、航路遠端で安全が確保されたとしても商業の必要がすべて満たされるわけではなかった。航海は長く危険で、海はしばしば敵に悩まされていた。植民地化が最も活発だった時には、もはやその記憶がほとんど失われているような無法状態が海上に広まっており、海洋国家間の安定した平和の時期はとてもまれだった。それゆえに、主として交易のためというよりも、防衛と戦争のために、喜望峰やセント・ヘレナ、モーリシャスのような航路途上の根拠地の需要、ジブラルタルやマルタ、セント・ローレンス湾の入り口のルイブールのような駐留地――その価値は主に戦略的なものだったが、必ずしもそれだけではない駐留地――の占拠の需要が生じた。植民地と植民拠点は時に商業的性格を持ったり、時に軍事的性格を持ったりした。そして、ニューヨークがそうだったように、同じ場所が両方の観点から同じぐらい重要であるのは例外的だった。

これら三つ――商品を交換する必要性を伴う生産、交換が行われる海運、そして船舶の活動を促進、拡大し、安全地点を増やすことで船舶の保護に役立つ植民地――の中に、海に接する諸国家の歴史はもちろん、政策の多くを理解する鍵がある。時代精神および統治者の性格と卓見の両方により政策は様々であるが、海に臨む国家の歴史は、政府の敏腕と洞察よりも、位置と広がり、地形、人口、国民の性格の条件――一言で言えば、自然条件と呼ばれるもの――により大きく左右されている。しかしながら、海やその一部を武力で支配する海上での軍事力だけでなく、武装船団が自然と健全に生まれ、しっかりと根ざす唯一の土台となる平和な商業と海運を含む、幅広い意味でのシー・パワーの成長に、個人の賢明な行動や浅はかな行動が特定の時期には大きな変化を加える影響を及ぼしてきた事は認めなければならないし、これについては後述することになろう。

諸国家のシー・パワーに影響を及ぼす主要な条件は、以下のように挙げることができる。(一)地理的位置。(二)物理的形態、その中にはそれに関連する自然の恵みと気候が含まれる。(三)領土範囲。(四)人口。(五)国民の性格。(六)政府の性格、その中には国家の諸制度が含まれる。

(一)地理的位置。――まず始めに、ある国家が陸上で防衛するよう強いられたり、陸上を通って領土を拡張しようとする気にさせられたりしないような位置にあるなら、その目標が海に向けて一致していることから、国境の一部が大陸にある国民と比べて有利であるということが指摘できるだろう。これは、イギリスにとってフランスとオランダ両国に対するシー・パワーとしての大きな優位である。オランダの国力は、独立を維持するために大規模な陸軍を保持し、高価な戦争を行う必要により早くに消耗した。他方で、フランスの政策は、時に賢明に、時には非常に愚かにも海から大陸での拡張計画へと絶えず転換された。こうした軍事的労力は富を消費したが、より賢く一貫して地理的位置を活用していれば富を増加させたことだろう。

地理的位置は、それ自体、海軍の集中を促したり、分散を余儀なくさせたりするものかもしれない。ここでもまた、ブリテン諸島〈イギリス〉はフランスに対して優位にある。大西洋と地中海に接するフランスの位置には、利点もあるが、全体としては海上における軍事的弱点の源である。フランスの東方艦隊と西方艦隊はジブラルタル海峡を通過した後に初めて合流することができ、それを試みる中でしばしば危険を冒し、時には損失を被った。二つの大洋に面する米国の位置は、両方の海岸で大規模な海上通商が行われていたならば、大きな弱点の源か、莫大な出費の原因となるだろう。▼006

▼006 一八九〇年以前の記述である。——編者。

イギリスは、その広大な植民地帝国により、自国沿岸へのこうした戦力集中の利点の多くを犠牲にしている。しかし、実際の出来事が証明したように、その利得が損失よりも大きいので、賢く犠牲が払われた。植民地体制の成長に伴って戦闘艦隊も増大したが、その商船団と富はさらにいっそう早く増大したのだ。それでもなお、アメリカ独立戦争およびフランス共和国と帝国の戦争において、あるフランス人著述家の強い表現を用いるなら、「イギリスは、その海軍の計り知れない発展にもかかわらず、富の真っ只中にあって、あらん限りの貧困の困惑を感じているように常に思われた」。[021] イギリスの力は心臓部と各植民地を維持するには十分だったが、同じくらい広大なスペインの植民地帝国は、海洋での弱さにより、侮辱と損害を受けるたくさんの地点を提供しただけだった。

ある国の地理的位置は、戦力の集中に好都合なだけでなく、予想される敵に対する敵対的作戦の中央位置と好適な基地というさらなる戦略的優位をもたらすかもしれない。これはやはりイギリスの場合にそうだった。イギリスは一方でオランダと北方諸国に面しており、他方でフランスと大西洋に面していた。時にイギリスが直面したように、フランスおよび北海とバルト海の海軍国の連合という脅威を受けたときには、ダウンズと英仏海峡のイギリス艦隊、そしてブレスト沖のイギリス艦隊でさえ内的位置を占めており、それゆえに、同盟国

[021] Cf. Jean Pierre Edmond Jurien de La Gravière, *Sketches of the Last Naval War*, Vol. I, trans. by Edward Plunkett (London, 1848), p. 145.

艦隊と合流するために英仏海峡を通過しようと努めるいずれの敵艦隊に対しても、連合戦力を差し向けることが容易にできた。また、〈英仏海峡と北海〉どちらの側でも、イギリスはより優れた港と安全に接近できる海岸に自然と恵まれていた。以前は、これは英仏海峡の航行における非常に重大な要素だったが、最近では、蒸気とフランスの港湾の改善により、かつてフランスが苦しんだ不利が小さくなっている。帆船時代には、イギリス艦隊はブレスト〈のフランス艦隊〉に対して活動し、トーベイとプリマスを基地としていた。その計画は単純だった。東からの風や穏やかな天気では封鎖艦隊〈イギリス艦隊〉は造作なくその位置を保ったが、西からの強風では、特に風が強烈な時は、イギリス艦隊が配置に戻るのにも役立つよう風向きが変わるまではフランス艦隊が出港できないということを知っており、〈封鎖艦隊は〉イギリスの港湾へと針路を転じた。

敵や攻撃目標への地理的近さの利点は、通商破壊という名を最近与えられ、フランス人がゲール・ド・クルスと呼ぶ戦争形態に最も明瞭に現れる。この戦争作戦は、通常身を守る術のない非武装の商船に対して行われ、小規模の武装を持つ船を必要とする。こうした船は、身を守る力をほとんど持たず、支援を受けられる避難所や拠点を近くに必要とし、そうした場所は自国の戦闘艦によって管制される特定の海域や友好港にある。友好港は常に同じ場所にあり、通商破壊船は敵よりも進入路をよく知っているので、友好港が最大の支援を提供する。フランスのイギリスとの近さは、こうしてイギリスに対する通商破壊《ゲール・ド・クルス》を大いに容易にしてきた。北海と英仏海峡、大西洋に面する港湾を持つため、フランスの遊弋艦は往来するイギリスの交易の集束点に近い拠点から出発した。これらの港湾同士の距離は、正規の軍事的連携行動には不利だが、こうした非正規の二次的作戦には有利である。なぜなら、一方〈正規の軍事的連携行動〉の本質は努力の集中にあるが、通商破壊では努力の分散が通例だからだ。通商破壊船はより多くの獲物を発見し捕獲できるように散開する。こうした真理は偉大なフランス私掠船の歴史から例証が得られ、その基地と活動の場は主に英仏海峡と北海にあるか、さもなければグアドループとマルティニークのような島々が同様に手近な避難所を提供した遠隔の植民地海域に見出された。石炭を補充する必要性のために、現代の遊弋艦は昔よりもさらに港に依存している。米国の世論は敵国の通商に対して行われる戦争に大きな信頼を置いているが、〈アメリカ〉共和国《リパブリック》は海外交易の大中心の非常に近くには港を持っていないことを覚えておかなければならない。したがって、米国の地理的位置は、同盟国の港を基地としない限り、通商破壊を成功裡に遂行するには非常に不利なのだ。

もし、攻撃のしやすさに加えて、公海そのものへの交通の便があり、同時に世界交通の大航路の一つを管制するように自然がある国を位置づけるなら、その位置の戦略的価値が非常に高いのは明らかである。やはり、それがイギリスの位置であり、かつてはさらにそうだった。オランダとスウェーデン、ロシア、デンマークの交易、そしてドイツの内陸部まで大河川を遡る交易は、イギリスの目の前を通って英仏海峡を通過しなければならなかった。なぜなら、帆船はイギリス沿岸に沿って航行したからだ。そのうえ、この北方交易はシー・パワーに特有の関係があった。というのは、海軍物資《ネイヴァル・ストア》❖022と一般に呼ばれるものが、主にバルト海諸国から入手されたからだ。

ジブラルタルの損失❖023さえなければ、スペインの位置はイギリスに非常に類似したものだっただろう。大西洋と地中海を同時に眺め、一方にカディス、他方にカルタヘナがあり、レヴァントとの交易はスペインの掌中を通らなければならず、喜望峰周りの交易もそう遠く離れていなかった。しかし、ジブラルタルは〈ジブラルタル〉海峡の管制をスペインから奪っただけでなく、二つのスペイン分艦隊の簡単な合流に対する障害ともなった。

今日、イタリアの地理的位置だけを見て、シー・パワーに影響を及ぼすその他の条件を考慮しなければ、広大な海岸と良港に恵まれたイタリアは、レヴァントとの交易路とスエズ地峡を通る交易路に決定的な影響を及ぼすことができ

❖022 船舶必需品のこと。木造帆船の維持に欠かせない木材やピッチ、タール、蠟、獣脂、麻、亜麻など。

❖023 スペイン継承戦争(一七〇四年～一七一四年)中の一七〇四年八月、ジョージ・ルーク海軍大将(Admiral Sir George Rooke, 1650-1709)率いる英蘭連合艦隊がジブラルタルを攻略し、一七一三年のユトレヒト条約で正式にイギリス領として認められた。

る非常に良い場所にあるように思われるだろう。これはある程度までは真実であり、ましてイタリアが本来イタリアのものであるはずの島々をすべて掌握していたらなおさらだろう。しかし、マルタはイギリスの掌中に、コルシカはフランスの掌中にあって、イタリアの地理的位置の優位はほとんど無効化されている。人種的な類似性と状況から、これら二つの島は、スペインにとってのジブラルタルと同じぐらい正当に、イタリアにとって願望の対象である。もしアドリア海が通商の大街道だったならば、イタリアの位置はさらに重要なものだっただろう。こうした地理的完全さにおける欠陥は、シー・パワーの完全で安定した発展に有害なその他の要因と合わせて、当座はイタリアが一流の海洋国家になれるかどうか大いに疑わしいものにしている。

ここでの目的は徹底的な議論ではなく、実例を挙げることによって、ある国の立地条件が海での経歴にいかにきわめて重大な影響を及ぼすかということを示す試みなので、〈本書で扱う〉主題のこの分野をここでは簡単に片付けて構わないだろう。その重要性をさらに明らかにする事例が歴史的議論の中で頻繁に繰り返されるのでなおさらだ。しかしながら、ここでは二つの所見を述べておくのが適切であろう。

商業的観点と軍事的観点の両方から、地中海が世界の歴史の中でその他の同

クリミア半島
セバストポリ
黒海
シノペ(スィノプ)
ボスフォラス海峡
コンスタンティノープル
マルマラ海
ッサ島
アドリア海
アプリア(プーリア)
マケドニア
サロニカ(テッサロニキ)
タラント
ブリンディシ
コルフー島(ケルキラ島)
ダーダネルス海峡
バシカ湾
アクティウム
アルタ湾
BC 31
リパリ諸島
レパント(ナフパクトス)
1571
メッシナ
レッジョ
アテネ
モレア
サラミス島
アゴスタ(アウグスタ)
シラクーザ
パッサロ岬
1718
1827
ナヴァリノ
ロードス島
キプロス
レバント地方
クレタ島
アクレ(アッコ)
アブキール湾
ナイル川河口
1798
ロゼッタ(ラシード)
アレクサンドリア

0 100 200 300km
エムス川
フランス
ビスケー湾
ヴェネツィア
トリエス
ジェノヴァ
セット
ニース
ラ・スペツィア
マルセイユ
リヴォルノ
イベリア半島
ピレネー山脈
イエール諸島
エルバ島
アンコーナ
エブロ川
トゥーロン
1744
アペニン山脈
ロザス湾
マドリード
バルセロナ
コルシカ島
タラゴナ
サント・サバスティア岬
ローマ
スペイン
マッダレナ諸島
サグニウム(サグント)
ミノルカ島
バレンシア
1756
マヨルカ島
ポルト・マオン
サルデーニャ島
アルマンサ
バレアレス諸島
アリカンテ
ウスティカ島
アルヘシラス
カルタヘナ
カディス
マラガ
ベレス・マラガ
パレルモ
マレッティモ島
1805
1704
トラファルガル岬
ジブラルタル
ガタ岬
リルバイウム(マルサラ)
シチリア
アルジェ
ジブラルタル海峡
カルタゴ
タンジェ
ポン岬
チュニス
オラン
マルタ島

[**図1**]地中海

規模の海域よりも大きな役割を果たしてきたという状況がある。国家に次ぐ国家が地中海を支配しようと争い、この闘争は今でも続いている。したがって、この海での優位が過去も今も依存している条件、そしてその沿岸の様々な地点の相対的な軍事的価値に関する研究は、他の地域に費やされる同量の努力よりも啓蒙的なものとなるだろう。そのうえ、地中海は現在様々な側面でカリブ海との類似を非常に顕著に示している――この類似は、いずれパナマ運河路が完成すれば、さらに近いものとなるだろう。豊富な実例のある地中海の戦略的条件に関する研究は、比較的に歴史の浅いカリブ海を対象とする同様の研究の優れた序曲となるだろう。

第二の所見は、中米運河に対する米国の相対的な地理的位置に関係している。もしこの運河が完成し、建築業者の夢が叶うなら、カリブ海は現在のような終端、地域交通の場、またはせいぜい分断された不完全な交通線から、世界の大街道の一つへと変化するだろう。この道に沿って大規模な交易が行われ、他の大国、欧州諸国の関心をかつてないほどに我が国の海岸近くに引きつけるだろう。これに伴い、今までのように国際的な紛糾と無関係でいることは容易ではなくなるだろう。この航路に関する米国の位置は、英仏海峡に対するイギリスの位置、そしてスエズ航路に対する地中海諸国の位置に類似している。地理的位置に依存するカリブ海への影響力と管制に関しては、国力の中心、恒久《パーマネント・》基地《ベース》▼007が他の大国よりも遥かに近くにあることが当然ながら明白だ。現在または将来、他国が島や本土に占める位置は、それがいかに強固なものだとしても、その国力の前哨でしかないだろう。しかるに、軍事力の原材料すべてにおいて、米国に勝る国はない。しかしながら、米国には戦争に対する公然たる不用意という弱点がある。また、敵からの安全と、それなしにはどの国も海のいかなる部分であれ管制しようとすることすらできない一等戦闘艦を修理する設備を兼ね備えた港が不足するメキシコ湾沿岸の特色により、係争地点への米国の地理的な近さはその価値をいくらか失っている。カリブ海において覇権を争う場合には、ミシシッピ川南河口の深さ、ニューオーリンズの近さ、また水上輸送にとってのミシシッピ川流域の利点から、この流域に我が国の主たる努力が注がれ、また恒久策源地がそこに見出されなければならないことは明白であるように思われる。しかしながら、ミシシッピ川の入り口の防衛には特有の困難がある。ただ二つの競合港、キーウェストとペンサコーラの水深は浅すぎ、まして我が国の資源に関しては有利な位置ではない。優れた地理的位置の恩恵を完全に受けるためには、これらの欠点を克服しなければならない。そのうえ、米国の〈中米〉地峡からの距離は、比較的短いとはいえ相当なもので、米国は臨時の、

▼007 恒久策源地(base of permanent operations)とは、「すべての資源がそこからやって来て、陸路と水路により大交通路が合流し、兵器庫と陸軍駐屯地が存在する土地と理解される」。

ないし二次的な策源地に相応しいカリブ海の根拠地を獲得しなければならないだろう。自然な長所、防衛のしやすさ、主要な戦略的係争地点への近さにより、そうした根拠地は米国艦隊がどの敵対者とも同じぐらい現場の近くに留まることを可能にするだろう。ミシシッピ川の出入りが十分に防衛され、こうした前哨が米国の手中にあり、前哨と本国基地の間の交通が確保されれば、要するに、米国が必要な手段をすべて有している適切な軍事的準備が行われれば、米国の地理的位置とその国力から、数学的な絶対の確実性をもってこの地域における米国の優位が生じるだろう。

(二)物理的形態。——既に言及されたメキシコ湾沿岸に固有の特徴は、シー・パワーの発展に影響する諸条件の中で二番目の論点に位置づけられる、一国の物理的形態という項目に当然ながら含まれる。

一国の海岸はその国境の一つである。そして、国境を越えた先にある地域、この場合には海へのアクセスが容易であればあるほど、海を通って世界の他地域と交流しようとする国民の傾向はより大きなものとなる。もし長い海岸線を持ちながら、港が一つもないような国を想像するなら、その国はそれ自体海上交易や海運をすることも、海軍を持つこともできない。実質的には、スペイン

❖024 三〇年戦争を終結させたウェストファリア条約。
❖025 スペイン、オーストリア、フランスに支配された低地諸国の一部地域。現在のベルギー、ルクセンブルク、そして北フランスの一部が含まれる。
❖026 第二次英蘭戦争(一六六五年～一六六七年)中の一六六七年六月、オランダ軍はテムズ川河口に侵入してロンドンを脅かした後、ケント州のメドウェー川に侵入し、五隻のイングランド軍艦を焼き、チャタムの海軍港沖に予備のため係留されていた二隻の軍艦を捕獲した。
❖027 第三次英蘭戦争(一六七二年～一六七四年)では、一六七三年六月七日と一四日のスホーネヴェルトの海戦、および八月二一日のテクセルの海戦で、デ・ロイテル(Mi-

とオーストリアの一地方だった時のベルギーがそうだった。オランダは、一六四八年に、勝利した戦争の後の和平条件[024]として、スヘルデ川を海上通商から遮断することを強要した。これがアントウェルペンの港の活動を停止させ、ベルギーの海上交易をオランダに移すこととなった。スペイン領ネーデルラント[025]はシー・パワーではなくなったのだ。

　多数の水深の深い港は力と富の源泉であり、一国の国内交易をそこに集中させるのに役立つ、航行可能な河川の河口にある場合には二重にそうである。しかし、まさにそのアクセスのしやすさのため、適切に防衛されなければ、戦争における弱点にもなる。オランダは一六六七年にテムズ川を遡上してロンドンの目の前でイングランド海軍の大部分を焼き払うことが容易にできたし[026]、その一方で、数年後にイングランドとフランスの連合艦隊がオランダへの上陸を試みた際には、オランダ艦隊の武勇と同じぐらい海岸への接近が困難なために失敗させられた[027]。一七七八年には、フランス人提督の尻込みさえなければ、不利な状況で攻撃されたイギリスは、ニューヨークの港と、それに伴うハドソン川の明白な管制を失ってしまったかも知れなかった[028]。ハドソン川の管制があれば、ニューイングランドはニューヨーク、ニュージャージー、ペンシルヴァニアと密接で安全な連絡を回復することができただろう。そして、前年のバーゴイン

chel de Ruyter, 1607-1676)率いるオランダ艦隊がルパート(Prince Rupert, 1618-1682)率いる英仏連合艦隊を撃退し、海からのオランダ侵攻を阻止した。

❖028 一七七八年にアメリカ独立戦争に参戦したフランスは、デスタン伯(Comte d'Estaing, 1729-1794)麾下の戦列艦一二隻を北アメリカに派遣した。イギリスの西方艦隊からバイロン海軍中将率いる一三隻の分艦隊が追跡のために派遣されたが、大嵐で散り散りとなり、ハウ海軍中将は九隻の小型戦列艦と共にニューヨーク湾口のサンディー・フック島の影でフランス艦隊を待ち構えていた。ニューヨークに到着したデスタン伯は大型船では侵入できないと考え、一一日間逡巡した後に標的をニューポートに変更した。

の大惨事の直後にこのような打撃を受けたら、おそらくイギリスはさらに早く和平を結んだことだろう。[029] ミシシッピ川は米国にとって富と力の大きな源泉だが、その河口の貧弱な防衛と国内を貫通する支流の数のために、南部連合にとっては弱みと災難のもとであった。そして最後に、一八一四年には、チェサピーク湾の占領と〈首都〉ワシントンの破壊が、進入路を無防備にしておいた場合に最も雄大な水路から受ける危険に関する厳しい教訓となった。[030] これはすぐ思い出される最近の教訓であるが、沿岸防衛の現在の姿からすると、さらにたやすく忘れられてしまうようだ。また、条件が変化したと考えるべきではない。以前も今日も、攻勢と防勢をめぐる状況と細部は変化しているが、大きな条件は同じままである。

ナポレオン大戦争以前と最中には、フランスはブレスト以東に戦列艦のための港を持っていなかった。避難や補給のための港の他にも、同海域にプリマスとポーツマスに二つの大工廠を有していたイギリスの強みはいかに大きかったことだろう。この構造的欠陥は、その後シェルブールの工廠により是正された。

海への容易なアクセスを含む海岸の輪郭〈海岸線〉の他にも、人々を海に導いたり、拒絶したりするその他の物理的条件がある。フランスには英仏海峡沿いの軍港が不足していたが、英仏海峡沿いと大西洋岸、そして地中海においても、

❖029 ジョン・バーゴイン(John Burgoyne, 1722-1792)は、イギリスの陸軍中将、政治家。アメリカ独立戦争中の一七七七年、ケベックからシャンプレーン湖を通ってオールバニに進出し、ニューイングランド州を孤立させることを計画したが、サラトガで合衆国軍に包囲され、六〇〇〇人近くが捕虜となった。

❖030 ジョージ・コックバーン海軍少将(Rear Admiral George Cockburn, 1772-1853)は、一八一三年から一八一四年にかけて、特に抵抗を受けることもなくチェサピーク湾を遊弋して通商を麻痺させ、非協力的な港を攻撃した。さらに、ナポレオンのエルバ島追放を受けてヨーロッパから到着した陸軍増援部隊と協力してワシントンを急襲し、合衆国議会議事堂やホワイトハ

海外交易に有利な位置や、国内交通を促進する大河川の出入り口にある優れた港湾を有していた。しかし、リシュリュー[031]が内乱を終結させたとき、フランス人はイギリス人とオランダ人の情熱と成功をもって海に出たりはしなかった。この主要な理由は、フランスが過ごしやすい気候を有し、人々が必要とする以上のものを国内で産出する快適な土地であるようにした物理的条件にもっともらしく見出される。その一方で、イギリスは自然から僅かなものしか恵まれず、製造業が発展するまでは輸出できるものがほとんどなかった。イギリスが必要とする多くのものが、休むことのない活動と海洋の冒険的事業に役立つその他の条件と組み合わさって、人々を海外へと送り出した。イギリス人は自国よりも快適で豊かな土地を海外に見つけたのだった。彼らは必要と才覚により商人と植民者になり、さらに製造者と生産者になった。そして、商品と植民地の間では海運が必然的な絆である。それで、イギリスのシー・パワーは成長した。しかし、もしイギリスが海に引き寄せられたとすれば、オランダは海に追いやられたのだった。海なしにはイギリスは苦しんだが、オランダは滅びた。オランダの全盛期、オランダがヨーロッパ政治の主要素の一つだった時、ある有能なオランダ人権威者はオランダの大地は住民のせいぜい八分の一しか支えることができないと推計した。[032]その時オランダの製品は無数にあり有名だったが、

ウスなどの公的施設を焼き払った。コックバーンはナポレオン戦争後に政治家となり、ウェリントン内閣とピール内閣で第一海軍卿を務め、一八五一年には海軍元帥に昇進した。

[031] 枢機卿リシュリュー公アルマン・ジャン・デュ・プレシー(Armand Jean du Plessis, Cardinal-Duke of Richelieu, 1585-1642)は、ルイ一三世の首席大臣としてユグノーの反乱を鎮圧して一六二九年にアレスの和議を結び、フランスの中央集権化を進めた。

[032] マハンは「せいぜい八分の一しか支えることができない」(could not support more than one eighth)と述べており、文脈的にもそのように解釈していることが窺われるが、マハンが参照したと思われる英語版の原文では「八分の一

その成長は海運業に大きく後れをとっていた。貧弱な大地と風雨に晒された海岸がオランダ人を最初は漁業へと走らせた。その後、魚の塩蔵加工の発見により国内消費財だけでなく輸出財が得られ、こうしてオランダの富の基礎が築かれた。このように、イタリア諸国がトルコの力に圧迫され、また喜望峰回りの航路の発見により衰退し始めていた時に、オランダ人は交易業者となり、イタリアの偉大なレヴァント交易を継承した。さらにバルト海とフランス、地中海、そしてドイツ河川の河口の中間にあるという地理的位置にも恵まれ、ヨーロッパの運送業のほとんどすべてを素早く自分のものとした。バルト海の小麦と海軍用品、スペインと新世界の植民地の交易、フランスのワイン、そしてフランスの沿岸交易は、二〇〇年ほど前には、オランダ船で輸送されていたのだ。イングランドの海軍業のほとんどでさえも、当時はオランダ船舶により行われた。こうした繁栄がすべてオランダの天然資源の欠乏からのみ生じているとうそぶくことはできない。何もないところから何かが生まれることはない。真実は、国民の困窮という境遇によりオランダ人が海に追いやられ、海運業の熟達と船団の規模から、アメリカ大陸と喜望峰回り航路の発見に続く商業の突然の拡大と探検精神から利する立場にあったということだ。その他の原因も同時に生じたが、オランダの繁栄のすべては窮乏が生み出したシー・パワーに基づいてい

には供給することができない」(the eighth part ... could not be supplied)となっており、文意が大幅に異なる。Cf. Pieter de la Court, *The True Interest and Political Maxims of the Republick of Holland and West-Friesland*(London, 1702), pp. 42-43.

た。食料、衣服、製品の原材料、船を建造し艤装するための木材と麻（オランダは他のヨーロッパ諸国すべてを合わせたのとほぼ同数を建造した）でさえも輸入されていた。そして、一六五三年と一六五四年のイングランドとの悲惨な戦争が一八ヶ月にわたって続き、オランダの海運業が中断された時、「漁業や商業のように、国の富を常に維持してきた収入源がほとんど干上がった。工場は閉鎖され、作業は中断された。ゾイデル海は〈停泊する船の〉マストの森となり、国中が乞食で溢れた。道には草が生い茂り、アムステルダムでは一五〇〇〇軒が空き家だった」❖033。屈辱的な和平だけがオランダを破滅から救ったのだ。

　この悲惨な結果は、世界で果たす役割のために国外の供給源に完全に依存する国の弱さを示している。ここで述べる必要のない条件の差異のために、多くを割り引いて考えると、当時のオランダの事例は現在のイギリスの事例と強い類似点を持っている。オランダ人は、自国にほとんど自尊心を持っていないように思われるが、本国での繁栄の継続が主に海外で力を維持することに懸かっているとイギリスに警告する真の予言者である。人々は政治的特権がないことに不満を持つかも知れないが、食べ物が欠乏するようになればさらに不安になるだろう。米国人にとっては、海洋国家の一つと見なされるフランスにおいて、国土の広さ、快適さ、そして豊かさからもたらされた結果が、米国で再現され

❖033 マハンはここでJames Geddes, *History of the Administration of John de Witt: Grand Pensionary of Holland*, Vol. I (London, 1879), pp. 319-320の記述を要約しているが、その典拠はLieuwe van Aitzema, *Saken van staet en oorlogh, in, ende omtrent de Vereenigde Nederlanden, Volume III: Beginnende met het jaer 1645, ende eyndigende met het jaer 1656* (The Hague, 1669), p. 876である。アイツェマは外交官かつ歴史家であり、イングランドの護国卿オリバー・クロムウェルの諜報官ジョン・サーロー（John Thurloe）にオランダの情報を提供していた。

ていることを指摘するのがさらに興味深いことだろう。初めは、我々の先祖は、部分的には肥沃だがほとんど開墾されておらず、港が豊富にあって豊かな漁場に近い海岸沿いの狭い土地を所有していた。これらの物理的条件は、生来の海への愛、いまだに血管を流れるイギリス人の血の脈拍と結びついて、健全なシー・パワーが依存するこれらすべての傾向と活動を支えている。初期の植民地のほとんどすべては海か大きな支流の一つに面していた。輸出と輸入はすべて一つの海岸に集まった。海への関心と、公共の福祉に海が果たした役割についての聡明な認識は容易に広まった。公益への配慮よりさらに重要な動機も有効だった。というのは、造船の材料の豊富さとその他の投資の対象が比較的少なかったために、海運業は収益の上がる民間事業でもあったからだ。現在の状況がいかに変化してしまったかは、誰でも知っている。国力の中心はもはや海岸にはない。内陸部の素晴らしい成長、そして未だに手の付かない富を、本と新聞が競い合うように描いている。資本はそこに最高の投資を見出し、労働者は最大の機会を見出す。〈海の〉国境は無視され、政治的に弱い。メキシコ湾と太平洋の沿岸は実際にそうであり、大西洋沿岸はミシシッピ川流域中央部と比較すると無視されている。海運業が再び金になる日がやって来たら、三つの海に面した国境が軍事的に脆弱であるだけでなく、自国の海運業がないために貧弱でもあると分かる時には、三つの海の団結した努力が我が国のシー・パワーの基礎を再び築くのに役立つかも知れない。その時まで、シー・パワーの欠如がフランスの歴史に課した制約を理解する者は、国内の富がフランスに似て過剰であるために、自国もまたこの素晴らしい道具を無視するよう導かれていることを嘆くだろう。

〈シー・パワーの成長に〉影響を及ぼす物理的条件の中で、イタリアの物理的条件のような形態――中央の山脈が半島を二つの狭く細長い土地に分かち、必然的に様々な港を結ぶ道が山脈に沿って延びる長い半島――が特筆されるだろう。目に見える地平の向こうからやって来る敵がどの地点を攻撃するか知ることは不可能なので、絶対的な海の管制だけがこうした交通を完全に守ることができる。それでもやはり、十分な海軍が中央に配置されていれば、重大な被害を受ける前に、敵の基地でもあり交通線でもある敵艦隊を攻撃できる望みがあるだろう。先端にキーウェストがある長く狭いフロリダ半島は、平坦で人口がまばらだが、一見してイタリアと同じような条件を提示している。この類似はうわべだけのものかも知れないが、もし海戦の主戦場がメキシコ湾であれば、半島の先端への陸上交通は重要な問題であり、攻撃に晒される可能性がある。

海が国境となったり国を囲んだりするだけなく、二つ以上の地域に一国を分断するときには、その海を管制することが望ましいだけでなく、決定的に重要である。こうした物理的条件は海洋国家《シー・パワー》に命と力を与えるか、その国を無力にする。それが、サルディーニャ島とシチリア島を持つ現在のイタリア王国の条件である。このために、国ができて日が浅くまだ財政的な脆弱さを抱えているにもかかわらず、イタリアは海軍を建設することにかくも精力的で聡明な努力を発揮しているように見える。敵よりも明白に優勢な海軍があれば、イタリアは本土よりも島々に国力の基礎を置いた方が良いという議論さえある。なぜなら、既に指摘した半島における交通線の脆弱さが、敵対的な国民に囲まれ海からの脅威を受ける侵略軍を非常に深刻に困らせるだろうからだ。

ブリテン諸島を隔てるアイルランド海〈アイリッシュ海〉は、境界というよりは入り江のようなものだが、歴史はこの海がイギリスにもたらす危険を示している。フランス海軍がイングランドとオランダの連合艦隊にほぼ匹敵したルイ一四世❖034の時代には、ほとんど完全に土着の人々とフランスの支配下に落ちたアイルランドに、最も危険な紛糾の種があった。それにもかかわらず、アイルランド海はフランスにとって有利というよりも、むしろイングランドにとっての脅威——交通の弱点——だった。フランスは戦列艦をこの狭い海域に思い切って送り込んだりしなかったし、上陸しようとする遠征軍はアイルランド南部や西

❖034 ルイ一四世(Louis XIV, 1638-1715)は、ブルボン朝の最盛期を築いて太陽王と呼ばれたフランス王。宰相マザランの死後、一六六一年に親政を開始し、ジャン＝バティスト・コルベールを財務総監兼海軍大臣として重用した。

❖035 一六九〇年七月一〇日のビーチー・ヘッドの海戦。トリントン率いる五六隻の英蘭連合艦隊がトゥールヴィル率いる七五隻のフランス艦隊に攻撃を仕掛け、英蘭連合艦隊は一一隻を失った。

❖036 セント・ジョージ海峡は、現在ではウェールズとアイルランドを隔てる狭隘部を指すが、以前はアイルランド海全体を意味した。

❖037 ジェイムズ二世の伝記は、シャトールノー侯率いる五隻の戦列艦と二〇隻のフリゲート艦を派遣して両岸の船を焼

部の〈大西洋沿岸の〉港に向かった。ここぞという時には、フランスの大艦隊はイングランド南岸に送り込まれ、そこで〈英蘭〉連合艦隊を決定的に破り、[035] 同時に二五隻のフリゲート艦がイングランドの交通を妨害するためセント・ジョージ海峡[036]に派遣された。[037] 敵対的な住民の真っ只中にあって、アイルランドのイングランド軍は重大な危険に晒されていたが、ボイン川の戦いとジェイムズ二世の遁走[038]によって救われた。敵の交通路に対するこうした運動は厳密に戦略的なものであり、現在でもイングランドにとって一六九〇年にそうだったのと同じぐらい危険だろう。

　同世紀におけるスペインは、各地域が強力なシー・パワーにより結合されていないときに、こうした分断に起因する脆弱さに関して印象的な教訓を提供した。その時、スペインは過去の栄光の残滓として、新世界の広大な植民地は言うにおよばず、ネーデルランド（現ベルギー）、シチリア、その他のイタリアの領土をまだ保持していた。それにもかかわらず、スペインのシー・パワーはあまりにも衰退していたので、当時の見識が広く冷静なあるオランダ人は以下のように述べることができた。「スペインでは、その全海岸を航行しているのは数隻のオランダ船だけである。また一六四八年の和平以来スペイン船と船員はとても少ないので、以前は西インド諸島から外国人をすべて排除しようと徹底して

き払い、ウィリアム三世とその軍隊をアイルランドに足止めすることを海軍大臣セニュレー侯（財務総監コルベールの長男）が提案し、ジェイムズ二世はこの計画があったからこそイングランドに向かうためにアイルランドを早期に離れたと示唆するが、この計画は実際には実行されていない。Cf. Rev. J.S. Clarke, *The Life of James II Collected Out of Memoirs Writ of His Own Hand*, Vol. II (London, 1816), pp. 408-409. なお、ジェイムズ二世の回顧録や伝記とされるものには複数の版があり、二五隻のフリゲート艦としている版もある。クラーク版もジャコバイトにより編集された原稿ないしその写しを元にしており、この計画自体もジェイムズ二世がボイン川の戦いの直後にフランスに亡命したこ

いたのに、西インド諸島へ航海するためにオランダ船を公然と庸船し始めた……」そして、彼はこう続ける。「スペインの胃（そこからほとんどすべての歳入が引き出されるため——筆者。）である西インド諸島は、海軍力によってスペインの頭〈本国〉と接合されなければならない。そして、ナポリとネーデルラントは二本の腕のようなもので、海運がなければスペインのために力を投じることはできないし、何も受け取れない、というのは明白だ——すべてはオランダの海運によって平時には容易に実行され、戦時には遮断されるだろう」[❖039]。半世紀前、アンリ四世[❖040]の偉大な大臣だったシュリー公[❖041]は、スペインを「足と腕は剛健で力強いが、心臓が非常に虚弱で力のない国家の一つ[❖042]」と見なしていた。彼の時代以降、スペイン海軍は大損害を被っただけでなく、全滅を経験した。屈辱を味わっただけでなく、退廃したのである。その結果を手短に言えば、海運業が破壊され、それと共に製造業が姿を消したのだった。政府は、多数の大打撃に耐えられる幅広い健全な商業と産業ではなく、敵遊弋艦により容易かつ頻繁に捕獲される、アメリカから数隻の財宝船が運ぶ限られた銀に依存した。半ダースのガレオン船の損害が、一度ならず政府の活動を一年にわたって麻痺させた。ネーデルラントで戦争が続く間、オランダによる海の管制が、海ではなく長く金のかかる陸路で兵士を送るようスペインに強いた。そしてこの同じ原因がスペインを生

とを弁明するための創作である可能性は否定できない。ジェイムズ二世の回顧録や伝記の史料批判については、Winston S. Churchill, *Marlborough: His Life and Times*, Book I (London, 1947), Ch. XXI; *The Memoirs of James II: His Campaigns as Duke of York, 1652-1660*, translated by A. Lytton Sells (Bloomington, 1962), Preface and Translator's Introductionも見よ。

❖038 名誉革命で王位を簒奪されフランスに逃れたジェイムズ二世は、一六八九年三月、フランスの支援を受けてカトリック住民の多いアイルランドに上陸し、ジャコバイト（ジェイムズ派）軍を募った。これに対してウィリアム三世も増援を率いて一六九〇年六月に上陸し、ビーチー・ヘッドの海戦の二日後にあたる一

活必需品にすら困窮する状態にしたので、現代の考えでは非常に奇妙に思われる相互協定により、スペインが必要とするものはオランダ船によって供給され、このようにオランダ船は自国の敵を支えたが、その代わりにアムステルダムの取引所で歓迎された正貨を受け取った。アメリカでは、本国から支援を受けられないスペイン人は、石造要塞の陰でできる限り身を守った。一方、地中海では主にオランダの無関心により屈辱と損失を免れた。なぜなら、フランスとイングランドがまだ地中海での覇権争いを始めていなかったからだ。歴史の経過の中で、ネーデルラント、ナポリ、シチリア、ミノルカ、ハバナ、マニラ、そしてジャマイカは、この海運を持たない帝国からそれぞれある時期にもぎ取られた。要するに、スペインの海上での無力さは、第一にはスペインの全般的な衰退の症状かも知れないが、今でも完全には抜け出せていない奈落の底へとスペインを突き落とす顕著な要素となった。

　アラスカを除けば、米国には遠隔の領土はない——陸からアクセスできない土地は一フィート〈約三〇センチ〉もない。米国の輪郭はこのようなものなので、突出した位置にあるために特に脆弱な地点はほとんどなく、国境の重要地点にはすべて容易に到達することができる——水路で安価に、鉄道で高速に。最も脆弱な国境である太平洋は、潜在的な敵国のうち最も危険な国からは遠く離れ

六九〇年七月一二日、ダブリンの北三〇マイル（約四八キロ）のボイン川で戦闘となった。ジャコバイト軍は比較的軽微な損害で撤退したが、ジェイムズ二世は再びフランスに亡命した。

❖039 マハンの引用は不正確であり、一部趣旨が変化している。たとえば、原典では「スペインでは、その全海岸を航行しているのはオランダ船を除けばほとんどない」と書かれている。Pieter de la Court, *The True Interest and Political Maxims of the Republick of Holland and West-Friesland* (London, 1702), pp. 275-276.

❖040 アンリ四世（Henri IV, 1553-1610）は、ブルボン朝初代のフランス王。一五九八年にナントの勅令を発してカトリックとユグノーの融和を図り、中央集権化と海外植民に

ている。国内資源は現在の必要と比べて限りなく、あるフランス士官が筆者に語った表現を用いれば、我々は「自身の小さな辺境の地」で無期限に自活することができる。けれども、この小さな辺境の地に〈中米〉地峡を通る新しい通商路が入りこんできたら、今度は米国が、すべての人々に共通する生得権である海の分け前を放棄してしまった国々が経験する衝撃的な目覚めを経験するかも知れない。

(三)領土範囲。――一国のシー・パワーとしての発展に影響を及ぼし、またそこに住む人々とは区別される、国自体に関係する条件の最後のものが領土範囲である。これは比較的短く片付けることができるだろう。

シー・パワーの発展に関しては、一国の合計平方マイル〈一平方マイルは約二・六平方キロ〉ではなく、海岸線の長さと港湾の特性が考慮されなければならない。これらに関しては、地理的条件と物理的条件が同じなら、海岸線の広がりが、人口の大小によって強さや弱さの源となるだろう。この点では国は要塞のようなものである。守備隊〈の規模〉は外壁〈の長さ〉に比例していなければならない。最近の有名な事例は、アメリカ分離戦争〈南北戦争〉に見出される。南部連合がその好戦的な姿勢に見合う多数の人々、そして海洋国家としてその他の資源に釣

成果を上げた。

❖041 シュリー公マクシミリアン・デ・ベテューヌ(Maximilien de Béthune, Duke of Sully, 1560-1641)は、ユグノー戦争で功績を挙げ、アンリ四世の即位後には財務長官として重用される。

❖042 Cf. Sully to Jeannin, February 26, 1608, in Pierre Jeannin, *Négociations Diplomatiques et Politiques du Président Jeannin*, Nouvelle Edition, Vol. II (Paris, 1819), p. 46.

り合った海軍を持っていたならば、その海岸の大きな広がりと無数の入り江は大きな強さの要素となったことだろう。アメリカ合衆国の国民と当時の政府が南部海岸全体の封鎖の有効性を誇ったのは正しかった。それは偉大な事業、極めて偉大な事業だった。しかし、南部諸州の人々の人口がもっと多く、船乗りの民族だったならば、それは実行不可能な偉業だっただろう。そこで示されたのは、これまで言われてきたようにこうした封鎖をいかに維持することができるかではなく、海に慣れていないだけでなく数が少ない人々に対してはこうした封鎖が可能であることだった。封鎖がいかに維持されたか、また戦争の大部分を通じて封鎖に関わった艦種を思い出す者は、その状況下では正しかった計画が本物の海軍に直面しては実行され得なかったことを知っている。海岸沿いに支援もなく分散する合衆国船は、敵の秘密裏の集中に有利な広範な内水路交通網に直面して、単艦ないし小分艦隊で配備された場所を守った。水路交通の第一線の背後には長い河口があり、あちこちに強固な要塞があって、敵船はそのどこにでも追跡を逃れたり保護を受けたりするために退却することができた。こうした利点や合衆国船の分散状況から恩恵を受ける南部連合海軍が存在したならば、合衆国船を実際にそうだったように配置することはできなかっただろう。また、相互支援のために集中することを余儀なくされ、多数の小さいが有用な進入路が通商に開かれたままだっただろう。しかし、その広がりと多数の入り江から南部の海岸が強さの源であったかも知れないように、まさにこうした特徴から南部の海岸は損害を与える有益な源ともなった。ミシシッピ川河口の偉大な物語は、南部全域で絶え間なく続いていた行動の最も顕著な実例に過ぎない。海の国境のあらゆる裂け目から軍艦が入り込んでいた。分離諸州の富を運び、交易を支えた川は分離諸州に背き、分離諸州の心臓部へと敵の侵入を許した。より満足な庇護があれば、非常に消耗する戦争を通じて国家を存続させたかも知れない地域では、狼狽と不安、麻痺が蔓延した。複数の競合する諸州ではなく、一つの偉大な国家が北アメリカ大陸に存在することにより、世界史の針路が修正されるよう定めたこの争い以上に、シー・パワーがより大きく、より決定的な役割を果たしたことはかつてなかった。しかし、当時自ら勝ち取った栄光に当然の誇りが感じられ、また海軍の優勢による成果の偉大さは確かに認められるけれども、事実を理解する米国人は、同国人の自信過剰に対して、南部連合は海軍を持たず、海に生きる国家ではなかっただけでなく、南部連合の人口は防衛しなければならない海岸の広がりに不釣り合いだったということを思い出させ損なってはいけない。

（四）人口。――一国の自然条件に関する考察の後には、シー・パワーの発展に影響を及ぼす人々の特徴の分析が続くだろう。そして、これらのうちで最初に取り上げられるのは、ちょうど今議論した領土範囲との関係から、その中に住む人々の数である。規模という観点からは、シー・パワーに関して考慮されるべきなのは、単なる平方マイル数だけではなく、海岸の広がりと特性であるということは既に言及した。そして、人口の点では、その総数だけでなく、海に従事する、または少なくとも船上での雇用と海軍兵器の製造に容易に利用可能な人々の数が数えられなければならない。

たとえば、以前、フランス革命に続く大戦争の終わりまでは、フランスの人口はイギリスの人口よりも遥かに大きかった。しかし、シー・パワー全般、軍事能力はもちろん平和な通商の観点からも、フランスはイギリスに遥かに劣っていた。軍事能力に関しては、開戦時の軍備の点でフランスが時に有利な立場にあったので、この事実はなおさら驚くべきことである。しかし、フランスはその優位を維持することができなかったのだ。こうして、戦争が勃発した一七七八年には、海員登録《マリタイム・インスクリプション》❖043によりフランスは五〇隻の戦列艦に直ちに人員を配置することができた。対照的に、イギリスでは、その海軍力が確固として依存する船舶がまさに世界中に分散していたために、本国で四〇隻に人員を配置

❖043 一六六五年、ルイ一四世の財務総監コルベールが導入した、沿岸地域を中心とする航海従事者の徴兵制度。この制度のお陰で、一六六一年には三〇隻に過ぎなかったフランス艦隊は、コルベールが死去した一六八三年には一六九隻まで急拡大することができた。同制度は形を変えながら三世紀にわたって存続し、一九六五年に廃止された。Cf. C.B. Norman, *The Corsairs of France* (London, 1887), pp. 11-14. 杉本宗子『フランス第二帝政期における植民地と海軍』（神戸大学大学院、博士論文）、五五～五九頁も参照せよ。

するのが非常に困難だった。しかし、一七八二年にイギリスは一二〇隻を就役させるか、または就役の用意が整っていた一方で、フランスは七一隻を決して超えることができなかった。

［さらに進んで、大きな海員人口だけでなく、船の建造と修理を容易にし、海軍に有能な新兵を供給する熟練した機械工と職人の必要性が示される。――編者。］

……我々自身の国が〈平時に有事の備えをしないという〉同様の責めを受ける可能性があるのは、全世界にとって明白である。米国は、予備戦力を培うための時間を稼ぐ、こうした防勢力の盾を持っていない。米国の潜在的な必要に十分な海員人口に関しては、それがどこにあるだろうか？ 米国の海岸線と人口に釣り合うこうした資源は、一国の商船団とその関連産業にのみ見出されるが、それは現在ほとんど存在しない。こうした船の船員が自国出身であるか外国出身であるかは、彼らがその国の国旗に愛着を持ち、海におけるその国の力が彼らのほとんどが戦時に戻ってくるのを可能にするほど強ければ、ほとんど問題ではないだろう。何千人という外国人に投票が許されているときに、彼らが船上で戦闘室〈砲列甲板《ガン・デッキ》〉を任されるのはほとんど重要なことではない。

　本主題の扱いはやや散漫だが、海に関する職に従事する大きな人口は昔も今もシー・パワーの大きな要素であること、米国にその要素が不足していること、そして自国旗のもとでの大規模な通商にのみその基礎が据えられるということは認められるだろう。

(五)国民の性格。——国民の性格とシー・パワー発展への適性の影響が次に考察される。

もしシー・パワーが平和で広範な通商に本当に基づいているなら、商業の素質が、ある時期に海に覇を唱える諸国民の際立った特徴であるに違いない。歴史はほとんど例外なくこれが真実であることを断言している。ローマ人を除けば、これに反する顕著な事例は存在しない。

[ここで、スペインとオランダ、イギリスの商業史と植民地政策の概説が数頁にわたって続く。——編者。]

……偉大な〈対外〉植民国家としてのイギリスの独特で素晴らしい成功という事実は、あまりに明白なので詳説する必要はない。イギリスの成功の理由は、主に国民の性格における二つの特徴にあるように思われる。イギリスの入植者は新しい国に自然とたやすく定住し、自身の権益をその国と一体化させ、そして出身の母国に愛情あふれる記憶を保つけれども、帰国をせわしなく熱望することはない。第二に、イギリス人は最も広範な意味で新しい国の資源を開発しようとすぐに、また直感的に努める。前者の点においては特に、イギリス人は、〈出身国の〉快適な土地の喜びをいつまでも恋々として回顧するフランス人と異なる。後者の点においては、新しい国の可能性の完全な発展には関心と野心の範囲が狭すぎるスペイン人と異なる。

オランダ人の性格と必要は、自然と植民地の建設へとオランダ人を導いた。そして、一六五〇年までには、彼らは東インドとアフリカ、アメリカに多数の植民地を手にしており、その名を一つ一つ挙げることは退屈なだけだろう。当時、オランダはこの点においてイングランドよりも遥かに進んでいた。しかし、純粋に商業的な性格を持つこれらの植民地の起源は自然なものだったが、オランダには成長原理が欠けていたように思われる。「植民地を建設する中で、彼らは決して帝国の拡大を求めず、ただ交易と通商の獲得を求めていた。彼らは状況の圧力により余儀なくされた時にしか征服を試みなかった。一般的に、彼らはその国の君主の庇護下で交易することに満足していた[044]」。政治的野心を伴わないこの金儲けに満足することは、フランスとスペインの専制政治のように、植民地を母国の単なる商業的属国のままにする傾向があり、そうして自然な成長原理を破壊した。

この調査項目から離れる前に、その他の条件が有利なものになるならば、米

[044] Cf. Charles Maurice Davies, *History of Holland, from the Beginning of the Tenth to the End of the Eighteenth Century*, Vol. II (London, 1842), p. 563.

[045] 米国人が外国で安価に船を購入してもそれを米国船として登録することができず、米国船以外は沿岸交易が禁止され、船の資材にも多額の関税がかかるなど、米国の海運業の発展を妨げる様々な法的制約が存在した。Cf. J.D. Jerrold Kelley, *The Question of Ships: The Navy and the Merchant Marine* (New York, 1884), pp. 37-43

国人の国民的性格が大きなシー・パワーを発展させるのにどれぐらい適しているか問うのが良いだろう。

しかしながら、もし法律的な障害が取り除かれ[❖045]、より利益の大きな事業分野に人が集まるなら、シー・パワーが姿を現すのが長く遅れたりはしないだろうことを証明する、そう遠くない過去に訴える以上のことはほとんど必要ないように思われる。通商への本能、利益を追求する大胆な事業、そして利益へ続く道への鋭い嗅覚は、すべて存在している。そして、もし将来植民地化を必要とする場所があるなら、米国人が自治と独立した成長への遺伝的素質をすべて持ち込むだろうことには疑いがない。

(六)政府の性格。——一国のシー・パワーの発展にその政府と諸制度が及ぼした影響を論じる中では、過剰に思索する傾向を避け、遠く離れた根源的な影響を求めてあまりに物事の内面を探り出そうとせずに、明白で直接の原因とその明瞭な結果に注意を限定する必要があるだろう。

それにもかかわらず、特定の政府形態とそれに伴う諸制度、そしてある時期の統治者の性格が、シー・パワーの発展に非常に顕著な影響を及ぼしていることには注意しなければならない。ここまで考察してきた一国とその国民の様々な特徴は、まるで人のように、一国がその生涯を始める自然の特性を構成する。同様に、政府の行為は、それが賢明で精力的で不屈であるか、またはその逆かによって一人の人生や一国の歴史に成功や失敗をもたらす、聡明な意思の力の行使に相当する。

国民の自然な傾向に完全に一致する政府は、おそらくあらゆる点でその成長を促進することに大いに成功するように思われる。そして、シー・パワーの問題に関しては、国民精神に完全に染まって、その真の全般的傾向を意識している政府による聡明な指導があるところで、当然の結果として最も見事に成功している。国民やその最良の自然な代表者の意思が、政府を形づくるのに大きな役割を果たしているときに、こうした政府は非常に確固として安定している。しかし、こうした自由政府は時に期待外れに終わる一方で、思慮分別と一貫性をもって振るわれる専制権力は時に、自由民のより緩慢な方法により達成され得るよりも、さらに一層の直截さで大規模な海上通商と見事な海軍を作り出している。後者の事例で難しいのは、特定の専制君主の死後にも〈その政策の〉堅持を保証することである。

イギリスは疑いの余地なく他のどの近代国家のシー・パワーと比較しても頂点に達しており、その政府の行動が第一に関心を引く。しばしば称賛からはほど遠いこともあるが、全般的な方向としてはイギリス政府の行動は一貫している。イギリス政府は着実に海の管制を目指しているのだ。

［一八七〜一九三頁に一部引用されている、本章の残りの部分は、一七世紀と一八世紀のイギリスの交易とシー・パワーの拡大を概説している。――編者。］

第四章 用語の定義[008]

戦略、戦術、兵站

陸上における戦争術《アート・オブ・ウォー》について、ジョミニは以下のように述べている。「戦略《ストラテジー》とは、地図の上で戦争する術《アート》であり、軍事作戦の全域を含んでいる。大戦術《グランド・タクティクス》とは、現場での偶然に応じて戦場に軍隊を配置し、交戦させる術である。また、地図上での計画とは対照的に、現場で戦闘する術である。その作戦は一〇マイル〈約一六キロ〉から一二マイル〈約一九キロ〉という範囲の戦場に及ぶかも知れない。戦略はどこで行動するかを決定する。大戦術は、」戦略との組み合わせにより、軍隊が行動地点に集合させられたときに「〈作戦〉遂行の仕方と軍隊の運用を決定する[046]」。

[008] Mahan, "Objects of the Naval War College," pp. 199, 206. 各用語の区別については、本書二九〜三〇頁、三七〜三八頁も参照せよ。——編者。

[046] Cf. Jomini, *The Art of War*, p. 69.

……戦略と大戦術の間には、必然的に兵站《ロジスティクス》がある。戦略はどこで行動するかを決定する。兵站は軍隊を動かす行為であり、軍隊を行動地点に運び、補給の問題を監督する。大戦術は攻撃する方法を決定する。

中央位置、内線、交通路

[ここで例示に用いられる状況は、フランスのブルボン家がオーストリアのハプスブルク家に対抗し、後者がスペインとオーストリア、ドイツの一部を支配していた一六一八年〜一六四八年の三〇年戦争から取り上げられている。フランスはスペインとオーストリアの間に位置していたが、スペインが海を支配している場合には、スペイン軍は、共に支配下にあるベルギー、または北イタリアのミラノ公国を通って、中央ヨーロッパの紛争の場に到達することができた。

ウルムとラティスボン〈独名レーゲンスブルク〉の間のドナウ川上流も、アルプス山脈の北、ライン川の東にある、ヨーロッパの大戦域に優位を占める中央位置を例示するために利用されている。——編者。]

この時期の二つの敵対国——スペインとオーストリア——との比較における

[009] Mahan, *Naval Strategy Compared and Contrasted with the Principles and Practice of Military Operations on Land* (Boston, 1911), pp. 31-53.

フランスの状況は、しばしば言及される戦略の三つの要素の例であり、これらの要素を示して定義するとともに、目の前の事例で例証するのが良いだろう。

一、中央位置。これは、陸上では敵国の間に位置するフランスの国力と支配により例示されている。そのうえ、海岸が十分な海軍を支えるならば〈艦隊の拠点となる港湾に恵まれているならば〉、陸上でだけそうだというわけでもない。なぜなら、その場合には、フランス艦隊もスペインとイタリアの港湾の間に位置するからだ。同様に、ドナウ川は中央位置の例である。

二、内線。内線の特徴は、一つ以上の方向に延びた中央位置の特徴であり、したがって別個の敵部隊の間に位置し続けるのに有利である。その結果として、いずれかの部隊に対して集中しながら、他部隊に対してはおそらく明白に劣った部隊で牽制する力がある。内線は、中央位置の延長や、幾何学的な線が連続する幾何学的な点のひと続きであるように、一連の中央位置が互いに結びついたものとして考えることができる。「内線」という表現は、中央位置から向かい合う二つの前線に敵よりも素早く集合することができ、したがって戦力をより有効に活用することができるという意味を持つ。海上における内線の顕著な例は、喜望峰回りの航路と比較した場合のスエズ回りの航路、またマゼラン海峡❖047に対するパナマ運河に見出される。同様に、キール運河❖048は、デンマークを迂回

❖047 南アメリカ大陸南端にある太平洋と大西洋を結ぶ海峡。
❖048 北海に面するブルンスビュッテルとバルト海に面するキールを結ぶドイツの運河。一八九五年に完成したが、ドレッドノート級艦の航行ができるよう一九〇七年から拡張工事が行われ、一九一四年に完了した。

して通過する、またはデンマーク諸島の間を通過する自然の海峡――〈ウーアソン〉海峡と二つの〈大小〉ベルト〈ストア海峡とリレ海峡〉――に対して、バルト海と北海の間の内線を提供する。▼010 これらの「内線」の事例は、三角形の内側にある点から二つの角に引かれた線が、それらに対応する三角形自体の辺よりも短い線となることを証明する、諸君が少年時代に習った幾何学定理の一つを思い出させるだろう。手短に言えば、内線とは敵が利用できる線よりも短時間で移動できる線なのである。たとえばフランスは、我々の眼前にある事例において、仮に海が敵船に開かれていたとしてさえも、スペインが二〇〇〇〇人の兵士をライン川に送ったり、オーストリアがピレネー山脈に送ったりするよりも早く、ライン川やピレネー山脈に同数の兵士を進軍させたり、いずれかに必要な補給物資を送ることができた。

三、ドイツとスペインに対するフランスの相対的な位置は、交通線の問題も例証する。「交通線《コミュニケーション》」とは一般的な用語であり、軍隊や艦隊といった軍事組織が国力と活発な結びつきを維持する移動線を指している。これが交通線の主要な特徴なので、本質的には防勢行動の線であると考えられるかもしれない。その一方で、内線はむしろ攻勢の性格を持っており、内線に恵まれる交戦国が敵の増強よりも早く敵前線の一部に大挙して攻撃を仕掛けることを可能にする。な

▼010 あらゆる種類のドイツ海軍の発展が並行して同時進行する原因となった方法と先見の興味深い事例は、一九一一年に起工された三隻のドレッドノート級艦が完成し、それと共に八隻ずつからなるドレッドノート級艦だけで構成される二つの戦隊が完成する時、おそらく一九一四年までに、キール運河がその通行を可能にするために拡張されているだろうという事実に見出される。その時には戦艦三八隻の艦隊となるだろう。それにはこれらの一六隻が含まれ、相互支援のために中央運河により結びつけられて、北海に八隻、バルト海に八隻が配備されるだろう。この計画は、現在の前ドレッドノート級艦をドレッドノート級艦によって継続的に予定通り交換することを想定している。

ぜなら、攻撃者が味方よりも近いからだ。具体例として、既に言及した一六三九年にスペインが英仏海峡を通って増援を送ろうとした破滅的な試みは、ラ・コルーニャからドーバー海峡までの航路を辿った。❖049 特にその時点では、フランスの成功によりライン川流域の一部をフランスが支配し、ミラノ公国のスペイン軍に対してライン川が封じられていた一方で、ドイツを通るさらに東寄りの道筋は、三〇年戦争中にはフランスの同盟国だったスウェーデン軍により阻まれていた。したがって、その時点では英仏海峡がスペインからネーデルラントへの唯一開かれた道であって、その間が交通線となった。仮にその試みが成功したとしても、〈スペインの増援が〉辿る線は外線である。なぜなら、移動速度が同じであると仮定すると、中央のフランスから出発する一〇〇〇〇人の兵士が戦場に先に到達するはずだからだ。

したがって、フランスの中央位置は防勢と攻勢両方の利点をもたらした。この位置の結果として、フランスは攻撃に利用される内線、より短い線を手にしており、どちらの前線への交通路も前線の後ろにあって、前線の軍隊により守られていた。言い換えれば、ある前線の敵がもう一方の前線に援軍を送るために利用するよりも短距離であるだけでなく、フランスはうまく防衛をしていたのだ。そのうえ、フランスの位置のお陰で、大西洋と英仏海峡に面したフラン

❖049 一六三九年、スペインはラ・コルーニャから八五〇〇人の兵士と軍資金をスペイン領ネーデルラントに送ると同時に、オランダ艦隊を決戦に誘い出すことを計画した。九月一六日に英仏海峡でオランダ艦隊と遭遇し、数日間にわたって交戦した。スペイン・ポルトガル連合艦隊は、単縦陣を組み距離を保って砲撃を集中する少数のオランダ艦隊に苦戦し、両艦隊の弾薬が尽きたところでイングランド東岸沖のダウンズに逃れた。連合艦隊がイングランド船により兵士と軍資金を輸送しながら修理を行う一方で、オランダ艦隊はダウンズを封鎖しながら武装商船や火船の動員に努めた。一〇月二一日のダウンズの海戦では、オランダ艦隊が攻撃を仕掛けて連合艦隊

スの港はスペインの海上交通路の側面に位置していた。

現時点では、三国同盟の締結国であるドイツとオーストリア＝ハンガリーには、ロシアとフランス、イギリスの三国協商に対して中央かつ集中した位置という、同じ優位がある。

では、一七九六年にそうだったように、また我々が今話している時期に頻繁にそうだったように、その流域が戦場となっていた時のドナウ川に注意を向けよう……しばしばそうだったように、オーストリアとフランスの間で戦争が起こるなら、ドナウ川を掌握する側がこの地域において中央位置を占めたことをこれまで見てきた。掌握とは軍事力による占領を意味し、この軍事力を北や南に対して全力で用いる方が――攻勢力――、南と北が中央に対して連合するよりも遥かに容易だった。なぜなら、中央は南北の互いの距離よりも南北いずれに対しても近いからだ(地図を参照)。北から南に大きな増援を送りたいと思うなら、ドナウ川の掌握された部分を横切って進軍することはできず、その上

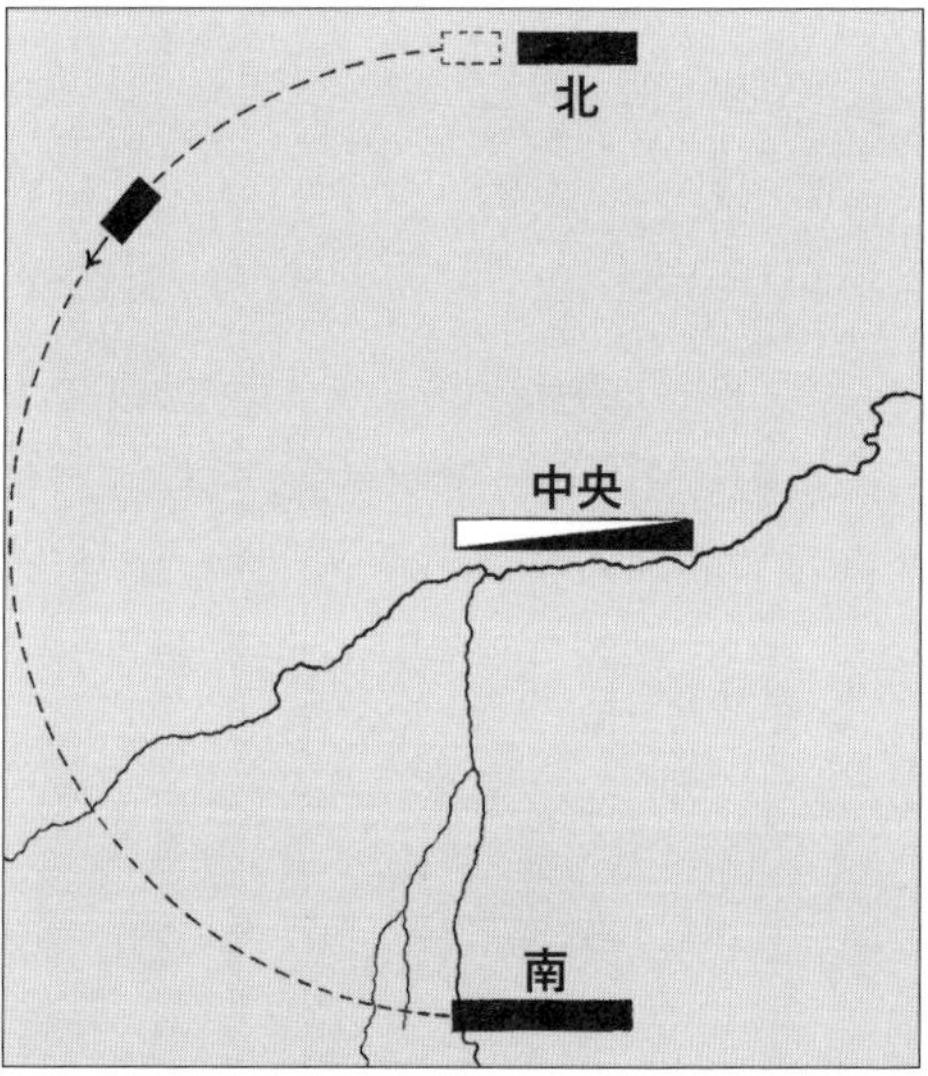

[**図2**]中央位置の価値を示す略図

は三〇隻から四〇隻という大損害を被り、スペイン海軍の没落の画期となった。Cf. Jan Glete, *Warfare at Sea, 1500-1650* (Abingdon, 2000), pp. 180-182.

流か下流を進軍しなければならない。ちょうど、一六四〇年にスペインからライン川への増援が、言わばフランスを迂回して進軍しなければならなかったように。このような陸上の進軍では、多数の兵士が道を並行して歩くことができないので、進軍する増援の隊列は必然的に長くなる。〈増援が〉辿る道が、その日その日の増援の隊列を事実上指定する。また、迂回しようとする敵に対して常に側面を向けて進軍するので、敵の位置は移動の側面にあると言われ、その危険性は広く認められている。進軍線が直線か湾曲しているかは問題ではない。その線自体が細長いために至るところで脆弱で、全体の比較的小さな部分に大挙して攻撃を受けやすいので、進軍線に沿って伸張することが危険なのだ。交通路は敵の攻撃に晒され、敵は内線を有している。……

これは「戦争は位置の業である」[050]というナポレオンの格言の力を示している。この議論はすべて位置に懸かっている。中央、北、南という通常の半永久的な位置、または分遣隊が移動する交通線上で分遣隊が占める位置の連続に懸かっているのだ。これは位置の重要性をたった一つの事例で示しているが、決してその重要性を余すところなく示しているわけではない。〈重要性を〉完全に理解するためには、ナポレオンの格言および中央位置と内線、交通線の定義をしっかりと念頭に置いて、陸軍史と海軍史を研究する必要がある。

❖050 Cf. Napoleon to Marshal Marmont, February 18, 1812, in Napoleon, *Correspondance de Napoléon Ier*, Vol. XXIII (Paris, 1868), p. 234.

たとえば、まだ年老いていない者にとって同時代であるほどに最近の事例を取り上げよう――一八七七年のプレヴネ〈現ブルガリアのプレヴェン〉におけるトルコ軍の位置である。この位置は、ロシア軍のコンスタンティノープルへの進軍をほぼ五ヶ月にわたって妨げた。それはなぜか？　なぜなら、もしロシア軍が先に進んでいたとしたら、プレヴネはロシア軍の交通線に近く、前線と後方、またはドナウ川後背のロシア軍に対して中央位置にあっただろうからだ。また、この位置はあまりに近かったので、もし敵が遠くまで前進したら、プレヴネの守備隊はジシュトヴィ〈シストヴァ、現ブルガリアのスヴィシュトフ〉にあるドナウ川を渡る唯一の橋に到達することができ、援軍が到着する前に破壊するかもしれなかった。すなわち、プレヴネは最重要地点への内線を有していたのだ。こうした状況下で、プレヴネは単独で全ロシア軍の行動を阻んだ。日本とロシアの間の最近の戦争では、▼011 旅順艦隊は同様に日本から満州への日本の交通線を脅かし、そうして戦争遂行全体に影響を及ぼした。日本と遼陽、または奉天に対して、〈旅順は〉中央

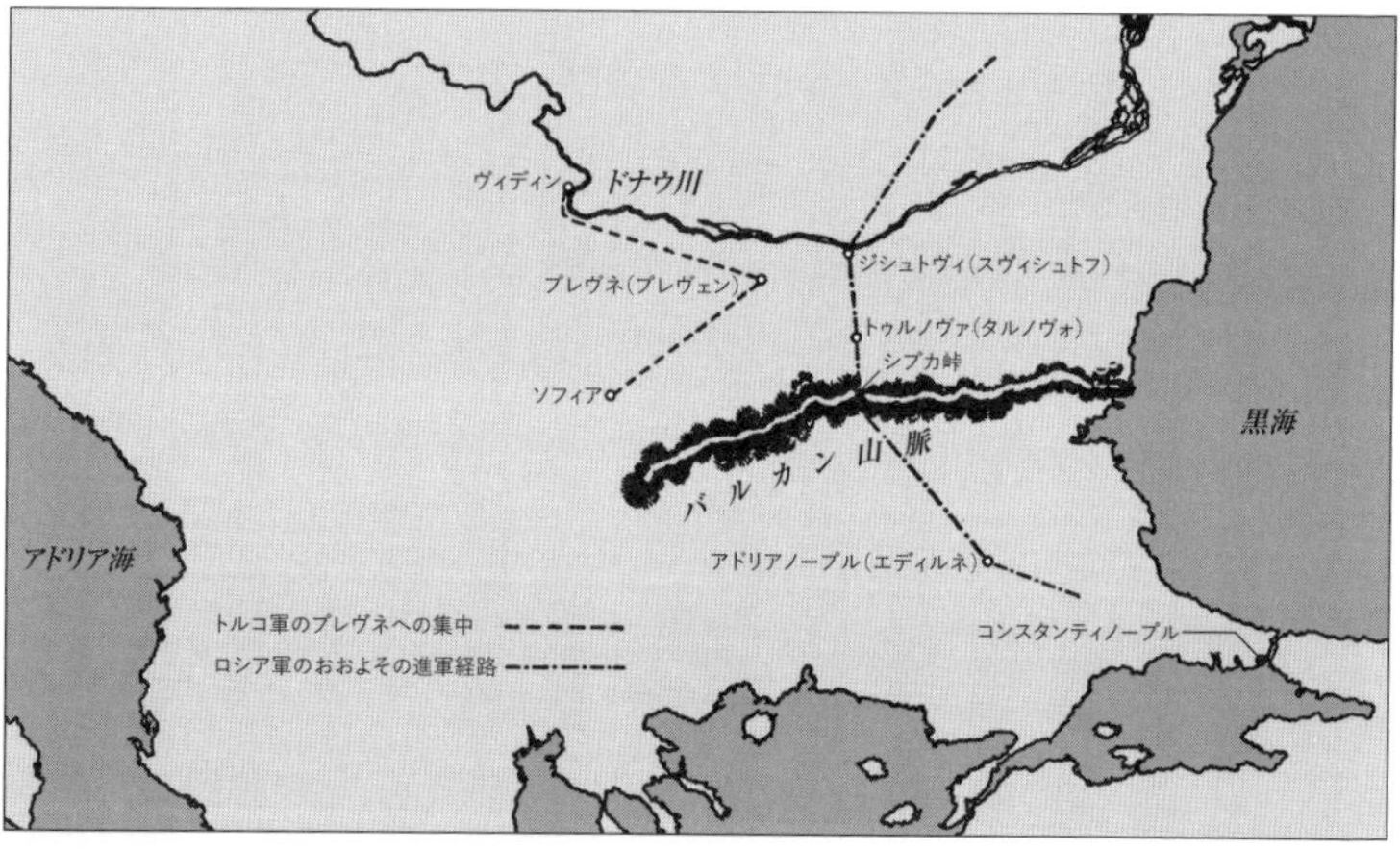

[図3]プレヴネにおける戦略的状況、一八七七年

にあったのだ。こうした状況の研究は、非常に異なる状況下における位置の効果の実例を無数に提供することで、知識を補強する。

さて、ドナウ川とその中央、北部、南部から、スペイン沿岸とドイツにいるオーストリア軍の間の交通に話を戻そう。スペインのハプスブルク家❖[051]がイタリアを通ってドナウ川やライン川に大増援を送りたいとしたら、〈スペインが〉海を管制する限り、また北イタリアにおける掌握をフランスが揺さぶらない限り、それは可能である。こうした状況は開かれた安全な交通路となる。しかしながら、制海が保証されていないなら、たとえばトゥーロンのフランス海軍が付近のスペイン海軍と同等なら、損失の危険がある。その一方で、もしフランス海軍が局地的に優勢なら、単なる損失ではなく深刻な大惨事となる大きな危険がある。こうした場合には、フランス海軍やトゥーロン港がスペインの交通線の側面にあり、これもやはり位置の事例である。位置に関しては、トゥーロンはプレヴネおよび旅順に対応する。しかしながら、旅順が顕著に示したように、位置の価値は位置そのものにあるのではなく、諸君がそれをどう利用するかに懸かっているということをこの事例は示している。これはまさに頭脳であれ幸運であれ人が持つ何らかの価値——どちらかを活用すること——である、と認めるのが適切である。フランス海軍がスペイン海軍に対して局地的に決定的に

▼011 三五八〜三五九頁の地図を参照せよ。

❖051 一五〇四年から一七〇〇年まで、スペインはハプスブルク家の統治下にあった。

劣勢であるなら、トゥーロンは重要性を失う。位置としては依然として優れているが、利用することはできない。利用不可能な財産《アセット》なのだ。同様に、プレヴネで守備隊が小さすぎて戦闘できなかったら、この場所は攻略されていたか、またはロシア軍主力が先に進む間、分遣隊により監視されていたかもしれない。旅順では、ロシア海軍の無能さが、日本がこうした方針をとることを可能にした。日本は陸海軍によりこの場所を監視し、満州での進軍を続けた。そうだとしても、その位置に内在する脅威が、包囲するために必要な莫大な軍隊の分遣を強い、そのため主力軍の行動が大いに弱体化された。

交通線への脅威となったのは、プレヴネと同様にトゥーロンの近さであることに注意せよ。したがって、港から交通線までの線は内線であり、短く、奇襲攻撃や大挙しての攻撃を可能にしている。かつてはカディス、今ではジブラルタル、マルタ、ジャマイカ、グアンタナモ湾をすべて脅威となる位置にしているのは、これと同一の考察である。この一部はスエズへ行ったり来たり地中海を往来する船に対して脅威となり、その他はパナマ地峡へ行ったり来たりする船に対して脅威となる。もしスペインがサルディーニャの南を通り、そこから北に増援を運ぶことが可能だったならば、トゥーロンはここまではその価値のほとんどを失っていたことだろう。その交通線がジェノヴァに近づくにつれて、トゥーロンはほんの幾らか管制を取り戻しただろう。すなわち、より小規模の、より短期的な管制である。実際、ナポレオンが偽航路(*fausses routes*)と呼んだこうした迂回線は、弱者の戦略に顕著な役割を果たしている。最も便利な通商路は必ずしも戦略にとって最も重要とは限らない。たとえば、一七九八年にマルタからエジプトに行く際に、ナポレオンは直接向かわず、まずクレタ島を視認してからエジプトへと針路を変えた。このために、追跡するネルソンはフランス艦隊を取り逃がした。ネルソンは当然〈エジプトに〉直接向かったからである。

もし大西洋沿岸のスペイン海軍がフランスの港と通商を脅かし、それによってフランスがその地域に海軍の全体ないし一部を維持して、トゥーロン部隊を弱体化するよう誘ったために、〈トゥーロン部隊が〉有利な位置にあるとしても攻撃を仕掛けるには十分強力ではなかったならば、同様の有益な効果――迂回線が提供するのと同等の保護――が得られたかもしれなかった。これが一六三四年までの実際の状況であって、この年、ドイツの皇帝軍を増援するようイタリアから派遣されたスペイン軍のために、ネルトリンゲンでフランスの同盟国が敗れ、[052]フランスはスペインに対して公に宣戦布告し、艦隊を地中海に移動させるよう強いられた。これと同様の効果は一八九八年に米国でも現れた。それは、口先の他には全くの無害だったスペイン海軍によってではなく、いわゆる

[052] 一六三四年九月六日、ネルトリンゲンの戦い。スペイン軍の増援を受けた神聖ローマ皇帝軍が、スウェーデン軍とドイツ・プロテスタント諸侯軍を破った。

高速戦隊《フライング・スクワドロン》を潜在的な戦場の近くではなく、ハンプトン・ローズ[053]に留めておくよう米国政府に促した米国民の恐怖によって生じたのだ。この配置のせいで、もしセルベーラ[054]の戦隊が有能であったならば、サンティアゴ〈・デ・クーバ〉ではなくシエンフエゴスに入港することができたかもしれなかった。〈シエンフエゴスには〉ハバナと、またキューバに駐留するスペイン軍の大部隊と鉄道による密接な交通があったために、〈サンティアゴの攻略よりも〉遥かに難題だった。戦闘艦隊の半分を太平洋に送るよう求める最近の要求を刺激する、非知性的な恐怖と同類である。まさにこれ以上に敵を完全に喜ばせ、米国艦隊を麻痺させる方針はない。全か無か、太平洋であれ大西洋であれ、戦闘艦隊は集中しなければならない。

スペインとの戦争の中で、北から南へドナウ川を迂回しようとする分遣隊について私が描写した状況を、米国海軍が再現したことを諸君は覚えているだろう。オレゴン号〈戦艦〉が分遣隊であり、スペイン戦隊の存在にもかかわらず西インド諸島で米国艦隊に合流しなければならなかった。[055] セルベーラがサンティアゴ〈・デ・クーバ〉に入港する前日、そしてバルバドスからほんの一〇〇マイル〈約一六〇キロ〉しか離れていないマルティニークを出発した六日後の五月一八日に、オレゴン号はバルバドスに到達した。スペイン海軍の徹底的な無能さにより我々

[053] チェサピーク湾南部の海域で、軍港がある。

[054] パスクアル・セルベーラ・イ・トペーテ海軍少将(Rear Admiral Pascual Cervera y Topete, 1839-1909)は、米西戦争が勃発すると米海軍のキューバ封鎖を破るよう命じられてキューバに向かい、サンティアゴ・デ・クーバの海戦でサンプソン海軍少将率いる米国艦隊に敗れる。帰国後に軍法裁判にかけられるが無罪となり、一九〇一年には海軍中将に昇進し、海軍の要職を務めた。

[055] オレゴン号は、太平洋岸のサン・フランシスコから南アメリカ大陸を回ってフロリダのキーウェストまで、六七日かけて一五〇〇〇マイル(約二四〇〇〇キロ)を航海した。これは中米地峡運河の戦略的重要性を示すことになり、以

はオレゴン号が冒す危険を忘れてしまっていたが、その危険を〈オレゴン号の〉指揮官は痛感していたし、それに関して二人の元海軍長官が当時私に不安を伝えてきた。この経験にもかかわらず、艦隊の半分を太平洋に、もう半分を大西洋に配置し、状況を再現しようとする者が今もいる。❖056 その時、ヨーロッパの国や日本と戦争が勃発したら、東郷❖057が旅順艦隊とバルト艦隊〈バルチック艦隊〉の間でそうしたように、どちらの敵も我々の二つの分艦隊の間にドナウ川のような〈中央〉位置を取ることができるだろう。……

集中

リシュリュー❖058に指揮された、オーストリアのハプスブルク家に対する〈フランスの〉全般的な戦争は、多くの戦争の活力を失わせるのと同じ原因に悩まされていたように思われる。リシュリューは、一つか二つの現場で決定的な優勢を確保するために集中する代わりに、多くのことを同時に試みすぎた。フランスが有する中央位置と内線のために、彼にはこうした集中のための良い機会があった。ベルギーやライン川、イタリアで、またはスペインに向かって大挙して行動することが可能だったのだ。そのうえ、空間で隔てられた二つの国家に対抗する一国家という、自然な集中の強みを当初から持っていた。同盟の有名な弱

後パナマ運河建設に米国が本腰を入れてゆくことになる。Cf. Lawrence Sondhaus, *Naval Warfare, 1815-1914* (Abingdon, 2001), pp. 176-177.

❖056 ウェストコット編の本書では、「まさにジュールダンおよびモローの状況と同じように」という一節が省略されている。一七九六年のライン戦役で、オーストリアのカール大公はフランスの二つの部隊を分断して、ジュールダン率いる北方部隊を撃破することに成功し、次いでモロー率いる南方部隊も撃破しようとした。Cf. Mahan, *Naval Strategy*, pp. 23-24.

❖057 東郷平八郎海軍元帥(Admiral of the Fleet Marquis Heihachiro Togo, 1848-1934)は、日露戦争で日本連合艦隊の司令長官を務めた。

❖058 本書六一頁の註31を参照

点は、集中の力が劣っていることに由来する。仮に同規模の戦力の集合だとしても、完全には集中されないために、二手に分かれた戦力は一手に集中するより決して強くはない。同盟の各加盟国は通常は独自の目的を持っており、それが行動を分断する。諸君の前に提示されるどんな軍事計画においても、諸君が自問すべき最初の質問は、これは集中の要件に矛盾していないか、ということだ。それぞれの目的のために明らかに必要以上なほどに、自戦力が明確に優勢でない限り、決して二股を掛けよう、二つの物事を同時に実行しようと試みてはいけない。

海軍軍人として、ネルソンよりも大胆に企画し、統御に熟練した者はいない。したがって常に、彼がある遠征に二隻のフリゲート艦を送り出す際には、彼がその艦長たちに以下のように命じたことを忘れてはならない。

「もし諸君が二隻の敵船に出会ったら、それぞれが一隻を攻撃するな。敵の一隻に対して連携せよ。諸君はその一隻を確実に拿捕するだろうし、その後でもう一隻も拿捕するかも知れない。ただ、二隻目が逃れるかどうかにかかわらず、我が国は勝利を勝ち取り、一隻を獲得するだろう❖059」。

同じ考察が船の設計にも適用される。諸君はすべてを手にすることはできない。もしすべてを手にしようと試みるなら、すべてを失うだろう。つまり、諸

せよ。

❖059 マハンはこの逸話を『シー・パワーがフランス革命および帝国に及ぼした影響』の刊行準備中に知り、一字一句そのままに引用しているが、ここでの引用には原文と多少異同がある。Cf. Augustus Phillimore, *The Last of Nelson's Captains* (London, 1891), p. 122; Mahan, *The Influence of Sea Power Upon the French Revolution and Empire, 1793-1812*, Vol. II (Boston, 1892), p. 45.

君の船は、どの特性においても、その特性のみに意図を集中させた場合ほどには高性能ではないということを意味する。所与のトン数――造船において軍隊や艦隊の所与の規模に対応する――では、以下の目標のいずれか一つを単独では実現できるだろうが、最高の速度と最大の備砲と最厚の装甲と最長の石炭航続距離のすべてを実現することはできない。もし諸君がそれを試みるなら、四つの前線で攻勢戦争を行おうと試みたリシュリューの過ちを繰り返すことになるだろう。〈……〉

　諸国海軍の戦闘隊形は依然として単列のままである。船が前後に並ぶため、より適切には縦陣《コラム》と呼ばれる。しかしながら、前衛から後衛までの大砲の配置を考慮するなら、実際には敵に面して一列に配置されることが分かるだろう。一般に、訓練された海戦では、攻撃はこの列の一方の側面《フランク》〈右翼ないし左翼〉に対して行われる。船の縦列隊形のために、通常は前衛攻撃ないし後衛攻撃と言われるが、実際には側面攻撃である。そして、どちらの側面が選ばれるにせよ、他方の側面への攻撃は本質的に拒絶される。なぜなら、それに捧げられる〈船の〉数は攻撃を徹底するには不十分だからだ。帆船時代における頂点――トラファルガー――はまさにこうした陣形で戦われた。ネルソンは優勢な戦力である艦隊の大半を敵の左翼に集中したが、これはたまたま後衛だった。右翼に対して、彼は少数の船を派遣した。実際には、彼はこのより少数の部隊に攻撃しない、または攻撃を避けるという具体的な命令を与えなかった。それは彼のやり方ではなかった。そのうえ、彼はより少数の部隊で攻撃を自ら担当し、その攻撃の展開に関しては状況に左右されることを意図していた。しかし、その結果は敵の右翼の大半が脱出したし、またもし彼らが巧みに機動していたらおそらく〈右翼の〉すべてが逃れたであろうという事実に示されている。敵の損失はもう一方の側面と中央に降りかかった。そして、これは結果的にそうだっただけでなく、ネルソンは形式的にも、指令においてもまさにこれを意図していたのだ。彼は集中攻撃を副司令官に任せた。要するに、「私は敵のもう一方の側面が干渉しないよう取り計らうだろう」と彼は述べた。状況が彼の行動を変更させることになったが、これが彼の計画であって、この特別な状況から彼は敵の中央部を突破したが、そうした後でも、続く攻撃は当初意図されたように〈左〉側面に降りかかった一方で、もう一方の側面はネルソン自身の分艦隊の後衛により抑え込まれた。ネルソンの分艦隊は縦陣で前進したために、敵前衛が〈中央および後衛を救援するために〉上手回しをした場合に後衛ないしもう一方の側面に接近する針路を横切っていた。このように、〈敵前衛による救援が〉遅すぎて有効でなくなる時まで、ネルソンの分艦隊はこの航路での接近を阻止した。

思慮深く大胆な戦術家だったネルソンは、艦隊が登場する様々な状況下で、一方よりも他方の側面を攻撃するいくつかの理由を述べた。しかし、一般的に言うと、後衛が前衛を救援するほどには素早く前衛が後衛を救援することはできなかったし、今でもできないので、後衛を攻撃する方が良かった。そもそも、前衛は方向転換しなければならない。また、方向転換する前に指揮官は決断を下さなければならないが、事前に結論を出していない限り素早く決断を下せる者はほとんどいない。これはすべて時間〈がかかるということ〉を意味する。そのうえ、後衛が既にとっている前進線に沿って近づく進路よりも、こうした前衛の新しい移動の途上の方に、攻撃者は容易に陣取ることができた。それでも、前衛〈への攻撃〉を好む根拠もある。ネルソンはロシア艦隊に遭遇した場合には前衛を攻撃すると一八〇一年に述べた。なぜなら、前衛の損害は敵の隊列を混乱に陥れ、ロシア艦隊はその混乱から立ち直ることができるほどに優秀な機動ができなかったからだ。これは特別な理由であり、一般的な理由ではない。それは、陸の将軍が特定の現地についてそうするように、特定の状況を考慮している。ファラガットがモビール湾の砦を通過したときに、彼の前衛は混乱に陥り、それがいかに危機的な瞬間だったかは皆が知っている。❖060 混乱が生じるなら、その事件が何であるかはほとんど問題ではない。

❖060 デイヴィッド・グラスゴウ・ファラガット海軍大将(Admiral David Glasgow Farragut, 1801-1870)は、南北戦争中にメキシコ湾封鎖戦隊の司令長官として功績を挙げ、米海軍史上初の海軍少将となった。一八六四年八月五日のモビール湾の海戦では、先頭のモニター艦テカムセ号が触雷して沈没し、前衛の一部が後退を始めて一時混乱状態となった。ファラガットの全速前進命令によって態勢を立て直し、南部連合国戦隊を撃破し、要塞を屈服させた。Cf. Mahan, *Admiral Farragut* (New York, 1892), pp. 273-279.

日本海海戦では、攻撃はやはり側面に対して行われ、それは前衛だった。これが日本海軍の以前からの意図によるのか、それとも単にその場で展開する状況から生じたものなのか、私は知らない。しかし、その意図は確かに混乱を引き起こすことだっただろう。しかしながら、ここでは戦術の問題の議論に足を踏み入れたいとは思わない。私の主題は戦略であり、あらゆる場所、あらゆる状況下で、また物事の性質から、集中という一つの重要な原則が持つ優位性を示すためだけに戦術を利用している。また、ある地域で敵より優勢になり、別の地域では、主力攻撃が完全な成果を上げられるように、十分長く敵を妨害できるよう自軍部隊を配置する方法における集中の優位性を示すために、戦術を利用している。それに必要な時間は戦場では三〇分かも知れないし、戦役では数日、数週間、もしかしたらそれ以上かも知れない。

……どんな国境線や戦略的な作戦前線、戦線でも、攻勢の努力は線全体に分配されるのではなく、一部に集中することができるし、したがってそうすべきである。この〈集中の〉可能性、そしてそれを着想する便利な方法を、ジョミニは記憶することを推奨される格言《アフォリズム》で表現する。なぜなら、戦役における戦略的な作戦前線であれ、戦術的な戦闘隊列であれ、国境であれ、あらゆる軍事的位置に関係する一つの重要な考察をそれが要約しているからだ。これらすべての状況は正しく一本の線と見なされる、またあらゆる線は、論理的にも実際にも三つの部分——中央と二つの先端、ないし側面——に分割される、とジョミニは言う。❖061

当然ながら、三つの均等な部分を想像しないように用心せよ。我々は数学を扱っているのではなく、軍事的概念を扱っているのだ。実践的な成果のために、今日の米国に直ちに適用してみよう。米国には、フランスの海の国境がピレネー山脈で分断されているように、メキシコにおける陸地の介在により分断される、長い海の国境がある。しかしながら、その海岸線は、フランスと同様に船が海により端から端まで通過することができるという点で、一定の海洋連続性を有している。このような場合には、海の国境は連続していると誇張なく言うことができるかもしれない。現在、米国にはメイン州の海岸からリオ・グランデ川〈米国とメキシコを隔てる川〉まで海陸により厳密に連続した一つの国境がある。そこには、自然の区分により、三つの主要部分がある。大西洋、メキシコ湾、そしてフロリダ海峡である。研究のためにはさらに便利な下位区分があるだろうということは否定しないが、これら三つは明白で、根本的で、主要な区分だと適正に主張することができるだろう。これらは長さにおいて、また軍事的観点からは重要性において非常に不均等である。なぜなら、フロリダ半島は国家の

❖061 Jomini, *The Art of War*, p. 71.（ジョミニ著、佐藤徳太郎訳『戦争概論』（中央公論新社、二〇〇一年）、六六頁。）

産業権益においてそれほど高い地位を占めていないが、フロリダ海峡に確固とした根拠地を持つ優勢な敵艦隊は、二つの側面の間の海路による交通を実質的に管制することができるからだ。敵艦隊は中央位置を占めることになるだろうし、その中央位置のお陰で、米国海軍が中央位置の両側に分断されている限り、米国海軍全体に対して優勢である必要はない。こうした位置において、仮想敵はおのおのの側に存在する分艦隊それぞれに対して決定的に優勢であるだけで十分だろう。しかるに、分艦隊が合流するなら、〈仮想敵は〉全体よりも優勢である必要がある。我が国が存在するようになった最初の世紀において、キューバを国際関係における第一の重要性を持つ考慮事項としたのは、この条件だった。キューバは、商業および軍事の全国的交通の側面に位置していたのだ。我々は、地理が作り出したこうした状況を、二人の少年が一つのリンゴを扱うように扱ういくらかの知恵が我が国に存在することを知っている。これは、二つの海岸の間で艦隊を分割し、それが両方にとって公平だとすることだ。なぜなら、その理屈——もっと正確に言えば主張——によれば、両方を防衛するからだ。しかしながら、それはもとより集中ではないし、有効でもない。

先に進む前に、フロリダ半島と朝鮮半島の間の著しい類似性に注意せよ。ロジェストヴェンスキー❖062とウラジオストックのロシア艦隊にとって、馬山浦〈朝鮮

❖062 ジノヴィー・ペトロヴィチ・ロジェストヴェンスキー海軍中将（Vice Admiral Zinovy Petrovich Rozhestvensky, 1848-1909）は、旅順を救援するために結成されたロシア第二太平洋艦隊の司令長官。対馬沖で東郷率いる日本の連合艦隊と戦って敗北した。

半島南端にある港〉の東郷は、ちょうどメキシコ湾とハンプトン・ローズにおける米国分艦隊にとってのフロリダ海峡の敵艦隊のようだった。戦争初期にも同様に、別個ではあるが内線上で活動する東郷と上村❖063は、ウラジオストックの三隻の優れた戦闘艦を旅順の分艦隊から分断した。

しかしながら、米国には大西洋沿岸と太平洋沿岸の国境に関してさらに緊急の状況がある。もし、端から端まで海路での通行が可能ならば海の国境は連続しているという、フランスの事例における私の主張が正しいなら、米国の海の国境も連続している。過去数年の間に、戦闘艦隊がこの事実を実証している。❖064それなら、米国はメイン州イーストポート〈大西洋岸北端の都市〉からピュージェット湾〈太平洋岸の北端、シアトル近郊の湾〉までの海の国境線を有している。また、他の軍事的な線と同様に、直ちに明白な三つの主要部分に分割される——大西洋沿岸と太平洋沿岸、その間の線である。こうした概要は、この線がマゼラン海峡ではなくパナマを通過するようになるとき、今よりも真実になったり、熟考に有益になったりはしないが、確かにより明白にはなるだろう。今でも確かに気付くことができるように、この事例の長い線の重要な一部が、将来も変わらず中央であることが、その時は容易に分かるだろう。なぜなら、それが東西の大軍の航行、戦力の移動、要するに交通を保証も阻止もするからだ。これは再

❖063 上村彦之丞海軍大将、男爵（Admiral Hikonojo Kamimura, 1849-1916）は、日露戦争では第二艦隊司令長官として巡洋艦部隊を率い、一九〇四年八月一四日の蔚山沖海戦でウラジオストック戦隊を撃破した。

❖064 一九〇七年から一九〇九年にかけて世界周航を行った「グレート・ホワイト・フリート」のこと。

びドナウ川の位置、またジェノヴァからベルギーに及ぶスペインの位置の連鎖を再現する。我々が以前に様々な地域や時期に出会った、中央位置がもう一度現れるのだ。しかし、マゼラン海峡により我々に今開かれている中央位置に対して、パナマの中央位置には内線の利点がある。この種の線〈内線〉のうち、現在の航路と将来の航路の対比は実に注目に値する例示を提供している。

第六章｜戦略位置

どんな場所の戦略的価値も、以下の三つの主要な条件に依存している。
一、その位置、より正確にはその立地条件《シチュエーション》。ある場所には大きな強みがあっても、戦略線との関係では占領する価値がないような位置にあるかもしれない。
二、攻勢および防勢の軍事的強さ。ある場所は好適な位置にあり、大きな資源を抱えているにもかかわらず、脆弱なために戦略的価値がほとんどないかもしれない。一方で、自然には強固ではないものの、防衛のための人為的な強さを与えられるかもしれない。「要塞化《フォーティファイ》」という言葉は単に強化することを意味する。
三、その場所自体と周辺地域の資源……
立地条件と固有の強さ、豊富な資源という三つの条件すべてが同じ場所に備わっている場合には、戦略的に非常に重要になり、第一の重要性を持つかもしれない。ただし、常にそうとは限らない。なぜなら、純粋な軍事的観点からは

▼012 Mahan, *Naval Strategy*, pp. 130-163.

価値が低いが、海港の重要性を戦略的にさらに高めるその他の考察が存在すると言わなければならないからだ。たとえば、その海港が交易の大市場であり、その被害が国の繁栄を損なうかもしれない。または、それが首都であり、その陥落にはその他の重要性に加えて政治的影響もあるかもしれない。

(1)立地条件

　三つの主要な条件のうち、第一の立地条件は最も欠くことのできないものだ。なぜなら、〈軍事的〉強さと資源は人為的に与えたり増強したりすることが可能だが、戦略的影響の限界の外にある港の立地条件を変化させることは人間の力を超越しているからだ。

　一般に、立地条件の価値は航路への近さ、海洋共有地に描かれる時には海図の緯度線と同じぐらい想像上のものだが、それでも本物で有効に存在している交易線への近さに依存する。もしその位置が同時に二つの航路上にあるなら、つまり交差点の近くにあるなら、その価値は大きくなる。交差路は本質的に中央位置であり、道の数と同数の方向への行動を容易にする。陸戦の術《アート》に関する著作に親しんでいる者はその類似に気付くだろう。もし、陸の地勢により、ジブラルタル海峡や英仏海峡、またより小さな程度ではフロリダ海峡のように、辿るべき道が非常に狭くなるなら、その価値はますます顕著なものとなる。おそらく〈航路の〉狭隘部は、交易船が入り込み、その地域の広範囲に流通してゆく、海のすべての入り江に当てはまるだろう。たとえば、ミシシッピ川の河口、オランダとドイツの河川の河口、ニューヨーク港などである。しかしながら、海に関しては港や河口は通常は終端ないし集散地であって、商品がさらに遠くへ運ばれる前にそこで積み替えられる。もし道がほんの一本の運河、または川の河口まで狭まるなら、船がやって来なければならない地点はほとんど点の幾何学的な定義まで縮小され、周囲の位置が大きな支配権を持つ。スエズが現在この条件を呈しており、パナマも近々そうなるだろう。

　これに類似して、狭海《ナロウ・シー》における位置は、それを迂回して避けることがより難しいので、大洋における位置よりも重要である。もしこうした海が単なる旅の終わり――「終端」――ではなく、連続的な航路の一部の「公道」ならば、つまり通商がそこにやって来るだけでなく、その先の別の場所へと通過してゆくなら、通過する船の数は増え、それによって管制地点の戦略的価値も高まる。……

［公海上の移動の自由により、狭隘な海峡にないのであれば危険な位置を避けるのは陸上よりも容易であることを示すために、ここで実例が挙げられる。これゆえに、マルタとクレタを通ってエジプトに向かったナポレオンの航路、また対馬〈日本海海戦〉の前にロジェストヴェンスキーが選んだ航路

に示されるように、「偽航路と余剰時間」というナポレオンの言葉が海軍作戦では重要な役割を果たす。その一方で、障害物が存在するときには通行できない。潜水艦だけが陸路の輸送により危険を避けることができる。──編者。」

(2)軍事的強さ

A、防勢の強さ。［軍事的強さは(A)防勢と(B)攻勢という二つの側面で考慮される。防勢の強さについては、旅順とサンティアゴ〈・デ・クーバ〉で例証されたように、沿岸基地は陸側から攻略されるという大きな危険に晒されている。軍隊の上陸を阻止することが海軍の任務であるとは言え、その作戦は結果においては防勢であるが、性格においては攻勢でなければならず、基地の周辺に限定されるものではない。──編者。」

海洋戦争の領域では、海軍が戦場の陸軍に相当する。また、戦闘や敗北した後の避難港として海軍が修理や補給のために退却する、防備が固められた戦略港は、メス〈独名・メッツ〉とストラスブール〈独名・シュトラスブルク〉、ウルムのような要塞❖065に正確に対応している。戦域の戦略的性格に関連して体系的に占領されたこれらの地点に、一国の防衛が基礎づけられなければならないと軍事著述家は合意している。しかしながら、基礎をそれが支える上部構造と誤認してはならない。戦争においては、主に攻勢がより自由に行動できるようにするために

❖065 いずれもドイツとフランスの国境地域にある要塞都市。メスとストラスブールは、一八七〇年から一八七一年にかけての普仏戦争の結果、ドイツ帝国領となった。

❖066 封鎖の有効性を確かめるために行われた一八八八年八月の演習。ベアード海軍中将(Vice Admiral J.K.E. Baird)率いる優勢なA艦隊が、トライオン海軍少将(Rear Admiral Sir George Tryon)率いる分断されたB艦隊をアイルランド南部の要塞化された二つの港に封鎖したが、B艦隊は脱出に成功して合流し、イギリス各地の港を「襲撃」した。封鎖を有効に実施するためにはより大きな艦隊が必要となると指摘され、「襲撃」に恐怖を煽られた世論の後押しもあって、一八八九年には海軍防衛法により第二位と第三位の海軍国

防勢が存在する。海の戦争においては、攻勢は海軍に割り当てられる。そして、もし海軍が防勢を引き受けるなら、船員としての特別な技術を持たない部隊が詰めることのできる要塞に、海軍が熟練船員の一部を単に閉じ込めることになる。この主命題には、もし多数の港の防衛が海軍に任されるのであれば、海軍はその効果的な働きを麻痺させるほどに細分化されるということを経験が示しているという必然的な結果を、補足しなければならない。戦争の大衆的な理解に関して、既に言及したある夏の演習[066]によりイギリスが経験した驚き、そしていくつかの新聞が提起した救済策に、私は楽しませてもらったし、同時に教えられた。いくつかの海港は小戦隊から砲撃を受け、その後に拠金を強要されやすいように見えたため、各港に小分艦隊を割くことができるほどに海軍が大きくなければならないと真面目に主張されたのだ。このように断片化されるとしたら、海軍に何の意味があるというのか？　しかし、民衆の叫びは軍事経験者の声を打ち消すだろう。

……したがって、ある海港の厳密な防勢の強さは恒久的な防御施設に依存し、その準備は海軍士官の任務ではない。海軍は、防御施設が効果的であれば、港に関する心配から、また海軍の本来の領域である攻勢のための防勢行動から解放されるので、それに関心を持つのだ。

の合計を超える規模の海軍を目指す「二国標準」が採用され、一〇隻の戦艦と四二隻の巡洋艦を含む大規模な建艦が開始された。Cf. Sondhaus, *Naval Warfare, 1815-1914*, pp. 160-162; Shawn T. Grimes, *Strategy and War Planning in the British Navy, 1887-1918* (Woodbridge, 2012), pp. 21-23.

海軍が防勢と見なされるもう一つの意味がある。すなわち、十分な海軍の存在が海の管制により侵略から守るということである。これは測定可能なかなりの程度まで真実であり、大きな重要性を持つ戦略的機能である。しかし、これは我々が現在扱っている海港、戦略要点の防勢の強さとは全く異なる問題である。したがって、海軍がこのように防衛するので戦略港の局所防御は必要ない、つまり要塞の必要はないという意見に対する簡単な警告を述べて、この問題は後回しにする。この見解は、軍隊〈艦隊〉は常にあらゆる状況下で安全な策源地なしですますことができる、言い換えれば、その軍隊が〈敵に〉回避されることは決してないし、一時的な不運を経験することもありえないと断言しているのだ。

港の防衛に限定される言葉の狭い意味において、概して海軍が沿岸防衛に相応しい道具であるという意見を拒絶する理由を提示した。ここで示した根拠は、以下のように要約され、四つの原則にまとめることができるだろう。

一、同量の攻勢力としては、〈港湾防御用の〉浮き砲台や機動性がほとんどない船は、陸の防御施設よりも海軍の攻撃に対して防勢的に弱いこと。

二、港を守るために強壮な船乗りを用いることで、劣った、つまり防勢の努力に攻勢力を固定してしまうこと。

三、船乗りをこのように防勢に、海から離れた場所に留めておくことが、船乗りの士気と技量にとって有害であること。これには過去に歴史的証拠が豊富にある。

四、攻勢を放棄することで、海軍はその適切な領域、また最も有効な領域を放棄すること。

B、攻勢の強さ。——戦略状況および自然資源と後天的資源とは独立して考慮される海港の攻勢の強さは、以下の能力からなる。

一、戦闘艦および輸送船の大部隊を集合させ、維持する能力。

二、こうした部隊を安全かつ容易に海に発進させる能力。

三、それに次いで戦役が完了するまで継続的支援を行う能力。こうした支援においては、入渠施設《ドッキング》が常にすべての支援の中で最も重要だと見なされる。

［これらの諸点が詳細に論じられる。ニューヨークやウラジオストックのように、二つの出口を持つ港には明確な利点があると特に言及される。——編者。］

（3）資源

海軍が必要とするものは非常に多く、また多岐にわたるので、それらを個別に挙げるのは時間の無駄だろう。海軍の必要を満たす資源は、自然のものと人工のものという二つの項目に有効に大別できる。さらに、人工の資源は、平和な業務において一国で使用するために開発された資源と、戦争を維持することを直接かつ唯一の目的として作られた資源に、便宜的かつ正確に細分することができる。

その他の物事が同等なら、最も有利な条件は、多くの自然資源が交易に向いた位置と合わさって、周辺地域に定住し開発するよう人々を引きつける場所である。既存の資源が純粋に人工的であり戦争のためである場所では、その限りにおいて、その港の価値は人々の通常の業務が必要な資源を供給する場所の価値よりも劣っている。我々の主題の術語を用いるなら、好適な戦略位置にあって大きな軍事的強さを有するが、すべての資源を遠くから運ばなければならない海港は、後背に豊かで開発された友好地域を有する同様の港よりも遥かに劣っている。ジブラルタルと、セント・ルシアやマルティニークなどの小島の港は、イギリスやフランス、米国、または産業や商業の従事者により開発されたキューバのような大きな島と比べてさえも、こうした不利に苦労している。

第七章 戦略線[013]

交通

戦略線のうちで最も重要なものは、交通に関係する線である。交通が戦争を支配する。軍隊は頻繁に補充される補給物資に直接依存するため、交通は陸上で特有の力を持つ。軍隊は一時的な中断に耐えるのが艦隊よりも遥かに難しい。なぜなら、船は交通の実体を主にその船腹で運んでいるからだ。艦隊が海上の敵に直面する〈敵と交戦する危険を冒す〉ことができる限り、交通は、軍隊が辿らなければならない道路のような地理的な線ではなく、船が限界量を超えて船腹で運ぶことのできない必需品や補給物資を本質的に意味している。これらは第一に燃料であり、第二に弾薬であり、最後に食料である。これらの必需品は、陸上と比較した際の水上輸送の容易さにより、軍隊の随行車両には不可能な形で

013 Mahan, *Naval Strategy*, pp. 166-167. 戦略線の例示とさらなる議論については、本書二九六〜三一〇頁の「一八一二年戦争〈米英戦争〉の全般的戦略」を見よ。――編者。

艦隊の移動に随伴することができる。軍隊の随行車両は、通行が困難かも知れず、また常に幅が限定された道路により、〈軍隊に〉同行するというよりは後について行く。一方で、海路は通行しやすく、無限の幅を持っている。

それにもかかわらず、陸上および海上のすべての軍事組織は、究極的には国力の基盤との開かれた交通に依存している。また、交通線は通常撤退線ともなるため、二重の価値がある。撤退は、本国基地への依存の極端な表現である。交通の問題に関しては、自由な補給と遮るもののない撤退が軍隊や艦隊の安全に欠かせない二つの要素である。ナポレオンは一八〇〇年にマレンゴで、また再び一八〇五年にウルムで、補給物資が基地からやって来たり、軍隊が基地に後退したりするのを妨げるのに十分な戦力で、オーストリア軍の交通線と撤退線に陣取る事に成功した。マレンゴでは戦闘が起こり、[067]ウルムでは起こらなかった。[068]しかし、それぞれの場所で結果は同じ条件に依存していた——敵に支配された交通線である。南北戦争では、ミシシッピ川の要塞は、その交通線をファラガットの艦隊が通過し、掌握するとすぐに攻略された。一七九六年のマントヴァ〈北イタリアの都市〉は、ナポレオンが守備隊の撤退線に陣取るとすぐに攻略された〈も同然だった〉。マントヴァは六ヶ月にわたって、非常に適切に抵抗を続けたが、この戦役の残りは単にフランス軍を交通線から撃退し、そうして守備隊

[067] 本書三九頁の訳註13を参照せよ。

[068] 一八〇五年一〇月一五日から二〇日にかけてのウルムの戦い。ナポレオンは一連の小規模な戦闘によりオーストリア軍を包囲することに成功し、大規模な決戦なしに降服させた。

を増強するかもしくは撤退を可能にするための、外側のオーストリア軍の努力だった。❖069

海上交通の重要性▼014

ロシアと日本を除けば、この大きな問題［アジアの問題］に積極的に関わる国家は、本拠となる基地を遠隔の国々に頼っている。したがって、我々は二つの種類の強国に気付く。その交通が陸上にある国家と、海に依存する国家である。

海上線は最も数が多く交通が容易で、おそらく交易路を限定するものだろう。そのうち、他のすべてに超越する利点を有する二つの海上線《シー・ライン》がある――スエズを通ってヨーロッパに向かうものと、太平洋を通ってアメリカから延びる線である。後者は、南北アメリカ大西洋岸への航路の利用を拡張しており、間違いなく地峡運河によりさらに変化するだろう。

交通は戦争を支配する。大まかに考察すると、交通は戦略、政治、軍事における最も重要な単一の要素である。交通の支配にこそ、シー・パワーの優位性が存在しており――過去の歴史への影響として――、また交通の特性はその存在から不可分なので、今後もそうあり続けるだろう。既に説明した理由から、大量かつ遠距離の輸送は陸上よりも海上の方が決定的に容易かつ豊富なので、

❖069 マントヴァの包囲は中断を挟みながら一七九六年七月から一七九七年二月まで続き、オーストリア軍による四度の救援の試みはすべて失敗した。

▼014 Mahan, *The Problem of Asia and Its Effect upon International Policies* (Boston, 1900), pp. 124-127.

これは明らかである。したがって、海は交通の——通商の——大きな媒介なのだ。「通商」という言葉そのものが海を示唆している。なぜなら、海上通商こそがあらゆる時代に最も実り多き富をもたらしたからだ。そして、富は一国の物質的、精神的活力の具体的な表現にほかならない。したがって、こうした交通を自国に保証し、敵国には阻止する力は、軍事作戦において交通が軍隊の存在に影響したり、雨と太陽への自由なアクセス——外部からの交通——が植物の命に影響したりするように、一国の活力の根幹に影響を及ぼす。これが海洋国家《シー・パワー》の特権である。大陸国家《ランド・パワー》に対して海洋国家がアジアで苦心している位置と数の不利を、海洋国家は主に——実に、それだけではないとしても——この特権で埋め合わせている。それで十分なのだ。ナポレオンがヴィスワ川〈ポーランド〉の河畔でポンディシェリの攻略を予期していたように[❖070]、遠くの圧力——陽動——は近くの圧力を解放するのに十分である。しかし、もし海洋国家が米国で支持されるようになった提案を受け入れ、戦時における敵国通商の免除という譲歩によって海洋交通の支配を放棄するなら、海の主権を捨てることになるだろう[❖071]。なぜなら、ある地域——海——での圧力が遠隔の、さもなければ手が届かない地域での圧力を相殺する主要な手段の一つを放棄することになるからだ。アジアでの勢力確定が問題となっている今以上に、こうした放棄が不幸

❖070 ポンディシェリはフランス領インドの首都。ナポレオンは、一八〇七年にワルシャワに入る際に、イギリスが占領したポンディシェリや喜望峰、スペイン領植民地をエルベ川とオーデル川の河畔の戦いで取り戻したと兵士に宣言した。Cf. Louis Antoine Fauvelet de Bourrienne, *Memoirs of Napoleon Bonaparte*, Vol. III (London, 1836), p. 4.

❖071 この点に関するマハンの見解については、本書三八章も参照せよ。

な時はない。

［ここで考察される状況は、戦域の一つの基地から敵を追い出したが、別の基地に後退しつつある敵艦隊に対処しなければならない艦隊の状況である。――編者。］

新しい基地からさらに前進する問題は、距離を勘案することで複雑化されることはないだろう。次のステップは、キューバからジャマイカまでのように短いものかもしれない。または敵艦隊がまだ海上にいるかもしれず、その場合には今でも通例通り敵艦隊が大きな標的となる。敵艦隊が海上にいるのは、諸君が占領した位置からより遠くの基地へ撤退しているからかもしれない。それは、敵艦隊が劣勢を自覚しているか、またはおそらく多少決定的な敗北の後だからだろう。その時、敵を目的地の港から遮断するためには、急いで行動する必要があるだろう。優勢な戦力で敵に追いつき、追い越すことができると信じる理由があるならば、そのためにあらゆる努力が払われなければならない。敵が撤

▼015 Mahan, *Naval Strategy*, pp. 266-272.

退する方向は知られているか、さもなければ確認されなければならない。そして、敵が撤退しつつある基地と敵艦隊は一つの部隊における別個の部分であり、その合流は阻止されなければならないということを念頭に置いておこう。そのような場合には、兵士の疲労やぬかるんだ道路など、陸上での遅鈍な追跡の際にしばしば言及される言い訳は当てはまらない。行動の不自由な戦艦は後に残すか、給炭船と共に後でついてくるよう命じなければならない。こうした追跡は、追跡する艦隊に一つだけ不利な点を想定する。すなわち、この艦隊は石炭基地を離れつつある一方で、追われる側は石炭基地に近づいている。もしこの計算が際どければ、追跡する提督にとって大きな不安の種となるかもしれない。こうした不安は〈追撃により名声を上げる〉偉大さの試練であり、その報いである。こうした場合には、石炭不足に起因する失敗という言い訳は綿密に調査されるし、そうするのが正しい。それ以外のどんな状況でも大急ぎの追跡はできないので、その他すべての側面で優位が想定されなければならない。追跡は大きな成功を狙っており、その成功は、元からであれ獲得されたものであれ、そうした優位に通常は比例する規模となるだろう。「我が国に必要なのは、敵の殲滅だ。数だけが殲滅を可能にする」[❖072]とネルソンは述べた。

もしこうした追跡が戦闘に続くなら、弱い方——撤退する側——もまた行動

❖072 二六二頁の原註41を見よ。

の不自由な船に悩まされることはほぼ間違いなく、その船を放棄する——もしくは戦う——ことを余儀なくされるかもしれない。したがって、敵に休む暇を与えない熱心な追跡が、戦闘中の勇気と同じぐらい戦闘の後では必須である。偉大な政治的成果はしばしば正しい軍事行動から生じるということは、どんな軍指揮官も勝手に無視することのできない事実である。指揮官はこうした成果について知らないことも十分あり得る。そうした成果が生じるかもしれないことを知っているだけで十分であり、どんな事情があっても、努力すれば得られたかもしれない得点を失っていいという言い訳にはならない。ジョミニ曰く、一七九六年に、数時間兵士たちを休息させたために、オーストリア軍師団とそれが逃避しようとしていたマントヴァの間に到達することができず、彼の怠慢のせいで〈オーストリア軍師団を〉逃れさせてしまった将軍をナポレオンは決して許さなかった。❖073 一六九〇年のビーチー・ヘッドの海戦の後で、トゥールヴィル提督が敗れた英蘭艦隊を精力的に追跡することに失敗したために勝利は決定的ではなくなり、対仏連合の中心人物だったオランダ君主〈オラニエ公ウィレム、イングランド王ウィリアム三世〉の頭にイングランドの王冠がしっかりと留められるのを助けてしまった。❖074 こうして、勝利の後の追い打ちにおける怠慢が、大陸と海上の両方で、戦争全体の結果に決定的な影響を及ぼしたのだった。それが「現存艦隊《フリート・イン・ビーイング》」

❖073 カスティリオーネの戦い（一七九六年八月五日）で敗れたヴルムザー伯ダゴベルト・ジークムント陸軍元帥(Dagobert Sigmund, Count von Wurmser, 1724-1797)率いるオーストリア軍のマントヴァへの退路を断つため、ナポレオンはジャン・ジョゼフ・フランソワ・レオナルド・ド・ソーゲ陸軍少将(Jean Joseph Francois Léonard de Sahuguet, 1756-1802)にモリネラ川に架かる橋を破壊するよう命じた。ジョミニによれば、ソーゲが橋を一つ破壊し損ねたために、ヴルムザーはこの橋を通ってフランス軍の追跡を逃れることができた。マハンは追跡部隊が途中で休息をとったせいでオーストリア軍に追いつけなかったと考えているようだが、これは誤解であろう。Cf. Antoine Henri

理論に表面的なお墨付きを与えてしまったために、〈この怠慢が〉海軍戦略の術《アート》にとって有害であることが分かったとすら言えるかもしれない。イングランドの侵略を阻止したのは、打ち負かされ行動不能になったイングランドとオランダの「現存艦隊」ではなかった。それはトゥールヴィルの弱さないし緩慢さ、またはフランス輸送船の準備ができていなかったためだった。

　同様に、一七九五年に敗れたフランス艦隊を精力的に追求することをホサム提督❖075が拒絶したことは❖076、間違いなくその年の戦役を決定的でないものにしただけでなく、一七九六年のナポレオンのイタリア戦役を可能にし、そこからナポレオンの全経歴と歴史への影響が生じたのだった。スペイン首都〈マドリード〉を手中にしたスペインにおける圧倒的な進軍の絶頂にあって、彼の広大な計画がまさに達成されようとしているかに見えたその瞬間に、もっと冒険的なイギリス軍指揮官、ジョン・ムーア卿❖077が彼の小さな軍隊をフランスとマドリードの間を繋ぐナポレオンの交通路の側面にあるサアグンに移動させたときに、ナポレオンの燦然たる経歴は突然の致命的な一突きを被った。この一撃はムーアに跳ね返り、彼はまるでつむじ風のせいかのようにラ・コルーニャまで、さらに海まで押し戻されたが、スペインは救われた。皇帝は失われた時間と機会を挽回することはできなかった。彼自身はマドリードに戻ることができず、彼自身の

Jomini, *Histoire Critique et Militaire des Guerres de la Révolution*, Nouvelle Edition, Vol. IX (Paris, 1821), pp. 121-122; Antoine Henri Jomini, *Life of Napoleon*, trans. by H.W. Halleck, Vol. I (New York, 1964), pp. 125-126.」

❖074 本書六六頁の訳註35および六八〜六九頁の訳註38を見よ。

❖075 初代ホサム男爵ウィリアム・ホサム海軍大将（Admiral William Hotham, 1st Baron Hotham, 1736-1813）は、一七九三年から一七九五年までの地中海艦隊司令長官。

❖076 リヴォルノに集結していたイギリス艦隊は、トゥーロン艦隊が出撃したという知らせを受けて出港した。一七九五年三月一二日にトゥーロン艦隊を視認して追跡を開始し、一七九五年三月一四日にジェ

傑出した天賦の才だけが成功裡に監督することができた任務を複数の部下に任せなければならなかった。[078] 軍事的観点からすると、彼の凋落はその日まで遡ることができる。ワーテルローまでのウェリントン[079]の全経歴は、ムーアの大胆な着想の胎内にあったのだ。それがなければ、〈イベリア〉半島戦争に年代記編者は必要なかっただろう、とネイピアは記した。[080]

一提督には自身の行動からこれほどまでに遠く離れた結果を予見することはできないかもしれないが、つい先ほど挙げた事例において、〈ホサム地中海〉艦隊司令長官が彼らは十分良くやったと発言したことを聞いた後でネルソンが述べた原則を採用しても差し支えないだろう。「一一隻のうち一〇隻が捕獲されたとしても、一一隻目を捕獲することができた〈のに逃してしまった〉としたら、私はそれを十分良くやったとは決して言わないだろう[081]」。

対馬沖で出会う前のロジェストヴェンスキー提督と東郷提督の艦隊の関係は、追跡される艦隊と追跡する艦隊の関係と非常によく似ている。旅順分艦隊が壊滅する前に出発したロシア艦隊は、その出来事〈旅順分艦隊の壊滅〉により、非常に深刻な敗北を喫したために自港に逃げ込むことを第一に努力しなければならない艦隊の立場に置かれた。これはあまりに明白だったので、多くの人がバルト海に撤退するのが残された唯一の道だと感じていた。しかし、そうできなかっ

ノヴァの海戦が起こった。ネルソンを艦長とする六四門艦のアガメムノン号は、一三日から一四日にかけて八〇門艦サ・イラ号（*Ça Ira*）および七四門艦サンスール号（*Censeur*）と交戦し、両船を捕獲した。ネルソンは最後まで追跡を続けるよう進言し、副司令官のサミュエル・グドール中将も後押ししたが、ホサムはこれを拒否した。Robert Southey, *The Life of Nelson*, Vol. I (London, 1813), pp. 123-128; "Transaction on Board His Majesty's Ship Agamemnon, and of the Fleet, as seen and known by Captain Nelson," March 8 to 14, 1795, in *The Dispatches and Letters of Vice Admiral Lord Viscount Nelson*, Vol. II (London, 1845), pp. 10-17 [hereafter *Nelson's Dispatches*].〉

たロジェストヴェンスキーは、日本側が船を修理し、船底を掃除し、船の乗組員を休養させることで彼を迎撃する最高の状態を取り戻す前に、直ちにウラジオストックに急行すべきだと論じた。そう命じる代わりに、ロシア政府はネボガトフ提督[082]麾下の増援を送るまで彼をノシ・ベ（マダガスカル北端）に留めておくことを決定した。理論上は、どちらの見解にも何かしら賛成の言を述べることができる。しかし、増援がその性格において混成かつ劣勢であり、ロシア艦隊の第一の目的は戦うことではなくウラジオストックに逃れることであり、また特に、まさにロジェストヴェンスキーが恐れていた目的のために日本がこの遅れを活用しようと大いに切望していたことを考慮すると、おそらく彼が正しかったように思われる。いずれにせよ、彼は一月九日から三月一六日までノシ・ベで足止めされた。その後はフランス領コーチシナ〈ベトナム南部〉のカムラン湾に四月一四日から五月九日まで留まり、その間にネボガトフが合流した。石炭補給と修理の時間を見込んでも、ノシ・ベから対馬までにかかる実際の時間はほんの四五日であり、これは六〇日から七〇日の遅れを示唆する。したがって、ネボガトフを待つことさえなければ、ロシア分艦隊は実際よりも二ヶ月早く、三月二〇日頃には対馬に到達していたことだろう。

東郷は位置の幸運により慌ただしく急行する艦隊の前方に既にいたので、敵

[077] ジョン・ムーア陸軍中将（Lieutenant General Sir John Moore, 1761-1809）は、半島戦争（一八〇八年〜一八一四年）の初期におけるイギリスの遠征軍司令官。スペイン南部に侵攻するフランス軍を陽動するために、ムーアは北部に留まるスルト元帥（Marshal Nicolas Jean-de-Dieu Soult, 1st Duke of Dalmatia, 1769-1851）率いる部隊を攻撃しようとして、一八〇八年一二月二四日にサアグンに進出したが、ナポレオンが大軍を率いて転進して来ることを知ってラ・コルーニャへと全速で撤退した。翌年一月一六日のコルーニャの戦いでは、輸送船への乗船を進めている最中に受けた攻撃を退けたが、自身は命を落とした。Cf. Major C.B. Mayne, "Moore," in Spenser Wilkinson, ed., *From*

艦隊の前方に移動する必要がなかった。しかし、バルト艦隊を迎撃するのに最適な場所を選択するだけでなく、全般的な行動方針を決断しなければならなかった。たとえば、会戦するために前進すべきかどうか。敵部隊の一部に損害を与えるか破壊するために優勢な水雷艇部隊により混乱させることを試み、そうすることで既に劣勢の〈敵〉戦力をさらに減らすのかどうか。また、利用可能な偵察艦の指揮と活動をどうするのか。彼の行動は、これらの問題に関する彼の意見を表明していると見なされるだろう。彼は前進しなかったし、会戦の前に嫌がらせを試みなかったし、敵が前進してくるに違いないと彼が予期した線上に全戦闘戦力を集中した。そして、彼は敵の移動を全く知らなかったので、まさに戦闘が生起する朝になって初めて情報を受け取った。これで十分だったが、もっと上手くやれたのではないかと言うのは決して不当なことではないだろう。しかしながら、日本は海軍戦役の成功経験を多く有しており、その主要点は特筆に価するほど我々の主題に関係している。日本はまず奇襲により敵艦隊に顕著な損害を与え、それが敵に強いた無活動の間に猶予と機会の時を得た。その後、日本は二つの敵海軍基地の一つを征服し、その中に退避していた分艦隊を破壊した。これによって日本は敵を各個撃破し始め、接近する増援に到着港の候補をたった一つしか残さなかった。

Cromwell to Wellington: Twelve Soldiers (London, 1899), pp. 425-439.

❖078 オーストリアが宣戦しようとしているという情報を受け、ナポレオンは急いでパリに帰還した。その後、平定目前に思われたイベリア半島では戦闘が続いた。

❖079 初代ウェリントン公アーサー・ウェルズリー(Arthur Wellesley, 1st Duke of Wellington, 1769-1852)は、イギリスの陸軍元帥、政治家。一八〇八年から一八一四年にかけての半島戦争で功績を挙げ、一八一五年のワーテルローの戦いではナポレオンを撃破した。一八二八年から一八三〇年、および一八三四年には首相を務める。

❖080 ムーアの遠征軍に陸軍大佐として従軍していたウィリアム・ネイピア(後に陸軍大

もし急行艦隊の姿が見えなくなり、退避港が一つしかないのであれば、当然ながら、追跡はその港に向けられるだろう。しかし、もしそれ以上に退避港があるならば、追跡する提督は自艦隊をどの地点に向けるかを決断しなければならず、敵を探し諜報を伝えるために様々な方角に通報艦を派遣するだろう。こうした任務に携わる遊弋艦には自艦隊が意図する、ないし可能性のある移動を通知し、また実行可能な場合には二隻単位で派遣するべきだろう。なぜなら、一隻が敵に接触しながら留まる一方でもう一隻が情報と共に帰還する必要性に無線電信が今や取って代わっているとしても、思いがけない事故が起きるかもしれないし、これほど重要な問題においては二重に用心するのが得策だと思われるからだ。この問題は重要な通信文を複製することにも似ている。なぜなら、無線は情報を手にするまで役割を果たすことができず、情報を得るためには対象を目にしなければならないからだ。❖083 無線通信は傍受され、送信者にとって深刻な不利となるかもしれないということも覚えておく必要がある。船で知らせを送る方が、電波に知らせを託すよりも安全となる局面が生じる可能性はあるように思われる。

　このように、理論上は、また遂行を完全なものとするには——言わば、ネルソンの一一隻目を捕獲するためには——、全戦域のすべての拠点から敵を追い

将）は、詩人兼歴史家のロバート・サウジーが書いた半島戦争史（Robert Southey, *History of the Peninsular War*, 3 Vols. (London, 1823-32).）でのムーアの扱いに不満を持ち、より優れた年代記を著した。Cf. W.F.P. Napier, *History of the War in the Peninsula, and in the South of France, from the year 1807 to the year 1814*, 6 Vols. (London, 1828-40).

❖081 マハンの引用はやはり不正確である。Cf. Nelson to Mrs. Nelson, April 1, 1795, in *Nelson's Dispatches*, Vol. II, pp. 25-26.

❖082 ニコライ・イヴァノヴィッチ・ネボガトフ海軍少将(Rear Admiral Nikolai Ivanovich Nebogatov, 1849-1922)は、旅順陥落後にロジェストヴェンスキー率いる第二太平洋戦隊を増援するために設立

出すこと、また特に敵艦隊を破壊するか閉じ込めることを目的としなければならない。最も決定的な位置〈決勝点〉を手にすることで任務の主要点を達成したならば、敵が拠点としてなお利用しうる地点に向けて、もしかするとその地点そのものに対してではないかもしれないが、さらなる努力を注がなければならない。そうする際には、諸君の艦隊が圧倒的に優位にあるのでない限り分割してはならないし、限定された僅かな期間でなければ、交通線を保護する能力を超えて交通線を延長してはならない。

もし敵の防御された港と敵艦隊の間で選択を強いられたら、敵艦隊が真の標的と見なされるだろう。しかし、港の封鎖や港への攻撃は、手の届くところに敵船を引き出す最も確実な手段となるかもしれない。こうして、アメリカ独立戦争においては、ジブラルタル包囲が、イギリス艦隊に補給物資を投入するために一度ならず敵封鎖艦隊の戦闘射程内に入るよう強いた。〈南部〉連合国が一度を除けば攻撃しなかったことは、この教訓を無効にはしない。ビング❖084が命を落とすことになった、しばしば言及される失敗において、彼が近くの湾のフランス輸送船に向かって行動していたら、フランスの提督❖085は攻撃を仕掛けざるを得ず、その結果はイギリスにとってより有利なものだったかもしれないと、コーベットは『七年戦争における英国』の中で非常に適切に指摘している。❖086こうした

された第三太平洋戦隊の指揮官。日本海海戦で捕虜となり、降服したことを理由に海軍少将の階級を剥奪され、帰国後には軍法会議にかけられた。

❖083 対象を目にすることは、敵からも視認され攻撃される可能性があるということを意味する。

❖084 ジョン・ビング海軍大将（Admiral John Byng, 1704-1757）は、七年戦争の冒頭でミノルカ救援を任された戦隊司令長官。一七五六年五月二〇日のミノルカの海戦で損害を受け、救援を諦めてジブラルタルに帰還した。軍法会議にかけられ、「最善を尽くさなかった」として銃殺された。

❖085 ラ・ガリソニエール侯ロラン＝ミシェル・バラン（Rolland-Michel Barrin, Marquis de La Galissonière, 1693-1756）は、フランスの海軍少将、

移動は本質的に敵の交通路に対する打撃であり、もし自身の交通路を過度に危険に晒すことなく計画されたならば、最も確かな戦略の原則と完全に一致することだろう。敵にとって重要な基地を軍事的に実効的に封鎖することは、敵艦隊が戦闘するか戦域を放棄するかを強いるだろう。このように、別の場所で指摘されているように、シュフラン[087]のインド洋における戦役では、トリンコマリー〈スリランカ北東の港湾都市〉がイギリスの支配下にある限り、それはイギリスの主要基地ではなかったけれども、そこに対する脅威はイギリス艦隊を戦闘に引き出すことが確実だった。[088]海軍による戦域の放棄は、イギリス艦隊が時折戻ってきて物資を補給しなかったらジブラルタルが陥落したに違いないように、資源不足により早晩兵器庫の陥落を引き起こしただろう。しかしながら、こうした結果は、〈港の陥落という〉同じ結末を導くことになるために船および港に対する二重の成功となる、敵海軍に対する勝利ほどには完全ではない。

ヌーベルフランス総督。トゥーロンの地中海戦隊の指揮官となり、ミノルカの海戦で勝利するが、直後に病死した。

❖086 Cf. Julian S. Corbett, *England in the Seven Years' War: A Study in Combined Strategy*, Vol. I (London, 1907), pp. 111-112, 126-127.

❖087 ピエール・アンドレ・ド・シュフラン海軍中将 (Vice Amiral Pierre André de Suffren, 1729-1788) は、アメリカ独立戦争中に代将としてインド洋に派遣され、エドワード・ヒューズ海軍中将率いる東インド戦隊と激しく交戦した、有能なフランス海軍士官。

❖088 Cf. Mahan, *The Influence of Sea Power Upon History*, p. 427, n. 1.

第九章 防勢の価値[▼016]

ある面では防勢に利点があることは真実であり、それは戦争の格言として述べられている「防御は攻撃よりも強力な戦争の形態である[❖089]」という表現を正当化しさえするかもしれない。私はこの表現が好きではない。なぜなら、私にとっては、それが防勢的態度の限定的な性格について紛らわしく思えるからだ。しかし、適切に修正されれば、通用するかもしれない。そこで意味されていることは、特定の作戦において、ないし全般的計画においてさえも、防勢をとる側がその間は前進移動をしないので、準備を固め、慎重かつ恒久的な配置をすることができるということだ。他方で、攻勢をとる側は常に移動しているために間違いを犯す可能性がより高く、それに防勢側がつけいるかもしれないし、とにかく攻勢側が進軍する間に防勢側が蓄積してきた準備に対する不利を自分の問題の一部として受け入れなければならない。準備の極端な例は要塞化された

▼016 Mahan, *Naval Strategy*, pp. 277-280.

❖089 Cf. Carl von Clausewitz, *On War*, Vol. II, trans. by J.J. Graham and revised by F.N. Maude (London, 1908), Book 6, Chapter 3.(クラウゼヴィッツ『戦争論』(清水多吉訳、中央公論新社、一九九六年)、下巻、一七頁)。なお、マハンがクラウゼヴィッツ『戦争論』にいつ触れたかについては諸説ある。モード版『戦争論』が出版された一九〇八年には米海軍大学校図書館に所蔵されているし、一九一〇年にマハンはStewart L. Murray, *The Reality of War: An Introduction to "Clausewitz"* (London, 1909)を著者から贈られ、多くの書き込みをしている。また、一八九〇年代から他者の著作を通じてクラウゼ

恒久駐屯地であるが、場所の長所に基づいて慎重に選ばれ、攻撃を待ち受ける戦場や、砲列に関して不利な縦陣で接近しなければならない敵を、陣形の結束および舷側砲の展開により待ち構える船の戦列にも同様の事例が見出される。この限りでは、防勢側がとる隊形はさしあたり攻勢側がとる隊形よりも強い。

明快に考えれば、対馬では日本は防勢であったことに気付くだろう。なぜなら、彼らの目標はロシアの試みを阻止し、妨害することだったからだ。本質的に、彼らが採用した戦術手法が何であれ、日本側はウラジオストックまでの道を横切って舷側砲を展開して、待つことができた。我々はロシアをそう見なすことにほとんど慣れていないが、ロシアは攻勢に出ていたのだ。彼らはウラジオストックまで通り抜けなければならなかった――もし可能ならば。彼らはその場所に向けて針路を維持し、日本艦隊を突破しなければならなかった――もし可能ならば。要するに、彼らは攻勢に出ており、接近する隊形は縦陣でまっしぐらに進まなければならず――より弱い隊形――、砲火を浴びるとすぐに戦術上その隊形を放棄しなければならなかった。

また、我々のスペインとの戦争でも、サンティアゴ〈・デ・クーバ〉に到達する前のセルベーラの行動はその性格において攻勢であって、米国の姿勢は防勢だった。すなわち、彼は米海軍が阻止しようとしていた何かを遂行しようと試みて

ヴィッツの理論の概要に触れていた可能性を指摘する研究者もいる。Cf. Jon Tetsuro Sumida, *Inventing Grand Strategy and Teaching Command: The Classic Works of Alfred Thayer Mahan Reconsidered* (Washington, D.C., 1997), p. 113.

いたのだ。ハバナ、シエンフエゴス、そしてサンティアゴという三つのスペインの主要港があり、我々は彼がどこに向かおうと試みるか確信がなく、彼の試みが戦闘を保証したであろう戦力で、二つの港の前に位置する必要があった。我々はこうした配置ができるほど十分に強かった。このように封鎖されるべき二つの港は、明らかにハバナとシエンフエゴスだった。我が国の北部海岸を防衛するという想像上の必要性のために、シエンフエゴスは開放されたままだった。セルベーラがシエンフエゴスに向かったならば、〈米海軍の〉高速戦隊の前に到達することができただろう。高速戦隊をハンプトン・ローズに留めておく必要は想像上のものだったが、それにもかかわらず不十分な沿岸防衛が国家の軍事計画に及ぼす影響を示している。

したがって、私が引用する著者は(Corbett, *Seven Years' War*, Vol. I, p. 92)、彼自身最高の権威の一人であるクラウゼヴィッツから引用しているが、その格言を以下のように直ちに修正しなければならない。

「防衛がより強力な戦争の形態、すなわち、正しく計画されたならばより小さな戦力を必要とすると言うとき、我々はもちろんある特定の作戦線についてのみ論じている。敵が攻撃しようとしている全般的な作戦線が知られていないためにそこに戦力を集中させることができないならば、防衛は脆弱である。なぜなら、敵が採用するかもしれない作戦線のいずれにおいても敵を阻止することができるほどに十分強くなるように、戦力を分散配置するよう強いられるからだ〈――強調は著者マハン〉」。

しかしながら、複数の作戦線において敵を阻止するのに十分強い戦力は、明らかに攻勢に出るべき優勢な立場にある。セルベーラの接近という先ほど引用した事例では、米国の集中という正しい方針はシエンフエゴスとハバナの間での分散配置へ譲らなければならなかっただろう。一つの位置での決定的な優位の代わりに、二つの位置でぎりぎり互角となっただろう。同等の技量と訓練の敵だとすれば、結果がどうなるか分からなかっただろう。そして、ネルソンの言葉を借りれば、敵が大きな被害を受けたので、その活動期には敵にこれ以上煩わされたりしないということ、❖090 また一九〇四年八月一〇日〈黄海海戦〉の後で東郷がそうしたように、もう一方の米国艦隊が海を管制するというのが唯一の報酬だっただろう。純粋に軍人としての観点からは、スペイン艦隊とロシア艦隊がかくも貧弱な能力を示したことが大いに残念である。❖091

防勢の根本的な不利は明らかである。それはより弱い側に強要される姿勢であるだけでなく、通常そうであるように、攻勢側に複数の作戦線が開かれているときには、どこが攻撃されるかさらに厄介な不確実さに悩まされることにな

❖090 より正確には、「敵が我々の艦隊を徹底的に叩くときには、今年彼らは我々にそれ以上の被害を与えられないだろう」。一八〇五年七月にヴィルヌーヴ提督を追跡する際のネルソンの言葉で、イギリス艦隊の一一隻に対してフランス艦隊は推定一八隻から二〇隻だった。A.T. Mahan, *The Life of Nelson* (London, 1897), Vol. II, p. 306; Julian S. Corbett, *Some Principles of Maritime Strategy* (Annapolis, MD, 1988), p. 217, n. 11.（コーベット『海洋戦略の諸原則』三二六頁、註68。）

❖091 セルベーラのスペイン艦隊は米艦隊を避けてサンティアゴに入港し、他方でヴィトゲフトの旅順艦隊はウラジオストックに到達することを優先したため、いずれの事例でも艦隊同士の正面からの海戦

る。これは戦力の分散を必然的に伴う傾向がある。防勢の利点は十分に指摘されており、本質的にはそれは様々な用心に示される慎重な準備の利点である。防勢をとる際には、自身の永続的な前進の不可能性と、優勢な戦力で目の前に現れる敵の能力を諸君は当然視するのだ。敵の途上で敵を苦しませ、〈戦力の〉不均衡を減じるのに十分な損害を与えることができない限り。こうした不均衡が存在するのでなければ、諸君は攻勢に出るべきである。他方で、防勢をとる場合には、劣勢だが相当な規模の戦闘艦隊に加えて、正規作戦なしに征服することができず、武装船舶が戦闘の準備をして、基地として修理のために退避することができる一定数の港を有する海岸を持つことが前提でなければならない。これら二つの要素なしには、強固な防衛はありえないのだ。

とはならなかった。

敵の通商の破壊に向けられた作戦に特有の、具体的な有用性とは何だったのか、また〈現在では〉何なのか、戦争の結末とどのような関係があるのか、またシー・パワーに関して不均衡に組み合う敵対者の相対的権益にどう影響するかを、ここで説明することが望ましい。各国で異なる国内通商および対外通商の相対的な重要性を精確に測定するよう試みたりせずとも、また輸送距離が輸送される物品の増大する費用という明瞭な要素を必然的に伴うと認めたとしても、海に自由にアクセスできる国家にとっては、輸出交易と輸入交易が国家の繁栄と安寧において非常に大きな要因となると言って間違いない。最低でも、それが商業取引の総計を遥かに増大させると同時に、水上輸送の容易さと豊富さが距離の増加を埋め合わせるに十分であるということだ。そのうえ、海洋国家の公収入は主に輸入品の関税から得られる。したがって、これゆえに富とお金の

▼017 Mahan, *Sea Power in its Relations to the War of 1812*, Vol. I (Boston, 1905), pp. 284-290.

大きな源泉が生まれる。そして、お金——現金《リアル・マネー》ないし実体的な資金《クレジット》——は、一八一二年戦争〈米英戦争〉が十分に示したように、諺に言うとおり戦争の腱《シニューズ・オブ・ウォー》なのだ。兌換できない資産と事業家が呼ぶものは、困難な時には非常に効果のない富の形態である。そして、戦争は常に一国にとって困難な時であり、交換の自由により政府支出のための現金に兌換できない限り、あらゆる種類の産物という形の実体ある富がほとんど役に立たない時なのだ。政府支出に対して海上通商は大いに貢献し、一八一四年に米国が国家を挙げて苦しんだ極度の財政難は、主に海からの商業的な締め出しのためだった。したがって、達成された成功の基準、戦争を継続するのに重要な特定の要因において、敵の通商への攻撃とは敵を無力にすることである。そのうえ、商業活動の複雑な状況では、他分野も巻き込むことなしに一つの分野に重大な損害を与えることはできない。

　これを「通商破壊」という現代の言葉が意味する財政的影響および政治的影響と呼ぶことができるかもしれない。軍事的効果に関しては、敵の交通路、その維持に軍隊の命が懸かっている、軍隊と策源地を結ぶ補給線を損なうことに厳密に類似している。お金、資金は戦争の命である。それを減らせば、活力が衰える。それを破壊すれば、抵抗が終わる。その時、「戦争が戦争を支えるようにする」、すなわち被征服者を圧倒した軍隊、または残りの敵対者をすべて壊滅させるために前進を続ける軍隊の維持のための経費を被征服者に支払わせることを除けば、何の資源も残らない。戦っていた国から民間資金や兵士が利用する物資を搾取することによって戦争するのがナポレオンの手法であり、自身の権力の及ばない海上で私的財産を捕獲することの大きな不当さに関して彼以上に神経質な見解を持っていた者はいない。❖092 しかしながら、実質的に、これは敵の収入の大半を放棄するよう敵に強制し、それによって敵を弱体化させると同時に、戦争をさらに有利に拡大するために勝者にその収入を移そうとするもう一つの手段に過ぎない。頻繁に行われるような、戦争終結時に敗れた側から賠償金を強制的に取り立てることは、海上で輸送中の財産差し押さえと手法において異なるだけで、戦争と平和が異なるのと同じだ。〈戦争と平和〉いずれの場合でも、お金ないしそれに相当する価値が強制的に取り立てられる。たまたま平和な時には、人々の間で負担を分配するため、徴税権を遂行する政府に徴収の手段が任されている。他方で戦争の際には、主目標は敵の戦闘力に直接の損害を与えることなので、敵の財政制度の重要な要素の一つに対する壊滅的な攻撃により、財政制度の破壊を目指すのは原理的に正当であるだけでなく、特に有効でもある。なぜなら、容易に手が届く、敵の全般的な繁栄の根本要素に対して、努力がこうして集中されるからである。全共同体が損害を被る代わりに、

❖092 一八〇六年一一月二一日のベルリン勅令、いわゆる大陸封鎖令の前文を参照せよ。Cf. Napoleon, *Correspondance de Napoléon Ier*, Vol. XIII (Paris, 1863), pp. 555-557.

個人や一つの階級が直接損害を被るのは、殺される者もいれば殺されない者もいるというような、戦争の偶然でしかない。全共同体、そしてそれ以上に重要なことに組織的な政府が、間接に、しかしそれでもなお確実に無力化され、攻勢力が損なわれる。

　これは戦争の通商に対する絶対的な傾向であって、すべての事例に共通する一方で、その相対的な価値は通商に依存する国によって大きく異なる。それは海洋大国によって容易にその場しのぎで行われる種類の戦争行為であり、したがって大規模な海軍組織を維持しない方針を持つ国に有利である。ほとんど事前の軍事訓練を必要としない、海上民兵〈私掠船〉に戦場が開かれる。さらに、戦争に知られる限り最も体系的で秩序だった、広範な通商破壊の形態としての通商封鎖《コマーシャル・ブロッケード》に対する合理的な軍事的応答である。通商封鎖は、敵港湾の外に十分な戦力を配置することで、敵戦闘艦の集団をその港湾に封じ込める軍事手段と混同するべきではない。通商封鎖は商船に対して向けられるものであって、狭義の軍事作戦ではなく、それには必ずしも戦闘を伴わないし、封鎖された港湾の攻略を企てることもない。たまたま通商拠点を兼ねているのでない限り、通常は軍事港に向けられたりはしない。南北戦争中の合衆国海軍〈北軍〉の主要機能であり、おそらく南部連合に最も決定的な打撃を与えた通商封鎖の目標は、港の出入りを封じることによる通商の破壊である。それに付随して、慣習的経路を通じた〈封鎖〉公告の後で出入りを試みる、中立国船舶を含むすべての船は、最も貪欲な私掠船によって行われるのと同じぐらい冷酷に捕獲され、押収される。このように見なすと、この〈通商封鎖〉作戦は公海上での通商破壊よりも遥かに大きな範囲に及ぶことになる。なぜなら、これ〈公海上での通商破壊〉は交戦国の商船に限られるが、他方の通商封鎖では、交戦国の片方の努力を挫こうと試みることにより、中立国船舶も戦争に加担することになるため、通商封鎖を侵害しようと試みる中立国船舶も捕獲の対象となることに誰しも同意しているからだ。

実際は、通商封鎖は広範な成果において軍事手段として非常に有効であるが、本質的には明白に通商破壊であるため、一方の形態を非難する者は当然ながら他方も弾劾しなければならない。既に見たように、これこそナポレオンがしたことだった。一八〇六年のベルリン勅令において、戦争はいかなる私的財産にも手を伸ばすことができず、封鎖の権利は実際に十分な戦力を抱える要塞化された場所に限定されると彼は主張した。戦争をさらに拡大しようとして、自らの軍資金を補充するため数億という硬貨を被征服国の臣民の私有財産から徴収するようすべての被征服国に強制していたまさにその時に、彼はぬけぬけとこう主張したのだった。この意見が一八六一年に一般に認められた国際法になっていたとしたら、合衆国は南部連合の港を封鎖することができず、そこでの通商は邪魔されることなく続行されたことだろう。また、その結果として敵対手段が交易の代わりに人間に向けられ、仮に勝利が得られたとしても、実際の五割増しで人命が失われたことだろう。

封鎖による通商破壊に対して、より弱い海洋交戦国が頼るのは公海上での遊弋艦による通商破壊であることが明らかで、これは直ちに貸借表に現れる。仮にいずれの手段の利用にも同等の効果があるとしても、本質的に後者の手段の効果は遥かに小さいことが一層明白である。都市へのアクセスの遮断は、そこに入ろうとする人を求めて国中を探し回るよりも、門を掌握することによって遥かにより確実に達成することができる。それにもかかわらず、人はできることには制約がある。一八六一年から一八六五年にかけて、南部連合はその喉元を締める死の握り《デス・グリップ》を振り払うことができず、アラバマ号やサムター号、その他のあまり知られていない僚船による反撃を試みたが、それが合衆国の交通――海運――に及ぼした影響がいかに破滅的だったかは強調する必要があるまい。❖093しかし、交戦相手の海運がこのように被害を受けただけでなく、間接的に海から一掃された一方で、封鎖を確立することができなかった〈南部〉連合国遊弋艦は、

❖093 アラバマ号とサムター号は世界各地を転々としながら、それぞれ六五隻、一八隻の合衆国船を拿捕した。これには、船や商品の損害という直接的影響だけでなく、合衆国船の保険料の値上げや委託貨物輸送の減少という間接的影響もあった。Cf. R. Semmes, *The Cruise of the Alabama and the Sumter, two volumes in one* (New York, 1864), pp. 93, 229.

中立国船舶が合衆国の通商を続けるのを阻止することはできなかった。この結果、合衆国の通商は深刻な妨害を受けなかったのに対して、南部の産物、兌換不能な富——主に綿花——は、財政制度と住民の資金を維持するには事実上役に立たなかった。そういうわけで、一八一二年およびその後二年間に、合衆国は海を私掠船で充満させ、それ単独では決定的ではないにせよ、その他の誘因と間違いなく強力に働き合って敵が寛大な和平条件を受け入れやすくした、イギリス通商への影響を生み出した。それは通商封鎖に対する応答、それも唯一可能な応答であって、通商封鎖のじわじわと圧迫する効果が以下本書〈『一八一二年戦争との関係におけるシー・パワー』〉で描く主要な対象となるだろう。我々にとっての問題は、ヘンリー・アダムス氏によって「消耗」という一言で正確に描写されている。▼018

一八一二年戦争の当事国は双方とも性質と職業において海洋国家である一方、海により三〇〇〇マイル〈約四八〇〇キロ〉隔てられていたので、海とその航行可能な進入路が必然的に最も広範な作戦の場となった。両国の間には組織された海軍戦力と財政資源に大きな不均衡があり、必然的に、それぞれの戦力に応じて、既に言及した通商に対する海洋での戦争形態のどちらか一方に訴えた。こうした戦争のやり方では、公海上での戦闘は単に偶発的なものだった。両国民

▼018 [Henry Adams,] "History of the United States [During the Second Administration of James Madison]," Vol. VIII [(New York, 1890)], chap. viii.

に固有の伝統と職業的な誇り、闘争心が、ほぼ互角の戦力の武装船が遭遇したときには戦闘するよう強いた。しかし、こうした戦いは、海軍の観点からは完全に称賛されるべきもので、通常の状況であれば互角の敵からの退却を奨励することなどできないが、個別の遂行がどんなに称賛に値するとしても、全般的な成果としては決定的ではなかった。こうした戦いは精神的な情熱と自信を鼓舞したことを除けば、結末に何の影響も及ぼさなかった。それどころか、その後になって米国の国民世論に明白に有害な影響を持つことになった。米国の海軍士官と水兵による冒険心と専門的技量、日常的な成功の見事な発揮を目にして、士官の精神や技能による優秀さと同じくらい国の資力に比例した強力な海軍を設立することを、いくつもの政府が軽視してきた先例を忘れてしまったのだ。また、戦争の大半の期間に、海に面する国境に強いられ、それ以来続く悲惨と屈辱を伴った抑圧と封じ込め、孤立という実際の状況を見失ってしまったのだ。全般的な海洋状況が〈米国の〉国家威信をかなり高めていること、一八一二年の〈低い〉勝算が対処され克服されたと信じられているのと同じ想像上の〈軍事〉能力[094]、また同じぐらい僅かな準備で将来の危機に立ち向かうことができるということが、広く推論されている。こうした心理的印象、描写は、出来事の分類と比率の軽視、事実の無視のすべてにおいて、あらゆる点で誤っている。[095]この

❖094 私掠船による通商破壊を指す。

❖095 マハンは、一八一二年から一八一三年にかけての冬以来、米国の通商は急速に衰退し、一八一四年までに実質的には壊滅したと指摘している。仮に米国が敵国商船をイギリスよりも多く拿捕したのが事実としても、それが両国の通商全体に及ぼす影響には大きな差異があった。Cf. Mahan, *Sea Power in its Relations to the War of 1812*, Vol. II, pp. 20-23.

主張の真実はこの叙述の先でやがて現れてくるだろうし、また、国家の本当の精神と能力を暗示する数々の見事な出来事により救われているが、全体としては、政府の、また一部は国民の頑固で盲目的な先入観に由来する国家的準備の欠如の結果としての、陰鬱と災難、政府の無能力の記録なのだということが明らかとなるだろう。

決定的な制海▼019

一国の資金力を苦しめるのは、数の大小にかかわらず個々の船や船団の捕獲ではない。敵国船舶を海から追いやったり、逃亡者としてのみ現れることを許したりする高圧的な力、大きな共有地を管制することにより、敵の海岸を出入りする通商が移動する公道を閉じる力を持つことが、一国の資金力を苦しめるのだ。この高圧的な力は大海軍によってしか行使され得ないし、今では大海軍によっても中立国船舶が現在の免責特権を持っていなかった時代ほどには(大洋では)効果的ではない▼020。海洋国家間の戦争の場合には、大きなシー・パワーを持ち、敵の通商を破壊することを願う国が、その時の自国の権益に最も相応しい形で「実効的な封鎖」という言葉を解釈しよう、自国船の速度と配置が、以前よりも遠く離れた、より少数の船で封鎖を実効的にすると主張しようと試みる可

▼019 Mahan, *The Influence of Sea Power upon History*, p. 138.
▼020 一八五六年のパリ宣言により保証された、中立国船が運ぶ敵財産の免責特権は、潜水艦戦争におけるあらゆる法律の侵害は言うに及ばず、禁制品リストの拡張により、最近の実際問題として大幅に無効化されている。――編者。

能性はある。こうした問題の裁決は、弱い交戦国ではなく中立国に依存するだろう。それは交戦国の権利と中立国の権利の間の問題を提起するだろう。そして、ちょうどイギリスが海洋覇権を有している時に中立国旗が品物を保護するという公式宣言を長いこと拒絶していたように、もしその交戦国が圧倒的な海軍を有しているなら、自国の主張を通すことができるかもしれない。

我々の研究に提示された特別な領域においては、そうした〈交通路の〉集束——ないし分岐——を示す二つの主要地点がある。ミシシッピ川河口と、中米地峡である。この講義が最初に書かれた時点では、世界の世論は、〈中米〉地峡を通る運河に最適な場所として、パナマとニカラグアの間で逡巡していた。この問題は今やパナマが選ばれて明確に決着しており、太平洋へ向けてカリブ海を通過する交易路の顕著な集束点は、パナマ鉄道の終着点が存在するために遥か昔から集束点として決まっていたコロンであり続けることとなるだろう。

これら二つの合流点、ないし交差路は、人類すべてにとって長いこと極度に関心を惹く地点だったし、今でもそうである。一方では、ミシシッピ川流域のすべての交通路、この大河のすべての支流と副支流が合流し、そこから分岐してゆく。他方では、大西洋と太平洋の間のすべての交通路が集中し、交差する。

▼021 Mahan, *Naval Strategy*, pp. 303-304, 356-367, 381-382.

ミシシッピ川流域の人口増加と開発、そしてパナマ運河の完成は、それらに比例してこの国際的な関心の増大を将来引き起こすよう共に作用するだろう。世界の強国の中では、この進捗に米国ほどに重大に関係している国はない。これらの中心の一つ、広大な後背地を持つミシシッピ川河口を領有しており、またもう一方にも地理的に近いためである。この特有の関心は、その近接性のために自然であり不可避でもあるが、モンロー主義《ドクトリン》として知られる国策により、またそれ以上にパナマ運河地帯《カナル・ゾーン》と呼ばれる中央地峡地帯の支配と管理、軍事的保護を伴う、モンロー主義に特有の結果により強調されている。

［この間の各頁では、一四四～一四五頁の地図に描かれた三角形の中に、■で示される戦略的に重要な地点がすべて含まれることが示される。キューバはメキシコ湾の鍵であり、またカリブ海への三つの出入り口――ユカタン海峡、ウィンドワード海峡、モナ海峡――を管制する。これらの出入り口、主要な目標地点（ジャマイカおよび中米地峡）、そしてそこへの航路が、カリブ海における軍事的管制の主目標となる。――編者。］

……全体から見ると、立地条件のみに依存して、その他の条件が同じであれば、通行の管制力はジャマイカが最大であり、次にキューバ、最後が小アンティル諸島である。

通行の管制に関するこれらの結論を受け入れ、我々はその他すべての問いが従属するあの質問に立ち返る。すなわち、カリブ海の三つの策源地——それぞれ影響圏を持つ小アンティル諸島の島の一つ、ジャマイカ、またはキューバ——のうちで、カリブ海の主要な標的地点の軍事的管制に最も有効なのはどれだろうか？　それらの主要な標的はジャマイカと中米地峡である。その相対的重要性に関しては、中米地峡は本質的に、また世界の一般的関心にとっても、飛び抜けてより大きな価値があるが、ジャマイカの立地条件は、軍事的感覚からはそれをカリブ海の管制における主要な要素とするほどに、中米地峡へのすべての進入路に大きな支配権を与えると言うことができるだろう。ジャマイカは中央位置の顕著な事例であり、それが存在する領域の中であらゆる方向の行動に内線の優位をもたらしている。

軍事的管制は、位置と活動中の軍事力という二つに主に依存する。同等の軍事力が終始想定されているので、今やこの領域において他国が保持する位置をキューバの占有者の位置と比較することだけが必要である。また、この検討は、これらの標的地点に対して攻勢の行動をとるか、その逆に、自国や同盟国が既に保持する場合にはそれらを防衛する能力に限定される。通行は既に考慮されている。

自国領外の地点に対する位置の力による管制は、時間的な近さと、諸君の接

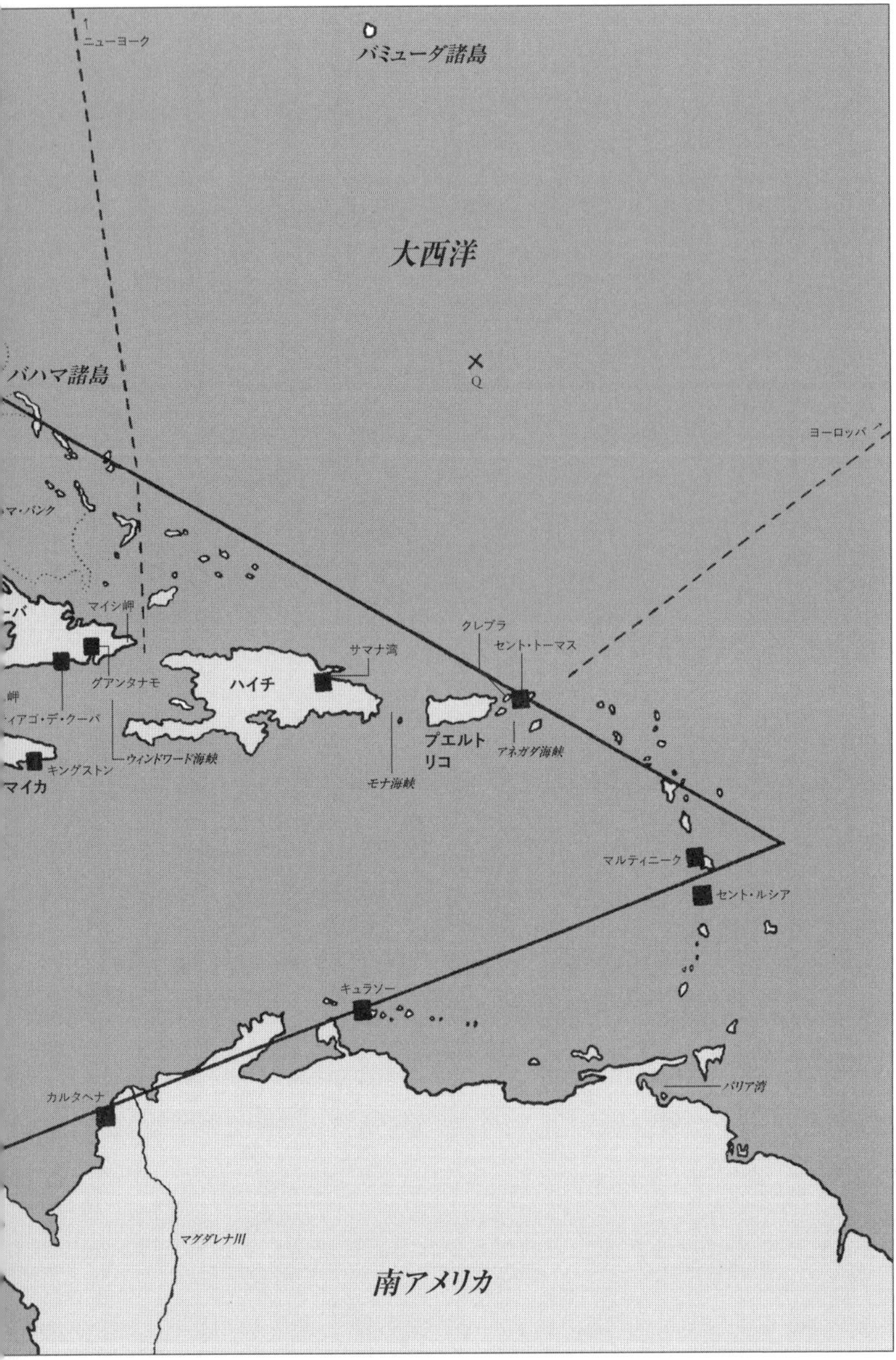
ニューヨーク
バミューダ諸島
大西洋
バハマ諸島
Q
ヨーロッパ
マ・バンク
マイシ岬
クレブラ
セント・トーマス
サマナ湾
グアンタナモ
ハイチ
ィアゴ・デ・クーバ
プエルト
リコ
アネガダ海峡
ウィンドワード海峡
キングストン
マイカ
モナ海峡
マルティニーク
セント・ルシア
キュラソー
パリア湾
カルタヘナ
マグダレナ川
南アメリカ

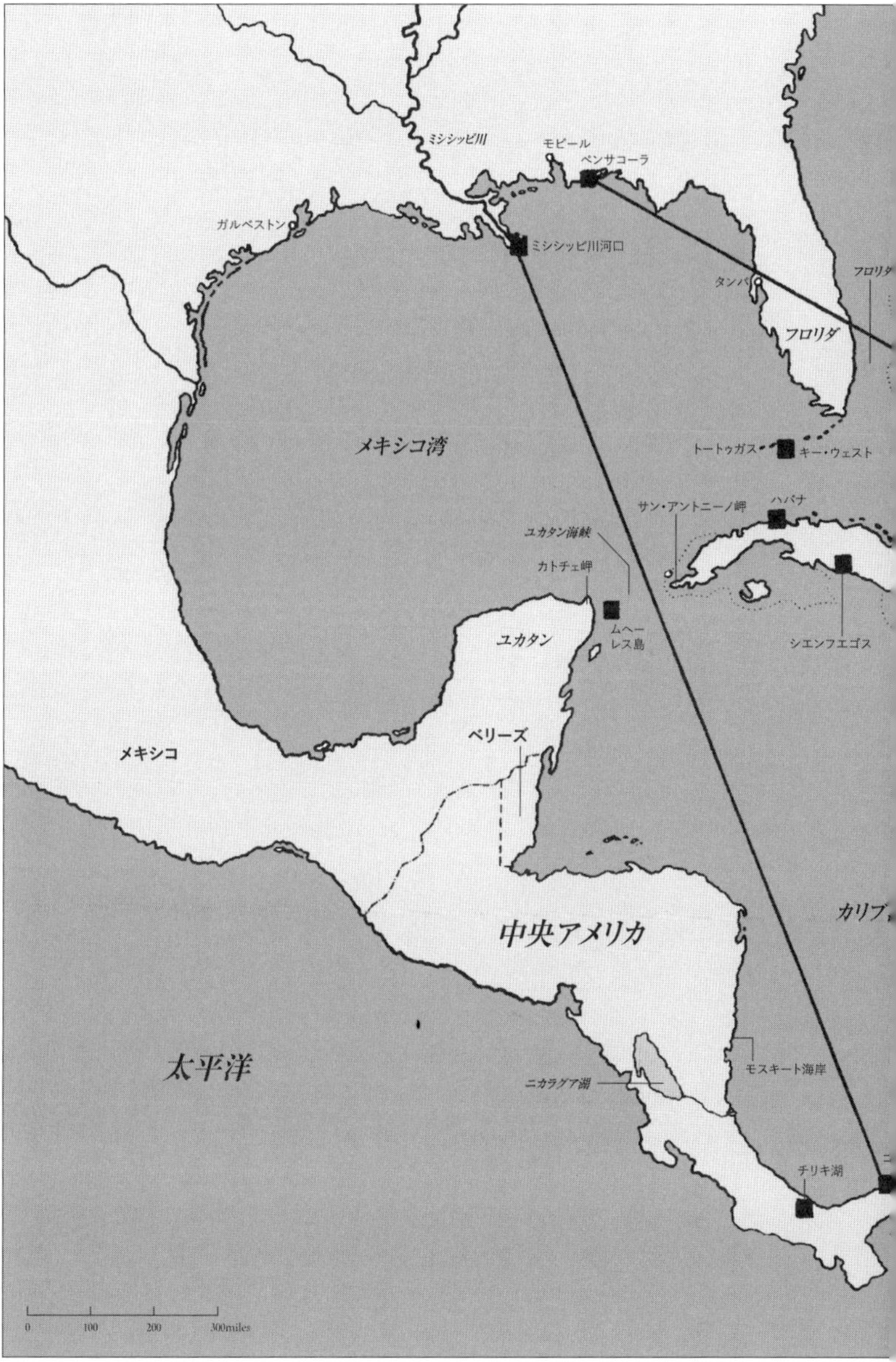

[**図4**]メキシコ湾とカリブ海

近を遅らせたり妨げたりすることのできる障害物がないことに依存する。

サンティアゴ〈・デ・クーバ〉〈またはグアンタナモ〉とシエンフエゴスは共に、サマナ湾とセント・トーマス島を含むカリブ海周縁に選ばれた第一級の戦略地点のいずれよりも、〈中米〉地峡に近い。これらの位置〈と中米地峡の距離〉は、英領セント・ルシアと仏領マルティニークとの距離の半分を少し超える。カリブ海の中にあるジャマイカの堅固な島と軍事的要塞は、グアンタナモよりも〈中米〉地峡に一五〇マイル〈約二四〇キロ〉近く、またシエンフエゴスよりもそれ以上に近い。

立地条件のみを考慮すると、ジャマイカはカリブ海の管制に相応しく、見事に位置している。コロン、ユカタン海峡、そしてモナ海峡からは等距離である。ウィンドワード海峡の管制と、キューバ南岸沿いの管制をグアンタナモとサンティアゴ〈・デ・クーバ〉と共有している。その一方で、ほんの少し腕を伸ばすだけで、メキシコ湾から〈中米〉地峡への航路に手が届く。なによりも、キューバに対しては、キューバから〈中米〉地峡に向かういかなる試みもまず始めにジャマイカの陸海軍部隊を打倒しなければならないように、〈中米〉地峡への航路を遮断している。

しかしながら、ジャマイカの強みから引き出される推論のいくつかは、同じぐらい強力にキューバにも当てはまるわけではない。攻撃に開かれた地点の数が多いために常にイギリス帝国を防勢に陥らせ、艦隊の分割を招くイギリスの偉大で広範囲に散らばる植民地体制を一旦脇に置いて、また我々の関心を眼前の領域に厳しく限定すると、イギリスの作戦計画の中では、既に言及したように、ジャマイカは本質的には前哨であるということが分かるだろう。並外れた良い場所に位置していることは真実だが、それでもなおその交通路は長く困難なのだ。中間補給基地となるかもしれないアンティグア島からの距離は九〇〇マイル〈約一四四〇キロ〉以上であり、小アンティル諸島におけるイギリスの主要海軍基地、セント・ルシア島からは一〇〇〇マイル〈約一六〇〇キロ〉以上、少なくとも経済速度❖096の蒸気航行で三日かかる。イギリスは、キューバを領有する国家と戦争する場合には、グアンタナモによりウィンドワード海峡から締め出され、ハバナによりメキシコ湾から締め出される。また、必ずしも封鎖されるわけではないが、モナ海峡を当てにするのはあまりに危険だろう。これらの理由から、ジャマイカとの交通路を維持するためには、セント・ルシア島のような中間位置と補給廠が緊急に必要となるだろう。バミューダやハリファックス、イギリスからやって来る補給物資は、おそらく、まずセント・ルシア島か、またはアンティグア島に集められ、そこからキングストンへと、より安全な、しかしやはり露出した航路を通らなければならないだろう。キューバとハイチの

❖096 最小の燃料消費量で最大の運行距離が得られる速度のこと。巡航速度とも。

北岸は、その位置の力によりウィンドワード海峡に行使する支配権の結果として、実質的にキューバ艦隊の管制下にあると見なされなければならない。

その逆に、キューバを領有する国は、その立地条件により、メキシコ湾との開かれた交通路を持っており、その国がミシシッピ川流域を通じて米国の全資源を自由に利用することができるということになる。その交易を横取りしようと試みてジャマイカからやって来る巡洋艦は、ハバナを拠点とする敵艦と比べて、特に石炭に関して、大きな不利を被るだろう。ハバナからやって来る巡洋艦は、ほとんど、または全く石炭を消費せずに遊弋海域に到達し、したがってより長期間そこに留まることができ、またその結果より多くの艦船を持つことと同等である。他方で、サンティアゴ〈ヘ・デ・クーバ〉からやって来る巡洋艦はハイチの北側を通ってモナ海峡までほとんど損失を被ることなく移動することができ、さらにその遠くまで同型の艦船と遭遇し戦闘する以上の危険なしに移動することができる。アネガダ海峡に向けて努力を伸張するなら、セント・ルシア島からやって来る巡洋艦と比較して、〈メキシコ〉湾におけるジャマイカの巡洋艦がハバナからやって来る巡洋艦と比較して被るのと同じ不利を感じるだろう。しかし、Q地点（一四四〜一四五頁の地図参照）ないしその付近に向かって、より北向きの針路をとることにより、グアンタナモおよびセント・ルシア島から等距離になり、またそれによって後者〈セント・ルシア島〉と互角になる一方で、同時に、北アメリカのどの地点からの補給物資をも重大な危険に晒すことができる位置につくことになる。バミューダがQにあるこれらの巡洋艦に対処することができると反論されるなら、その答えは簡単である。同等の戦力を仮定すると、セント・ルシア島の戦力を減少させることによってのみ、そうすることが可能である。要するに、ジャマイカと比較する際には、バミューダとハリファックス、セント・ルシア島との戦略的関係において、キューバは中央位置と内線の交通路、そしてその結果としての戦力と努力の集中という莫大な利点を享受している。

この戦場において同等の戦力を持つと仮定された事例において、イギリスがこれらの困難に直面して、ジャマイカをキューバに対して不利にするほど十分に艦隊を分割するのをいかに避けることができるかは明確ではない。実際、このときキューバは既に指摘された立地条件のその他の利点だけでなく、敵の位置に対して中央にあるという利点を享受している。そして、おそらくさらに重要なことに、キューバは基地となる各地点間を結ぶ、補給物資と石炭を運ぶ安全な陸上の内線を持つ一方で、キューバの後方、メキシコ湾の海上交通線も掩護しているのだ。なぜなら、グアンタナモとサンティアゴ〈・デ・クーバ〉はハバナと鉄道による交通路を持つ一方で、島自体がハバナから米国の〈メキシコ〉湾沿岸への交通線を掩護しているからだ。それに対してジャマイカは、〈キューバと〉同じほどには十分に遮蔽されていない交通路により、完全に海に依存している。

キューバと比較すると、一度ならず指摘されているように、ジャマイカは強力な前哨で、自身が規模と資源において遥かに劣る〈優勢な〉敵の眼前に突きだしており、したがって不安定でおそらく停止される交通路にもかかわらず持ちこたえる力に存在を依存している。この事例は、海から遮断された場合にはその持久が常に有限となる、ミノルカやマルタ、ジブラルタルの事例と似ている。しかしながら、ここで我々の前にある問題は、単に防勢で持ちこたえるという問題ではない。それは麻痺状態である。もしキューバがジャマイカを消極的な防勢に陥らせることができるならば、ジャマイカはカリブ海と〈中米〉地峡の管制における要素としては存在しなくなる――そのとき、キューバがパナマへの近さを活用するのを邪魔するものはない。もしキューバがキングストンにおける石炭不足を引き起こすことができるなら、戦略的優位を達成することになる。石炭飢饉の際には、敵戦闘艦隊はおそらく小アンティル諸島まで撤退するに違いない。

キューバとの比較におけるジャマイカの事例は、カリブ海の東西南北の周縁に位置するすべての戦略地点にも当てはまる。ほとんどカリブ海の周縁上にありながら、その中にあるジャマイカは、近さと立地条件、大きさ、資源においてハイチやより小さな諸島のどの港に対しても決定的な優位を持っている。もしジャマイカがキューバに劣るなら、周辺にあるその他の地点はいずれも〈キューバに〉劣るし、さらにそれらすべてを合わせても劣ると付言することができるかも知れない。……

［セント・ルシア島がジャマイカにとって非常に重要であると同時に、両者が一斉に協同するには離れすぎていることが示される。小アンティル諸島に関しては、ヨーロッパからの進入路を管制すると言うことができる一方で、キューバは北アメリカからの進入路を管制する。しかし、〈小〉アンティル諸島は〈中米〉地峡からキューバの二倍離れており、一段と資源に乏しい。——編者。］

資源に関して、西インド諸島すべての戦争資源は各国政府の政策と準備に主に依存するだろう。キューバを除けば、これらの諸島は十分に開発された自然資源が不足している。政府の直接行動を除いては、キューバの遥かに大きな人口が兵士と守備隊により多くの補給物資を引き寄せ、より多くの資材を提供するだろうということが言えるだけだ。現在は、既に言及したように、米国の資源が実質的にキューバの資源でもある。

カリブ海の管制を試みる際に見込まれる三つの基地のうちでは、キューバが最も強力であり、ジャマイカがその次、〈小〉アンティル諸島が最弱であることは疑う余地がない。ジャマイカの位置のために、キューバは、より小さな敵の攻勢力を無効化しないまでも大いに減じるまでは、〈中米〉地峡やカリブ海の通行線に対して力を発揮することはできない。同等の艦隊という仮定に基づくと、もしキューバ艦隊が〈中米〉地峡ないしカリブ海に移動するなら、キューバは交通路を攻撃に晒すことになる。もし交通路を掩護しようと努めるなら、戦力を分割することになる。ジャマイカはまさに以前の章で仮定された事例に直面する。「もし、念願の標的に進む際に、敵艦船が退避することが可能な、敵が占有する戦略地点——敵がそこから出撃して我々の石炭や弾薬の補給を横取りするだろう地点——を通過するなら、その地点の勢力範囲に注意を払う必要があり、諸君の戦力は減じられるだろう[097]」。

その事例では、敵艦隊よりも自艦隊を減らすことなしにその港を監視することができないのであれば、艦隊を分割してはならないと論じられた。中間地点に位置しなければならないか、または、船内の物資で特別な目的を達成することができると考える場合には、交通路を諦めて、基地から離れて自由に行動することができる。キューバ艦隊をサンティアゴ〈・デ・クーバ〉ないしグアンタナモに残したまま母港から離れるなら、ジャマイカ艦隊も間違いなく同じ困難を

❖097 Mahan, *Naval Strategy*, p. 209（井伊順彦訳『マハン海軍戦略』一九〇〜一九一頁）を参照しているが、多少の異同がある。

感じるだろう。しかし、二つの艦隊のうちでは、ジャマイカ艦隊が内線を有している。キューバと敵対する際に、小アンティル諸島のみを拠点とし、〈中米〉地峡、またはカリブ海西部の任意の地点に対して実行される作戦に関してはそうではない。その場合の交通線は、相対的に非常に深刻な不利となるほどに長いのだ。

そういうわけで、概して、ジャマイカはキューバより弱いが、「カリブ海の鍵」という称号に相応しいように思われる。キューバがジャマイカに打ち勝ったときに初めて、キューバはカリブ海の各地点を優勢に管制することができる。しかし、この意味においてジャマイカが鍵であるならば、キューバにはその鍵を奪い取る力がある。キューバの後方、メキシコ湾に向かう自らの交通路に関しては安全であり、キューバには敵が最後には守ることができなくなるほどに長く危うい交通線を敵に強いる力がある。初めは石炭の欠乏、それから飢饉、最後には最も利用しやすい石炭基地へのジャマイカ艦隊の撤退。それこそが、地理的条件に――すなわち、位置に――依存する、カリブ海の軍事的問題に可能だと私が信じる解決策である。それについて、ナポレオンは「戦争は位置の業である」と述べている。キューバ艦隊がジャマイカ艦隊に対して明確な優勢に立った瞬間に、ジャマイカとウィンドワード海峡へ近づく航路を同時に掩護する位置につくことができ、自艦船をすべて手元に置きながらにして敵の補給と増援を遮断する。ジャマイカ艦隊が一時的な優勢を手にした場合でも、その逆は正しくない。なぜなら、キューバ南部の港はメキシコ湾からハバナを経由して、陸路で補給物資を受け取ることができるはずだからだ。

メキシコ湾とカリブ海の戦略的特徴に関する全般的な議論はこれで終わるが、ここまでの結論が研究対象の地域における海軍行動のための米国の設備とどう関係するかについてさらなる具体的考察がなければ、この主題の扱いは完全とは言えないだろう。

［一八八七年から一九一一年にかけての政治的展開がここで考察される。これには米海軍の拡大、パナマ運河の建設、グアンタナモを中心として「カリブ海における陸軍および海軍の行動に最も有効」な、キーウェストからクレブラ島にかけての線に沿った戦略地点の米国による獲得、そして最後に、ドイツ海軍の拡大から生じる責任の増大と、その結果としてのモンロー主義を支持するイギリスの協力への制約が含まれる。――編者。］

……カリブ海とパナマ地峡は、想定される軍事的拠点間はもちろん、これらの拠点とその戦場における軍隊――すなわち、海軍――の連携と相互支援の必要性の非常に顕著な例証を、海軍戦略を学ぶ者に提供している。したがって、それはかかる学び手が習熟すべき最重要の主題、また一連の講義に相応しい以上に詳細な題材を与えてくれる。講義の目的は、網羅的な説明を試みることよりも、考え方を示唆することであるべきだ。米国海軍士官にとっては、〈中米〉地峡および建設中の運河と、大西洋および太平洋沿岸の相互支援の密接な関係が、この主題を二重に興味深いものにしている。この運河のような地点が通商に対して持つ全般的な国際的重要性が、その保有と利用の条件を国際的な争いと交渉の源泉としないことなどほとんどありえないという考察により、この関心はさらに増すことになる。こうした争いと交渉は、しばしば戦争の別の形態なのだ。すなわち、その解決策は、背後に留めておかれるにせよ軍事力に依存することになる。〈中米〉海峡の保持に依存する通商以外の論点もあるが、ここでは明示的に語ることはしない。それらの論点を完全に認識するためには、当世の一般的な話題について継続的に読書を重ね、熟考しなければならない。

確実なことが一つある。カリブ海には、我々自身の主要な海洋国境、大西洋と太平洋という二つの大洋への戦略的な鍵が存在している。

第二章　海軍行政の基本原則

対立する要素▼022

行政《アドミニストレーション》は非常に一般的に適用される用語であり、海軍の行政も、その他の形態の行政との密接な類似、そしてさらには一致する点すら示すはずであるということが予期されるだろう。たとえば、その中では、他〈の形態〉と同様に、結果の効率性は連帯責任よりも個人責任によって、より良く確保されるだろう。しかし、一般的な類似のほかに、イギリスと米国のような国々におけるその他ほとんどすべての活動とは異質な要素の存在により、海軍行政は非常に明確かつ鋭敏に区別されている。軍事的要素は海軍行政に付随するのみならず、必須ですらあるのだ。十分に訓練された軍人に指揮され、強い軍人精神に活気づけられた、有効な戦闘組織を国民に提供しなければ、その他どんな成果が達成さ

▼022 Mahan, "The Principles of Naval Administration," *Naval Administration and Warfare* (Boston, 1908), pp. 5-11.〈訳註。一九〇三年の『ナショナル・レビュー』誌（*The National Review*）掲載記事。〉

れるにしても、海軍行政は失敗している。その一方で、海軍行政と関係している業務の多くは、手段のある特徴においてのみ、市民生活に共通する業務と異なっている。これは財政運営、医療施設、そして遥かに小さくはあるが相当な程度に、海軍兵器の生産に関係している生産工程については、主として正しい。海軍行政の最も軍事的な部局の事務手続きでさえ、それ自体は軍人生活よりも市民生活に類似している。しかし、その結果として、それらの部局が軍事訓練を受けた者よりも文民の思考習慣を持つ者によってより上手く運営されるということには決してならない。手段は結果のために存在するのであり、行政における供給のまさに根源において軍事的必要性の理解を弱めてしまっては、有効な戦闘組織を獲得することはできない。このなくてはならない理解は、人生の形成期における個人的な良し悪しの経験によってのみ得られるものなのだ。

したがって、まさに検討の発端から、いずれも除去することのできない、二つの根本的だが対立する要素を我々は見出す。相互に共感するという意味においては、それらを一致させることもできない。適切に表明されるならば、文民精神と軍人精神の間の警戒心は健全な兆候である。相互に対抗するのではなく、補完するために、両者の調和をとって効率的に協同させることができる。実際問題を決定するにあたり、それぞれに相応の優先と重みを保証する方策がとられている限りにおいては。

歴史的には、海軍行政の制度と発展は本質的に民事の手続き《プロセス》であり、その目標は国家の戦争兵器を提供し、準備を整えておくことだった。その目的は戦争――戦うこと――、その道具は海軍、そしてその手段は我々が行政という見出しのもとに分類する様々な活動である。これら三つのうち、目的が必然的にその他を条件付ける。「目的を欲するものは手段をも欲する」という諺はよく知られている。戦闘の危急が政府と国民の考察の前面に十分に維持されるためには、海上の海軍の精神と組織、戦争に向けた効率性に必須のものが何であれ、それが行政において適切に代表されていなければならない。陸軍と海軍が恒久的な国家組織として存在しているので、軍事部門の側では目的――戦闘、または戦いへの即応性――を単なる行政の考察よりも上位に保つための奮闘が続いている。これは実に自然なことだ。なぜなら、人は皆自身の職務を拡大しようとする傾向があるからだ。戦闘を行わなければならない軍人は、それが主たる必要だと考える。行政官も、同じぐらい自然に、組織をスムーズに運営することが最も見事な資質だと考える傾向がある。両方が必要なのだが、後者〈組織のスムーズな運営〉は、平時に戦争に伴う事柄が制度《システム》を規定していない限り、戦争の大きな圧力のもとでは通用しない。読者の中には初耳の者もいるかも知れないが、戦争が勃発してすべての調子を狂わせてしまうまでは自身の職務が見事に行われていたと不平を言う行政官に関する、珍妙で使い古された話がある。

　相応の調整を必要とする文民と軍人の対立は根源的であり、必然的なものだと言うことができるだろう。それは海軍行政に元来内包されるものなのだ。これらの根本要素に概して対応するのが、行政が用いられる主要な活動——組織化と実行——である。また、これらは互いに目的に対する手段の関係を有している。組織化はそれ自体を目的としないが、究極的な実行行動のための手段である。海軍の事例では、戦争のため、または戦争の抑止のための手段である。したがって、その目的——戦争——にこそ、組織化はその性格を規定する条件を見出さなければならない。どのような制度を採用するにせよ、何よりも軍事行動における完璧な効率を目指さなければならない。この理想に近づけば近づくほど、その制度は良いものなのだ。これはわざわざ言及するにはあまりに明白だと思えるかもしれない。言及するまでもなく明白だとしても、繰り返し述べるに越したことはない。行政の側面に関する海軍史の長い記録は、その他〈軍事以外〉の考察が絶えず優勢だったこと、そして、時宜にかなうかどうかにかかわらず、海軍行政の唯一の試金石は職務の満足ないし経済的な遂行自体ではなく、すべての点において海軍が戦争に即応できることである、と強調する永続的な必要性を示している。一方が他方を除外するわけではないが、両者の間には重要性の大小という関係があるのだ。

組織化と実行は共に、戦争の道具である活動的な海軍、そしてその道具を作り出し維持する性質を持つ手段としての海軍行政に同等に存在する性質である。しかし、それぞれの領域から、また戦争の偉大な最終目的への相対的な近似性に比例して、一方ないし他方の性質が優勢となる。自分の船に乗り組む海軍士官は、職務の困難に直面し、また自らの天職に起こりうる万一の事態を思い出させる恐ろしい道具に日々触れる中で、組織化の中に主に目的に対する手段を自然と見出す。なるほど、そうした期待に添えない者もいるかも知れない。規律家は組織化を手段以上の何かと見なす人物のことだが、そうした人物は例外である。その一方で、海軍行政は、その用語の一般的な意味においては、主に事務作業である。厳密な意味での海軍とは主に公式通信を通じて接触しており、関係する海軍士官との個人的な交流による接触は少ない。〈海軍軍人としての〉職務の日常生活に直接触れることによる接触はさらに少なく、それについては間接的に学ぶことになる。その結果として、情報を受け取り、命令を伝達し、支出を点検し、報告書を提出し、また一般的に紙の手触りで海軍と交流する制度、要するに自らの業務を円滑に行うために作られた組織の規則的な手順とその遵守を過大評価する傾向がある。相応な程度には、これらは否応なしに必要である。しかし、意図された実行目的に対して、その重要性を相対的に誇張することが実際的な傾向であるというのは否定できない。かつて筆者があるフランス人海軍大佐を訪れたときに、彼は訪問中にそばの机から大きな紙の束をだるそうに手に取った。「君のところでも我々と同じぐらい状況が悪いのだろうか。我々の海軍登記簿を見たまえ」と彼は言った。その頁をそれぞれ全体の六分の一と六分の五の二つに分けて、彼はこう続けた。「この小さい方が海軍で、そちら〈の大きい方〉が行政だ」。彼がたくさんの紙を持っていたのは不思議ではない。製粉所が穀物を必要とするように、行政は紙を必要とするものだ。

海軍士官が行政官庁に入る場合でさえ、長期にわたる任期〈官庁勤務〉の影響は同じ傾向を持つ。以前の生涯の習慣は、それがその個人の中に獲得した影響力に比例して、間違いなくそうした傾向を抑止する。それは彼自身の思考だけでなく、彼の同僚の思考に対しても影響を及ぼす貴重な酵母として作用する。それにもかかわらず、本質的には、民事の職務に恒久的につくことが海軍の危急に関する深い認識を弱める傾向があるというのが、一般的な経験だ。しかしながら、この認識があって初めて、効率に必須な海軍の行政機能と実行機能の間の共感が育つことができるのだ。肘掛け椅子の習慣は、容易に後甲板の習慣を塗り替えてしまう。より快適なのだ。この理由から、最もよく考案された制度では、その職業の民事と軍事の部分の間、行政官庁と軍隊ないし艦隊の間の頻繁な行き来が、行政官庁に相応しい素質を示す士官にとって得策であると考えられている。その方が彼らにとって個人的にも良いし、行政にとっても良いし、その結果として軍全体にとっても良いのだ。多数の海軍士官が「陸上勤務」についていることがしばしば無知な外部からの批判の対象となる米海軍では、それが広範に流行している。勤務の的確な比率が常に正確に守られていると断言しないが、様々な条件と困難に関する相互理解を促すことにより、文民業務と軍人業務の間の行き来が双方のスムーズな業務遂行を容易にする傾向があると自信を持って主張することができるだろう。

イギリスの制度▼023

［一六六〇年から一八三二年まで、イギリスの海軍行政は民事の「海軍委員会《ネイヴィー・ボード》」と軍事の「海軍省委員会《ボード・オブ・アドミラルティ》」に分かれていた。――編者。❖098］

分割された統制は分割された責任を意味し、それは次に責任の欠如、または少なくとも〈誰かに〉負わせるのが非常に困難な責任を意味する。特に海軍工廠で生じた〈この制度の〉悪用は、海軍工廠に依存する海軍に当然ながらその影響が

▼023 Mahan, "The Principles of Naval Administration," pp. 26-31.

❖098 「長い一八世紀」においては、海軍省委員にはしばしば軍人より多くの文民（政治家）が含まれていた。一八三〇年以降も細かい変動が続くが、文民の海軍大臣の他に三〜五名の海軍卿、一〜二名の文民卿という体制となった。Cf. J.C. Sainty, *Office-holders in Modern Britain, IV: Admiralty Officials, 1660-1870* (London, 1975), pp. 18-19.

伝わることとなり、一八世紀末には海軍の至るところでの大きな抗議を招いた。しかし、川を渡る最中に馬は換えられず、❖099 一八一五年に終結した大戦争の危急のために、必要だった革命的な変化を試みることは長く不可能だった。この革命的変化は、一八三〇年改革法案とともに政権についた政府により、一八三二年に実施された。この革新の精神は「(非分割の)個人責任」という表現に要約された。海軍委員会は完全に消滅した。何世紀もの間にその手中に蓄積され、非常に多数の締まりのない集団に官吏が継続的に追加されたことにより最高潮に達した民事機能は、別個の独立した責任を負う五人の長官へと集中された。この点では、米海軍行政における局長に似ている。五人は明確にそれぞれ海軍省委員会の委員のうち一人の監督下にあり、したがって諮問組織と見なされた海軍省委員会において各委員がその海軍の特定の関心を代表した。ヴィージー・ハミルトン海軍大将はこう書いている。「これは機能の統合であり、民事部局の海軍省全体への従属だった……集合的には海軍省委員会のもとに、そして個別的には海軍卿《シー・ロード》のもとに」❖100。海軍大臣《ファースト・ロード》は文民だが、その他の海軍省委員の大半は海軍士官である。したがって、権威は文民の手にあるが、軍人の影響が強く入り込んでいる。

特に海軍卿《シー・ロード》は必然的に〈軍人としての〉職務を放棄するわけではなく、積極的に

❖099 一八六四年六月九日に、リンカーンが共和党代表団に対して行った演説より。

❖100 マハンの引用には多少の異同がある。Cf. Admiral Sir R. Vesey Hamilton, *Naval Administration: The Constitution, Character, and Functions of the Board of Admiralty, and of the Civil Departments it Directs* (London, 1896), pp. 21-22.

結びついたままなので、後者の要素〈軍人の影響〉の価値を筆者は高く評価するが、人間性に関する筆者の観察からは、この制度には責任の所在を分からないものにする傾向がある参謀会議《カウンシル・オブ・ウォー》の不利をいくらか有しているように見える。要するに筆者は、具体的な規定によるものではないとしても、元来の性質により実行行動を諮問組織の手中におく傾向のある計画の健全性そのものに疑問を持っている。部下においてはそうではないとしても、それ以上に悪いことに、上司、準備と政策の決定的な大方針が依存する行政の司令長官〈海軍大臣〉において、個人責任を弱めてしまうように思われる。着想において、海軍省は第一に委員会であり、第二に個人の委員である。最上位の個人責任については、あまりに多くを海軍大臣の性格に依存しており、その立場への依存はあまりに少ない。ここまでを五年前〈一九〇三年〉に初めて書いて以来、イギリスの新聞の言い回しによれば、「海軍」卿《シー・ロード》の一人〈第一海軍卿〉の支配的な影響力に一般的にも専門的にも帰する、非常に決定的な政策転換が採用されたと推論することが確かにできそうだ。❖101 一八二七年の短期間には、その二世紀前と同様に、形式の上でより理想的な手配がなされた。後にウィリアム四世となるクラレンス公❖102が海軍長官《ロード・ハイ・アドミラル》に任命されると、海軍省委員会は委員会としては力を失い、彼の諮問機関となった。ここで王家の血に敬意を払ってなされた修正は、海軍行政のモデルとして

❖101 海軍卿は一九世紀を通じてネイヴァル・ロードと呼ばれていたが、一九〇四年にジョン・フィッシャーが第一海軍卿となった際にシー・ロードという呼称を復活させ、艦隊の即応性を高める責任と権限を第一海軍卿に集中させた。Cf. Robert L. Davison, *The Challenges of Command: The Royal Navy's Executive Branch Officers, 1880-1919* (Farnham, 2011), p. 192.

❖102 ウィリアム四世(William IV, 1765-1837)は、一八三〇年から一八三七年までイギリス国王。一八二七年から一八二八年まで継位者として海軍長官を務める。

役立つかも知れない。助言者を持つ長は、同僚を持つ長よりも責任を感じる。いずれにせよ、その長が優秀でなければならないことは言うまでもない。

米国の海軍行政では長は一人であり、責任の分割はない。彼の上司、大統領が彼の行動を監督し、議会も法律により監督するだろうが、彼の行動に関する限りは単に責任をそっくりそのまま移譲している。それは〈責任の〉分割ではない。米海軍長官《セクレタリー・オブ・ザ・ネイヴィー》には同僚はいないが、部下がいる。彼が部下を利用することを選ぶ限りにおいて、彼は部下の中に有能な助言者を持つことになるが、彼が命じる通りに遂行する責任を除けば、部下に責任を移譲することは一切できない。決断の責任は彼一人が負うものなのだ。法律は部下を従属する行政官として任命し、それはちょうど法律が海軍の大尉を任命するのと同じである。しかし、法律は彼らを助言者としては任命せず、彼らの立場においては海軍長官が彼らの助言を聞くよう、まして受け入れるよう強いるものなど何もない。互いに相手から独立しており、法律においては両者の間の協議を強いるものは何もないのだ。海軍長官は、部下またはその一部を、自身の出席の有無にかかわらず協議のための委員会として招集することができるが、彼にそれを余儀なくさせるものはその制度には一切ない。それぞれがあらゆる海軍艦船の計画と維持において、また一部は海軍の軍事能力のあらゆる要素において〈各部局の〉代表として参加する複数の海軍技術専門家の間の協同は、文民であり、おそらくその主題について多少なりとも外部知識を有している海軍長官の調整力に完全に依存している。この制度は、〈イギリスの〉海軍省委員会のように、厳密に職業上の結束力を提供するものではない。海軍省委員会では、それぞれが技術的な行政部局の一つかそれ以上を個別に監督し、したがって議論の対象となるいかなる技術的問題においてもその議論を完全に熟知していると想定される、実戦に関わる海軍士官の数的優位がある。また、海軍省委員会の構成は、すべての技術的詳細とそれが海軍の能力に及ぼす影響が、戦争の実務を行うことになっている軍人の観点から精査されることも保証する。米国の方式は、海軍長官、そして彼の主要な部下である各局長に、非常に厳密な個人責任を負わせている。海軍長官の職務は普遍的で至高のものだが、部下の職務は明確に定義され、相互に独立している。筆者にはこの結果がイギリスよりも優れていると思えるが、その特色による欠陥もある。責任において過剰な独立はないが、この制度に関する限りでは協調があまりに弱いのだ。〈イギリスの〉海軍大臣の責任について述べたように、行動の協同は海軍長官の性格にあまりに依存しすぎている。

米国の制度▼024

米国の海軍行政制度は連続的に、法的連続性を断つことなく発展してきた。すべての機能だけでなくすべての責任が一人の人物に集中する単純な原始的機関から、定義されるものの未分化な集合的機能と責任を伴う複雑な機関の段階を経て、発展の完成形ではないにせよ精巧な形態をとる組織への発展であった。最初から最後まで、この過程は原則において首尾一貫している。海軍長官——大統領の代理人——の単独の監督と単一の責任は一貫して維持されているし、その他すべての責任は彼に従属するだけでなく、木の枝が根から派生するように彼から派生しており、それは以前からそうなのだ。そのうえ、このように本質的には民事機能であるものに進化した行政を制限する中でも、一貫性が維持されている。米海軍委員会《ボード・オブ・コミッショナーズ》の設立という最初の出発から現在に至るまで、行政はいわゆる本式の軍事的権威は有していない。行政は軍事組織に関係する必要な権威は有していたが、本質的に軍事的な活動の指揮権は有していなかった。指揮権は海軍長官が保持しており、正しく軍事的な機能を持つ士官にのみ彼がそれを移譲する。最後に、個別責任の原則が厳密に遵守されている。与えられた任務の制約の中で、過去の海軍委員会の集団責任、そして現在の各局長の個

▼024 Mahan, "The Principles of Naval Administration," pp. 46-48.

人責任は、海軍長官の責任と同じぐらい明確で、限定されている。

この制度の欠陥は、海軍長官の唯一の権威を除けば、各部局▼025の行動を調整するための手段が提供されていないことだ。経験の浅い就任初期には、公的責任を有するすべての地位に伴う無数の付帯的な用事への没頭と合わせて、これがほとんどいつも職務には不適切だろう。欠陥を指摘することは、その治療薬を処方することではない。そして、この記事の目的は物事をありのままに描くことであって、特定の変化を主唱することではない。筆者が自分の職務経歴を通じて知る限り海上でも陸上でも最も優れた行政手腕を持つ海軍士官の一人は、ある議会委員会で、「各部局間の争いを調和し、専門的知識が欠けているために省の長をまごつかせる、建艦方針やその他の問題を解決することを目的として、五人の士官からなる委員会を持つことが賢明だろうと常々信じている」❖103と述べた。この特定の提案について意見を述べることはないが、この制度には欠陥が確かに存在し、いかなる対策も以下の二点の慎重な遵守が必要だと述べるに留めよう。第一に、一人ないし委員会からなる助言者は行政活動から完全に離れていること、そして第二に、彼または彼らは、決断の個人責任に影響を及ぼす力を一切持たない、純然たる助言者でしかないということ。決断の個人責任は、どんな方式においても、海軍長官の特権かつ義務として維持されなければならない。

▼025 これらの部局は七つ存在する。造船所・船渠、航海学、軍需品、建艦・修理、蒸気機関、補給・会計、内・外科学である。一九一五年に新設された海軍作戦部長(Chief of Naval Operations)は海軍長官の次席であり、彼の専門助言者としてふるまい、海軍の業務の調整と計画の準備、そして戦争における作戦指揮を具体的な任務としている。職権上、一九〇〇年に創設され、専門助言機関として仕える海軍総合委員会(General Board of the Navy)の一員である。——編者。

❖103 議会下院海軍委員会の聴聞会でのブラッドフォード海軍少将の発言。Cf. Statement of Rear Admiral R.B. Bradford, cited in *Congressional Record*, 57th Congress, 1st Ses-

第一三章　服従の軍事規則[026]

服従の規則が基づく原則のおそらく最も筋道立った一般的定義としては、単なる言葉とは区別される服従の精神とは、士官の特定の命令が捧げられた全般目標に向けて忠実に行動を進めることにある、と断言することができるだろう。これは良く知られた命令的格言、「大砲の音に向かって行進せよ」[104]に表現されている。しかしながら、疑わしい場合には――そして、疑わしいというのは命令に定められた以外の行動が得策であるように思われる場合を意味する――、判断の自由は士官が上官の計画を理解していることを要件とする。もし彼の知識が不完全なら、または完全に欠けているなら、その時点で彼にとって賢明であると思われる行動は、それよりも遥かに重要な目標を挫折させたり、彼の協力が必須の連携運動の結束を破ったりすることになるかもしれない。こうした無知の状況において、もし自身の分別や推量のみに頼るならば、指揮官の全般目

sion, Vol. XXXV, Pt. 6 (Washington, 1902), p. 5440.

▼026 Mahan, "The Military Rule of Obedience," *Retrospect and Prospect: Studies in International Relations Naval and Political* (Boston, 1902), pp. 258-259, 270-272.〈訳註。一九〇二年の『ナショナル・レビュー』誌および『インターナショナル・マンスリー』誌（*International Monthly*）掲載記事。〉

❖104 ナポレオンの格言と言われている。

的の解釈ないし自身の行動に関する決断を誤り、またこうした誤りを通じて〈命令に〉背くことになり、非難や処罰を受けるとしても不当だと主張することはできない。彼は十分な理由なしに一般に認められた規則に違反したのだ。彼の意図の清廉さが道徳的な責めを晴らすかもしれないが、必ずしもそうとは限らない。なぜなら、服従の努めは単に軍事的なものではなく、道徳的なものでもあるからだ。それは恣意的な規則ではなく、本質的かつ根本的な規則だ。それなしには軍事組織が崩壊してしまい、軍事的成功が不可能となる基本原則の表明なのだ。その結果として、せいぜい個人的な無能さによるものかもしれないが、個人の目的が明らかに誠実であって、故意ではない場合であっても、過失の程度に応じて非難され、処罰を受けることになるだろう。……

この問題にネルソン以上に精力的に取り組んだ者はいなかった。彼の直接監督下にない者への熱烈な精神からの協力要請に対して、あまりにしばしば奏功した字句❖105に拘泥する反対に、彼以上に大きな憤怒を覚えた者はいなかった。部下の行動に彼の意図を実現するための知的で誠実な意思を認めたとすれば、彼自身の命令を無視したり軽視したりする部下への態度において彼以上に寛大な者はいなかった。彼は確かに服従を求めたが、有能で熱心な者であれば、彼の全般的な願望に関する正確な知識を伴う限りでは、独創性の一定の融通を許す

❖105 「法律の字句と精神」(letters and spirit of the law)という慣用的対句。シェイクスピア『ヴェニスの商人』のプロットともなっている。

❖106 シドニー・スミス海軍大将(Admiral Sir William Sidney Smith, 1764-1840)は、一七九八年八月のナイルの海戦の後で地中海に派遣されたイギリス海軍大佐。弟のジョン・スペンサー・スミス(John Spencer Smith, 1769-1845)と共にトルコにおける共同全権大使を務めた。海軍士官と外交官としての二重の権限のために、地中海のイギリス艦隊を指揮するセント・ヴィンセントやネルソンとしばしば衝突した。一七九九年にナポレオンが遠征軍をエジプトに残してフランスに戻った後で、遠征軍のフランス帰

ことにより通常はより良い成果が得られるということを認めていた。これらの願望を彼はいつも非常に入念に伝えていた。それ以上に彼がやかましく、几帳面なことはなかった。彼が字句において大きな自由を許した場合には、彼の着想の精神を忠実に遵守すること、否、むしろそれに参加することを期待した。彼は無能に寛容ではなかったし、彼の計画が故意に無視されることを一瞬たりとも我慢できなかっただろう。彼自身が抱いていた高次の政策の考察にシドニー・スミスが逆らった時❖106、彼の言葉は高飛車なものになった。「これは一人たりともフランス人がエジプトから逃れることを決して許したりしないという私の意見に真っ向から反対するものであり、フランスのどの船や兵士であれエジプトから決して逃れさせたりしない責務を貴官に厳密に課し、命令する」。強調は彼自身によるもので、まだ信用できないかのように再びこう付け加えている。「どのような口実であれ、一人たりともフランス人がエジプトから逃れることを許したりしない、という私の命令を貴官は実行しなければならない❖107」。この口調の厳しさは、個々人を監督するために必要な場合には最も厳密な規則を強いる彼の気質を十分に証明しているが、規則よりはむしろ原則に、より柔軟に頼るのが彼の習慣だった。彼がまだ若輩だったときには、精神の服従と字句の不服従を彼以上に豊富に示した者はいなかったということを付け加えてもよ

還を許すエル・アリシュ協定（一八〇〇年一月二四日付）を仲介し、フランス兵のためにパスポートを用意した。セント・ヴィンセントを継いで地中海艦隊司令長官となったキース卿によってこの協定は無効とされ、フランスの遠征軍は一八〇一年九月に降服した。Cf. John Barrow, *The Life and Correspondence of Admiral Sir William Sidney Smith*, Vol. I (London, 1848), pp. 234-235; Mahan, *The Life of Nelson*, Vol. II, pp. 18-20.

❖107 Cf. Mahan, *The Life of Nelson*, Vol. II, p. 18.

いだろう。彼の実践は、この点において彼の経歴の全段階で一貫していた。残念ながら、この事例は、転ばずにはいられないほど頭がふらふらしている器の小さな人物が例に倣う気にさせてしまうかもしれない。

もちろん、このように考えたり感じたりしながら、彼は自分の見解を頻繁に吐露しており、彼ほどの軍事的天才の見解はしばしば非常に啓蒙的である。服従の義務と遵守を司り、すべての軍事行動への絶対的な必要性を決定する根本的な基本原則の探求という、我々の現在の目的に非常に適合する見解が一つある。「私のように考えるものはほとんどいないが、命令を遵守することは完璧そのものだ。私の眼前で起きていることを知ったら、私の上官はどう指揮するだろうか？　国王に仕えフランス軍を撃破することが、数ある中でも大きな命令だと私は考える。そこから小さな命令が芽生えてきて、これら小さな命令の一つが大きな命令に不利に作用するときには、私は大きな命令への服従に立ち返るのだ[108]」。

[108] Cf. Nelson to Duke of Clarence, November 9, 1799, in *Nelson's Dispatches*, Vol. IV, p. 95.

正しい理解では、戦争への準備は二つの項目に分類される――準備《プリパレーション》と備え《プリペアドネス》である。第一のものは主に兵器に関する問題であり、その行為は絶えず続く。第二のものは完了という概念を含んでいる。ある特定の瞬間に準備が完了しているなら、その者には備えがある――その逆ではない。備えなしに、戦争に向けてまさに必要な準備の多くがなされたということはあり得るだろう。準備の構成要素がすべて滞ったり、または一部の要素が完璧に用意できているのに他ができていなかったりすることもあるだろう。いずれの場合でも、その状態は備えができていると言うことはできない。

戦争への準備の問題に関しては、戦争がなお勃発する可能性があると認め、自国の備えができていることを願うすべての者は、ある明確な考えをまず取り入れるべきである。この考えとは、戦争がその起源や政治的性格においていか

▼027 Mahan, "Preparedness for Naval War," *The Interest of America in Sea Power, Present and Future* (Boston, 1897), pp. 192-200.〈訳註。一八九七年の『ハーパーズ・ニュー・マンスリー・マガジン誌』(*Harper's New Monthly Magazine*)掲載記事。〉

に防勢であるとしても、戦争において単なる防勢をとることは破滅のもとであるということだ。戦争とは、一度宣戦布告されたならば、攻勢的に、攻撃的に戦われなければならない。敵の攻撃を防ぐのではなく、敵を打ち負かさなければならない。その後で賠償金を一切免じてやり、獲得したものをすべて放棄することはできるが、敵が倒れるまでは絶え間なく無慈悲に叩き続けなければならないのだ。

他の多くのことと同様に、準備とは種類と程度、質と量両方の問題である。程度に関しては、それが決定される全般方針については本記事のこれまでの部分で大まかに示唆されている。程度の物差しは、世界のその他の場所における敵自身の窮迫と負担により強いられる、敵の全戦力への明白な不利益を斟酌したうえで、最強の潜在敵国が我々に向けることができる想定戦力である。この計算は半ば軍事的であり半ば政治的でもあるが、前提においては後者〈政治〉が支配的な要素である。

種類に関しては、準備には二つの要素がある——防勢と攻勢である。前者は主に後者のために存在する。戦争の決定的な要素である攻勢が、国益の保護ないし自国資源に関する懸念により妨げられることなく、完全な力を発揮できるようにするためである。海戦においては、沿岸防衛が防勢の要素であり、海軍が攻勢の要素である。沿岸防衛は、それが適切な規模であるなら、海軍の司令長官に自身の策源地――海軍工廠と石炭補給廠――が安全だと保証してくれる。また、主要な商業中心地に与える保護により、商業地を考慮する必要性から彼と政府を解放し、攻勢部門〈海軍〉を完全に自由にしてくれるのだ。

沿岸防衛は沿岸攻撃を暗示する。沿岸はどのような攻撃に晒されているのだろうか？　主に二つある――封鎖と砲撃である。より困難な後者は、大が小を兼ねるように前者を含んでいる。砲撃することのできる艦隊は、それ以上に簡単に封鎖することができる。砲撃に対して必要な予防策は、艦隊が砲撃距離に位置することができないほどの火力と射程を持った砲火である。周囲の地形が許す場合には、その砲火を浴びて初めて砲撃距離に到達することができるほどに、大砲の布陣をその都市から遠く離れた地点まで前進させることによって、この条件が満たされる。しかし、その移動の素早さのお陰で――飛び回る鳥の群れのように――、艦隊は壊滅的な被害を受けることなく、その面前に位置することのできない大砲の前を通過することができるということが示されているし、認められている。これゆえに、水路を封鎖することにより艦隊の前進を停止させるか遅らせる必要が生じ、これは現代では機雷《トルピード》❖109の敷設線により実践されている。機雷の精神的効果だけでも、急行通過――もし成功すると、艦隊が防

❖109　トルピード（torpedo）は現在では一般的に推進機能を持つ魚雷を指すが、一九世紀後半までは機雷を意味した。これはシビレエイ科（*Torpedinidae*）の属名に由来しており、アメリカ独立戦争期の発明家デイヴィッド・ブシュネル（David Bushnell, 1742-1824）により初めて海軍兵器に用いられた。

御施設の後方に到達して都市の眼前に直ちに現れ、都市は艦隊のなすがままになってしまう——への抑止力となる。

そういうわけで、沿岸防衛は上述のように配置された砲力と機雷線を暗示する。ちなみに、商業的ないし軍事的に決定的な重要性を持つ場所だけがこうした防御施設を必要とすると指摘しておこう。現代の艦隊は重要性の低い都市の砲撃に弾薬を無駄にする余裕はない——少なくとも、敵艦隊が我々の沿岸のように基地から遠く離れているときには。それはお金の問題というよりは、戦闘力の浪費の問題なのだ。〈重要性の低い都市の砲撃は〉割に合わないだろう。

しかしながら、本質的に消極的であるにせよ、沿岸防衛でさえ、局地的な性格を持った攻勢力の要素を持つ必要がある。それは攻勢的な海軍とは区別されるが、それにもかかわらず海軍の一部を構成する。海上の部隊に攻勢を仕掛けるためには、それ自体が海上になければならない——すなわち海軍である。この沿岸防衛の攻勢要素は、多様に発展する水雷艇に見出される。もちろん両者は連携して行動することは可能であるが、遠洋艦隊とは概念において区別されなければならない。戦争の展開によって、遠洋海軍が攻勢運動を開始する最善の準備は主要港に集結することだ、と判明することは十分にあり得る。しかしながら、こうした偶然の事態がない場合には、また狭義の沿岸防衛において、および狭義の沿岸防衛のためには、小型水雷艇の局地的《ローカル》小艦艇部隊があるべきで、その活動により海上の敵にとって生活を堪え難いものにするべきなのだ。すでに死去したある著名なイギリス人提督は、封鎖艦隊の艦長の半分は、現代の状況のストレスで精神的に参ってしまうだろう――「気が狂う《ゴー・クレイジー》」というのが私に向かって繰り返された言葉だった――と信じていると述べていた。もちろん、この表現は彼らが耐えなければならない持続的緊張の大きさの感覚を伝えることだけを意図していた。こうした小艦艇部隊では、その構成要素〈水雷艇〉の小ささと、組織および機能の単純さのため、海軍義勇兵にとって最適な領域であると分かるだろう。その任務は比較的容易に習得することができるし、全体制は急速な展開が可能である。しかしながら、それは性質において本質的に防勢であり、あくまで付随的に攻勢なのだということを覚えておくべきだろう。

これらが沿岸防衛の主要素――大砲、機雷線、水雷艇――である。これらのうち、おそらく最後のものを除いては即席で作ることはできない。即席の水雷艇も当座しのぎにしかならないだろう。詳細に立ち入るのは雑誌記事の制約を超えてしまうだろう――簡潔ながら論文が必要となる。ここでは、最初の二つがなければ沿岸都市は砲撃に晒されてしまい、最後のものがなければ、遠洋海軍により解放されない限り、敵のなすがままに封鎖されてしまうだろうと述べるだけで十分だ。適正な通告がある場合に限って――厳格な法律に対する譲歩というよりは、人間性と公平さに対する譲歩――、砲撃と封鎖は一般に認められた戦争の形態である。▼028 現代に存在するような、国家および商業の権益の複雑で密接に絡み合うネットワークにおける国家の大中心に向けられた砲撃と封鎖は、直接影響が及ぶ地点だけでなく、国土の全域への打撃となる。

既に述べたように、海戦における攻勢は遠洋海軍――戦艦、そして速度低下や不堪航性により艦隊の移動を妨げることなく同行する能力を有する外洋水雷艇を含む、様々な大きさや目的の巡洋艦――の機能である。堪航性、そしてあらゆる天候条件下での妥当な速度は、艦隊のすべての構成要素に必要な資質である。しかし、これらに加えて、あらゆる海軍の支柱かつ真の戦力は、防勢力と攻勢力の相応の均衡により、強力な一撃に耐えると共にそれを与える能力を持つ艦船〈戦艦〉である。それ以外のすべては、これらの艦船にただ貢献するのみであり、これらの艦船のためだけに存在しているのだ。

その戦力はどのようなものであるべきだろうか？　この描写に合致する船は海軍戦力を構成する種類である。では、その程度はどうだろう？　何隻が必要になるのだろうか？　その答え――大雑把な公式――は、以前に示唆された計算により示されたとおりの、襲撃してくる可能性がある最大の部隊に対して海

▼028 無防備な港湾や街への砲撃は、一九〇七年ハーグ会議で調印された協定第九条で禁止された。ただし、補給廠や倉庫、そして軍事目的に資するすべての建造物は破壊しても構わないという大きな譲歩がある。――編者。

に出て、合理的な勝算を持って戦うのに十分なほど多くなければならないということだ。我々が主張し、また我々の過去の歴史がそれを正当化するように、我々は攻撃を仕掛けることに気が進まない国民であり、領土や権益を戦争によって拡張することを望まないので、我々が自ら維持しようと努める戦力の物差しは、必然的に、我々の〈領土〉拡大計画ではなく、敵はそう考えないにせよ我々が合理的な政策と考えるものを妨害しようとする他者の作戦計画に依存する。彼らが〈我々の政策に〉抵抗するなら、敵はどれほどの戦力を我々に差し向けることができるだろうか？　その戦力は海軍でなければならない。我々には、決定的な性格を持つ陸上作戦が向けられるかもしれない、敵の攻撃に晒される地点がないのだ。これが、我々が掌握すべき敵対戦力の種類である。ではその規模はどうだろうか？　我々が必要とする戦力の物差しは存在する。その計算は複雑で、その結論は概算で確からしいというものに過ぎないが、それは我々が手にすることのできる最も近似した答えなのだ。これこれの大きさの船が何隻、大砲が何門、弾薬がこれぐらい——要するに、これぐらいの海軍兵器が必要、という答えだ。

防勢と攻勢という二つの主分類——大砲と機雷敷設線、水雷艇という三つの要件に基づく沿岸防衛、そして想定敵の面前で海上に展開し続けることができきる海軍――に要約された兵器準備の中に、戦争への準備と最も正確に呼ばれるものがある。米国の準備が不足している限りにおいて、米国が利用できる海軍より大きな海軍力を有する敵のなすがままである。もし米国海軍が敵を沿岸から遠ざけておくことができないなら、〈敵には〉少なくとも封鎖が可能である。それに加えて、もし港湾を守る水雷艇がないなら、封鎖は容易である。さらに、大砲や機雷線が不足しているなら、砲撃が可能性の範囲内に入ってきて、完全に実行可能な段階まで到達するかも知れない。戦争が始まった後では、準備をする時間はないだろう。

［本論説の残りは、現役と予備役の両方に関して、海軍に訓練を受けた人員を供給するという重要な問題を考察する。短期間の軍務のための強制入隊と長期間の軍務のための自主入隊という二つの制度のうちでは、米国で採用されている後者の制度はより良く訓練されているけれどもより少ない予備兵力を提供するものであり、したがってより大きな常備兵力を必要とするということが指摘される。――編者。］

第二部

歴史におけるシー・パワー

第一五章　孤立により疲弊した国家[001]

ルイ一四世治下のフランス

一六九七年にレイスウェイクで調印された和平条約は[001]、フランスにとって非常に不利なものだった。フランスは、ストラスブールという唯一の重要な例外を除き、一九年前のナイメーヘンの和約[002]の後で獲得したすべての領土を失った。ルイ一四世が平時に策略や武力で獲得したすべての領土が放棄されたのだ。ドイツとスペインに対しては莫大な領土返還が行われた。スペインに対する領土返還が〈スペイン領〉ネーデルラントでなされる限りにおいて、それは同盟諸州〈オランダ共和国〉にとって、またスペインだけでなく全ヨーロッパにとって直ちに有益だった。和平条約の条項は二つの海洋国家〈イングランドとオランダ〉に商業的利益をもたらし、それは両国による自国シー・パワーの増強と、その結果とし

▼001 Mahan, *The Influence of Sea Power upon History, 1660-1783*, pp. 197-200. マハン提督の主要な歴史著作は一六六〇年から一八一五年までの海戦史を連続して論じ、彼の小論や短い論考はその後の戦争を扱っている。第二部の抜粋は年代順に整理されている。——編者。

❖001 大同盟戦争〈九年戦争〉（一六八八年～一六九七年）の和平条約。

❖002 オランダ侵略戦争（一六七二年～一六七八年）の和平条約。

てのフランスのシー・パワーの毀損に貢献した。

　フランスは巨大な苦闘を経験したのだった。その時にフランスがしたように、またそれ以来一度ならずそうしたように、全ヨーロッパに対して孤立して戦うというのは大きな偉業だ。それにもかかわらず、ある国家がどんなに活動的で冒険心に富んでいるとしても、本質的に人口と領土において劣っているなら国外資源のみに頼ることはできないという教訓を同盟諸州が教えたように、[003]ある国家がどれほど人口において有数で、国内資源において勝っているとしても、それだけで無期限に自活することはできないということをフランスもそれなりに示している。

　コルベール[004]がぼんやりと窓から外を眺めているのを友人が見つけ、何について黙想していたのかと問うと、以下のように返答があったと言われている。「目の前の肥沃な田畑を見ると、私は他の場所で見た田畑のことを思い出す。フランスは何と豊かな国であろうか！[005]」この確信が、国王の浪費と戦争のために生じる金銭的困難に対処しようと苦労する際に、彼の公職における数々の落胆の中で彼を支えたのだった。この確信は彼の時代以降のこの国の歴史すべてにより正当化されている。フランスは、自然資源はもちろん、国民の勤勉と倹約にも恵まれている。しかし、国家であれ個人であれ、別の国家や個人との自然の

❖003 オランダの国力の盛衰については、本書六一〜六三頁を参照せよ。
❖004 ジャン＝バティスト・コルベール（Jean-Baptiste Colbert, 1619-1683）は、ルイ一四世に重用された財務総監、海軍大臣。
❖005 Cf. Henri Martin, *History of France, from the Most Remote Period to 1789*, Vol. I, trans. by Mary L. Booth (Boston, 1865), p. 480.

交際が絶たれてしまったら、繁栄することはできない。生来の気質の活力がどんなものであったとしても、有益な環境と、至る所から成長と力、全般的な繁栄に資するすべてのものを引きつける自由とが必要である。内部の有機的組織が十分に機能し、腐敗と再生、移動と循環のプロセスが容易に継続しなければならないだけでなく、心と体も有益で多様な栄養を摂取しなければならないのだ。自然の恵みにもかかわらず、国内通商や対外通商として知られる、自国の異なる部分の間の活発な交際および他国民との不断の交流が欠けていたために、フランスは衰弱してしまった。戦争がこれらの弱点の原因だったと言うのは、少なくとも真実の一部を述べている。しかし、それは問題について語り尽くしたことにはならない。戦争が一国を他国から切り離し、自力に頼るしかなくする際には、広く認められた数々の苦しみを伴う戦争はとりわけ有害である。確かにそうした激しい衝撃が人々を奮起させる効果をもたらす時期はあるかもしれないが、それは例外的かつ短期的であって、この一般的宣言を無効にするものではない。こうした孤立がルイ一四世の後期の戦争においてフランスが経験したことであり、それがフランスをほとんど破滅させたのだった。そうであるがゆえに、フランスをこうした沈滞の可能性から救うことが、コルベールの人生の偉大な目標だった。

王国内外の循環のプロセスが確立され、精力的に作動するまで戦争が後回しにされさえすれば、戦争だけでは必然的に孤立を伴うとは限らなかった。コルベールが公職に就任した時には循環のプロセスは存在せず、それらを作り出すと同時に、戦争の衝撃に耐えられるようしっかりと根付かせなければならなかった。この偉業を達成するための時間は与えられなかったし、ルイ一四世も従順で献身的な臣民に芽生えつつあるエネルギーを循環のプロセスに有利な方向に向けることにより、大臣の計画を支援しようとはしなかった。それで、国家の力に大きな負担が襲った時には、イングランドが同様の窮境でそうしたように、四方八方から様々な経路を通じて資力を引き出し、商人と船乗りのエネルギーにより外の全世界に軍税を課す代わりに、フランスは孤立させられてしまい、イングランドとオランダの海軍、そして大陸でフランスを囲む一帯の敵により世界から切り離された。この緩やかな窮乏のプロセスから逃れる唯一の方法は、海の実効的な管制だった。つまり、国の富と人々の勤勉の自由な動きを保証するべき、強力なシー・パワーの創造である。このためにも、フランスは英仏海峡と大西洋、地中海の三つの海岸地帯に大きな自然の利点があった。また政治的には、イングランドに敵対的であるか、または少なくともイングランドを警戒するオランダの海洋力を友好的な同盟により自国の海洋力に加えるという、相当な機会を手にしていたのだ。自身の力に驕り、王国の絶対的な支配を意識するルイ一四世は、この自戦力への強力な増援を投げ捨て、侵略行為を繰り返してヨーロッパが自分に対して奮起するまで続けてしまった。我々が考察したばかりの期間に、フランスは全ヨーロッパに対する彼の態度を見事に、また概して成功裡に維持することにより、彼の自信を正当化した。フランスは前進しなかったが、大きく後退もしなかったのだ。しかし、こうした力の誇示は消耗を伴うものだった。フランスは自国のみに頼り、海により連絡を保つことができたであろう外の世界には頼らなかったので、力の誇示は国の活力を浸食した。その次に起こった戦争〈スペイン継承戦争〉では、同じエネルギーが見られたが、同じ持続力はなかった。フランスはどこでも撃退され、破滅の崖っぷちに追いやられたのだ。二つの戦争の教訓は同じである。人と同じで、国内の諸力を発展させると同時に支える国外の活動および資源から切り離されたときには、その国家はどんなに強力だとしても衰退する。我々が既に示したように、国家は無期限に自活することはできないし、他の人々と交流し自身の力を新たにする最も容易な方法は海を利用することなのだ。

第一六章 イギリスのシー・パワーの発展[002]

ユトレヒトの和約(一七一五年)[006]後のイギリス

このようにイギリスの政策は海洋の支配の拠点を拡張し強化することを着実に目指していた一方で、ヨーロッパの他国政府はイギリスの海における発展から脅威を受けるという危機が見えていなかったようだ。大昔のスペインの傲慢な力から生じた苦難は忘れられてしまったようだし、またルイ一四世の野心と誇張された力により引き起こされた、血まみれで犠牲の大きい戦争という、より最近の教訓も忘れられてしまった。ヨーロッパの政治家の眼前で、第三の圧倒的な力が着実かつ明白に築かれつつあったのだ。それは以前の圧倒的な力ほどに残酷ではないにせよ、同じぐらい利己的に、攻撃的に、そして遥かに成功裡に利用されることが運命づけられていた。これは海の力であって、水上に十

▼002 Mahan, *The Influence of Sea Power upon History*, pp. 63-67.

❖006 一七一三年から一七一五年にかけて締結され、スペイン継承戦争(一七〇一年～一七一四年)を終結させた一連の諸条約。

分に明白に展開しているにもかかわらず、武力衝突よりも静かであるために、意識に上る頻度はそれほど高くない。我々の主題に選ばれたほとんど全期間を通して、戦争の結末を決定した軍事要素のうちで、イギリスの野放しの海洋支配が群を抜いて主要なものだったことはほとんど否定できないだろう。▼003 しかしながら、この影響はユトレヒトの和約後には全く予見されなかったので、統治者の個人的な急務に突き動かされて、フランスは一二年間にわたってスペインに対抗してイギリスの味方をしていた。フルリ❖007が一七二六年に権力を握った時には、この政策は撤回されたものの、フランスの海軍には関心が向けられず、イギリスに対する唯一の一撃は、一七三五年に両シチリア王国の王位にイギリスの生来の敵であるブルボン家の王子を即位させたことだった。❖008 一七三九年にスペインとの戦争が勃発すると、イギリス海軍は隻数においてスペインとフランスの海軍を合わせたよりも勝っていた。そして、その後ほぼ絶え間なく続いた戦争の四半世紀の間に、この数の不均衡は拡大したのだ。これらの戦争の中で、イギリスは、最初は直感的に、後にイギリスにとっての好機とその大きなシー・パワーの将来性を認めた政府のもとで意図的に、イギリスの植民者の特徴および艦隊の強さを確固たる土台とする強大な植民地帝国を急速に築き上げていった。ヨーロッパの情勢に限っても、イギリスのシー・パワーの結果とし

▼003 偉大な軍事の大家がイギリスの海軍力を重要視していた興味深い証拠は、ジョミニの『フランス革命戦争の歴史』の序章に見出されるだろう。彼は、ヨーロッパ政策の根本原則として、陸から接近することができないどの国にも――イギリスにしか当てはまらない描写――海軍力の無制限の拡張を許すべきではないと主張する。〈訳註。Cf. Antoine Henri Jomini, *Histoire Critique et Militaire des Guerres de la Révolution*, Nouvelle Edition, Vol. I (Paris, 1819), p. 12.〉

❖007 アンドレ＝エルキュール・ド・フルリ（André Hercule de Fleuri [Fleury], 1653-1743）は、フランスの聖職者、ルイ一五世の実質的な宰相。

❖008 フェリペ五世の第五子、後のスペイン王カルロス三世

ての富により、イギリスは同期間に顕著な役割を果たした。半世紀前にマールバラの戦争[009]の中で始まり、半世紀後にはナポレオン戦争の中で最も広範な発展を遂げた助成金制度が、助成金なしには麻痺したとまでは言えないにせよ損なわれたであろう、〈イギリスの〉同盟国の努力を持続させた。一方では大陸の弱々しい同盟国を必要不可欠なお金で強化し、他方では自身の敵を海から、そしてカナダとマルティニーク、グアドループ、ハバナ、マニラという主要な領土から追い払った政府が、ヨーロッパの政治における主要な役割を自国にもたらしたということを誰が否定できようか？　そして、土地が狭く資源に乏しい国土を持つ政府の中に存在する力が、海に直接根差していることに誰が気付きそこなうだろうか？　イギリス政府が戦争を進めた方針は、戦争を終結させる前に政権を失ったにせよ、その過程での傑物であるピット[010]の演説に示されている。政敵による一七六三年の和約[011]を非難して、彼はこう述べた。「フランスは、それだけではないにせよ主に海洋通商国家として恐るべき存在である。この点で我々が獲得するものが、何よりもその結果としてフランスが受ける被害を通じて、我々にとって貴重なのだ。あなた方はフランスが海軍を再興させる可能性を残してしまった」[012]。それにもかかわらず、イギリスが獲得したものは莫大だった。そのインド支配は確かなものとなり、ミシシッピ川以東の北アメリカすべてが

(Carlos III of Spain, 1716-1788)。一七三四年にフランス王ルイ一五世の支援を受けてオーストリア領だったシチリアとナポリを攻略し、翌年ナポリ王カルロ七世およびシチリア王カルロ五世として即位した。即位は一七三五年七月三日であり、マハンの原文では一七三六年と書かれているが、修正してある。

❖009 スペイン継承戦争のこと。マールバラ公ジョン・チャーチル(John Churchill, 1st Duke of Marlborough, 1650-1722)は、スペイン継承戦争におけるイギリス陸軍最高司令官として英墺蘭同盟軍を指揮し、一七〇四年八月一三日のブレンハイムの戦いなどで勝利を挙げた。

❖010 チャタム伯ウィリアム・ピット(William Pitt, Earl of Chatham, 1708-1778)、一七

イギリスの手中に入った。このときまでには、イギリス政府の前途が明白に開かれ、伝統の力を帯び、そして一貫して追求されていた。シー・パワーの観点から見ると、アメリカ独立戦争が大きな過ちだったのは事実だが、イギリス政府は一連の自然な過ちにより戦争へと強く導かれたのだった。政治的および憲法上の考察をわきへやり、純粋に軍事ないし海軍の観点からこの問題を見ると、実情はこうだった。アメリカ植民地は、イギリスから遠く離れた、成長しつつある大きな共同体だったのだ。当時は熱狂的にそうだったように、植民地が母国に結びついている限りは、植民地は世界のその部分におけるイギリスのシー・パワーの堅実な拠点を形づくっていた。しかし、その広さと人口は、イギリスからの距離と結びついたとき、もしいずれかの強力な国家が植民地を進んで助けようとするなら、イギリスが武力で植民地を保持する望みを持つ余裕がないほどに大きなものだった。しかしながら、この「もし」は周知の蓋然性を伴っていた。フランスとスペインが受けた屈辱はあまりに痛烈で最近のものだったので、両国は必ずや復讐の機会を求めていたに違いなかったし、特にフランスが慎重かつ急速に海軍を増強していることはよく知られていた。もし植民地が一三の島々だったならば、イギリスのシー・パワーが素早く問題を決着させたことだろう。しかし、こうした物理的障壁の代わりに、共通の危険が十分に克服

五六年～一七六〇年のイギリス首相。同名の息子と区別するため、大ピット(Pitt the Elder)と呼ばれた。

❖011 大ピットの政敵だったイギリス首相ビュート伯(John Stuart, 3rd Earl of Bute, 1713-1792)のもとで、一七六三年二月一〇日に締結されたパリ条約では、フランスは西インド諸島の一部を取り戻し、ニューファンドランド沖の漁業権を維持した。

❖012 マハンは一七六二年一二月九日の大ピットの演説を要約している。Cf. Francis Thackeray, *A History of the Right Honourable William Pitt, Earl of Chatham*, Vol. II (London, 1827), p. 17.

することのできた〈植民地諸州の〉局所的な嫉妬によってのみ植民地は分断されていたのだ。本国から遠く離れ、大きな敵対的人口を抱える、非常に広大な領土を武力で保持しようと試みて、こうした争いに故意に足を踏み入れることは、アメリカ人〈植民地人〉をイギリスの味方ではなく敵として、フランスおよびスペインとの七年戦争を新たに始めることだった。七年戦争はあまりにも大きな重荷だったので、賢明な政府であれば追加の重荷に耐えることなどできないと知っていただろうし、植民者の怒りを静めることが必要だということに気付いただろう。当時の政府は賢明ではなく、イギリスのシー・パワーの大きな要素が犠牲になってしまった。しかしそれは故意にではなく間違いによってだったし、弱さのためではなく傲慢のためだった。

こうした全般的政策方針の安定的維持は、この国の状況の明確な兆候により、歴代のイギリス政府にとって特に容易になったのは間違いなかった。単一の目的がある程度まで強いられた。シー・パワーの確固たる維持、それを〈他国に〉自覚させるという傲慢な決意、その軍事要素が保持される賢明な準備状態は、当該の時期においては、なおさら実質的に政府を一つの階級――土地所有貴族――の手に委ねた政治制度の特徴の結果だった。こうした階級は、その他の点での欠陥がどんなものであれ、確かな政治的伝統を快く受け取って維持し、自国の栄光に自然と誇りをもち、その栄光を支える共同体の苦しみに比較的鈍感である。戦争の準備と持久に必要な金銭的な重荷を課すことに躊躇しない。金持ちであるために、これらの負担をあまり感じないのだ。通商に依存しないために自身の富の源泉が直ちに危険に晒されたりせず、その資産が露出され事業が脅かされるものを特徴付ける政治的な臆病さ――よく知られた資本の臆病さ――は共有していない。それにもかかわらず、イギリスにおいては、この階級は良かれ悪しかれイギリスの交易に影響を及ぼすものに対して鈍感ではなかった。議会の両院は交易の拡張と保護への慎重な配慮の優劣を争い、ある海軍史家は海軍運営における行政権の有効性の高まりを両院による調査の頻度のためだとしている。こうした階級はまた軍事的栄誉の精神も自然と吸収し保持するが、これは軍事制度がまだ軍隊精神《エスプリ・ド・コー》と呼ばれる十分な代替物を提供していない時代には非常に重要である。しかし、海軍やその他の組織で影響力を持った階級意識や階級的偏見に満ちているとしても、彼らの実践的感覚はより卑しい生まれの者に最高位への昇進の道を開いていた。そして、あらゆる時代に最下層から身を立てた提督たちがいた。この点においてイギリス上流階級の気質はフランス上流階級の気質とは明確に異なっている。フランス革命が勃発した一七八九年になっても、フランス海軍名簿には、海軍〈士官〉学校への入学を志す者が貴族の生まれである証拠を確認することを任務とする官吏の名前が記載されていた。

一八一五年以来、特に現代には、イギリス政府はますます大いに一般の人々の手中にある。イギリスのシー・パワーがそのせいで損なわれるかどうかはまだ分からない。その幅広い基盤は、依然として偉大な交易、大規模な機械工業、そして広範な植民地体制に残っている。先見の明、国家の地位と信用への鋭敏な感性、平時に金銭を適度に費やすことによって繁栄を確保する意欲、これらすべては軍事準備に必要なものだが、それらを民主的な政府が持つかどうかは未解決の問題のままだ。大衆政府は、どんなに必要であるとしても一般的に軍事支出に好意的でなく、イギリスが落伍する傾向を示す兆候がある。

第一七章 七年戦争の結果▼004

それにもかかわらず、イギリスが獲得したものは非常に大きかった。領土拡大や海洋での優位《マリタイム・プレポンデランス》だけではなく、諸国の面前で達成された威信と地位が増大し、今やイギリスの大きな資力と強大な軍事力に対して諸国の目が完全に開かれた。海で勝ち取られたこれらの成果に対して、大陸での戦争の結末は特異で示唆的な対比を提示していた。フランスはイギリスと共に既にその闘争におけるすべての役割から引き上げており、パリ条約が締結された五日後にその他の戦争参加国の間で和約が調印された。❖013 和平条件は単なる戦争前の現状維持《ステイタス・クオ・アンテ・ベラム》だった。プロイセン王の推計によれば、五〇〇万の王国人口のうち、この戦争で一八万の自国兵士が死亡した一方で、ロシアとオーストリア、フランスの損失は総計四六万だった。その結果は、単に物事が以前と変わらないままだったのだ。▼005 これをただ陸戦と海戦に可能なことの差に起因すると考えるのは、もちろん馬鹿げ

▼004 Mahan, *The Influence of Sea Power upon History*, pp. 323-329. 一七六三年のパリ条約により、イギリスはカナダとミシシッピ川以東のフランス領すべて、そしてフロリダを確保した。また、ジブラルタルとミノルカを維持し、インドにおける支配的な立場を獲得した。——編者。

❖013 フベルトゥスブルク条約。一七六三年二月一五日にプロイセンとオーストリア、ザクセンの間で調印された。七年戦争の発端となったシュレジエンはプロイセンが保持することが認められ、ヨーロッパ強国の一員としてのプロイセンの地位が固まった。

▼005 *[The] Annual Register, [Or a View of the History, Politics, and Literature, of the Year]* 1762

ている。イギリスの資金に支えられたフリードリヒの天賦の才は、同盟により数の上では圧倒的だが稚拙に管理され、常に心がこもっているわけではない努力と互角であることが証明されたのだ。

　妥当な結論であると思われるのは、好適な海岸や一つないし二つの出口から海洋への容易なアクセスすらもつ諸国が、程度の差はあるにせよ長期的な権力の保持により一般に認められた権利を与えられ、国民の忠誠や政治的紐帯を作り出している〈ヨーロッパ〉諸国において既存の政治的合意を乱したり修正したりする試みよりは、海と通商を通じて繁栄と拡大を求めることが自国にとって有利であると気付くだろう、ということだ。一七六三年のパリ条約以来、世界の荒廃した土地が急速に占有されている。我々自身の〈北アメリカ〉大陸、オーストラリア、南アメリカですらそうだ。名目上の、多少明確に定義された政治的領土が、今や最も人から見捨てられた地域にさえ一般に存在している。この宣言には顕著な例外がいくつかあるが。しかし、多くの場所ではこの政治的領土は名目上のものに過ぎず、また他の場所はあまりに不毛なのでその維持や防衛を独立して行うことができない。トルコに対して何の憐れみもない強国の相互の嫉妬により、両側から武力で圧迫されることによってのみ立ち続けることができた、オスマントルコ帝国のよく知られた悪名高い事例は、こうした弱い政治

[(London, 1787)], p. 63を見よ。

的存続の実例である。そして、この〈東方〉問題は完全にヨーロッパ的なものだが、シー・パワーへの関心とその管理が、現在は状況を打開する第一の要素ではないにせよ主要な要素の中にあること、さらに、もし理性的に用いられるなら、将来の必然的な変化を導くだろうということを認識するほどに誰もがその問題を十分に知っている。西半球の大陸では、中央アメリカ諸国および熱帯の南アメリカ諸国の政治状況は、大陸内秩序の維持に絶えず不安を引き起こし、通商と各国の資源の平和な開発に深刻に干渉するほどに不安定である。これらの諸国が自分たちしか傷つけない――よく知られた表現を使えば――限りにおいては、こうした状況が続いても構わない。しかし、長年にわたって、より安定した国の市民がこれらの諸国の資源を開発することを求めて、その混乱した状況から生じる損害を被ってきた。北アメリカとオーストラリアはまだ移民と冒険に大きく門戸を開いている。しかし、両地域は急速に人で一杯になりつつあり、そこでの機会が失われるにつれて、商人らが将来を当てにできるようにする生命の安全および制度の適度な安定のために、これらの混乱した諸国においてより安定した政府を求める声が大きくなるに違いない。既存の土着人材からこうした需要が満たされることは、今は確かに望むべくもない。もしこうした需要が生じた時にも同じ〈安定した政府がない〉ままであれば、モンロー主義のようないかなる理論的立場も、利害関係を持つ諸国が何らかの手段でこうした悪を矯正しようと試みるのを防ぐことはできない。その手段が何と呼ばれるにせよ、政治的な干渉となるだろう。こうした干渉は必ずや衝突を生み出し、それは時に仲裁によって解決されることもあるかも知れないが、普通は戦争を引き起こしそこなうことなどほとんどないだろう。平和な解決策のためにでさえも、組織された最強の武力を有する国が最も有力な論拠を持つことになるだろう。

どの時点であれ中米地峡の貫通に成功したら、遅かれ早かれ確実にやって来るその瞬間〈需要の発生〉を早めることになるだろうということは言うまでもない。しかしながら、この事業から予期される商業航路の重大な変更、こうした大西洋沿岸と太平洋沿岸を結ぶ交通路の米国にとっての政治的重要性は、この問題のすべてではないし、主要な部分ですらない。予想される限りでは、熱帯アメリカ諸国の安定した政府が、現在存在する強力で安定したアメリカやヨーロッパの諸国により保証されなければならない時がやって来るだろう。トルコの事例でそうだったよりもさらに、そこではどの外国が優位を占める――もし実際の領有によらないとすれば、土着政府への影響力による――のかをシー・パワーが決定するということを、これらの諸国の地理的位置、その気候条件が直ちに明らかにする。米国の地理的位置とその固有の力が、米国に明白な優位を与えている。しかし、諸王にとってだけでなく共和国にとって依然として最後の論拠であり続けている、組織された暴力において大いに劣っているとすれば、その優位は何の役にも立たないだろう。

　この点にこそ、我々にとって七年戦争への大きく依然として活発な関心が存在しているのだ。七年戦争の中に、今でもそのままだが他国と比べて陸軍の小さなイギリスを見出し、注目してきた。イギリスは、最初は自国沿岸の防衛に成功し、その後はあらゆる方角に武器を携行して、遠隔地域に支配と影響力を広げ、それらの地域が従属するよう縛っただけでなく、イギリスの富と力、名声に貢献させた。イギリスが海の向こうの地域でフランスとスペインの支配を緩め、影響力を無効化するにつれて、いまだ訪れていない将来における他の大国の登場が予言されるかもしれない。その国家は将来の海洋戦争において勢力均衡を崩すことになり、その目的は、それまで文明に触れていない諸地域の政治的将来であり、経済的発展であるということが、同時代人には認識されないとしても、後には認識されるようになるかもしれない。しかし、もしその瞬間にも米国が今のように海洋の帝国に無関心であるならば、そうした〈変化をもたらす〉国家は米国ではないだろう。

〈七年戦争〉当時に国民の直感と〈大〉ピットの燃え立つような天賦の才により与

えられたイギリスの努力の方向性は戦後も継続し、その後の政策に大きく影響を及ぼしている。今や北アメリカの支配者であり、土着君主により領土征服を承認された会社を通じて、二〇〇〇万の住民を抱えるインド――イギリス全土より大きな人口を抱え、本国政府と並んでも恥ずかしくない歳入がある――を牛耳るイギリスは、その他にも世界中の至る所に豊かな領土をもっていたが、その眼前には常に、スペインの弱さのためにその巨大だがばらばらな帝国に与えることができた痛烈な懲罰が有益な教訓としてあった。この戦争を扱うイギリス人海軍史家がスペインに関して語る言葉は、わずかな修正により現代のイギリスに当てはまる。

「スペインはまさにイギリスがいつも優位と名誉の最も妥当な成算をもって戦うことのできる国である。その広大な君主国は中心で疲弊しており、その資源は遥か遠くにあり、海を制する国はどこでもスペインの富と通商を制することができる。スペインが資源を引き出す領土は、首都から、そして互いに遠く離れており、その巨大だがばらばらな帝国のすべての部分を活動させるまでは、他のどの国よりもスペインが一時しのぎの対処をすることを必要としている」[006]。

イギリスが中心で疲弊しているというのは事実ではないが、その外の世界への依存は、この表現に一定の暗示性を与えるほどである。

▼006 Campbell, "Lives of the Admirals."〈訳註。細かい異同はあるが、以下の書籍の二箇所から引用している。Cf. John Campbell and John Berkenhout, *Lives of the British Admirals: Containing a New and Accurate Naval History from the Earliest Periods, with a Continuation down to the Year 1779*, Vol. IV (London, 1785), pp. 193, 234.〉

この位置の類似をイギリスは見落とさなかった。その時以来現代に至るまで、イギリスがシー・パワーで獲得した領土は、イギリスの政策を統制するためにシー・パワーそれ自体と結びついている。インドへの航路――クライヴ[014]の時代には、イギリス独自の停泊地がなかった遠く危険な航海――は、セント・ヘレナ、喜望峰、モーリシャスの獲得により好機が訪れた際に強化された。蒸気機関により紅海と地中海の航路が実用的になった時には、イギリスはアデンを獲得し、さらにその後ソコトラ島[015]を拠点とした。マルタは既にフランス革命戦争の間にイギリスのものとなり、対ナポレオン同盟の礎としてのその指揮位置は、一八一五年の和約でイギリスがマルタを獲得することを可能にした[016]。ジブラルタルからはほんの一〇〇〇マイル〈約一六〇〇キロ〉しか離れていなかったので、これら二つの場所から行使される軍事指揮権の範囲は相交わっていた。マルタから以前は根拠地が存在しなかったスエズ地峡への航路は、現在ではキプロスのイギリスへの割譲により守られている。フランスの警戒にもかかわらずエジプトはイギリスの監督下に入っている。その位置のインドにとっての重要性をナポレオンとネルソンは理解しており、その重要性のためにネルソンはナイルの海戦とナポレオンの望みの瓦解という知らせを持たせて士官を直ちに陸路ボンベイへ送ったのだった。今でさえ、ロシアの中央アジア進出を見るイギリス

[014] 初代クライヴ男爵ロバート・クライヴ陸軍少将(Major General Robert Clive, 1st Baron Clive, 1725-1774)は、イギリス東インド会社軍の司令官として活躍し、イギリスのインド支配の基礎を築く。七年戦争中の一七五七年六月二三日には、プラッシーの戦いでフランス東インド会社の支援を受けたベンガル太守軍に勝利し、翌年には初代ベンガル知事に任命された。

[015] アデン湾の入り口にある戦略的要衝。

[016] 一八一四年五月三〇日に調印されたパリ条約において、イギリスはマルタを保持することが公式に認められ、一八一五年のウィーン議定書でも承認された。

の警戒心は、そのシー・パワーと資源がダーシュ[017]の弱さとシュフラン[018]の天賦の才に勝利し、フランスの野心からインド半島〈亜大陸〉をもぎ取った時代の結果である。

マルタンは七年戦争についてこう述べている。「中世以来、初めてイギリスはほとんど同盟国なしに強力な援軍に支えられたフランスを独力で攻略した。イギリスは政府の優越のみによって攻略したのだった[019]」。

その通り！　ただし、シー・パワーというとてつもない武器を利用している政府の優越によってである。これがイギリスを豊かにし、次いで富を得る手段である交易を守ることになった。その資金でイギリスは僅かな同盟国、主にプロイセンとハノーファを死に物狂いの闘争の中で支えた。その力は船が行けるところならどこまでも届き、海を巡ってイギリスと抗争しようとする国はなかった。イギリスは行くことができる場所にはどこでも訪れ、しかも大砲と兵士を運んで訪れたのだった。この機動性によりその兵力は何倍にもなり、敵の部隊は分断された。海の支配者だったイギリスはどこでも敵の航路を遮断した。敵艦隊は合流することができなかったし、どんなに大きな艦隊も海に出ることができず、たとえ海に出たとしても、不慣れな士官と乗組員を抱えて、嵐と戦争に鍛えられた士官と乗組員に直ちに遭遇することになるだけだった。ミノルカ

❖017　ダーシュ伯アンヌ・アントワーヌ・ダーシュ海軍中将（Vice Amiral Anne Antoine d'Aché, Comte d'Aché, 1701-1780）は、七年戦争中にインド沿岸のフランス艦隊を指揮し、イギリス艦隊を率いるジョージ・ポーコック海軍中将（Vice Admiral George Pocock, 1706-1792）と数度にわたって交戦した。

❖018　一二五頁の訳註87を参照せよ。

❖019　Cf. Henri Martin, *History of France, from the Most Remote Period to 1789*, Vol. XV, trans. by Mary L. Booth (Boston, 1866) p. 542.

の事例[020]を除けば、イギリスは自らの海洋基地を用心深く守り、敵の基地を熱心に強奪した。トゥーロンとブレストのフランス戦隊にとって、ジブラルタルは針路上のなんと大きなライオンだったことか！　イギリス艦隊がルイブールを風下に置いている時に、フランスにはカナダを救援するどんな望みがあっただろうか？

この戦争で得をした国は、平時に富を獲得するために海を用い、戦時にその海軍の規模と海上や沿岸に生きる臣民の数、世界中に散らばる無数の策源地により海を支配した国の方だった。しかし、交通路が妨害され続けていたとしたら、これらの基地はそれ自体では価値を失っただろうと述べなければならない。それゆえにフランスはルイブールとマルティニーク、ポンディシェリを失い、イギリス自身もミノルカを失った。各基地と機動的部隊の間、港と艦隊の間の貢献は相互のものだ[007]。この点において、海軍は本質的に軽快部隊である。海軍は自港間の交通路を開かれたままに保ち、敵の交通路を妨害するが、〈その一方で〉陸のために海を掃除し、人が地球上の居住に適した場所に住み繁栄することができるように荒涼とした海を管制する。

❖020 七年戦争はフランスによるミノルカ侵略で始まった。救援のために派遣されたビング提督の艦隊がミノルカの海戦で敗れ、ミノルカはフランスに奪取された。本書一二四頁も参照せよ。

▼007 これらの意見は常に正しいが、蒸気が導入されて以来、今では二重に正しい。石炭の補充は帆船に知られていた何よりも頻繁で、緊急で、有無を言わせぬ必要なのだ。石炭基地から離れた精力的な海軍作戦を期待することは無益である。それと同じくらい、強力な海軍を維持することなく遠隔の石炭基地を獲得することとは無益である。そうした基地は敵の手に落ちるだけだろう。しかし、あらゆる妄想の中で最も無益なのは、国境の外に石炭基地を持つことなく

第一八章　一八世紀の海軍戦術における形式主義[008]

才気溢れる船乗りではあったが、トゥールヴィル[009]はこのように同時代の過渡期を代表するだけでなく、単なる蛮勇に欠けるわけではないが軍事的活力を骨抜きにされた、精密で規則正しく消極的な、単に形式的な海戦の時期を予示していた。彼は後継者に名声の遺産だけでなく、残念なことに職業的伝統の欠陥という遺産も遺してしまったのだ。ルイ一四世のもとでフランス海軍が手にした栄光ある日々は、トゥールヴィルと共に過ぎ去った——彼が死去したのは一七〇一年だった。しかし、その後に続く、国家として長期におよぶ海軍の不活発な時期にも、一つの集団としてのフランス海軍士官たちは決して専門家としての理想を完全に見失ったりはしなかった。一七一五年より前、またホーク[021]とロドニー[022]の戦争の際に生じた珍しい機会では、それ自体としては十分優れた体系に基づいて、彼らはトゥールヴィルを模範とする勇敢な船乗りであるだけで

通商破壊だけで敵を打倒することができるという期待である。

▼008 Mahan, "Conditions of Naval Warfare at the Beginning of the Eighteenth Century," *Types of Naval Officers, Drawn from the History of the British Navy* (Boston, 1901), pp. 14-17.

▼009 フランスの名高い提督で、ビーチー・ヘッドの海戦（一六九〇年）およびラ・ウーグの海戦（一六九二年）を指揮した。——編者。〈訳註。トゥールヴィル伯アンヌ・イラリオン・ド・コタンタン（Anne Hilarion de Costentin, Comte de Tourville, 1642-1701）は、フランスの海軍中将、フランス元帥。ビーチー・ヘッドでは英蘭艦隊に勝利したものの、ラ・ウーグでは英蘭艦隊に敗北した。〉

なく、非常に優秀な戦術家でもあることを示した。しかし、その体系は、敵を狼狽させ破壊する徹底的な率先《イニシアチヴ》と粘り強さよりは正確な配置と防勢的な警戒を狙いとする、トゥールヴィルが明示した方針において欠陥を抱えていた。ナポレオンの言葉を用いるなら、「戦争は危険を冒すことなく戦われなければならない」[023]。剣は抜かれたが、退却のために鞘が常に開かれていた。

イギリスは、英蘭戦争に続く反動の時期に、体系化された戦術という独自の物まね《カリカチュア》をした。その影響を受けつつも、一七一五年までは、イギリス海軍軍人は、海軍技術が自身の船舶を無傷に保つよう気苦労を重ねることを意味すると解釈したりはしなかったと述べるのがまさに適切である。ラ・ウーグ〈ラ・オーグ〉[024]での小型船《ボート》攻撃で自身の大胆不敵さを示したのと同じぐらい顕著に、ルークは一七〇四年にマラガ沖で結果を恐れない専門家としての大胆さを示した。[025] しかし、彼の戦闘計画はイギリス特有の非効率的な海軍行動の形式を例示していた。フランス艦隊とルーク指揮下の英蘭連合艦隊の間では、総戦力において大差はなかった。フランス艦隊は一列に船が並ぶ慣れ親しんだ戦列に整列し、攻撃を待っていた。風の優位を摑んでおり、そのために望むままに交戦する力を持っていたルークは、指揮下の艦隊に数マイル〈数キロ〉離れて並行する同様の戦列を作らせており、双方が共に待機していたのだ。各船は敵の戦列と並行

❖021 初代ホーク男爵エドワード・ホーク海軍元帥(Admiral of the Fleet Edward Hawke, 1st Baron Hawke, 1705-1781)は、オーストリア継承戦争と七年戦争で功績を挙げたイギリス海軍士官、後に海軍大臣。特に、七年戦争中には一七五九年一一月二〇日のキブロン湾の海戦に勝利した後、フランス沿岸を海上封鎖し、一七六一年にはベル・イル遠征を成功させた。

❖022 初代ロドニー男爵ジョージ・ブリッジス・ロドニー海軍大将(Admiral George Brydges Rodney, 1st Baron, 1719-92)は、アメリカ独立戦争におけるフランスを相手とする二つの主要な交戦、一七八〇年一月一六日のサン・ビセンテ岬沖の「月光の海戦」と一七八二年四月一二日のドミニカにおけるセインツの海戦に勝

する戦列を維持しており、前衛と前衛、中央と中央、後衛と後衛が事実上同時に交戦を開始した。これは、主たる衝突の地点で敵を顕著に圧倒するよう交戦するという、すべての聡明な戦争に欠かせない格言を完全に無視していた。敵の残りの部隊がやって来る前に主たる衝突地点で敵が打破されるなら、部分的な敗北と混乱の精神的影響は言うにおよばず、おそらくこの戦いのみによって決定的な優位が確立されるだろう。この代わりに、マラガでの衝突は相対する戦線の端から端まで実質的な均衡を生じるように分散していた。なるほど、フランスは、前衛および後衛と比べて中央を相対的に強化することにより、特にこの時点ではこうした状況をある程度修正したが、この事実はルークの配置に何か変化を導いたようには思われない。単なる偶然を除いて、こうした配置から決定的な結果は生じない。したがって、結果は引き分けだった。ルークは双方が「三時間にわたって激しく」続けた戦いは「私がかつて目にした中で最も猛烈な一日の軍務だった」と述べている。[026] 彼は多くの戦いを目にしてきていた――ジブラルタル攻略[027]における自身の偉大な業績は言うにおよばず、ビーチー・ヘッド[028]、ラ・ウーグ、ビゴ湾[029]――にもかかわらず。

こうした攻撃の方法は、単に思慮に欠ける専門家が容認したということではなく、公式の「戦闘指令」に定められた、イギリス海軍の理想――こうした場合

利した。

[023] ナポレオンの格言とされる「戦争は危険を冒すことなく戦うことはできない」の正反対の言い回し。

[024] バルフルールの海戦として知られる一連の交戦を完結させた、一六九二年五月二四日の戦闘。フランス主力艦隊が英蘭連合艦隊によりラ・ウーグ湾まで追撃され、破壊された。

[025] スペイン継承戦争中の最大の海戦となった、一七〇四年八月二四日のマラガの海戦。英蘭連合艦隊と仏西連合艦隊は互いに一隻も失わなかったが、船や人員の損害が大きかった。戦術的には決着がつかなかったものの、戦略的にはジブラルタル奪還を阻止した英蘭連合艦隊が勝利した。

[026] Cf. Journal of Admiral Sir George Rooke, August 13,

にこの言葉が不適切でなければ——であり続けた。▼010 これらの指令が明確にすぎると言うことはできないが、この特定の点においてこれらの指令が同時代人に対して意味するものは、その内容からの適正な推論によってだけでなく、平凡な司令長官の指揮下における多数の行動に関する実践的な論評によっても確認される。それはさらに、一三名の経験豊富な海軍士官が署名をした、ビング提督の軍法会議における具体的な所見において権威ある明確な記述がなされた。「ビング提督は麾下の船を集合させ、直ちに敵を圧倒すべきだった。船足が最も遅い船でも戦列における位置を維持することができるように帆を揚げて、彼の前衛は敵の前衛に向かって進み、彼の後衛は敵の後衛に向かって進み、各船は敵戦列の相対する船に向かうべきだったのだ▼011」。この所見の言い回しは、それぞれ戦闘指令の一条項を反映している。戦列は当時の海軍が盲目的に崇拝していたものであり、それ自体は称賛に値する必要な手段であり、本質的には正確な原則に基づいて構成されたものだったがゆえに、なおさら危険だったと認めなければならない。完全に誤った規範は比較的容易にその錯誤を示すが、形式的には正しいが不完全な考えに愚かにも従う隷属以上に絶望的なものはない。そこには変化する状況の認識により不適格となった半面の真理の危険な誤解のすべてがある。そして、理論を軽蔑し、自身の内にある信念を「実践的」なものと

1704, cited in John Charnock, *Biographia Navalis* (London, 1794), p. 425; James Stanier Clarke and John McArthur, eds., *The Naval Chronicle*, Vol. XXVII (London, 1812), p. 189.

❖027 五二頁の訳註23を参照せよ。

❖028 六六頁の訳註35を参照せよ。

❖029 一七〇二年一〇月二三日のビゴ湾の海戦で、ルーク率いる英蘭連合艦隊はフランス護衛艦隊およびスペイン財宝船団をすべて破壊ないし拿捕した。

▼010 これらの指令のうち最も有名なものは、当時の海軍長官〈ロード・ハイ・アドミラル〉であり、後にジェイムズ二世として即位したヨーク公によって一六六五年に発布された。これらは一七四〇年、

して固守する船乗りは、最悪の意味での空論家となった。

また再び一七五六年に、大きく変更することなく改訂された。――編者。〈訳註。これらの戦闘指令はコーベットにより編纂され、海軍記録協会から一九〇五年に刊行された。Cf. Julian S. Corbett, ed., *Fighting Instructions, 1530-1816* (London, 1905).〉

▼011 銃殺が宣告されることとなったビングの違反は、一七五六年にミノルカ沖でのフランス戦隊との交戦中に起きた。――編者。〈訳註。Cf. William Laird Clowes, ed., *The Royal Navy: A History From the Earliest Times to the Present*, Vol. III (London, 1898), p. 156.〉

第一九章 新しい戦術▼012

ロドニーとド・ギシェン、一七八〇年四月一七日

目覚ましい個人的な勇気と、戦術に関してイギリスの同時代人に遥かに先駆けていた専門的技量にもかかわらず、司令長官としてのロドニーは、ネルソンの衝動的で束縛のない熱烈さというよりも、むしろフランスの戦術家の用心深く慎重な学派に属している。形式的で気取った——取るに足らない、と言ってもよいかもしれない——一八世紀の行進《パレード》戦術へと溶け込んでゆく、敵から離れることを望まない一七世紀の死に物狂いの戦いをトゥールヴィルに見たように、これらの儀式的な決闘から、概念においては巧みであるが重大な結果を目指す交戦への変遷をロドニーに見るべきだろう。なぜなら、当時のフランス人提督たちとの比較を押しつけることは、ロドニーにとって不公平だろうからだ。刃

▼012 Mahan, *The Influence of Sea Power upon History*, pp. 377-380.

❖030 ギシェン伯リュク・ウルバン・ド・ブーシク海軍中将(Vice Admiral Luc-Urbain du Bouexic, Comte de Guichen, 1712-1790)は、フランスの海軍士官。一七八〇年には、西インド諸島に兵士を護送した後にマルティニーク沖の海戦でロドニーと交戦した。一八七一年にアシャント島沖でイギリス艦隊に捕捉されて護送に失敗し、その翌年にはハウによるジブラルタル救援を阻止するのに失敗した。

▼013 チェサピーク湾沖でのグレイヴスに対する勝利がコーンウォリスに降服を強いたド・グラスは、その後の一七八二年四月一二日、有名なセ

を交えるとすぐにド・ギシェン❖030が認識した技量により、ロドニーはのらくらと刀を振り回すのではなく、害を与えることを意図していた。幸運がどんな偶然の贈り物〈敵の輸送船〉を途上で授けるにせよ、決してロドニーが目をそらさなかった標的はフランス艦隊だった——敵の海上における組織された軍隊である。そして、運命の女神に差し出されたものを無視した敵を運命の女神が見捨て、コーンウォリスに対する勝者がロドニーを不利な状況に置いていたにもかかわらず打破するのに失敗した日に、ロドニーは勝利▼013を勝ち取り、それがイギリスを不安の深みから救い出し、トバゴを除き〈米仏〉同盟国が慎重な戦術により一時的に獲得したすべての島々を一撃で取り戻したのだった。

ド・ギシェンとロドニーは、後者が到着してから三週間後の一七八〇年四月一七日に初めて出会った。フランス艦隊はマルティニークとドミニカの間の海峡を風上に間切って進んでいたが、そのとき南東に敵が現れた。風上につくための機動に一日が費やされ、ロドニーが風上を取った。今や二つの艦隊は島々のかなり風下側にあって（〈二一〇～二一一頁の〉図を見よ）、両艦隊は右舷開き《スターボード・タック》で北に向かっており、フランス艦隊はイギリス艦隊の風下側船首方向にあった。満帆を張っていたロドニーは、敵の後衛と中央を全戦力で攻撃するつもりだと麾下の艦隊に信号を送り、彼が適切だと考えた地点に到達したときに船首を風下に

インツの海戦においてロドニーに敗れた。その三日前、ド・グラスは優勢な戦力で攻撃する機会を見過ごしていた。

セインツの海戦の方がより有名であるが、ここで描かれる交戦は戦術家としてのロドニーの長所をより良く例証している。後年になって、ロドニーは「〈一七八二年〉四月一二日の勝利をほとんど重視しなかった」こと、またそれ以前のこの交戦を「麾下の艦長の命令違反さえなければ彼が不朽の名声を得ることになったかも知れない交戦」と見なしたことを書き記した。Mahan, *Types of Naval Officers*, p. 203.——編者。

▼014 Aに位置する黒塗りの船は、フランス艦隊の中央と後衛に風上から接近するイギリス船を表している。vからrの線は、風上から接近する前

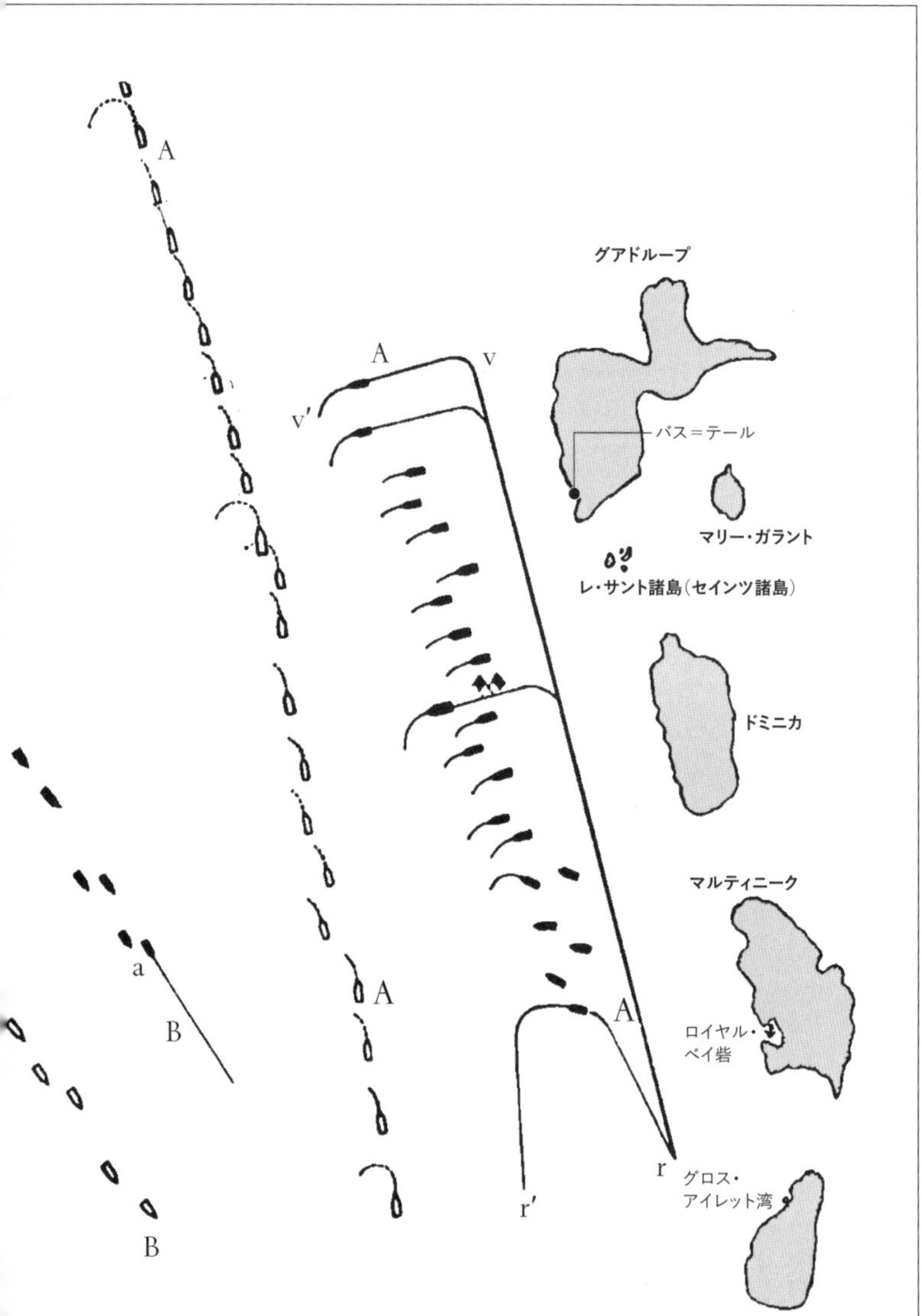
A
A
v
v′
グアドループ
バス＝テール
マリー・ガラント
レ・サント諸島（セインツ諸島）
ドミニカ
マルティニーク
ロイヤル・ベイ砦
a
B
A
A
r
r′
グロス・アイレット湾
B
セント・ルシア

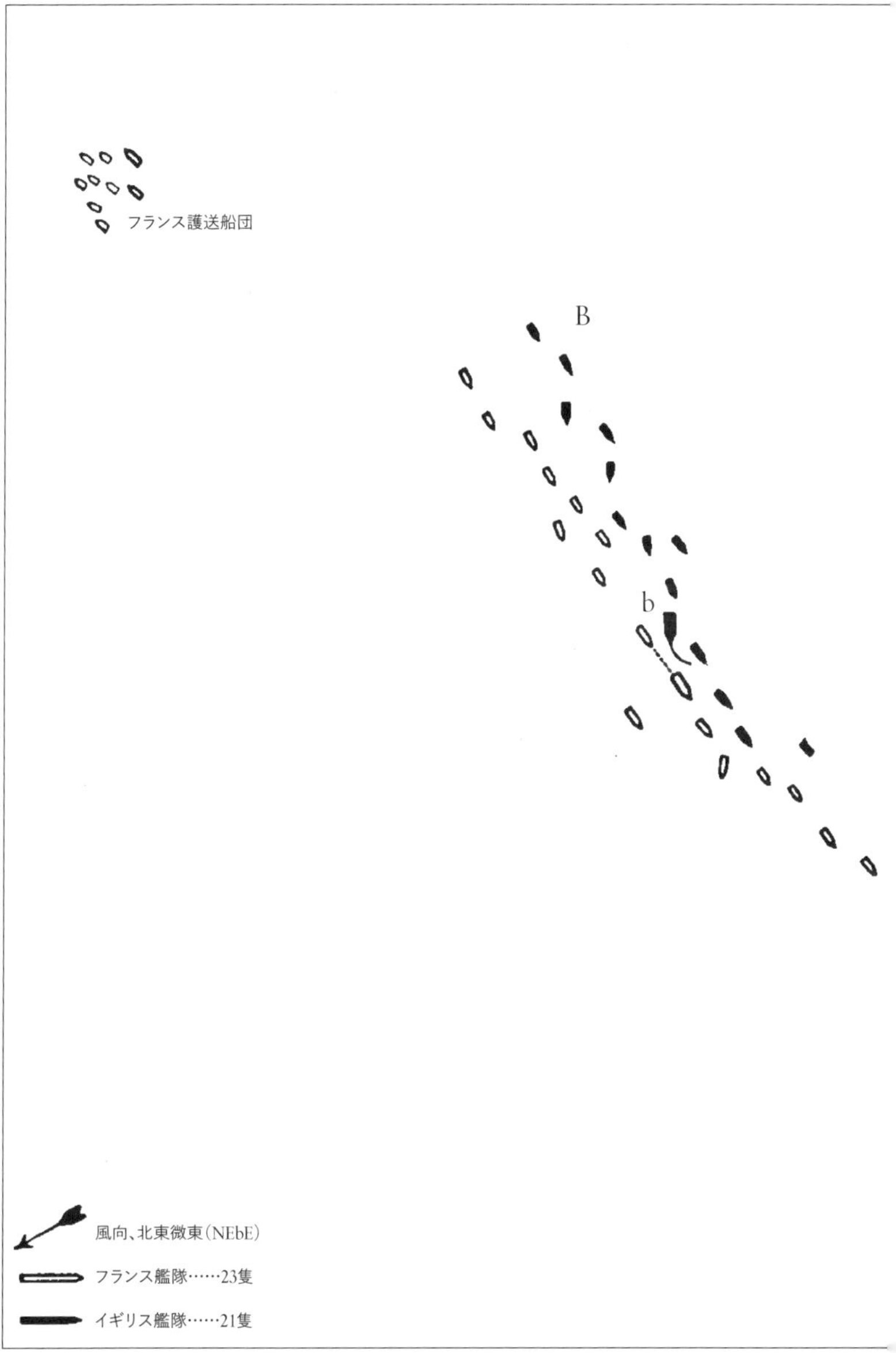

[**図5**] ロドニーとド・ギシェン、一七八〇年四月一七日

向ける八点（九〇度）の一斉回頭（A、A、A）を命じた。後衛の危険を見て取ったド・ギシェンは、艦隊を一斉に下手回しにして後衛を救うために離脱した。失敗を悟ったロドニーは、敵と同じ間切りで再び船首を風上に向け、両艦隊は今や南と東に向かっていた。▼014その後、一時間がたってから、ちょうど正午に「各船は風上から接近し、敵戦列の相対する船に向かって進め」という命令（彼自身の報告書の引用）により、彼は再び戦闘の信号を出した。〈並行する戦列中の〉船対船という古い話のように聞こえるこの命令について、ロドニーはその時点で相対する船を意味したのであり、番号順で相対する船を意味したのではなかったと説明している。彼自身の言葉はこうだ。「私の先導船が敵中央部隊の前衛船を攻撃し、イギリス艦隊全体が敵の三分の二とのみ交戦するような斜めの位置で」（B、B）。この結果として生じた困難と誤解は、信号書の不完全な性格から主に生じたように思われる。提督が望んだように行動する代わりに、先導船（a）は隊列の中で番号上相対する船に並行すると想定された位置に到達するために帆を揚げた。ロドニーは彼が二回目に風上から接近した時にはフランス艦隊が非常に伸張した戦列をしており、彼の命令が遵守されていたならば、前衛が戦闘に加わる前に中央と後衛が戦闘能力を失ったに違いないと後に述べた。

の前衛から後衛までの戦列である。'v'と'r'の位置は、フランス艦隊が下手回しをしたときに、左舷開きで船首を風上に向けた後の前衛船と後衛船の位置である。——編者。

▼015 イギリス艦隊の戦列の先導船を指揮していたカーケット艦長に対するロドニーの痛烈な叱責の中で、彼はこう言っている。「貴官が実行したような先導が、他の者にも非常に悪い例に従うよう誘導した。それによって、戦列に関する信号は各船の間を二ケーブル〈約三七〇メートル〉だけとしていたことを忘れて、前衛部隊は中央部隊から二リーグ〈約一一・一キロ〉以上も離れるよう貴官に導かれ、そのために中央部隊は敵の最大の力に晒されてしまい、適切に掩護されなかった」。（[Godfrey Basil Mundy, *The*] *Life* [*and*

彼の主張通り、ロドニーの意図が一貫してフランス艦隊に倍の戦力をぶつけることだったと信じるに足る十分な理由があるように思われる。失敗は信号書と艦隊の戦術的無能さから生じたものだった。それについては、最近になって加わった彼に責任はなかった。しかし、ロドニーの囲いの醜悪さがド・ギシェンには明らかだったので、イギリス艦隊が最初に船首を風下に向けた時には、彼は麾下の船のうち六、七隻が失われると声をあげた。そして、もしロドニーの信号が遵守されていたならば、自分は捕虜になっていただろうとロドニーに言付けた。▼015 彼が敵の危険行動を認識していたことを示す、より説得力ある証拠は、その後の対戦では風下にならないように注意したという事実に見出される。ロドニーの入念な計画は覆されたが、それらの計画によって、彼はまさに正真正銘の戦士が示す不屈の勇気を備えていることを示した。自身の船を敵船に接近させ、前檣《フォアマスト》と大檣下桁《メインヤード》を失い、ほとんど水上に浮かぶのがやっとなほどに船体に被害を受けても、敵が変針するまで戦闘を止めなかったのだ。

Correspondence of the Late Admiral Lord Rodney], Vol. I [(London, 1830)], pp. 351[-352].) 戦術的常識のすべての法則により、他の船は後続船からの距離を確かめるべき、すなわち中央に向かって間を詰めるべきだった。この交戦には加わっていなかったギルバート・ブレイン卿との会話で、ロドニーは「まるで我々が逃げようと意図しているとド・ギシェンが考えたかのように」フランス艦隊の戦列が四リーグ〈約二二・二キロ〉に伸びていたと述べた。([*The*] *Naval Chronicle*, Vol. XXV [(London, 1811)], p. 402.)〈訳註。イギリス海軍では一ケーブルは一〇分の一海里として定義され、約一〇一ファゾム、六〇八フィート(約一八五メートル)である。〉

第二〇章　アメリカ独立戦争におけるシー・パワー▼016

チェサピーク湾沖のグレイヴスとド・グラス

［ここで叙述される出来事に先立つ海軍の全般的状況は以下の通りであった。それぞれロドニーとド・グラス❖031が指揮するイギリス艦隊とフランス艦隊の本隊が西インド諸島にあった一方で、グレイヴス❖032が指揮する小規模なイギリス分艦隊がニューヨークにあり、またド・バラス❖033が指揮するフランス戦隊はロードアイランド州ニューポートを拠点としていた。アメリカ沿岸の両戦隊は一七八一年三月一六日にヴァージニア岬沖の散漫な交戦で遭遇し、その後フランス戦隊の指揮官はニューポートに戻って、イギリス戦隊が〈沿岸部を〉管制するままにしていた。――編者。］

このように海路が開かれ実効的に掌握されていたので、三月二六日にはさらに二〇〇〇人のイギリス兵がニューヨークから航海してヴァージニアに到着し、その後五月にコーンウォリス❖034が到着したことにより総数は七〇〇〇人となった。

▼016 Mahan, *The Influence of Sea Power upon History*, pp. 387-391, 397.

❖031 グラス・ティリー侯フランソワ・ジョセフ・ポール海軍中将(François Joseph Paul, Marquis de Grasse Tilly, Comte de Grasse, 1723-1788)、ド・グラス伯は、フランスの海軍士官。チェサピーク湾海戦(一七八一年)でイギリス艦隊を破るが、セインツの海戦(一七八二年)でロドニーに敗れて捕虜となった。

❖032 初代グレイヴス男爵トーマス・グレイヴス海軍大将(Admiral Thomas Graves, 1st Baron Graves, 1725-1802)は、一七八一年当時の北米艦隊司令長官。

❖033 ド・バラス伯ジャック＝メルキオール・ド・バラス・ド・サン＝ローラン海軍中将

ラファイエット[035]がアメリカ兵を指揮した、春から夏にかけての相争う軍隊の諸作戦は、我々の主題とは関係がない。八月の初めに、クリントン[036]の命令を受けて、コーンウォリスはヨーク川とジェイムズ川の間の半島に引きこもり、ヨークタウンを占領した。

ワシントン[037]とロシャンボー[038]は五月二一日に会談して、フランス西インド艦隊が到着したらその努力はニューヨークかチェサピーク湾に向けられるべきだと状況が要請していると決意した。これがフランス岬[017]でド・グラスが受け取った急送公文書の大意であって、これと同時に同盟国の将軍たちは軍隊をニューヨークへと向かわせた。そこでは一方の目標を助成するのに備えることができ、またもし第二の目標に進まなければならないとしても、より近くにいることができた。

ワシントンとフランス政府双方の見解では、いずれの場合でもその結果は優勢なシー・パワーに依存していた。しかし、ロシャンボーは自身がチェサピーク湾を意図された作戦の場としたいと思っていることをひそかに提督に伝えていたし、そのうえフランス政府はニューヨークを正式に包囲するための手段の提供を拒絶した[018]。したがって、この企ては、移動の容易さと速度、また真の標的から敵の目を眩ませることに依存した、広範な軍事的連携動作という形をとっ

(Jacques-Melchior de Barras de Saint-Laurent, Comte de Barras, 1719-1793)は、アメリカ独立戦争中にはド・グラスの指揮下で分艦隊を率いた。

❖034 初代コーンウォリス侯チャールズ・コーンウォリス(Charles Cornwallis, 1st Marquess Cornwallis, 1738-1805)は、イギリス陸軍大将、インド総督および総司令官。アメリカ独立戦争中には、クリントン北米総司令官のもとで北米各地を転戦した。

❖035 ラファイエット侯マリー＝ジョゼフ・ポール・イヴ・ロシュ・デュ・モティエ(Marie-Joseph Paul Yves Roch Gilbert du Motier, Marquis de Lafayette, 1757-1834)は、アメリカ独立戦争中に、ワシントン率いる大陸軍の陸軍少将として、ロシャンボー率いるフランス部隊との連絡役を務め

た——そのための用途に海軍に特有の性質は見事に適応したのだ。横断しなければならない距離の短さ、水深の深さ、そしてチェサピーク湾の水先案内の容易さが、この計画を船乗りの思慮分別に委ねるさらなる理由だった。そして、ド・グラスは、難色を示したり議論や遅延を伴うような修正を要求したりすることなく、それを快く承諾した。

決断した後で、このフランス人提督は優れた慧眼と迅速さ、精力をもって行動した。ワシントンからの急送公文書をもたらしたフリゲート艦は、八月一五日までに同盟国の将軍たちが意図された艦隊の到来を知ることができるように送り返された。スペインの一戦隊がフランス岬に停泊することを条件として、フランス岬の総督により三五〇〇人の兵士が与えられ、ド・グラスはスペイン戦隊を招来した。彼はまたアメリカ人〈植民地人〉が緊急に必要としていたお金をハバナ総督から調達した。そして最後に、フランス王室が望んだようにフランスへ護送船団を送ることで戦力を弱める代わりに、チェサピーク湾に利用可能な船をすべて移動させたのだ。できる限り長いこと自身の到来を隠すために、彼はそれほど航行する船が多くないバハマ海峡を通過して、八月三〇日に戦列艦二八隻と共にチェサピーク湾の岬のすぐ内側、リンヘイヴン湾に停泊した。その三日前、八月二七日には、ド・バラス指揮下の戦列艦八隻、フリゲート艦

たフランス陸軍士官。フランスに戻り、フランス革命に際して国民衛兵の総司令官となる。

❖036 ヘンリー・クリントン陸軍大将(General Henry Clinton, 1730-1795)は、一七七八年から一七八二年まで北米総司令官を務めた。

❖037 ジョージ・ワシントン(George Washington, 1732-1799)は、アメリカ大陸軍総司令官、初代米国大統領。

❖038 ロシャンボー伯ジャン＝バティスト・ドナティエン・ド・ヴィムール(Jean-Baptiste Donatien de Vimeur, Comte de Rochambeau, 1725-1807)は、アメリカ独立戦争中に大陸軍に合流するよう派遣されたフランス部隊の司令官、後にフランス元帥。

▼017 現在はハイチのハイチ岬。

四隻と輸送船一八隻からなるニューポートのフランス戦隊が合流地点へ向かって出帆した。ただし、イギリス艦隊を避けるために外洋へと大きく迂回していたが。この針路はフランスの攻城砲がこのフランス戦隊に積載されていたために、なおさら必要だった。ワシントンとロシャンボーが率いる軍隊[▼019]はチェサピーク湾の奥へ向かって移動し、ハドソン川を八月二四日に横断した。このように陸海の異なる軍隊が両者の標的、コーンウォリスを目指して集中しつつあった。

イギリス側はあらゆる方面で不運だった。ド・グラスの出発を知ってロドニーはフッド提督[❖039]が指揮する戦列艦一四隻を北アメリカへ派遣し、自身は病気のために八月にイギリスへ向けて出帆した。直航路をとったフッドはド・グラスより三日前にチェサピーク湾に到着し、敵船がないことを確認してニューヨークへ移動した。そこで彼はグレイヴス提督が指揮する戦列艦五隻と合流し、先任将校だったグレイヴスが全艦隊の指揮をとって、ド・バラスがド・グラスに合流する前に迎撃することを願って、八月三一日にチェサピーク湾へ向けて出帆した。同盟国の軍隊がコーンウォリスに向かって出発し、追いつくことができないほどに先行していたとヘンリー・クリントン卿が確信したのは、その二日後のことだった。

チェサピーク湾に入ると、グレイヴス提督はその数から敵のものでしかあり

——編者。

▼018 [George] Bancroft, "History of the United States [from the Discovery of the American Continent, Vol. X (Boston, 1875), pp. 502-501]." 〈訳註。ロシャンボーのド・グラス宛の私信は、Rochambeau to De Grasse, May 28, 1781, in Henri Doniol, ed., *Histoire de la Participation de la France à l'Établissement des États-Unis d'Amérique*, Vol. V (Paris, 1892), pp. 475-476.〉

▼019 ド・グラスがもたらした増援を合わせて、ラファイエットの軍は八〇〇〇人を数えた。ワシントンとロシャンボーがもたらした軍隊は二〇〇〇人のアメリカ兵、四〇〇〇人のフランス兵で構成されていた。——編者。

❖039 初代フッド子爵サミュエ

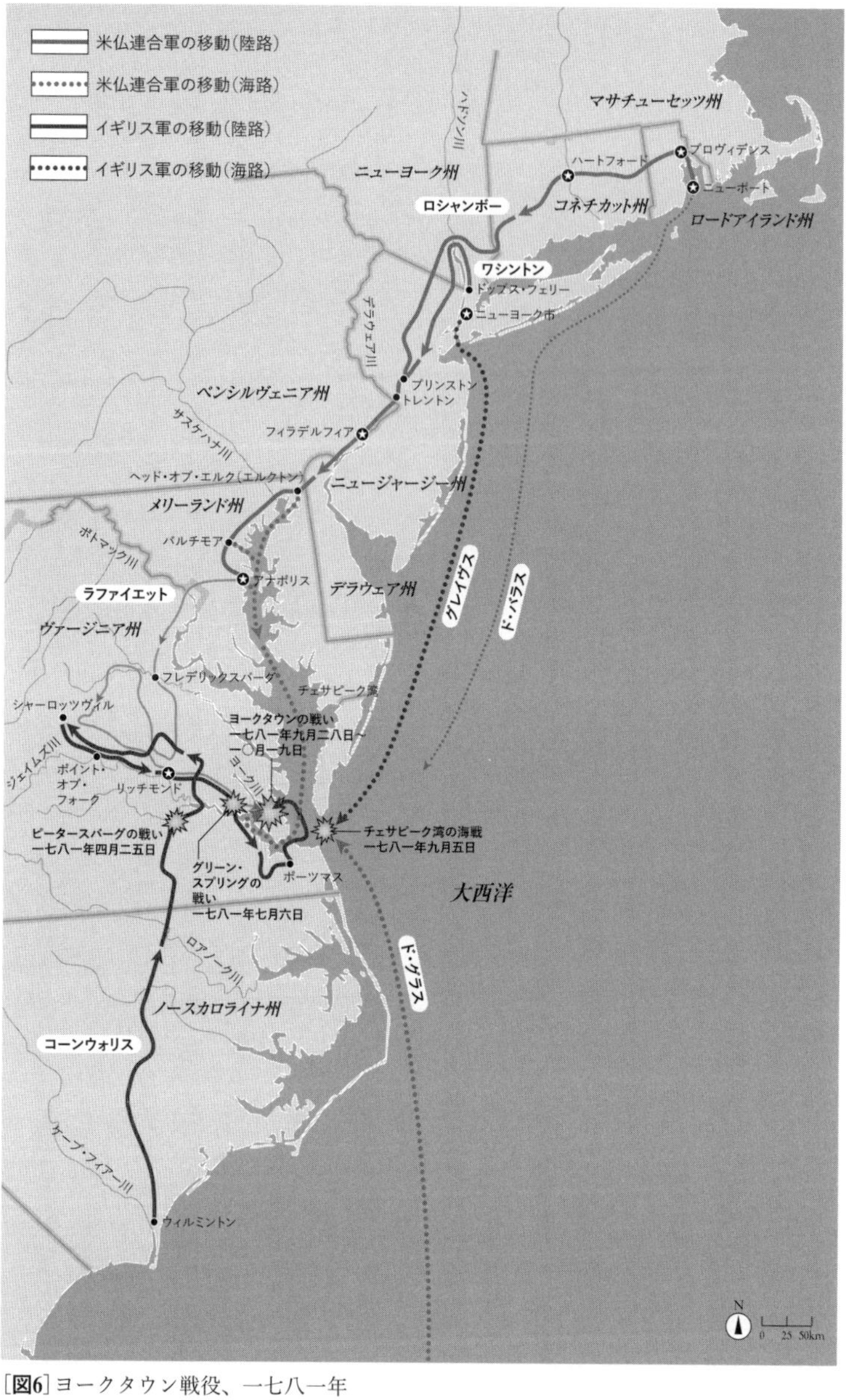

[**図6**] ヨークタウン戦役、一七八一年

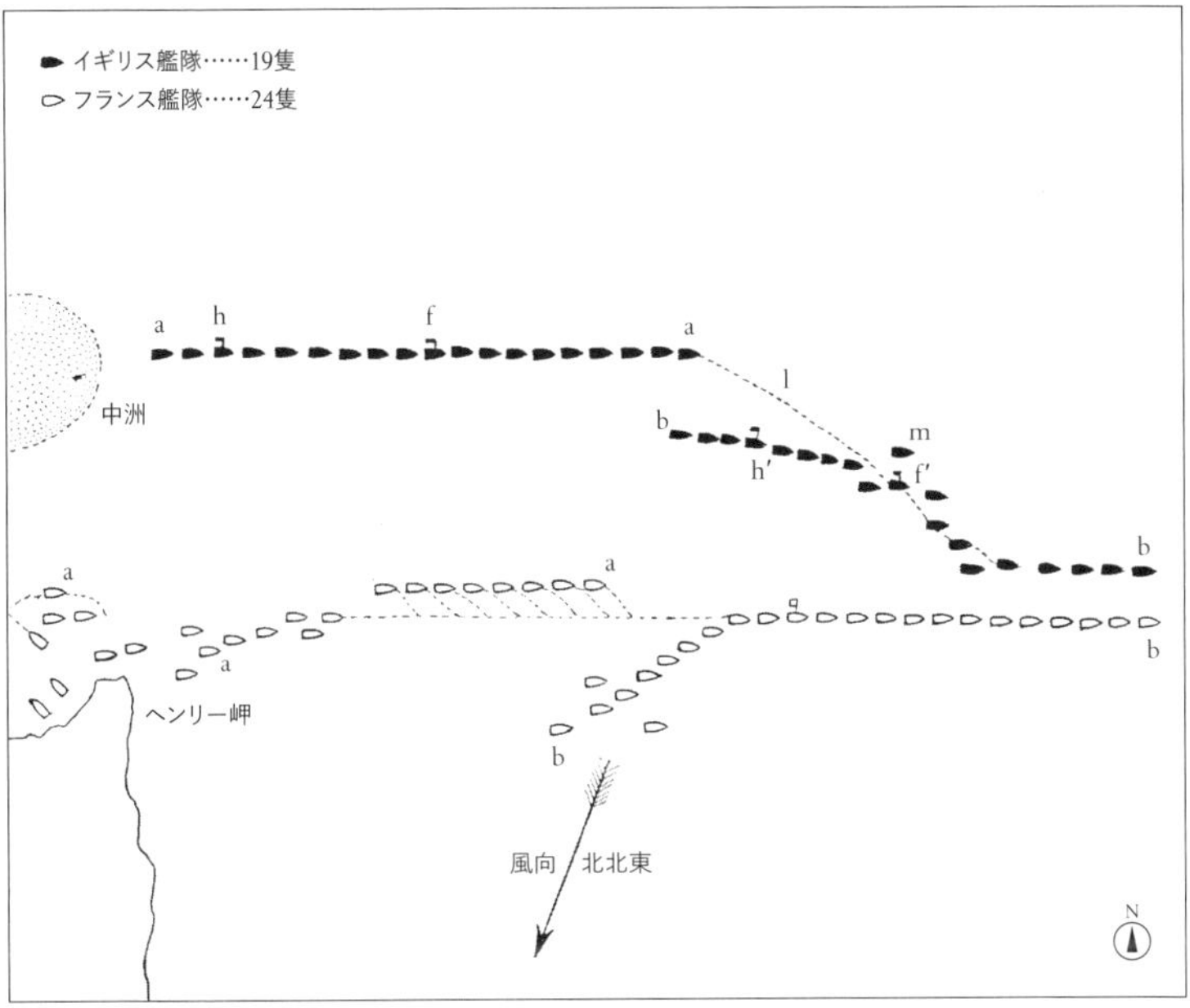

［**図7**］グレイヴスとド・グラス、一七八一年九月五日（チェサピーク湾沖）

えない艦隊がそこに停泊しているのを発見してひどく驚いた。それにもかかわらず、彼は敵艦隊と交戦するために前進し、ド・グラスが出港して、その隻数が数えられるのを許しても、数的劣勢の感覚——一九隻対二四隻——はこのイギリス人提督が攻撃を仕掛けるのを妨げなかった。しかしながら、彼

ル・フッド海軍大将（Admiral Samuel Hood, 1st Viscount Hood, 1724-1816）は、アメリカ独立戦争中に海軍少将としてロドニーの副司令官を務めた。

▼020 この交戦自体はマハン『アメリカ独立戦争における諸海軍の主要作戦』でさらに詳細に描かれており、ここから二一九頁の図表が引用されている。この図表の中で、aaはド・グラスが湾から出てきた時の両艦隊の位置、bbは交戦命令が出された時の位置、fはグレイヴスの旗艦、hはフッドの旗艦を示している。一二隻の先導船と共に敵に接近した後、グレイヴスは風上から接近して交戦するよう命令したが、「単縦陣」の信号を掲げたままだった。無能さによるものかまたは命令の誤解

の方法の不器用さが彼の勇敢さを裏切った。何らの優位を得ることなく、彼の船は手荒く扱われた。[▼020] ド・バラスの到着を予期していたド・グラスは、攻撃を仕掛けることなくイギリス艦隊を生かしたまま、湾外に五日間留まった。その後港に戻ると、彼はド・バラスが無事に停泊しているのを発見した。グレイヴスはニューヨークに戻り、彼と共にコーンウォリスの目を慰めるはずだった救援の最後の望みは絶たれてしまった。包囲は堅実に耐え忍ばれたが、〈同盟国が握っていた〉制海のために結末は一つしかありえず、イギリスの軍隊は一七八一年一〇月一九日に降服した。この災難と共に、イギリスでは植民地を鎮圧する望みが失われた。この戦争はさらに一年間にわたって断続的に続いたが、重大な作戦は一切企てられなかった。

……グレイヴスの敗北とそれに続くコーンウォリスの降服は、西半球における海軍作戦の終わりではなかった。その逆に、戦争の全期間を通じて最も興味深い戦術的偉業と最も目覚ましい勝利〈セインツの海戦〉が西インド諸島においてイギリス国旗に名誉をもたらすのは、まだこれからのことだった。しかし、ヨークタウンでの出来事をもって、アメリカ人〈植民地人〉にとっての愛国的な関心事は終わることになる。独立への苦闘に関する叙述を終える前に、その成功という結末、少なくともこれほど早い終結は、海の管制——フランスの手中のシー・

によるものか、フッドが率いる後衛は射程圏内に入ることができなかった。

フッドは後に(2)艦隊が交戦するのに相応しい位置についていなかったこと、また(2)交戦が始まったら「単縦陣」の信号は引き下ろされるべきだったことを理由として、上官を厳しく批判した。彼はこの信号が旗艦を通り、敵戦列に平行な線を越えて接近してはならないことを意味すると解釈した。

グレイヴスは翌日に、単縦陣は目的に対する手段であって目的そのものではなく、「手段への厳密な固執により戦闘のための信号が無効にされるべきではない」という趣旨の覚書を出した。このような混乱は、ある戦術の体系から別の体系への、この過渡期には頻繁に生じたものだった。

パワー、そしてイギリスの関係当局による不適切な配置——によるものだったと再び断言しなければならない。この断定は、米国の資源、国民の気質、闘争の困難を他の誰よりも徹底的に知悉し、その名前が今でも確固として穏やかな、動揺しない良識と愛国心の最高の根拠である一人の人物の権威に基づくものとしても差し支えないだろう。

ワシントンの発言すべての基本方針は、一七八〇年七月一五日付で、ラファイエットの手で届けられた「フランス軍との作戦計画を協定する覚書」に示されている。

「ラファイエット侯におかれては、署名者の意見として、以下の全般的見解をロシャンボー伯とテルネ勲爵士[040]にお伝えいただきたい。

一、いかなる作戦においても、またあらゆる状況においても、決定的な海軍優勢が根本的原則と見なされ、成功のすべての望みはこの原則に究極的に左右されるに違いないこと」。[041]

これはワシントンの見解の最も正式かつ決定的な表現であるが、とはいえ、同じくらい明瞭な、その他数多くの表現の一つでしかない。

——編者。

❖040 テルネ勲爵士シャルル＝アンリ＝ルイ・ダルザック（Charles-Henri-Louis d'Arsac, Chevalier de Ternay, 1723-1780）は、フランスの海軍士官。一七八〇年にロシャンボー率いるフランス遠征軍をニューポートに輸送したが、同年末に病死した。

❖041 Cf. Jared Sparks, ed., *The Writings of George Washington*, Vol. VII (Boston, 1835), p. 509.〉

第二一章　革命によって士気をくじかれたフランス海軍[021]

……フランスの船乗りと海軍は、全国民を圧倒したのと同じ思考と感情の流れに心を奪われた。そして、大衆の感情のあらゆる波によってあちこちへともてあそばれた政府は、海軍の健全さにとって致命的な原則を抑制し、欠陥を修正するには弱すぎたし、同時に海軍が必要とするものに無知すぎた。

このフランスの革命による動乱の時期について詳述することは、特に啓蒙的である。なぜなら、この比較的小さな、しかし非常に重要な国家の一部〈海軍〉におけるその結果は、他のどこで見られるものとも大きく異なっていたからだ。この大衆の蜂起が誤って導かれてしまった過ちや暴力、あらゆる種類の行き過ぎが何であれ、それらは力強さの症状であって、弱さの症状ではなかった——それが抱える欠点にもかかわらず、圧倒的な力によって特色づけられた運動の、嘆かわしい付属物だったのだ。

▼021 Mahan, *The Influence of Sea Power upon the French Revolution and Empire, 1793-1812*, Vol. I (Boston, 1892), pp. 35-37, 41.

❖042 ルイ一六世(Louis XVI of France, 1754-1793)は、フランス革命当時の最後のフランス王。アメリカ独立戦争後も大規模な建艦計画を継続し、シェルブールの軍港建設に着手するなど海軍力の整備に尽力するが、一七九三年に処刑された。

❖043 ジャン・ボン・サン＝タンドレ(Jean Bon Saint-André, 1749-1813)は、フランス革命期の公安委員会の一員として海軍を担当し、海軍の再編および規律回復に努めた。

▼022 [Louis Édouard] Chevalier, "[Histoire de la] Mar[ine] Fran[çaise] sous la [Première]

この長いこと閉じ込められていた大衆感情の噴出の力を認識できなかったことこそが、当時の多くの政治家に誤った予測をさせたのだった。彼らはこの運動の力と広がりを、たいていは国家の持久力についての非常に正確な試金石となるが、それだけに頼って奥底まで奮起させられた全国民の強力な衝動を考慮しなかった者たちを完全に誤らせた指標――財政、軍隊の状態、名を知られている指導者の能力など――で判断したのだった。それなら、なぜその結果は海軍においては大きく異なっていたのだろうか？　なぜ海軍は、量においてだけでも、主に量においてでもなく、質においても弱かったのだろうか？　それも、ルイ一六世❖042のもとで海軍が経験した繁栄期の後、あまりにもすぐだというのにもかかわらず。なぜ、ナポレオンの偉大な軍隊を生み出したのと同じ発作が、共和国の混乱の最中だけでなく、帝国の強力な組織のもとでも、海軍の完全な弱さを引き起こさなければならなかったのだろうか？

　その直接の理由は、特別な急務を伴い、特別な素質を必要とし、その結果として賢明に対処するためにはその要件に関する特別な知識を要求する、非常に特別な性格を持つ海軍に、これらの要件に全く無知な者たち――これらの要件が存在することすら信じなかった者たち――の理論を適用したことだった。海上生活の条件に関する実験に基づく知識、またはその他一切の知識も全く持た

République,"[(Paris, 1886).] p. 49.

▼023 Nap[oleon] to Decres, Aug. 29, 1805.〈訳註。Cf. Napoleon, *Correspondance de Napoléon Ier*, Vol. XI (Paris, 1863), pp. 160-161.〉

❖044 ヴィルヌーヴ伯ピエール・シャルル・ジャン・バティスト・シルヴェストレ海軍中将〈Vice-Amiral Pierre Charles Jean Baptiste Silvestre, Comte de Villeneuve, 1763-1806〉。アブキール湾ではフランス艦隊の後衛を指揮し、またトゥーロン戦隊の司令長官、後にトラファルガー戦役でフランス・スペイン連合艦隊を指揮したが壊滅的な敗北を喫し、それがレンヌでの自殺と推定される死をもたらした。

▼024 [Onésime-Joachim]

なかったために、彼らは海軍を築き上げ、また海軍を扱おうとする諸手順に対する障害を認識することができなかった。これは共和国初期の激しい実験に当てはまるだけではなかった。この非難は、偉大な皇帝自身にも相当に向けられるだろう。彼は海上での効率を調整する要素についてほとんど理解していなかったし、なぜフランス海軍が失敗したのか理解することを可能にするほどには、これらの要素の認識に到達することは決してなかったように思われる。海軍組織への無制限の影響力を持っていた革命委員〈公安委員〉、ジャン・ボン・サン＝タンドレ[❖043]は「熟慮と内省を通じた巧みな発展を軽蔑して、フランスの船乗りはフランス人が常に勝者であった移乗攻撃を試みることがより適切かつ有益であるとおそらく考え、したがって新たな剛勇の偉観によってヨーロッパを驚かせるかもしれない[▼022]」と述べている。「勇気と剛胆が彼の眼中では我々の士官にとって唯一必要な資質となった」とシュヴァリエ海軍大佐は言う。ナポレオンは「死をもいとわない二、三人の提督をフランスが持つときには、イギリスは非常に小さな存在になるだろう[▼023]」と述べた。自海軍に対して皇帝が募らせた不満という重圧を浴びた不運な提督、ヴィルヌーヴ[❖044]は、哀れを誘うが従順な皮肉を込めて、「陛下は海軍士官の職業において成功するために必要なのはただ剛胆と不屈のみと考えているので、私は必ずや申し分のない働きをしたい[▼024]」と述べた。

Troude, "Batailles Nav[ales de la France]," Vol. III [(Paris, 1867)], p. 370.

▼025 ド・リョン海軍代将、貴族の一員で、トゥーロンで投獄され、後にフランスから逃れた。――編者。〈訳註。リョン伯フランソワ・エクトー・ダルベール（François Hector d'Albert, Comte de Rions [or Rioms], 1728-1802）、アメリカ独立戦争で艦長として功績を挙げたフランス海軍士官。グレナダの海戦、チェサピーク湾の海戦、セインツの海戦などでイギリス海軍と戦った。一七八九年に起きたトゥーロンでの暴動とド・リョンの投獄については、A.T. Mahan, *The Influence of Sea Power upon the French Revolution and Empire, 1793–1812*, Vol. I (Boston, 1892), pp. 41-46を参照せよ。なお、代将（コモドー）は

……実際、水兵の士気と信念はもちろん、認識も無秩序な状態にあった。海軍では、社会でもそうだったように、士気が最初に被害を受けた。不服従と反乱、侮辱と殺人が、君主制がフランス共和国に残した優秀な人材を結局は破壊することになった拙劣な方法〈恐怖時代のギロチン処刑〉に先立って起こった。この不服従は、バスティーユでの事件とベルサイユ宮殿への押し入りのすぐ後に勃発した。すなわち、行政部の無力さが感じられた直後である。際立っているが、適切なことに、最初の犠牲者はフランス海軍の最も名高い海軍将官だった。▼025

一七八九年後半には、ル・アーヴル、シェルブール、ブレスト、ロシュフォール、トゥーロンなど、すべての海港都市で騒乱が起きた。どこでも都市当局が海軍工廠と艦隊の関心事に干渉し、特に根拠なく、または懲罰を受けて不満を抱いた水兵と兵士たちが、士官に対する苦情と共に市役所へと駆け込んだ。パリから何の支援も受けられずに、士官たちは絶えず譲歩を余儀なくされ、当然ながら状況はますます悪化した。

Chef d'Escadreの訳語であるが、一七九一年には代将に代わって少将(Contre-Amiral)の階級が設けられ、ド・リョンも一七九二年に海軍少将に任命された。その直後に引退を申し出てフランスを離れ、反革命の象徴となっていたドイツ西部のコブレンツで亡命海軍士官からなる部隊に加わった。Cf. *Biographie Universelle Ancienne et Moderne*, Nouvelle Edition, Vol. I (Paris, 1843), pp. 335-336.〉

第二二章　一七九四年六月一日のハウの勝利[026]

〔交戦の前に、フランス艦隊は、当時フランスが緊急に必要としていた食料をアメリカから運ぶ一八〇隻の船と合流し、港に護送していた。イギリス艦隊は五月二八日にアシャント島の西四〇〇マイル〈約六四五キロ〉の地点でフランス艦隊と遭遇し、それに続いた四日間の機動と追跡において、ハウは著しい精力と戦術的技量を示した。フランス艦隊は続いて起こった戦闘で敗北したが、護送船団の逃避を掩護した。――編者。〕

フランスの提督は戦闘せざるを得ないと二九日の晩に理解した。それも、不利な立場での戦闘であり、その結果として護送船団を保護することは期待できなかった。護送船団を守ることが彼の最も重要な目標だったので、次善の策はイギリス艦隊を護送船団の針路から離れるよう誘い出すことだった。これを目的として、彼は北西へ向かって針路を取った。その間、近づいてきた濃霧が彼の計画に有利に働くとともに、その後の二日間さらに交戦を妨げた。五月三一

▼026 Mahan, "Howe: The General Officer, as Tactician," *Types of Naval Officers*, pp. 308-317.「栄光の六月一日」海戦はフランス革命戦争中の最も重要な海戦の一つであり、当時群を抜いて同業者の頂点に立っていた海軍士官の業績を例証している。この抜粋は、マハン提督が、彼の目的に合致するときには、極めて平易に、生き生きと力強く執筆することができたということを示していることからも興味深い。――編者。〈訳註。一八九四年の『アトランティック・マンスリー』誌（*Atlantic Monthly*）掲載記事。〉

日の晩には天候が回復し、翌朝の夜明けに両艦隊は戦闘準備を完了して、西へ向かう長く伸びた二列の縦列陣をとり、配置についた。イギリス艦隊は二五隻、対するフランス艦隊は前述の四隻の合流により二六隻を数えた。[045] その時、ハウには不在の六隻[046]について後悔し、ネルソンの賢明な言葉、「数だけが殲滅を可能にする」[047]を思い浮かべるだけの理由があった。

機動の時は過ぎ去った。彼自身は優秀な戦術家であり、これまで二日間の戦いにおける奮闘の指揮は見事なものだったけれども、ハウはその中で二つのことを理解せざるをえなかった。すなわち、彼の艦長たちは個々別々に船舶操縦術においてフランス側に勝っており、乗組員たちは砲術において勝っているということ、またその一方で、最も簡単な隊形以外のものを試みたなら、非常に不完全な結果を約束するほどに、艦隊として協同する能力がイギリス艦隊には不足しているということである。したがって、彼はそうした最も簡単な隊形に訴えた。イギリス海軍に古くから伝わる、未熟で力任せの流儀に頼ったのだ。麾下の船を敵から三マイル〈約四・八キロ〉離れた長い単縦陣に配置し、各艦が特定の相手に攻撃し、できる限り同時に近い形で交戦を開始するよう、全艦を一斉に接近させた。したがって、フランス艦隊の各艦個々の劣勢から、フランス艦隊はあらゆる地点で圧倒されるであろう。結末はこの予測を正当化したが、

❖045 遭遇時点での互いの戦列艦は共に二六隻ずつだったが、追跡中の小競り合いでそれぞれ一隻と四隻が損害を受けて帰港した。フランス艦隊には護送船団に先遣していた戦列艦四隻が合流した。Cf. Mahan, *Types of Naval Officers*, pp. 302-306.

❖046 イギリスの護送船団を護衛するため、ハウは七四門艦六隻をフィニステレ岬の緯度まで分遣した。Cf. William James, et. al., *The Naval History of Great Britain, from the Declaration of War by France in 1793 to the Accession of George IV*, Vol. I (London, 7th ed., 1886), p. 138

❖047 二六二頁の原註41を見よ。

実行の仕方は奇妙かつ愉快にもハウ自身の遅鈍によって特色づけられた。戦闘に適した長い夏の一日が始まったばかりで、急ぐ必要はなかったのだ。まず陣形が正確に作られ、帆が適切な大きさに縮められた。それから乗組員は朝食を取った。朝食の後で、全艦は短帆《ショート・セイル》❖048で敵戦列に向かって進み、接近する間、歩兵隊士官が中隊を整列させるかのように、提督が敵戦列を制御していた。これゆえに、〈戦列の〉端から端までの衝撃は、同様の旧式の計画で遂行されたいかなる交戦とも比べることができない成功を生じさせるほどに、ほとんど同時だった。

絵のように美しいと同時に荘厳、活気に溢れると同時に厳粛なその明るい日曜の朝に、苛酷な戦争の勝負への前奏曲《プレリュード》が始まろうとしていた。穏やかな夏の海は、その表面を波立たせるさざ波の波頭を白くする程度のそよ風により、小さく揺れ動いていた。暗い船体がゆっくりと前進しながら水を静かに切り裂き、前に進む船体によって切り開かれた航跡の両側には泡沫が畝《うね》っていた。船の巨大な側面には二列、時には三列の砲門が並び、そこでは砲口栓《トンピオン》が引き抜かれた陰鬱な砲列が大きな口を開け、その後ろでは人目につかず、しかし教示を受けた者の目には容易に見えるのだが、各砲を受け持ち〈交戦を〉待ち構える水兵の集団が群がっていた。上方では高い帆柱がゆったりと前後左右に揺れ動いてい

❖048 速力を調整したり、嵐の中で航行したりするために、絞帆、縮帆、畳帆などで帆の面積を減らした状態を言う。

た。これほどの微風の中では、通常は甲板から檣冠《トラック》まで帆で覆われているものだが、帆柱の剝き出しですらっとした姿が、今やその静かな接近という破壊的な意図を宣言していた。いずれかの国の国旗が翻る高い船尾楼《プープ》には、各指揮官の周りに士官の小さな集団が集まっていた。彼らを介して命令が発され報告が受け取られ、それに沿って広がる神経を、この大組織の長である提督から、ほとんど水面すれすれの暗い最下甲板までの各乗組員を通じて、この大組織の電流《インパルス》が走っていた。艦長自身による監督から最も遠い最下甲板では、先任大尉が各船の最も重量のある砲列の働きを監督していた。

クイーン・シャーロット号の船上では、六八歳の老体にもかかわらず四日間にわたって肘掛け椅子での短時間の睡眠を除けば休みを取ることができなかったハウ卿は、今や戦闘を期待して「活気を示した」とある目撃者は書いている。「彼の年齢、またこれほどの肉体と頭脳の疲労の後で、彼にその余地があるとは私は思っていなかった。彼はその結果が抑えきれない喜びをもたらすものになると予期しているかのようだった」[049]。彼の横に立っていたのはカーティス艦隊艦長《フリート・キャプテン》[050]だったが、浮き砲台に囲まれた、ジブラルタル包囲戦の際のその功績について、〈ジブラルタル〉要塞の総督は「彼は国王が自身の安全について主に感謝すべき人物だ」と述べていた。また、当時海軍大尉であり、後にナヴァリノ

❖049 Cf. Jane Bourchier, ed., *Memoir of the Life of Admiral Sir Edward Codrington*, Vol. I (London, 1873), p. 31.

❖050 ロジャー・カーティス海軍大将(Admiral Sir Roger Curtis, 1st Baronet, 1746-1816)は、アメリカ独立戦争およびフランス革命戦争で功績を挙げたイギリス海軍士官。慎重な性格であり、「栄光の六月一日」海戦で敗走する敵をハウが追撃しなかったのはカーティスの助言のためだとされている。

❖051 一八二七年一〇月二〇日、ギリシアのペロポネソス半島西岸ナヴァリノ湾(現ピュロス)で英仏露連合艦隊がオスマントルコとエジプトの連合艦隊を撃破した。帆走船のみによる大規模な海戦としては歴史上最後のもの。

❖052 エドワード・コドリント

の海戦[❖051]で同盟国連合艦隊を指揮したコドリントン[❖052]もいた。その五隻左では、バルフルール号に乗り組むコリングウッド[❖053]が、同艦を旗艦としていた提督[❖054]にサッカレーの心を揺り動かすことになる発言をしていた。「我々の妻たちは今頃教会に向かおうとしているところですが、我々はその鐘の音を打ち消す大きな音をフランス人の耳に響き渡らせるでしょう」[❖055]。フランス側の士官は、提督も艦長も共に、大部分は当時も以後も名が知られていない者たちだった。革命の猛火が古くからの士官一門、主に貴族たちを一掃してしまい、ナポレオン期に顕著な能力を示すことになった極少数の者たちはまだ登場していなかった。司令長官のヴィラレ＝ジョワイユーズ[❖056]は、三年前には海軍大尉だった。彼は勇敢で名高かったが、将官としての経歴は一切なかった。ロベスピエール[❖057]の政治的支持者から名前を取った、モンターニュ号の船尾楼には、当時の将軍と提督の異例の同伴者、革命委員のジャン・ボン・サン＝タンドレが司令長官の横に立っていた。彼は、真のフランス人の剛勇にとっては熟練と技量は不必要なものだと見なして、愛国心と勇気を除くあらゆる能力の試験を無視する、彼が主唱した体系の実際の作用を、身をもって知ることになる。

イギリス戦列がフランス戦列に近づくと、ハウは「近接交戦の信号を用意せよ」とカーティスに言った。「そんな信号はありません」とカーティスは答えた。「確

ン海軍大将（Sir Edward Codrington, 1770-1851）は、ナポレオン戦争期の艦長、地中海艦隊司令長官としてギリシア独立戦争にかかわり、ナヴァリノの海戦では英仏露連合艦隊を率いた。

❖053 初代コリングウッド男爵カスバート・コリングウッド海軍中将（Vice Admiral Cuthbert Collingwood, 1st Baron Collingwood, 1748-1810）は、ナポレオン戦争中に活躍したイギリス海軍士官。しばしばネルソンの任務を引継ぎ、トラファルガーの海戦ではネルソンと並んで戦列の一つを率いた。

❖054 ジョージ・ボウヤー海軍大将（Admiral Sir George Bowyer, 1740-1800）、アメリカ独立戦争時の艦長で、戦後に庶民院議員となる。フランス革命戦争を期に軍務に戻り、

かにない」と提督は言った。「しかし、より接近した交戦のための信号はあり、艦長たちが任務を果たしていない場合にのみ信号を出したいのだ」。それから常に持ち歩いていた小さな信号書を閉じて、周りの者に向かってこう続けた。「さあ、諸君、もう本は必要ないし、信号も必要ない。敵旗艦と交戦するというクイーン・シャーロット号の任務を諸君が果たすことを期待する。船底湾曲部《ビルジ》同士をぶつけることは望まないが、桁端《ヤードアーム》を引っかけることができるなら、なおさら好都合だ。戦闘はますます早く決着するだろう」。彼の目的はフランス戦列を突破し、モンターニュ号と向こう側から交戦することだった。その成功を疑う者もいたが、ハウは彼らを威圧した。「その通りです、閣下！」と船の操舵を注視する航海長、ボウエンは叫んだ。「シャーロット号は自ら通り道を開くでしょう」。シャーロット号はフランス船〈モンターニュ号〉の船尾の真下にぴったりと押し進み、その国旗をかすめて、船尾から船首まで猛烈な砲火で縦射し、❖058 その砲火のもとで三〇〇人が倒れた。その一船身ないし二船身先にはフランス船ジャコバン号があった。ハウは、シャーロット号の船首を風上に向け、二隻の間に位置するよう命じた。「もしそうするなら、どちらか一隻と接舷することになりますよ」とボウエンは言った。「それがどうしたというのかね？」とハウは素早く聞き返した。「おっと！」と航海長はつぶやいたが、聞き取れないほどではなかっ

「栄光の六月一日」海戦には海軍少将として参加したが、激戦の中で片足を失った。

❖055 マハンの引用には多少の異同がある。Cf. Collingwood to J.E. Blackett, June 5, 1794, in G.L. Newnham Collingwood, ed., *A Selection from the Public and Private Correspondence of Vice-Admiral Lord Collingwood* (London, 1828), p. 18. イギリスの小説家、ウィリアム・メイクピース・サッカレーはコリングウッドの手紙を引用した後で、戦闘の準備をしながらも本国の妻への愛を忘れないこの「キリスト教の戦士」を讃えている。Cf. William Makepeace Thackeray, *The Four Georges* (London, 1862), p. 218.

❖056 ルイ・トマス・ヴィラレ・ド・ジョワイユーズ海軍中将（Louis Thomas Villaret

た。「閣下が気にしないなら、私が気にするかなんてくそ食らえだ《ダムン・マイ・アイズ》。我々の頬髭を焦がすぐらい近づいてやりますよ」。それから、ジャコバン号が離れようとしているのをその舵から見て取り、彼はシャーロット号を急旋回させ、一隻目のフランス船の国旗をシャーロット号の側面がかすめたように、第二斜檣《ジブブーム》が二隻目のフランス船をかすめた。

　この時から、ほぼ一時間にわたって戦場の端から端まで猛烈な戦闘が行われた――煙と混乱に満ちた騒乱の光景が広がり、そのもとで激しい船同士の決闘が多数戦われる一方、良い判断を無効にしてしまった当惑の迷路の中で、あちこちで人々が彷徨い、道に迷っていた。あるイギリス海軍大佐は、隊列の中で位置を保つために羅針盤《コンパス》を見るのに忙しく、敵を見失ってしまい、その後二度と見つけることができなかった者に関する海軍の言い伝えを語る。硝煙の天蓋のもと、記録に残されているかどうかを問わず、数々の風変わりな事件が通り過ぎていった。一隻のイギリス船は完全に帆柱を失い、二隻の敵船に挟まれて、その艦長は致命的な傷を負っていた。降服のささやきがどこかから聞こえたが、副長《ファースト・レフテナント》がそれを確かな権威を持って抑えようとする間に、おんどりが残された帆柱の基部に飛び上がり、威勢良く時を告げた。勝ち誇るような鳴き声は絶望に浸っていない心に素早い反応を引き起こし、どっと起きた陽気な騒ぎ

de Joyeuse, 1747-1812)は、フランス革命期の海軍士官で、サン＝タンドレと協力して海軍の再編を助けた。「栄光の六月一日」海戦で敗れた後に海軍中将に昇進し、ナポレオンのもとでヴェネツィア総督を務めた。

❖057 マクシミリアン・フランソワ・マリ・イジドール・ド・ロベスピエール(Maximilien François Marie Isidore de Robespierre, 1758-1794)は、フランス革命期を代表する政治家で、反対派を次々と粛清する恐怖政治を行った。一七九四年七月二七日に起きた、テルミドール九日のクーデタで自身も粛清された。

❖058 「縦射とは、船を横切って側面から側面にではなく、縦に端から端に通る射撃のこと。船内のより大きな空間に射撃が及ぶだけでなく、特に

が万歳三唱とともにこの鳥の勝利の雄叫びに答えた。ブランズウィック号では、これまで海上で起きた中で最も長く、苛烈な戦闘の一つであるヴァンジュール号との苦闘の中で、船首像として付けていたブラウンシュヴァイク公[059]の彫像から三角帽が撃ち落とされた。乗組員の代表団が艦長に対して彼の予備の帽子を使うことを許可するよう厳粛に要請し、この帽子はしっかりと釘打ちされ、残りの交戦の間、閣下のかつらを守った。この新共和国艦船との戦いの後で、国王の熱心な支持者は、イギリス艦隊の船首に搭載された数々の国王像の中でどれ一つとして王冠を失ったものはなかったと満足そうに言及した。無鉄砲《ヘラム・スケラム》なアイルランド人艦長[060]については、二つの滑稽話が語られている。一隻のフランス船としばらく猛烈に交戦した後で、フランス船の砲火が弱まり、その後停止した。彼はフランス船に降服したのか知らせるよう呼びかけた。その答えは「否」だった。「こん畜生《ダムン・ユー》、それならなんで撃ってこないのか?」と彼は叫んだ。この特別な敵を帆柱や帆桁を失うことなく始末した後で、同艦長は新たな冒険を求めて進み、完全に帆柱を失って、その他の点でも重大な損害を受けたイギリス船に出会った。この艦は厳格に信心深い敬虔な艦長に指揮されていた。[061]「ようジェミー、ずいぶんとひどい目に遭ったみたいだな。だが気にするな、ジェミー。主は愛する者を折檻されるのだ[062]」とこのアイルランド人は呼びかけた。

船の舵やより重要な士官が存在する船尾周辺の、より重要な箇所を攻撃する」。Cf. Mahan, *The Influence of Sea Power Upon the French Revolution and Empire, 1793-1812*, Vol. I, p. 137, n. 1.

❖059 イギリスのハノーヴァー朝歴代国王の称号の一つはブラウンシュヴァイク=リューネブルク公爵であり、船名はこれに由来する。

❖060 インヴィンシブル号艦長のトーマス・パケナム海軍大佐(Captain Thomas Pakenham, 1757-1836)。後に海軍大将。

❖061 ディフェンス号艦長のジェイムズ・ガンビア海軍大佐(Captain James Gambier, 1756-1833)。海軍省委員会委員や海峡艦隊司令長官を務めた後に海軍元帥となる。

❖060 「ヘブライ人への手紙」第

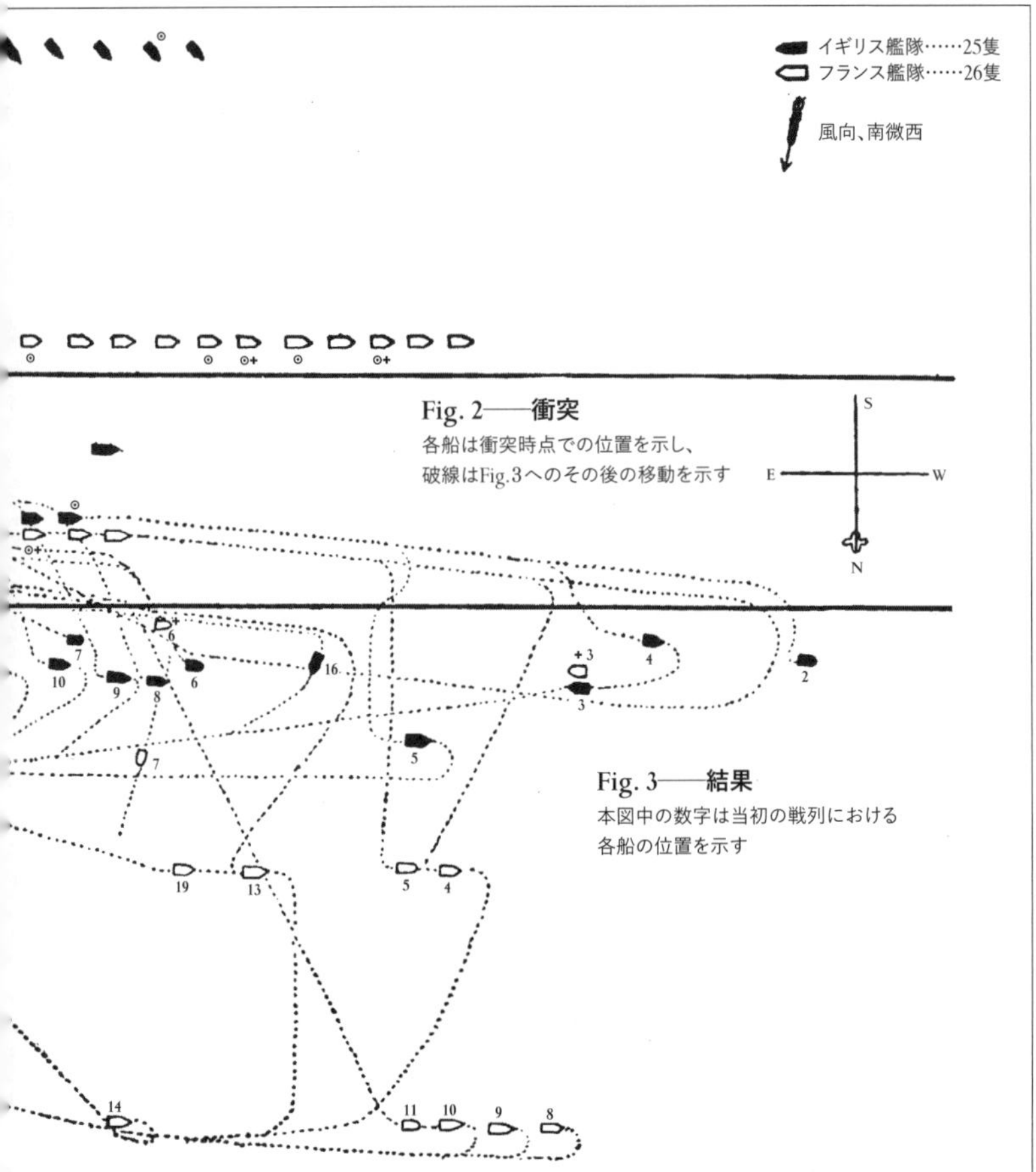

Fig. 2——衝突

各船は衝突時点での位置を示し、
破線はFig.3へのその後の移動を示す

Fig. 3——結果

本図中の数字は当初の戦列における
各船の位置を示す

参考表記

- ✚ 捕獲されたフランス船
- ⊙ 帆柱や帆桁を失ったことにより行動不能になった船(Fig.1&2)
- ▭ 帆柱や帆桁を失ったことにより行動不能になった船(Fig.3)
- B ブランズウィック号(イギリス)
- C クィーン・シャーロット号(イギリス)
- M モンターニュ号(フランス)
- Q クィーン号(イギリス)
- B′B′ 交戦後に整列したイギリス戦列(進路・東)
- F′F′ フランス戦列(進路・東)
- F″F″ 北西へ撤退するフランス船列

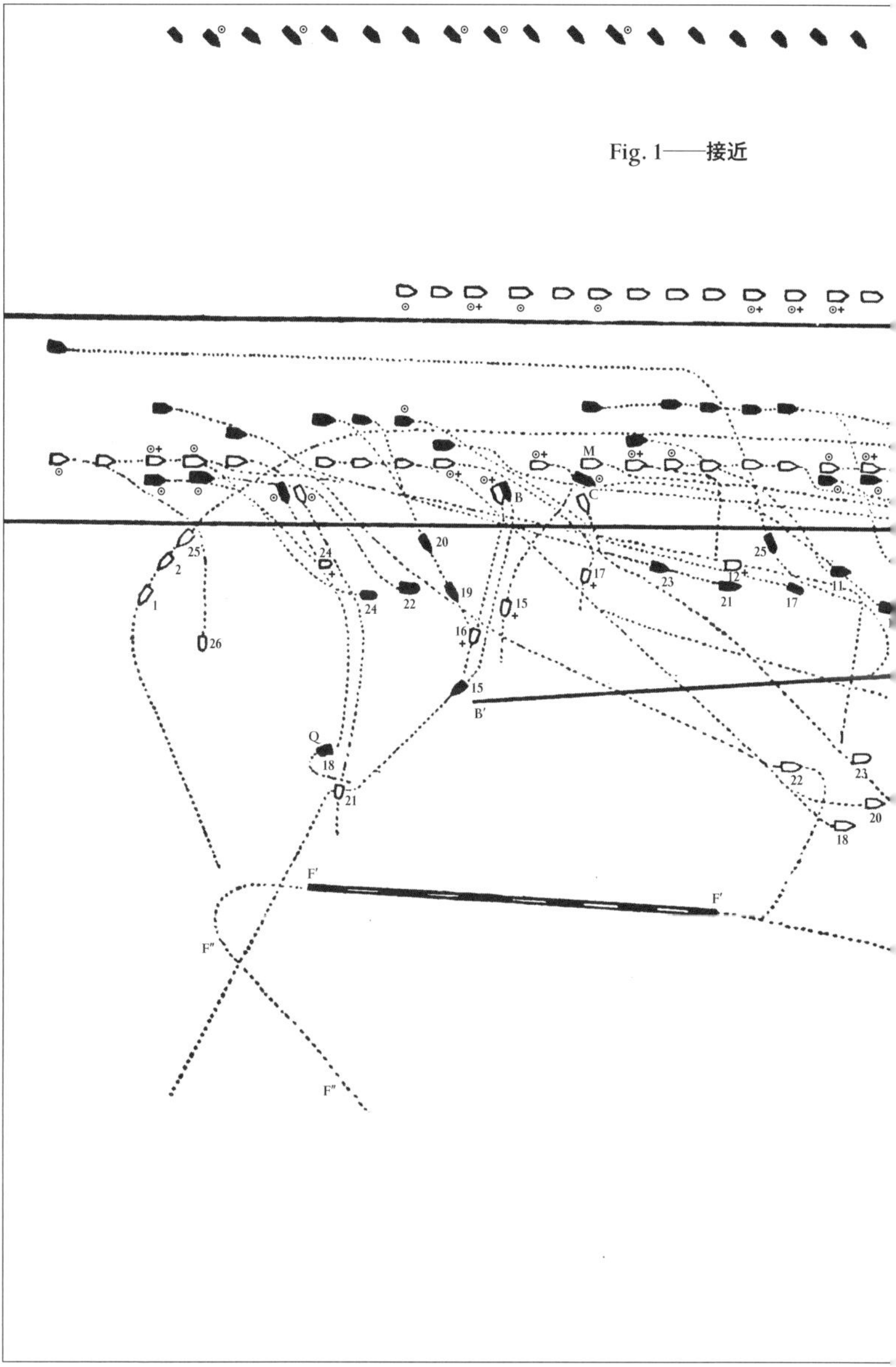

［図8］「栄光の六月一日」の海戦、一七九四年

フランスが我々に伝えてきた逸話はより少ないし、滑稽な考えを恐怖時代の恐ろしく真面目な出版物と結びつけるのは容易ではない。確かに、ある捕獲された船の指揮官が捕獲者に言った何か意図せず滑稽なことがある。イギリス艦隊はフランス艦隊の半数の帆柱を倒し、四分の一を接収した。しかし、そのフランス人指揮官は捕獲者に「〈この戦闘は〉イギリス艦隊が技術と戦術のいずれも示さなかった、単なる虐殺であって」勝利と考えるべきではないと請け負ったのだ。六月一日のフランス艦隊と常に結びつけられることになる、ある見事な不朽の逸話は、フランス国民の当時の気質と熱狂と完全に調和している。七四門艦のヴァンジュール号は、イギリスのブランズウィック号との桁端と桁端をぶつけ合う三時間の戦闘の後で、敵対者のために沈没しかかっていたが、ブランズウィック号自体も助けを差し伸べる状況になかった。混乱の中でヴァンジュール号の危難はしばらく気付かれなかった。危難に気付いたときには、救助に到来したイギリス船には生存者の一部を移乗させる時間しかなかった。この出来事の報告書の中で、生存者はこう伝えた。「小型船が舷側から辛うじて離れたその時、最も恐るべき光景が我々の眼前に現れた。ヴァンジュール・ドュ・プープル号に残された我々の同志たちは、両手を天に掲げ、痛ましい叫びでもってもはや望みえない助けを求めて懇願した。すぐに、その船は中に閉じ込めら

一二章、第六節より。

れた不運な犠牲者と共に姿を消した。この光景が我々すべての心を揺り動かした戦慄の最中に、我々は悲しみと入り交じった感嘆の感情を逃れることはできなかった。我々が離れていく際にも、同志たちの一部はまだ国のために祈りを捧げているのを聞いた。これらの不運なものたちの最後の叫びは「共和国万歳《ヴィヴ・ラ・レピュブリック》！」だった。彼らはそれを口にしながら死んだのだ」[063]。一〇〇人以上のフランス人がこうして沈んでいった。

沈んだヴァンジュール号を含んで、七隻のフランス船が捕獲された。さらに五隻が完全に帆柱を倒されたが、脱出した――主に、ハウの老齢と過去五日間の継続的な緊張による、ハウのまったくの肉体的な衰弱のせいだと考えられる幸運だった。彼は完全に精も根も尽き果てて、直ちに横になった。「我々は皆彼の周りに集まった」とその場にいた士官、コドリントン海軍大尉は書いた。「実際、私は彼を転倒から救ったのだ。彼はとても衰弱していたので、船の横揺れ《ロール》のせいで中部甲板《ウエスト》に倒れ込みそうになった。『なぜお前は私が子どもであるかのように支えるのだ』と彼は陽気に言った」[064]。もしハウが若かったら、彼を補佐するカーティスが示しそこなったような熱心さで勝利の果実が摘み集められただろうということはほとんど疑いの余地がない。

❖063 ヴァンジュール号艦長ジャン＝フランソワ・ルノーダンとその部下の連名による、革命暦二年メスィドール一日（一七九四年六月一九日）付の報告書からの引用。報告書原文はAuguste Jal, 'Polémique: A M. le Rédacteur de la *Revue Britannique*,' *Revue Britannique*, Vol. XX (1839), pp. 390-396; Troude, *Batailles Navales de la France*, Vol. II (Paris, 1867), pp. 350-356に収録されている。

❖064 Cf. *Memoir of the Life of Admiral Sir Edward Codrington*, Vol. I, p. 27.

第二三章 コペンハーゲンにおけるネルソンの戦略▼027

［一八〇〇年に、ロシアとスウェーデン、デンマークは、フランスとの交易に対するイギリスによる制約に抵抗するため、ナポレオンの工作により「武装中立同盟」を結成した。❖065 外交圧力を強めるため、イギリスはこの同盟に対して二〇隻の艦隊を送り、ネルソンはハイド・パーカー卿❖066の副司令官《セカンド・イン・コマンド》だった。この戦役を通じて、ネルソンは「上官の重荷を持ち上げ、肩に担いだ」とマハンは記している。――編者。］

一八〇一年三月一二日、艦隊は〈グレート〉ヤーマスを出帆した。そして一九日には、大嵐の中で少し散り散りになったものの、ほとんどすべての艦がカテガット海峡の入り口にあるユラン半島〈英名・ジャットランド半島〉の北端、スケーイン〈英名・スコー〉に集められた。北西の風はコペンハーゲンに向かうのに適しており、もしネルソンが指揮していたら直ちに外交使節を乗せて前進しただろう。「交渉が続いている間、デンマーク人が頭を上げる時にはいつも我々の旗が翻るのを

▼027 Mahan, *The Influence of Sea Power upon the French Revolution and Empire*, Vol. II, pp. 42-47. この戦役は *The Life of Nelson*, Vol. II, p. 70 ff. でより詳細に扱われている。――編者。

❖065 アメリカ独立戦争中の一七八〇年にイギリスの海上封鎖に対して中立国船舶の航行と輸送の自由を求めて結成された同盟が再興された。もう一つの締結国はプロイセン。Cf. Mahan, *The Influence of Sea Power upon the French Revolution and Empire, 1793-1812*, Vol. II, pp. 25-37.

❖066 ハイド・パーカー海軍大将(Admiral Sir Hyde Parker, 1739-1807)は、フランス革命期に活躍したイギリス海軍士官、一七九六年から一八〇〇年までジャマイカ海軍管区司令長官を務めた。バルト海に

目にするべきです[067]」と彼は述べた。現実には、使節は一隻のフリゲート艦と共に前に進み、艦隊は待機した。一二日に艦隊はヘルスィングウーア〈英名・エルシノア〉沖にあり、デンマークがイギリスの要求を拒絶したためにそこで使節が再び合流した。

これは敵対行為の容認に等しく、あとは司令長官が直ちに行動するだけだった。なぜなら風が好都合だったからであり、この有利はいつ失われてしまうかもしれなかった。この日、ネルソンはパーカー宛てに手紙を書き、状況の特徴といろいろな交戦方法を明快な形で要約した。「攻撃の機を逃すべきではありません」と彼は言った。「彼らと今ほどに対等に戦う機会はもう二度と得られないでしょう[068]」。次に彼は、交渉が失敗した時には艦隊はヘルスィングウーアではなく、コペンハーゲン沖にあるべきだったと、おそらく既に述べていたであろうことをほのめかした。「それならあなたは直ちに攻撃をしかけ、デンマーク艦隊が破壊され、首都が大変なことになってデンマークは理性と真の利益に耳を傾けるだろうということはほとんど疑いの余地がないでしょう」。しかしながら、あまりに多くの時間を無駄にするという過ちが既に犯されてしまったので、彼はこれ以上時間を無駄にしないように上官を奮起させようと努めている。「ほとんどイギリスの安全、間違いなくその名誉が、かつてどのイギリス海軍士官に

司令長官として派遣されるが、コペンハーゲンの海戦の直後に更迭された。

❖067 Nelson to Davison, March 16, 1801, in *Nelson's Dispatches*, Vol. IV, pp. 293-294.

❖068 ネルソンによれば、五隻の戦列艦と七つの浮き砲台（各五五門）に支援されたコペンハーゲンの防御は増強されつつあり、レヴァル（現エストニアのタリン）で越冬していた一二隻ないし一四隻のロシア艦隊、スウェーデンの戦列艦五隻の到来が予期されていた。Cf. Nelson to Parker, March 24, 1801, in *Nelson's Dispatches*, Vol. IV, pp. 295-298.

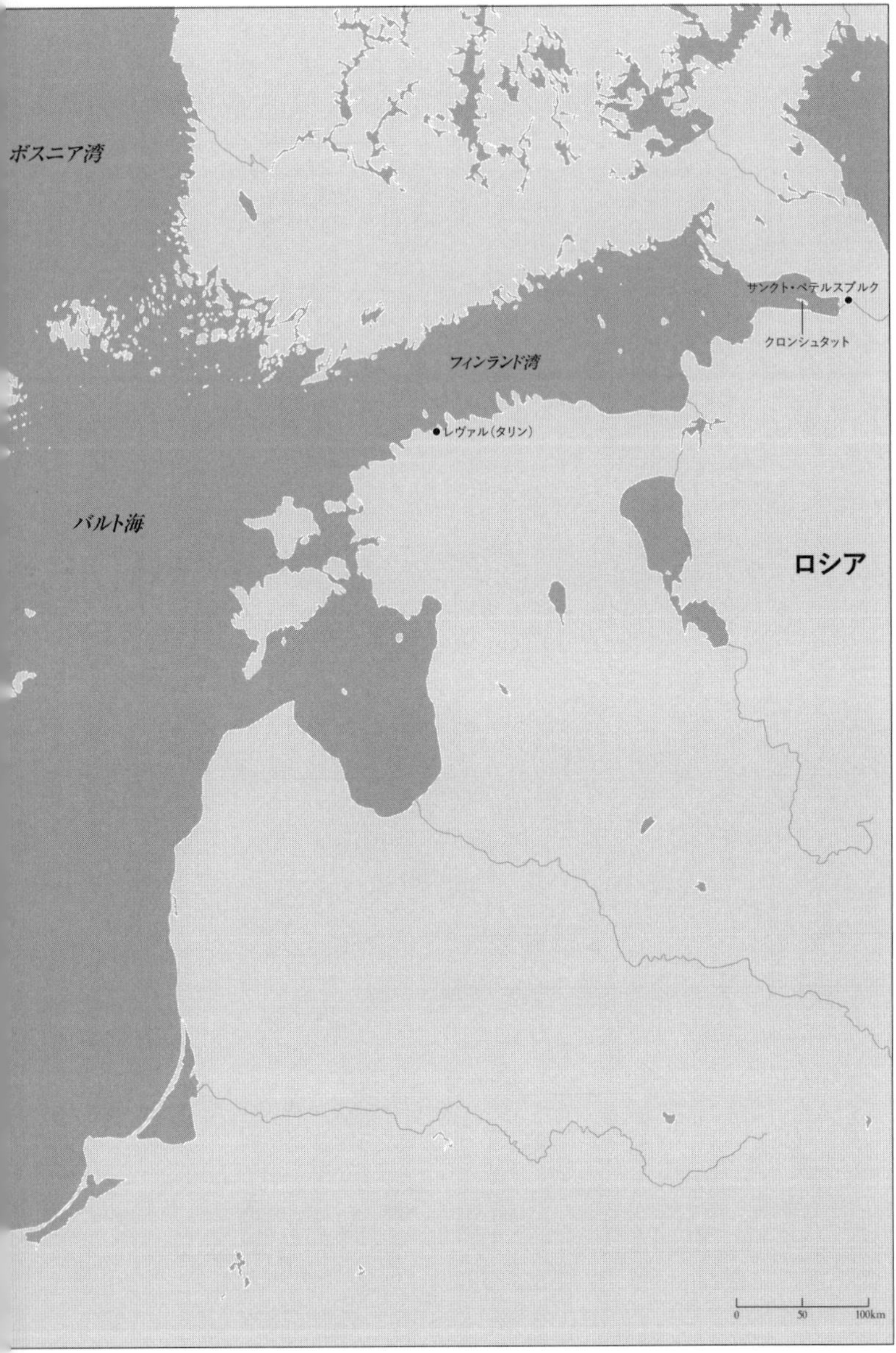
ボスニア湾
サンクト・ペテルスブルク
クロンシュタット
フィンランド湾
レヴァル(タリン)
バルト海
ロシア
0
50
100km

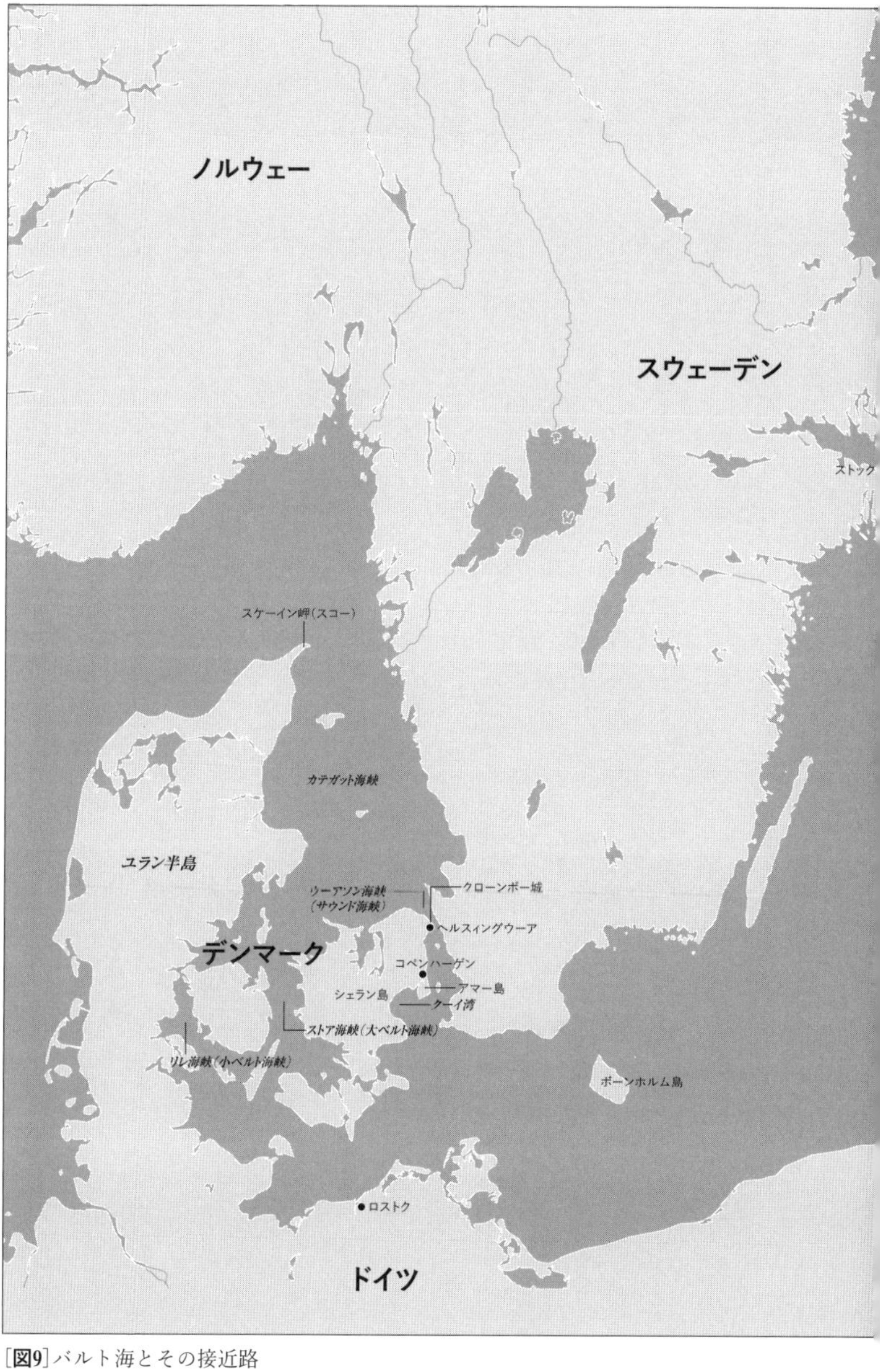

[**図9**]バルト海とその接近路

降りかかったよりも多くあなたに任されているのです……我々の国がこの艦隊のようにどれか一つの艦隊の成功に多くを頼ったことはありません」。

このように敏速の必要性を示したうえで、ネルソンは次に作戦の計画を議論した。コペンハーゲンはシェラン島〈英名・ジーランド島〉の東側にあってスウェーデンの海岸に面しており、そこからはウーアソン海峡〈英名・サウンド海峡〉と呼ばれる海路で隔てられている。西では、島はストア海峡〈英名・大（グレート）ベルト海峡〉によりデンマークの他地域から分かれている。ストア海峡の航行は遥かに困難であり、デンマークの戦争準備はウーアソン海峡の側、また主としてコペンハーゲンの周辺で行われていた。この都市の眼前の海岸から半マイル〈約八〇〇メートル〉には平洲《フラット》が広がり、ウーアソン海峡自体にも一マイル〈約一・六キロ〉を少し超える距離にミゼルグロン〈英名・中洲（ミドルグラウンド）〉と呼ばれる長い砂洲《ショール》があった。これら二つの浅瀬の間にはコンゲデュープ〈英名・キングス・ディープまたはキングス・チャネル〉と呼ばれる瀬戸があって、そこを通って大型船の船団が航行することができ、またその北端から水深の深い海域がコペンハーゲンに向かって伸びており、ちゃんとした港を形づくっている。したがって、当然の攻撃地点は北方であるように見える。そこにはデンマークが港の出入り口の浅瀬に土台を積み上げて、トレクロナ要塞〈英名・三冠（スリークラウン）砲台〉と呼ばれる強力な防御施設を建設していた。しかしながら、この戦列の先頭は極めて強固であるだけでなく、攻撃にとっての順風は帰還にとっての逆風ともなる、とネルソンは指摘した。したがって、行動不能になった船はコンゲデュープを通過するよりほかに逃げ道がないだろう。その際には、デンマークがこの瀬戸の内側の境界に沿って浮き砲台として設けた、武装した廃船《ハルク》❖069の戦列——コペンハーゲンの正面を防衛する——の搾線《ガントレット》を駆け抜けなければならず、また艦隊からも分断されてしまうだろう。この戦術的と呼べるかもしれない困難は、「牛の角を摑んで牛を取り押さえる」ようなものとして彼が貶す計画に対する唯一の反対理由というわけでもなかった。イギリス艦隊がバルト海に入らずにウーアソン海峡に留まる限り、スウェーデンとロシアの両艦隊は、氷から解放されさえすれば、デンマーク艦隊に合流する道が開かれていた。その結果、より小型の戦列艦の十分に強力な部隊が、航行が困難であるとは言え、乗り越えられないというわけではないミゼルグロンの外側を通過して、この都市の後方に近づくことを彼は助言した。そこではこの部隊はデンマークとその同盟国との間に割り込むことになり、敵戦列のより脆弱な部分を襲うことができる位置につくだろう。彼はこの分遣艦隊の指揮を志願した。

この一八〇一年三月二四日の手紙▼028全体には、特に興味をそそる力がある。な

❖069 倉庫や検疫、牢獄など移動の必要がない利用のために改装された古い船。

▼028 [Nelson to Parker, March 24, 1801, in] *Nelson's Letters and Dispatches* [*Nelson's Dispatches*], Vol. IV, p. 295[-298].

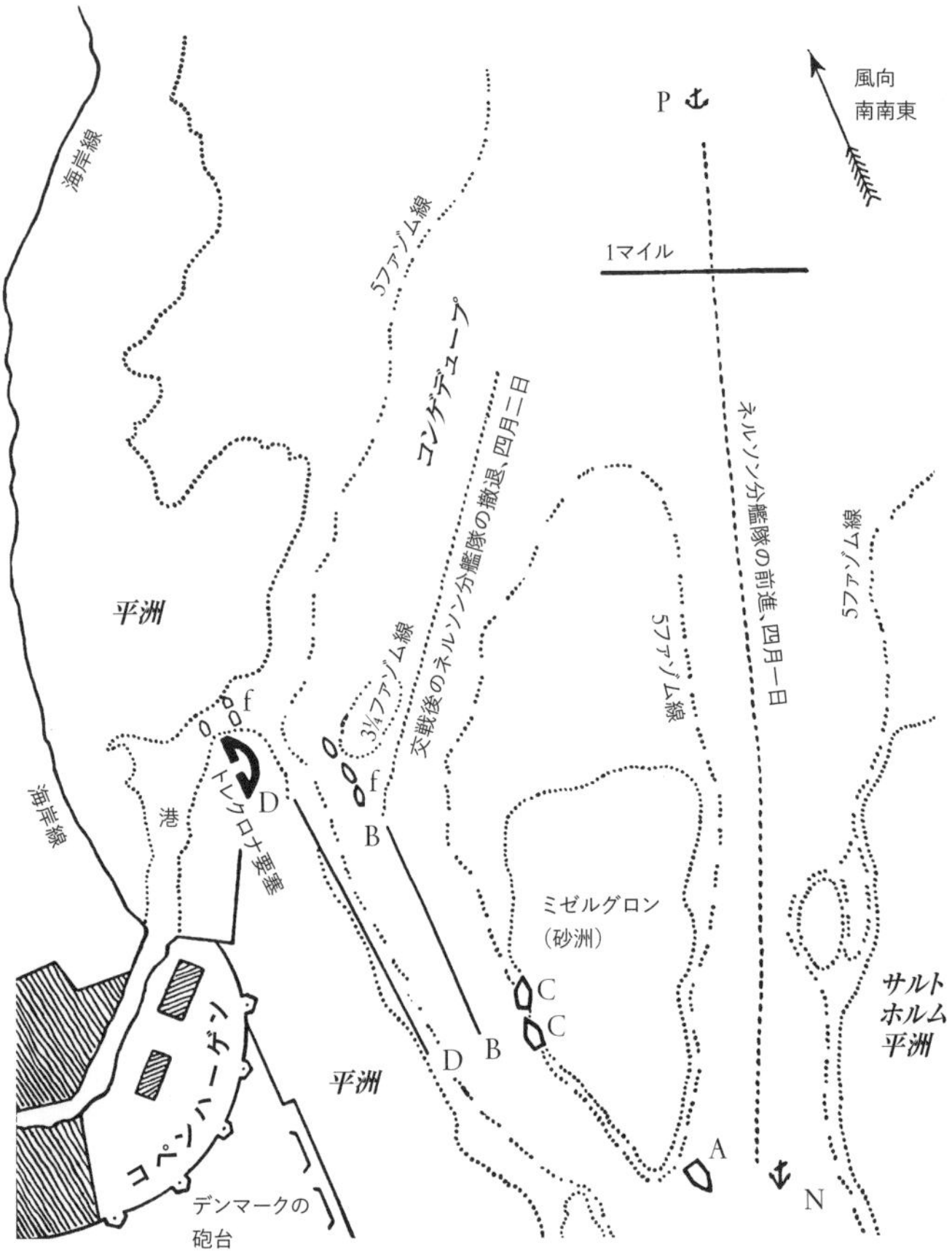

参考表記

A	アガメムノン号の停泊位置	D-D	デンマークの武装廃船の戦列
B-B	イギリスの戦列	N	ネルソン分艦隊の停泊地、四月一日～二日
C.C	座礁したイギリス船	P	H・パーカー率いるイギリス主力艦隊の停泊地
f.f	イギリスのフリゲート艦	**1ファゾム**	6フィート（1.8288メートル）

［**図10**］コペンハーゲンの海戦、一八〇一年四月二日

ぜなら、上官を鼓舞し説得する必要を感じたために誘われた珍しい入念さで、軍事的状況の重大な特徴に関するネルソンの明確な洞察が読み取れるからだ。この偉大な提督の名声は、戦役の指揮よりも、艦隊同士の実際の衝突で彼が勝ち取った有名な勝利にかかっている。そして、その勝利でさえも、完璧に明白な事実にもかかわらず、人々がその中に突進――頭ではなく、心――以外の何も見ないことに固執する頑固さによって骨抜きにされているのだ。彼の手紙の至る所に、彼の知的能力の活動と軍事的結論の全般的な正確さについての痕跡がしばしば見出されることは事実である。しかし、通常は、彼の行動からこそ彼の推論と原則を演繹しなければならない。目下の事例では、彼自身の意見と、明白に彼自身によって形づくられた、彼が明らかに追求したであろう方針を我々は手にしている。海戦の原則と指揮について彼がそこで示したであろう、これほどに見事な実例を海軍世界が実見しそこなわなければならなかったということは、実に後悔の対象とせざるを得ない。彼はナポレオンその人に相当するような提案で手紙を締めくくり、それはもし採用されたならば、ヨーロッパ全域に反響する破滅とともにバルト海連合〈武装中立同盟〉を打ち倒したことだろう。「我々が最初の西風とともにストア海峡を通過するとすれば、レヴァルのロシア戦隊を破壊するために、全艦隊でレヴァルへ向かうか、一〇隻の二層甲板船または三層甲板船を一隻の臼砲艦《ボム・シップ》および二隻の火船《ファイヤー・シップ》と共に分遣することは可能ではないでしょうか？　こうした分遣には大きな危険はないと思いますし、残りの船でコペンハーゲンへの攻撃を試みることも問題ないでしょう。この方法は大胆だと思われるかも知れませんが、私の意見では最も大胆な方法が最も安全です。我々の国は、思慮分別を持って指揮される、その力の最も精力的な行使を要求しています」。

デンマークは固定防御に傾倒していたので、連合の中心を叩くというこの勧告はこうした状況の鍵となる最も明白な認識を示しており、それをネルソン自身は以下の言葉で要約した。「私は北部同盟が木のようなものであり、パーヴェル一世❖070は幹、スウェーデンとデンマークは枝だと見なしています。もしその幹に手が届きそれを切り倒すことができるなら、当然ながら枝も落ちるでしょう。しかし、枝を刈り込んでも木を倒すことができないかもしれず、最大の戦力が必要とされるときに私の力はより弱くなっているに違いありません」▼029——すなわち、デンマーク艦隊との戦闘で必然的に艦隊が弱体化してしまう前に、ロシア艦隊を攻撃する必要がある。「もしロシア艦隊を壊滅させることができたならば、それが私の目標でした」と彼は重ねて述べた。戦闘に関するデンマークの願いが何であれ、デンマークの大陸における領土はロシアとプロイセンの政策

❖070 パーヴェル一世(Pavel I, 1754-1801)は、一七九六年から一八〇一年までロシア皇帝。当初は第二次対仏大同盟（一七九八年〜一八〇一年）に加わったが、一七九九年に脱退した。イギリスに敵対的な政策をとり、一八〇一年三月二三日のクーデタで暗殺された。

▼029 [Nelson to Henry Addington (Prime Minister), May 8, 1801, in] *Nelson's Dispatches*, Vol. IV., p. 355.〈訳註。引用箇所はp. 361の誤り〉

に縛られており、両国はいずれも陸からデンマークを圧倒することができた。デンマークは両国を生意気にも無視することなどできなかったのだ。両国の方針はロシア皇帝に依存していた。なぜなら、プロイセンの時間稼ぎの政策は、直ちにそれを口実に皇帝が同盟から手を引くことを意味するだろう。レヴァルにはバルト艦隊のまるまる半分にあたる一二隻のロシア戦列艦があり、その破壊は同艦隊の残りとロシア帝国の海軍力を麻痺させただろう。しかしながら、そのような手段をとるようパーカーを説得する見込みはなかった。「コペンハーゲンが焼け焦げたとしても、我々の艦隊がロシアとスウェーデンに対して行動することはありえなかったでしょう」と後にネルソンは書いた。「なぜなら、ハイド・パーカー卿は背後に敵対的なデンマークを残さないことを決心していましたから[030]」。これはあらゆる状況下におけるその専門的な正確さ〈を想定すること〉が完全に衒学的である理由であり、パーカーのように優秀で熟練した士官と、法則の理解が判断の足枷となるのではなく、導きとしてのみ役立つ天才との間の計り知れない隔たりを示している。

ネルソンにより示唆された大きな機会と同じ高みに登ることはできなかったが、ハイド・パーカー卿はコペンハーゲンの防御施設に対する主要な攻撃の方法と指揮に関して、ネルソンの提案を採用した。この攻撃のために、ネルソン

▼030 [Nelson to Addington,] *Nelson's Dispatches*, April 9, 1801, Vol. IV, pp. 339, 341.〈訳註。引用箇所はp. 339のみ。原文と多少の異同がある。〉

は一〇隻の戦列艦と多数の小型艦艇を求め、これらの艦艇により都市の正面を守る浮き砲台の破壊に取りかかった。浮き砲台が破壊されると、さらなる抵抗が行われた場合に備えて、海軍工廠と兵器庫、町を効果的に狙うことができるよう、臼砲艦を配置することができた。

［艦隊はウーアソン海峡に入り、三月二六日にコペンハーゲン沖に停泊した。四月二日に、ネルソンは自身が提案したように南から攻撃し、激しい戦闘の後で、スウェーデンとロシアに対して進む機会が与えられたために実質的にイギリスの目的を果たした、一四週間の休戦を〈デンマークに〉強いた。ネルソンは五月五日に司令長官に任じられ、その二日後にレヴァルへ向かって出帆したが、パーヴェル一世の死が既にロシアの政策に望ましい変化をもたらしており、さらなる行動は不要になっていた。——編者。］

第二四章　イギリスの第一防衛線▼031

［コペンハーゲン戦役の後、一八〇一年の短期間に、ネルソンは英仏海峡の海軍防衛部隊を指揮した。二年間の平和の後で、一八〇三年に戦争が再開された時、彼は地中海で指揮するためにヴィクトリー号で出帆した。その後の戦争の時期には、「フランスの沿岸に沿って航行しフランスの工廠を封鎖するイギリス戦隊は第一防衛線であって、バルト海からエジプトまでのイギリスの権益、世界中の至る所にあるイギリス植民地、そしてすべての海を〈帆で〉白く染めるイギリス商船を守っていた」▼032。——編者。］

一八〇三年五月から、陸海軍の作戦行動の絡まり合った網がほどけ始めた一八〇五年八月までの待機期間は、世界の歴史における印象的で感嘆すべき休止だった。〈ドーバー海峡に面した〉ブローニュの高台、そしてエタプルからヴィメルーまでの狭く細長い砂浜に沿って、これまでで最も華々しい軍隊の一三万人が野営していた。これまでドイツとイタリア、エジプトで戦い、この後にはオーストリアからはウルムとアウステルリッツ、プロイセンからアウエルシュタット

▼031 Mahan, *The Influence of Sea Power upon the French Revolution and Empire*, Vol. II, pp. 117-120.

▼032 *Ibid*., p. 106.

とイエナで勝利し、アイラウの戦いでは辛うじてではあるにせよロシア軍に対して地歩を保ち、数ヶ月後にはフリートラントの血塗られた戦場でロシア軍を打ち破ることになる兵士たちであった。爽快な海辺の空気と彼らのために展開された厳酷な生活により日々ますます強健になる彼らは、晴天の日には、秩序だった敏捷な乗船および下船のために大軍勢を熟達させることが期待されていた様々な機動を練習しながら、最後まで彼らの武力に抵抗した唯一の国を縁取る白い崖を見ることができた。遥か彼方では、ブレスト沖のコーンウォリス[❖071]、ロシュフォール沖のコリングウッド、フェロル沖のペリュー[❖072]は、トラファルガー〈の海戦〉に先立つ年月に最高の緊張に達したが、議論の余地がないほど切迫した国家の危機により強いられた、途方もなく持続する警戒の中で、ビスケー湾の荒々しい大嵐と戦っていた。その緊張の高まりについて、コリングウッドは提督たちが鉄でできている必要があると記した。さらに遥か彼方では、ブローニュの忙しい光景とは明らかにすべての関係を絶たれて、トゥーロンの前のネルソンは、リヨン湾の荒々しい北西の強風と戦い、ナポレオンの目標が再びエジプトなのか、それとも実はイギリスなのかを猛烈に心配してしばしば疑念を抱きながら、輝かしいが苦難に満ちた人生の最後の二年を過ごしていた。フランスの工廠の前で大きな船が監視し、待機するこれらの月日は退屈で、うんざ

❖071 ウィリアム・コーンウォリス海軍大将（Admiral Sir William Cornwallis, 1744-1819）、一八〇一年から一八〇四年まで海峡艦隊司令長官としてブレストの封鎖を指揮した。チャールズ・コーンウォリス陸軍大将（二一五頁の訳註34を参照）の弟で、軍務の傍らで下院議員も務めた。

❖072 初代エクスマウス子爵エドワード・ペリュー海軍大将（Admiral Edward Pellew, 1st Viscount Exmouth, 1757-1833）は、フランス革命戦争中にフリゲート戦隊の指揮官として功績を挙げたイギリス海軍士官。一八〇五年から一八〇九年まで東インド海軍管区、また一八一一年から一八一四年、一八一五年から一八一六年まで地中海艦隊の司令長官を務める。

りするような平穏な時間だった。多くの人にとってこれらの月日は無意味なものに思えたが、それがイギリスを救ったのだ。かつて世界で、これ以上に印象的なシー・パワーが歴史に及ぼす影響の実演はなかった。大陸軍《グランド・アルメ》が目見ることもなかった、これら遥か彼方の、嵐に痛めつけられた船が、大陸軍と世界の支配の間に立ちはだかっていたのだ。フランス海軍の主要な海軍工廠と分艦隊の前で――したがってその間で――イギリス艦隊が内的位置を掌握していたので、フランス海軍は同時に回避に成功することによってしか合流することができず、どこか一箇所でも回避に失敗したとすればその結果は無効だった。様々なイギリス艦隊は小型艦船の鎖で互いに結びついているために、偶然だけがナポレオンの大規模な連携動作を実現することができ、その連携動作は実質的に敵の戦列の内側にある一地点に複数の分艦隊をひそかに集中させることに懸かっていた。こうして、実体としてはブレストとロシュフォール、トゥーロンの前にありながら、戦略的には、イギリス戦隊は侵略軍に対して道をふさぎながらドーバー海峡に位置していたのだ。

もちろん、ドーバー海峡自体も独自の特別な防衛がなかったわけではない。海峡とその進入路、その言葉の最も広い意味において、テクセルからチャネル諸島までの進入路は、合計一〇〇隻から一五〇隻という、無数のフリゲート艦と小型艦艇により巡邏《パトロール》されていた。これらは敵の港で起こったすべてのことを精力的に監視して平舟の移動を邪魔しようと努めるだけでなく、戦列艦の分艦隊と連絡をとり、各分艦隊の間の連絡を維持した。戦列艦については、テクセル沖の五隻がオランダ海軍を監視する一方で、他は蓋然性の高い敵の移動に応じてイギリス沿岸の各地点に停泊していた。当該分野の専門用語は使用しなかったが、海軍戦略についての考えが明瞭でしっかりしていたセント・ヴィンセント卿は、大西洋と地中海から引き寄せた船によるブローニュの前での集中という、ナポレオンがまさに抱いていた目的をはっきりと認め、それに備えていた。最高の防衛、最も有利な戦略地点は、間違いなく敵の港の前の地点だった。そして、封鎖の歴史において、戦争勃発からトラファルガーの海戦までの間、夏冬両方のコーンウォリス提督によるブレストの近接封鎖に、仮に同等のものがあったとしても、勝るものはなかった。それは同時代人の称賛だけでなく、驚嘆をもかき立てた。▼033 しかしながら、ブレストのフランス艦隊が〈封鎖を〉逃れた場合には、当時の首相が庶民院議長に伝えたところによれば、コーンウォリスの集合地点はリザード岬沖（ブレストの真北）だった。フランス艦隊がいずれの方向に向かうにせよ、〈コーンウォリスの艦隊が〉アイルランドに向かうか、英仏海峡を上って、フランス艦隊を追うことができるように、であった。フランス艦隊がダ

▼033 See "Naval Chronicle," Vol. X [(1803)], pp. 508, 510; Vol. XI [(1804)], p. 81; [Nelson to Dr. Mosley (Chelsea Hospital), March 11, 1804, in] *Nelson's Dispatches*, Vol. V, p. 438.

ウンズに急行するなら、スピットヘッドの五隻の戦列艦もフランス艦隊を追跡するだろう。そして、キース卿❖073〈ダウンズを拠点とする〉は自身の戦列艦六隻と閉塞船《ブロック・シップ》六隻に加えて、北海艦隊も自由に動かすことができた。▼034 このように、危機の際には、遠くの分艦隊が戦略的中心に退却し、蓋然性の高いあらゆる不測の事態に対処するのに十分な、二五隻から三〇隻の重武装かつ鍛錬された戦列艦の一群を形成するまで、徐々に戦力を蓄積するように対策がなされていた。

これゆえに、海軍省もイギリス海軍士官も、小艦艇部隊《フローティラ》〈ナポレオンの侵略軍を運ぶために集められた平舟〉によるこの危難に関する国を挙げての恐怖を概して共有していなかった。一八〇一年にネルソンはこう書いた。「我々の第一の防衛は敵の港の近くです。そして、私の麾下にこれほど相当な戦力を置くことによって、海軍省はこうした用心をしているので、敵が自国沿岸から一〇マイル〈約一六キロ〉離れる前に殲滅されるだろうという十分な根拠ある希望を、思い切って表明させていただきます」▼035。

❖073 初代キース子爵ジョージ・キース・エルフィンストーン海軍大将（Admiral George Keith Elphinstone, 1st Viscount Keith, 1746-1823）は、一八〇三年から一八〇七年まで、ノア海軍管区を含む北海海軍管区の司令長官を務めたイギリス海軍士官。

▼034 Pellew's "Life of Lord Sidmouth," Vol. II, p. 237.〈訳註。George Pellew, *The Life and Correspondence of the Right Honourable Henry Addington, First Viscount Sidmouth*, Vol. II (London, 1847). 引用箇所はp. 238の誤り。〉

▼035 [Nelson to Evan Nepean (Secretary to the Admiralty), August 10, 1801, in] *Nelson's Dispatches*, Vol. IV, p. 452.

デンマーク
北海
ハンブルク
オルデンブルク
ブレーメン
テクセル島
ペッテン
カンペルダウン
ゾイデル海
グレート・ヤーマス
ソールベイ
オーフォード
アムステルダム
マウデン
ナールデン
アイセル川
ハーグ
ユトレヒト
アルネム
ドゥースブルフ
レック川
エメリッヒ
ロッテルダム
ネイメーヘン
レース
ヴェセル
スホーネフェルト浅瀬
ウィーリンゲン水路
シアネス
フリシンゲン
ノースフォアランド
ダウンズ
マース川
オーステンデ
アントウェルペン
ライン川
ドーバー
ドーバー海峡
ダンケルク
カレー
マーストリヒト
スヘルデ川
リエージュ
ブローニュ
ナミュール
グリ＝ネ岬
ディエップ
ルーアン
パリ

ロンドンデリー
ドニゴール
キャリクファーガス
ベルファスト
スライゴ
ボイン川
ゴールウェイ湾
アイルランド
ダブリン
ホリヘッド
アングルシー島
リバプール
リムリック
シャノン川
ケンメア湾
バントリー湾
ウォーターフォード
イギリス
コーク
オールド・ヘッド・オブ・キンセイル
クリア岬
ミルフォード・ヘイヴン
ブリストル海峡
ポーツマス
ワイト島
スピットヘッド
プリマス
トーベイ
ポートランド
シリー諸島
ファルマス
ランズエンド
リザード岬
エディーストーン灯台
スタート岬
英仏海峡
オルダニー島
ラ・アーグ岬
ガーンジー島
バルフルール岬
シェルブール
ラ・ウーグ砦
サーク島
ジャージー島
アシャント島
サン・マロ
ブレスト
ブラック・ロックス
ドゥアルヌネ湾
ラ岬
フランス
0
50
100km

[**図11**]英仏海峡と北海

第二五章 トラファルガーの海戦▼036

［英仏海峡を管制するためのナポレオンの計画は数々の修正を受けたが、実際に実行された作戦行動は以下の通りだった。三月二七日にヴィルヌーヴは一八隻を率いてトゥーロンを離れ、西インド諸島に向けて出帆して、五月一二日にマルティニークに到着し、そこでブレスト艦隊と合流することになった。当初は逆風のため、また敵の目的地が確信できなかったために当惑させられ、ネルソンは二三日遅れてバルバドスに到達した。

ネルソンの到着を知ると、六月九日にヴィルヌーヴはヨーロッパに向けて直ちに出帆し、四日後にネルソンが再びそれに続いた。一二日にイギリスに向けてネルソンが急派したブリッグ船キュリユー号が敵艦隊を視認し、その接近を海軍省に報告したので、コールダー❖074は七月二二日のスペイン、フェロル沖での決着のつかない交戦でヴィルヌーヴと遭遇することができた。ネルソンはジブラルタルへ、さらにヴィルヌーヴが北方へ向かったと知って英仏海峡へ向かい、そこで八月一五日に麾下の船をコーンウォリスが率いる海峡艦隊に託した。❖075

▼036 Mahan, *The Influence of Sea Power upon the French Revolution and Empire*, Vol. II, pp. 184-197, 199-202, 356-357.

❖074 ロバート・コールダー海軍大将（Admiral Sir Robert Calder, 1745-1818）は、西インド諸島から戻るヴィルヌーヴの艦隊を迎撃するよう派遣され、一八〇五年七月二二日の霧の中、フィニステレ岬の海戦で、優勢なフランス艦隊と短時間交戦した。続く二日間には機会があったにもかかわらず交戦を再開せず、この行動が後の軍法会議で厳しく糾弾された。

❖075 ネルソンは二年三ヶ月の海上勤務を終え、九月一五日に地中海艦隊を指揮するために再び出発するまで一ヶ月弱の短い本国休暇をとった。

フランスはそのときブレストに二一隻、フェロルにヴィルヌーヴ麾下の二九隻を有していた一方で、コーンウォリスの艦隊は三四隻ないし三五隻と共にその中間にあった。特にコーンウォリスが艦隊を分割するという極めて重大な過ちを犯したので、フランス艦隊の事実上の連携はなお可能だった。したがって、ナポレオンから緊急の召喚状を受けたヴィルヌーヴは八月一三日にフェロルを出発した。しかし、麾下の船は長期間の航海で士気をくじかれ、逆風もあり、イギリス艦隊の戦力に関するデンマーク商船からの誤報に不安になって、このフランス人提督は二日後にカディスに針路を変えた。ここで彼はコリングウッドにより監視され、九月二八日、イギリスで三週間過ごした後に、ネルソンが封鎖艦隊の司令長官となった。「こうして、ナポレオンが心に深く抱き苦心して立案したイギリス侵略計画は永久に潰えた。かくも広範な計画の最終的な失敗を画した明確な瞬間を特定しようとするなら、ヴィルヌーヴがカディスに針路を変えて進む信号を出した時点を選ぶことができるかもしれない」[037]とマハンは書いた。八月二五日にブローニュの軍隊は陣営を撤収し、ライン川に向かって前進するオーストリア軍に対して進軍した。――編者。」

皇帝が自身の計画に置いた重要性は誇張ではなかった。彼は成功するかもしれないし、成功しないかもしれなかった。しかし、もし彼がイギリスに対して失敗したなら、彼はすべての場所で失敗したことになる。天才の直感により、このことを彼は感じていた。そして、以後の歴史の記録は今やこのことを証言

▼037 Mahan, *The Influence of Sea Power upon the French Revolution and Empire*, Vol. II, p. 181.

している。偉大なシー・パワーとの武力闘争に続いたのは、持久力を巡る争いだった。その後一〇年間にわたって大陸を荒廃させた戦争の一切の壮麗と仰々しさの中、フランス軍とその援軍がヨーロッパ中あちこちで重い足音を響かせる中で、フランスの枢要部への静かな圧力、一度気づかれるとその静寂が観察者にとってはシー・パワーの働きの最も顕著で恐ろしい印となる強制が絶え間なく続いていたのだ。その圧力のもとで、大陸の資源は年を経るごとにますます浪費されていった。そして、皇帝位のあらゆる華麗さの中で、ナポレオンは終始貧窮していた。このことに、そして大陸体制〈大陸封鎖〉を施行するために必要となった膨大な出費にこそ、彼自身が公民権付与のために多くの貢献をした人々から彼が憎しみを一身に受けることとなった横暴な法律の多くが起因している。収入の不足と信用の欠如こそがナポレオンが大陸体制のために払った対価であり、トラファルガー〈の海戦〉の後にはその大陸体制を通じてしか海の強国を壊滅させることを望み得なかったのだ。彼が手にしたすべての栄光の中で、彼がイギリス侵略に失敗した後で一体安全を感じたかどうかを疑うことはできるだろう。〈ライン川に向かって進軍する〉軍隊に加わる前に公布された国民への演説における彼自身の力強い言葉を借りるなら、「通商も海運も植民地もなく、敵の不当な意思に服従して生きることは、フランス人としてあるまじき生き方であ

❖076 Cf. Napoleon, *Correspondance de Napoléon Ier*, Vol. XI, p. 202; Captain D.A. Bingham, *A Selection from the Letters and Despatches of the First Napoleon*, Vol. II (London, 1884), p. 149.

❖077 初代グーヴィオン・サン＝シール侯ローレン・ド・グーヴィオン・サン＝シール陸軍元帥（Laurent de Gouvion-Saint-Cyr, 1st Marquis of Gouvion-Saint-Cyr, 1764-1830）は、ナポレオンの帝国元帥。一八一三年にはドレスデン防衛を指揮するが、増援がなくオーストリア軍に降伏。エルバ島を脱出したナポレオンには加わらず、王政復古後には陸軍大臣を務める。

▼038 Napoleon to St. Cyr, Sept. 2, 1805.〈訳註。ナポレオンの命令に基づく、ベルティエ元帥からの指示。Cf. Na-

る」❖076。しかしながら、決して征服されなかった一つの敵国の意思により、彼の治世を通じてフランスはまさにそのように生きなければならなかったのだ。

九月一四日、パリを離れる前に、ナポレオンはヴィルヌーヴに対して、カディスを出る最初の好機をつかみ、地中海に入ってカルタヘナの船と合流して、この連合部隊で南イタリアに進むよう命令を送った。南イタリアのどこか適切な地点で、通知を受けたら即座にナポリを攻撃する用意を整えるよう既に指示を受けていたサン＝シール将軍❖077を増援するため、艦隊に乗船していた兵士を上陸させることになっていた▼038。翌日、これらの命令はデクレ❖078に対して繰り返され、地中海におけるこの大艦隊の存在という強力な陽動が全般的戦役にとって持つ重要性を強調していた。しかし、「ヴィルヌーヴの過度の臆病さがこれに着手する妨げとなるので、交替のため、ヴィルヌーヴにフランスに戻って自身の行為を説明するよう命じる手紙を帯びたロジリィ提督❖079を派遣すること」▼039とも指示した。皇帝は、既に提督に対する七つの別個の項目からなる不満をまとめていた▼040。九月一五日、ヴィルヌーヴを解任する命令が発せられたのと同日に、ほんの二五日間を本国で過ごしたネルソンはイギリスを出発したが、これが最後の旅となった。同月二八日、カディス沖で艦隊と合流した時には、麾下に二九隻の戦列艦があるのを発見したが、これは断続的な到着により戦闘の日までには三三隻ま

poleon, *Correspondance de Napoléon Ier*, Vol. XI, pp. 173-175. ヴィルヌーヴへの指示は、Napoleon, *Correspondance de Napoléon Ier*, Vol. XI, pp. 195-196を見よ。〉

❖078 デクレ公ドニ・デクレ海軍中将(Vice Amiral Denis, Duc Decrès, 1761-1820)、フランスの海軍士官。一八〇一年以降はナポレオンの海軍大臣を務めた。

❖079 ロジリィ＝メスロ伯フランソワ・エティエンヌ海軍中将(Vice Amiral François Étienne, Comte de Rosily-Mesros, 1748-1832)は、フランスの海軍士官。一七九五年から一八二七年まで水路局(Dépôt Général de la Marine)の局長を務めた。

▼039 Napoleon to Decrès,

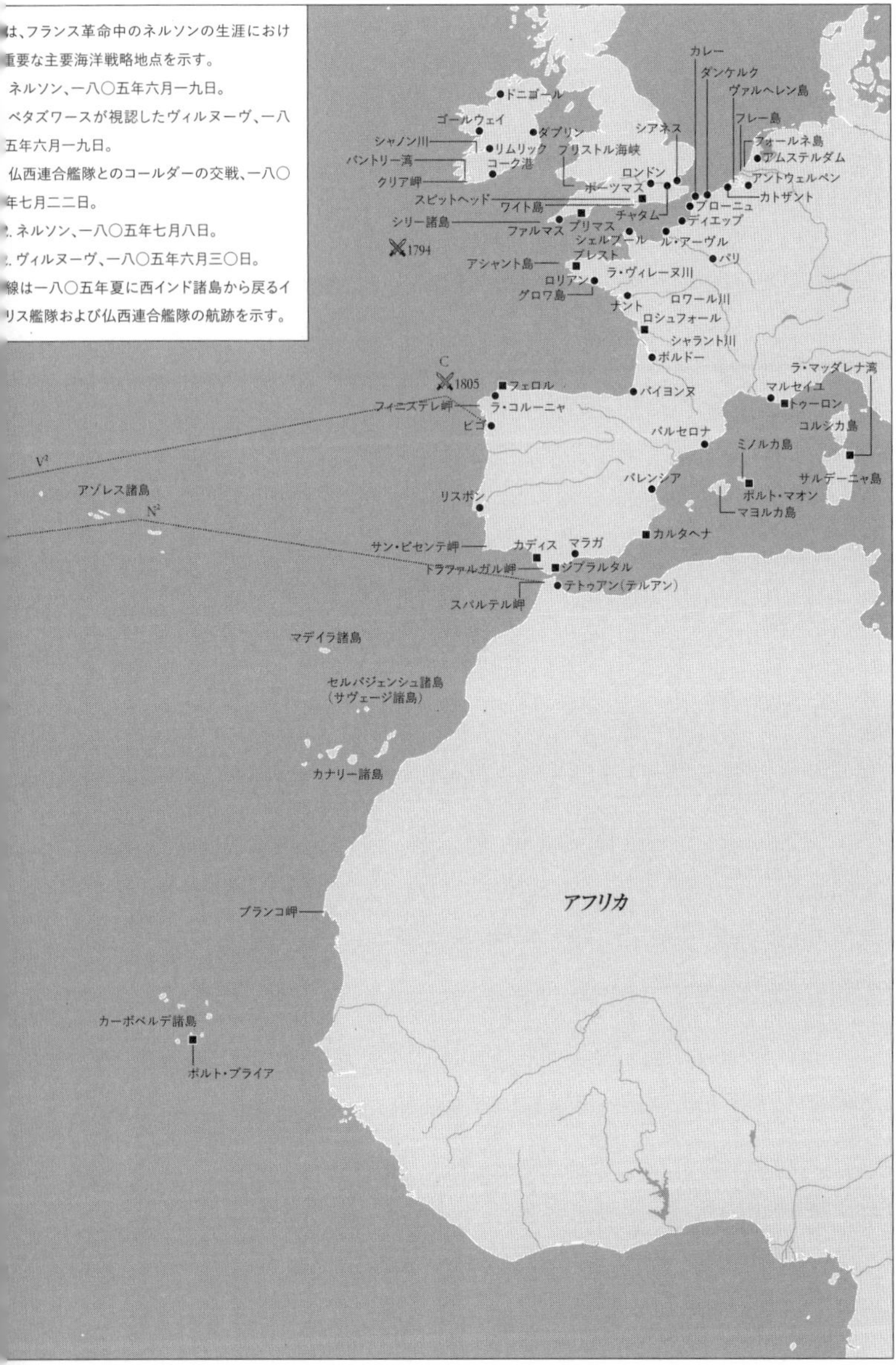
は、フランス革命中のネルソンの生涯におけ
重要な主要海洋戦略地点を示す。
ネルソン、一八〇五年六月一九日。
ベタズワースが視認したヴィルヌーヴ、一八
五年六月一九日。
仏西連合艦隊とのコールダーの交戦、一八〇
年七月二二日。
ネルソン、一八〇五年七月八日。
ヴィルヌーヴ、一八〇五年六月三〇日。
線は一八〇五年夏に西インド諸島から戻るイ
リス艦隊および仏西連合艦隊の航跡を示す。
カレー
ダンケルク
ヴァルヘレン島
ドニゴール
ゴールウェイ
ダブリン
シアネス
フレー島
シャノン川
リムリック
ブリストル海峡
フォールネ島
バントリー湾
コーク港
アムステルダム
クリア岬
ロンドン
アントウェルペン
スピットヘッド
ポーツマス
カトザント
ワイト島
ブローニュ
シリー諸島
チャタム
ディエップ
ファルマス
プリマス
シェルブール
ル・アーヴル
1794
ブレスト
パリ
アシャント島
ラ・ヴィレーヌ川
ロリアン
グロワ島
ナント
ロワール川
ロシュフォール
シャラント川
ボルドー
C
ラ・マッダレナ湾
1805
フェロル
バイヨンヌ
マルセイユ
トゥーロン
フィニステレ岬
ラ・コルーニャ
ビゴ
コルシカ島
バルセロナ
ミノルカ島
V²
サルデーニャ島
バレンシア
アゾレス諸島
リスボン
ポルト・マオン
N²
マヨルカ島
カルタヘナ
サン・ビセンテ岬
カディス
マラガ
トラファルガル岬
ジブラルタル
テトゥアン（テルアン）
スパルテル岬
マデイラ諸島
セルバジェンシュ諸島
（サヴェージ諸島）
カナリー諸島
アフリカ
ブランコ岬
カーボベルデ諸島
ポルト・プライア

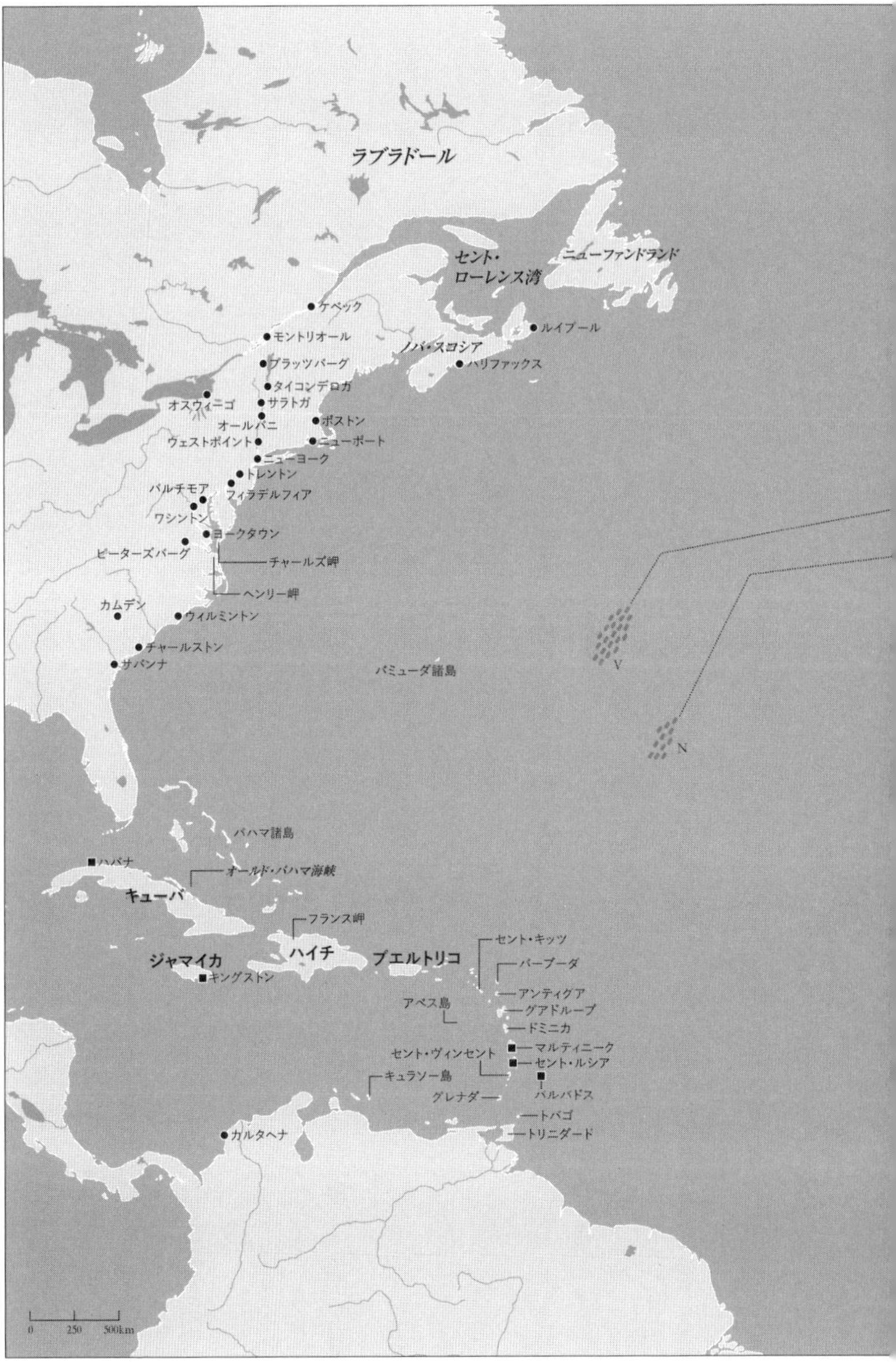
ラブラドール
セント・
ローレンス湾
ニューファンドランド
ケベック
ルイブール
モントリオール
ノバ・スコシア
ハリファックス
プラッツバーグ
タイコンデロガ
オスウィーゴ
サラトガ
オールバニ
ボストン
ウェストポイント
ニューポート
ニューヨーク
トレントン
バルチモア
フィラデルフィア
ワシントン
ヨークタウン
ピーターズバーグ
チャールズ岬
ヘンリー岬
カムデン
ウィルミントン
チャールストン
サバンナ
バミューダ諸島
V
N
バハマ諸島
ハバナ
オールド・バハマ海峡
キューバ
フランス岬
セント・キッツ
ジャマイカ
ハイチ
プエルトリコ
バーブーダ
キングストン
アンティグア
アベス島
グアドループ
ドミニカ
セント・ヴィンセント
マルティニーク
セント・ルシア
キュラソー島
バルバドス
グレナダー
トバゴ
カルタヘナ
トリニダード
0 250 500km

[**図12**] 北大西洋

でに増加した。しかし、水が不足しつつあり、六隻毎の分艦隊により、船を給水のためにジブラルタルまで送る必要が出てきた。この理由のために、交戦に参加したイギリス船は二七隻だけだった——これは不運な状況だった。なぜなら、ネルソンが述べたように、イギリスが望んでいたのは単に見事な勝利ではなく、敵の殲滅だったからだ。「数だけが殲滅を可能にする」[▼041]。彼の麾下の戦力は以下のように配置されていた。カディスの西南西五〇マイル〈約八〇キロ〉の本隊、港を包囲する七隻の監視フリゲート艦、そしてこれらの両端の間の、戦列艦からなる二つの小分艦隊——一つは港から二〇マイル〈約三二キロ〉、もう一つは三五マイル〈約五六キロ〉の距離にあった。「この鎖により、フリゲート艦と常時連絡を保つことを望む」[❖080]と彼は書いた。

「ネルソン・タッチ」[▼042]

九月二八日、土曜日の午後六時に、ヴィクトリー号は当時戦列艦二九隻を数えた艦隊に到着した。本隊はカディスの西、一五〜二〇マイル〈約二四〜三二キロ〉に位置し、六隻が港を包囲していた。翌日はネルソンの誕生日——四七歳——だった。下位の提督たちと艦長たちが、慣例ではあるが、部下から同じぐらいの喜びと信頼を引き出した指揮官が他にほとんどいないほどの喜びと信頼を表

Sept. 15.〈訳註。Cf. Napoleon, *Correspondance de Napoléon Ier*, Vol. XI, p. 205.〉

▼040 *Ibid.*, Sept. 4.〈訳註。Cf. Napoleon, *Correspondance de Napoléon Ier*, Vol. XI, pp. 176-177.〉

▼041 [Nelson to George Rose, October 6, 1805, in] *Nelson's Dispatches*, Vol. VII[, (London, 1846)], p. 80.

❖080 Cf. Private Diary, October 14, 1805, in *Nelson's Dispatches*, Vol. VII, p. 122.

▼042 ネルソンの到着と彼の戦闘計画に関する以下の説明は、*The Life of Nelson*, Vol. II, pp. 339-351のより完全な叙述から引用されている。——編者。

明して、司令長官を訪問した。「艦隊に合流するにあたって受けた歓迎が、私の人生で最も甘美な感覚を引き起こしました。私の帰還を歓迎するために旗艦に乗り込んできた士官たちは、私を迎える熱狂の中で司令長官としての私の階級を忘れていたのです。こうした感情が過ぎ去るとすぐに、敵を攻撃するために私が以前に考案した計画を彼らに提示しました。そして、その計画が概して賛成されただけでなく、明瞭に了解され理解されたと知ることは私の喜びでした[081]」。ハミルトン夫人に対して、彼はこの情景の説明を伝えているが、それはより鮮明であることを除けば上記とほとんど変わらない。「私の到着は、艦隊の指揮官にとってだけでなく、艦隊の中の各個人にとっても非常に嬉しいことだったと私は信じています。そして、私が『ネルソン・タッチ』について彼らに説明するに至った時には、まるで電気ショックが走ったかのようでした。涙を流した者もいましたし、皆が賛成してくれました――『それは新しい戦術です――非凡な計画です――それに難しくない！』そして、提督以下、皆が繰り返しました――『我々が攻撃を仕掛けるのを敵が許すことがあるとすれば、成功するに違いありません。閣下、あなたは自ら自信を吹き込んだ友人に囲まれているのです。』彼らの一部は裏切り者《ユダ》かもしれません。しかし、大半は確かに私が指揮することをとても喜んでいました[082]」。この小さな海軍謁見式以上に喜ばしい誕生

❖081 Cf. Nelson to ?, October 3, 1805, in *Nelson's Dispatches*, Vol. VII, pp. 66-67

❖082 Cf. Nelson to Lady Hamilton, October 1, 1805, in *Nelson's Dispatches*, Vol. VII, p. 60.

日の謁見の儀はかつてなかった。彼らが概して国民と共有していたネルソン個人への崇敬のほかに、専門家としての評価と信頼の感覚、そしてコドリントンが気づいたような、コリングウッドの冷淡で思いやりのない規則からのある種の解放が、艦長たちの喜びに混じっていた。コリングウッドは公平で誠実、非常に良く鍛えられ、有能だが、自己中心的で厳格、無口な人物であり、また彼自身がセント・ヴィンセント麾下の艦長の一人だった時には痛烈に非難していた、船同士の社交への制限を強いたとは言えないとしても、そうした制限を助長したのだった。[083] その逆に、ネルソンは直ちに指揮官たちとの心からの社交関係をもたらしたのだった。三〇数名の半数が初日に旗艦での正餐に招かれ、残りの半数は二日目に招かれた。三日目まで、ネルソンは古くからの親友、気難しい外貌の下の真価を彼が知り尽くし高く評価していた副司令官〈コリングウッド〉との静かな晩餐時の雑談という贅沢に耽らなかった。また、コドリントンは、それ自体は些細なことだが、外に表れる物腰の優しさをよく示す出来事に言及している。それは、ネルソンの気性と身分においては慎重な修練の賜物であることはめったになく、むしろ彼が豊富に持っていた心の内なる優しさを示している。二人はそれ以前に出会ったことはなかったが、普段の気さくな礼儀でコドリントンを迎えた提督は、ある女性から預かったので他の者に届けさせる代

❖083 Cf. Collingwood to J.E. Blackett, July 22, 1798, in G.L. Newnham Collingwood, ed., *A Selection from the Public and Private Correspondence of Vice-Admiral Lord Collingwood* (London, 1828), p. 60; William Clark Russell, *The Life of Admiral Lord Collingwood* (London, 1895), pp. 169-170.

わりに敢えて自分で届けることにしたと言って、彼の妻からの手紙を手渡したのだった。[084]

最初の会合で麾下の艦長たちに詳しく説明された「ネルソン・タッチ」、すなわち攻撃計画は、後に命令に公式化され、その写しが一〇月九日に艦隊に公布された。その考案者による鮮明な口頭説明を聞いていた者たちにとってはおそらく十分だったと思われるが、この「覚書」では書き手は〈口頭で説明を受けた〉彼らが認めた平易さを示しているが、絶対的な明瞭さは示していない。しかしながら、おそらくネルソンが予期していたものとは相当に異なる条件の下で実際にトラファルガーにおいて追求された遂行の正確な手段ではないにせよ、本質的な考えが具体的に表現されている。このように、ごく少数の信号で、混乱もなく異なる状況に即座に適応することができたということは、軍事的着想として少なからぬ価値があった。この偉大な命令はその著者の成熟した経験を反映しているだけでなく、継続的な頭の働きと思考の発展の証拠を含んでもいる。なぜなら、それはヴィルヌーヴを西インド諸島へ追跡する際に、数ヶ月前に艦隊に公布されたものとは詳細において著しく異なっているからである。[085]

[084] Cf. Jane Bourchier, ed., *Memoir of the Life of Admiral Sir Edward Codrington*, Vol. I (London, 1873), p. 51.

[085] Cf. "Plan of Attack," in *Nelson's Dispatches*, Vol. VI, pp. 443-445.

覚書

（機密）

ヴィクトリー号、カディス沖、一八〇五年一〇月九日。

変化しやすい風、霧が立ちこめた天気、そして起こるに違いないその他の状況において、決定的な交戦を実現するような形で敵を交戦に持ち込む機会を失ってしまうような時間の損失なしに四〇隻の戦列艦を戦列に整列させることはほとんど不可能であると考え、したがって私は、航行序列が戦闘序列となるような航行位置（司令長官と副司令官を除く）に艦隊を保ち、司令長官がいずれの戦列に命ずるにせよ、必要に応じて二四隻の戦列をいつでも作れるように配された最速の二層甲板船八隻からなる前衛戦隊を伴う、一六隻ずつの二つの戦列に艦隊を分けることを決断した。

副司令官は、私の意図が通知された後に、敵に攻撃を仕掛け、敵が捕獲されるか破壊されるまで追い打ちを掛けるため、自身の戦列の完全な指揮権を持つこととする。

もし敵艦隊が戦列を形づくって風上に視認され、二つの戦列と前衛戦隊が敵艦隊を捕捉することができるなら、敵艦隊はおそらくその前衛が後衛を救援できないほどに伸張するだろう。

したがって、私はおそらく後衛から一二番目の船の辺り（ないし、そこまで前に出ることができないなら、捕捉できるところどこでも）を貫通するよう副司令官に信号を出すだろう。捕獲のためにあらゆる努力がなされなければならない敵司令長官を確実に狙うため、私の戦列は敵の中央を貫通し、前衛戦隊は敵の中央の二、三、四隻前方を切り進む。

イギリス艦隊の全体としての効果は、中央にあると推測される敵司令長官の前方二、三隻から敵艦隊の後衛までを圧倒することでなければならない。私は敵戦列の二〇隻が無傷のままになると推測するが、これらが交戦するイギリス艦隊のどの部分でも攻撃するために、または実に交戦する船に混じることなしには不可能だが、自艦隊の船を救援するために、戦力を密集させる機動を行うまでには多少時間がかかるに違いない。

いくらかは成り行きに任せなければならない。他の何よりも、海戦においては確実なことはない。弾丸が敵船はもちろん友船の帆柱と帆桁を運び去るだろう。しかし、敵の前衛が後衛を救援する前の勝利、そして前衛が救援に訪れた時にはイギリス艦隊のほとんどは敵戦列艦二〇隻を迎え撃つか、敵が逃亡しようと努めるならこれを追跡する用意があることを、私は自信を持って予期している。

もし敵の前衛が上手回しするなら、捕獲船はイギリス艦隊の風下に急行しなければならない。もし敵が下手回しするなら、イギリス艦隊は敵と捕獲船および航行不能になったイギリス船の間に陣取らなければならない。そして、敵が距離を詰めるなら、私はその結果について何も恐れていない。

副司令官は、状況の特徴が許す限り自戦列を密集させることにより、起こりうるあらゆる状況で自戦列の作戦行動を指揮するものとする。各艦長は各自の戦列を集合地点として注意を払わなければならない。しかし、信号が見えなかったり完全に理解できなかったりする場合には、自船を敵船に横付けにするなら艦長が大きな過ちを犯すことはないだろう。

攻撃を受ける用意のある戦列の敵に対する風上からの予定された攻撃については、〈下図を参照。〉

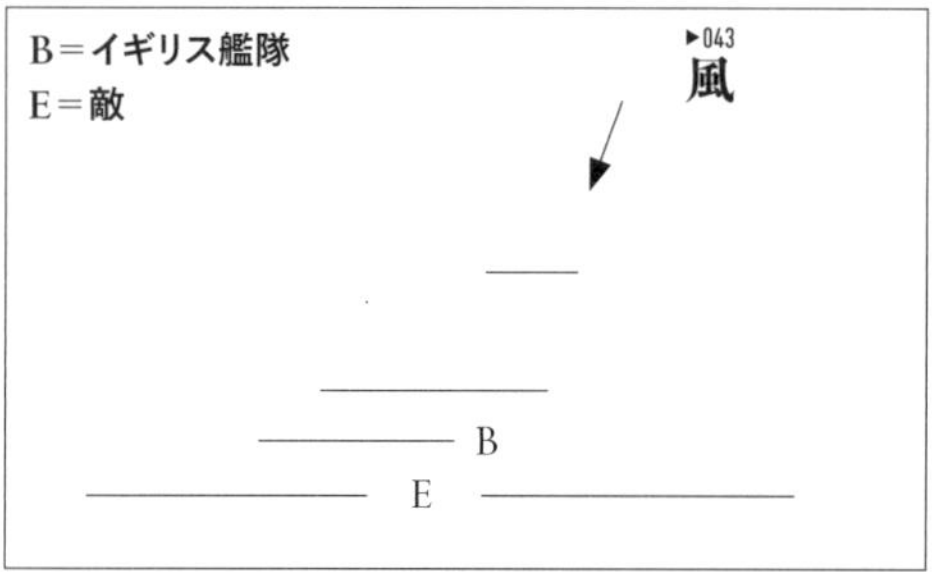

▼043 〈図中の記号の説明は〉著者による挿入。

イギリス艦隊の分艦隊は敵中央の射程のほとんど内側に入る。そのとき、風下の戦列に対しては、一斉に風下に進路をとり、できるだけ早く敵戦列に近づくために補助帆《ステアリング・セイル》❖086を含めて総帆展帆し、敵の後衛から一二隻目を始めとして切り進むよう信号がおそらく出されるだろう。一部の船は的確な位置で〈敵戦列を〉通り抜けることができないかもしれないが、これらはいつでも友船を支援するために手近にいるだろう。もし何隻かが敵の後衛の周りに投げ散らかされるなら、それらの船は敵の戦列艦一二隻の任務〈戦列の維持〉を事実上終わらせるだろう。

敵が一斉に下手回ししたり、風下に進路を転じて帆に風を受けて走ろうとしたりするとしても、最初の位置で敵の後衛を構成する一二隻の戦列艦が、司令長官からの異なる指令がない限り、風下の戦列の攻撃目標となる。司令長官の目的が表明された後は、風下の戦列の全統御はその戦列を指揮する提督の判断に任されることが意図されているので、異なる指令〈が必要になること〉はほとんどありえないだろう。

敵艦隊の残り、三四隻の戦列艦は、副司令官の作戦行動ができる限り妨げられないように注意を払うよう努める司令長官の扱いに任されるものとする。

ネルソン〈子爵〉およびブロンテ〈公爵〉。

❖086 ステアリング・セイルはスタンスルの俗称。一般的には前檣（フォアマスト）および主檣（メインマスト）の中檣帆（トップスル）および上檣帆（トゲルンスル）の横に張られ、好天時に速度を上げたり針路を安定させたりするために利用される。前檣帆（フォアスル）および主檣帆（メインスル）の横に張るものは特に下補助帆と呼ばれる。Cf. "Studding-Sails," in William Falconer, *An Universal Dictionary of the Marine* (London, 1769).

全般的考察の陳述、そして副司令官が任務を遂行するために最大限の権限を副司令官に率直に委譲した後で、ネルソンは風下からの攻撃の仕方を定めている。この状況はトラファルガーでは得られなかったので、この計画は当日の実行と比較することはできない。これに、全般的考えの明快な言明が続く。すなわち、コリングウッドが後衛の一二隻と交戦するというものであり、これはそれぞれの攻撃――風下からと風上から――に定められた手段の基礎となっている。幸いにも、後者〈風上からの攻撃〉についてネルソンは彼自身の脳裏に浮かぶ状況を示す概略図を提示しており、彼が期待していたであろうことの理解を助け、それと実際に起きた出来事の比較を可能にしている。その特徴的な考えを維持していながら実践において大きな修正が可能だったということは、彼の着想の評判を貶めるものではなく、むしろ大いに高めるものだ。

彼の図解を見て、彼の言葉に従えば、イギリス艦隊の戦列は敵の戦列に対して（トラファルガーでそうだったような）垂直な形を成しておらず、平行であることが分かるだろう。敵の近く、敵の中央に並行するこの配置から始めて、一六隻からなる風下の戦列は一斉に風下に進路を転じて、（トラファルガーで起こったような）縦陣ではなく、横陣で前進することになっていた。その目標は敵の後衛一二隻だった。この第一の運動は独立している。風上の戦列、そしてさらに風上の予備戦隊の行動は、戦闘が展開するにつれて司令長官が指令する針路をとるため、司令長官の眼前で保留されている。わずかに砲撃距離外の風上に留まるこうした部隊の脅威だけでも、交戦していない敵のいかなる広範な機動も妨げるのに十分だろう。ネルソンは、敵の前衛の風上に配置された数隻の船が、敵の前衛を縦射に晒すために、その上手回しを阻止した、一世紀以上前のトゥールヴィルとデ・ロイテル[087]の配置を脳裏に浮かべていたに違いない[088]。間違いなく、彼が念頭に置いていた数である二四隻の船を長いこと何もせずに待機するままにはしなかっただろう。しかし、彼はまた、コリングウッドの状況がどうなるかを見るまでは二四隻を留めておくことを明確に提案していた。彼が想定した位置と程よい微風があるならば、ここまでは時間が許すだろう。風上の二四隻は、敵の交戦していない想定上の三四隻を完全に抑え込んだ。

したがって、計画された攻撃は、①風下の戦列が縦陣ではなく横陣で前進し、それによって敵の砲火を分散させ、トラファルガーで先導船を押しつぶした恐ろしい集中を避けるはずであり、また②決定的な一撃を喰らわせる中で生じたかもしれないどんな不幸も矯正することを可能にするために、風上の戦隊は風下の戦隊と同時に攻撃するのではなく、風下の戦隊が交戦を開始した後で攻撃することになっていたという点において、実行された攻撃とは異なっていた。

❖087 ミヒール・アドリアンソーン・デ・ロイテル海軍大将(Michiel Adriaenszoon De Ruyter, 1607-1676)、三次の英蘭戦争で英仏連合艦隊を相手に何度も勝利を挙げたオランダの偉大な提督。地中海でフランスと戦っていたときに命を落とした。後にイギリス王ジェイムズ二世として即位するヨーク公は、デ・ロイテルのことを「歴史上で最も偉大な提督」と呼んだ。

❖088 それぞれ一六九二年のラ・ウーグの海戦におけるトゥールヴィル、一六七二年のソールベイの海戦および一六七三年のテクセルの海戦におけるデ・ロイテルの配置。Cf. Mahan, *The Influence of Sea Power Upon History*, pp. 145-147, 152-153, 189-190.

これら詳細の両方において、計画は〈実行された〉修正よりも優れていたが、ネルソンが制御できない条件により修正が彼に強いられたのだった。▼044

戦闘

地中海に進入せよというナポレオンの命令は、九月二七日にヴィルヌーヴに届いた。翌日、ネルソンが艦隊に合流していた時、ヴィルヌーヴはその命令の受領を知らせ、風が良くなればすぐにも命令に従って行動するという意図を唯々諾々として報告した。彼が命令を実行する前にネルソン艦隊の戦力について正確な諜報《インテリジェンス》がもたらされたが、それは皇帝が知らなかったものだった。ヴィルヌーヴは状況を検討するために作戦会議を召集し、一般的な見解は出帆に反対するものだった。しかし、ナポレオンの命令を理由として、司令長官はそれに従うという決意を表明した。これには皆が従った。その時はヴィルヌーヴが予見していなかったある出来事が、彼の行動を早めることになった。

ロジリィ提督の接近は、その到着のしばらく前からカディスでは知られていた。当初は、交替させられることを予期していなかったヴィルヌーヴに、それはほとんど何の印象も与えなかった。しかしながら、一〇月一一日、彼の後任がマドリードに到着したという知らせと共に、真実の噂が彼に届いたのだ。彼

▼044　ここで『シー・パワーがフランス革命と帝国に及ぼした影響』(*The Influence of Sea Power upon the French Revolution and Empire*)からの叙述が再開される。——編者。

の自尊心は警戒した。もし海上に留まることを許されないなら、一部の者から呼ばれていると彼が知っていた、臆病という不当な汚名を一体どうすればそそぐことができようか。彼は直ちに、下位の立場で艦隊に留まることを許されるなら十分満足であるとデクレに手紙を書き、「状況が有利なら、私は明日出帆するでしょう」という言葉で筆を擱《お》いた。

翌日の風は順風で、〈仏西〉連合艦隊は錨を上げ始めた。一九日には八隻が港を離れ、午前一〇時までには、遠くの海上にいたネルソンは待望の作戦行動が始まったことを信号で知った。同盟国艦隊に対して地中海の出入り口をふさぐため、彼は直ちにジブラルタル海峡へ向かって出帆した。二〇日には、同盟国艦隊のすべて、五隻のフリゲート艦と二隻のブリッグ船を伴う三三隻の戦列艦が海上にあって、海峡に直接向かう前に必要な沖合に出るため、南西の風を受けて北と西に向かって針路をとっていた。その朝、順風を受けていたネルソンは、敵を迎撃するためにスパルテル岬沖合に位置していた。そして、フリゲート艦から敵が彼の北方にいると知って、敵と会戦するためにその方角に向かって出帆した。

その日の間に風は西風に変わったが、これはイギリス艦隊にとっては依然として順風であり、同盟国艦隊は上手回しによって南に向かうことができた。風はまだ非常に弱く、両艦隊の前進はゆっくりだった。夜の間に両艦隊は機動した。同盟国艦隊は望む地点に到達するために、イギリス艦隊は望む地点に留まるために。二一日の夜明けには、フランスとスペインの艦隊は五列縦陣で南に向かって進んでおり、そのうち合わせて一二隻からなる二列が風上にあって、グラビナ提督[089]麾下の監視分戦隊を構成していた。残りの二一隻が本隊を構成し、ヴィルヌーヴに指揮されていた。この海戦の名前の由来となったトラファルガル岬は、同盟国艦隊から一〇マイル〈約一六キロ〉ないし一二マイル〈約一九キロ〉の南東の水平線上にあり、イギリス艦隊は同盟国艦隊の西の同じくらい離れた地点にあった。

夜が明けるとすぐに、ヴィルヌーヴは、その時航行していた右舷開きで南に向かいながら、戦列を作るよう信号を出した。この展開を行う中で、グラビナは麾下の一二隻と共に連合艦隊の前衛につき、彼の旗艦が戦列を先導した。この行動がヴィルヌーヴの命令によるものか、それともグラビナ自身の合図によるものかは、フランスとスペインの間で論争がある。いずれにせよ、これらの一二隻は、中央の風上の位置を放棄することにより、脅威を受ける隊形の部分がどこであれ増援する力を大幅に犠牲にしてしまい、また既に伸びきっていた戦列を過度に延長してしまった。結局、これらの船は、十分に準備が整った予

❖089 ドン・フェデリコ・カルロス・グラビナ・イ・ナポリ海軍元帥(Don Federico Carlos Gravina y Nápoli, 1756-1806)は、スペイン艦隊の司令長官(海軍中将)としてトラファルガーの海戦に参加した。この海戦で負傷し、数ヶ月後に死亡した。

備ではなく、イギリス艦隊の集中の無力な犠牲者となってしまった。

午前八時に、ヴィルヌーヴは戦闘を避けることができないと悟った。大惨事に備えてカディスを風下とすることを願って、彼は連合艦隊に一斉に下手回しするよう命じた。この信号の遂行はぎこちなかったが、一〇時までには全艦が回頭し、グラビナ戦隊を後衛とする逆の隊形で北に向かっていた。一一時にヴィルヌーヴは、敵が主たる攻撃を仕掛けてくると思われた中央を救援する位置につくため、この戦隊に風上に離れるよう指示した。賢明な命令だったが、後衛そのものに集中するというイギリス艦隊の目的により、無益なものとなった。この信号が出された時、カディスは北北東に二〇マイル〈約三二キロ〉の距離で、同盟国艦隊の針路はそこへ向かうものだった。

風の弱さのために、ネルソンは機動で時間を無駄にしようとはしなかった。彼は急いで自艦隊を二つの分艦隊に分け、それぞれを最も単純で柔軟な攻撃隊形であり、その均整を非常に容易に保つことができる単縦陣とした。しかしながら、側面の備えのない単縦陣は、〈敵戦列に〉接近する危険な時期に後衛の船から先導船に与えられる支援を犠牲にし、先導船に敵戦列からの集中砲火を引きつけることになる。この機会にネルソンがこの隊形を利用したことは、大いに批判されている。したがって、戦闘の数日前に出された彼の命令がこの点についてはいくらか曖昧であるが、[090] その当然な意味は、風上から攻撃する場合には艦隊を敵と並行し、敵の後衛の横に並ぶ二つの縦陣に整列させるという意図を示唆しているように思われるということを述べておきたい。その後、敵に最も近い風下の縦陣が一斉に船首を風下に向け、後衛の一二隻に対して横陣で前進する。その一方で風上の縦陣は前に進み、敵艦隊の残りを抑え込む。縦陣で攻撃するか横陣で攻撃するか、いずれの場合でも、彼の計画の本質的な特徴は敵の一二隻をイギリス艦隊の一六隻で圧倒する一方で、彼の部隊の残りがこの作戦を掩護することだった。後衛の壊滅は副司令官に任され、彼自身は〈敵よりも〉小さな戦力で牽制部隊のより不確かな任務を担当した。彼は印象的な命令でこのように書いている。「副司令官は、私の意図が通知された後に、自身の戦列の完全な指揮権を持つこととする」。

トラファルガーにおいてネルソンが指示した戦闘配置の根拠は、したがって緩やかな微風に主に基づいており、それは機会喪失の危険を冒すほどに隊列を組むのを遅らせたかもしれなかった。また、船の縦陣は、その深さと密集が横隊の相対的に薄い抵抗を貫通させ、横隊を真二つに分断する兵士の縦隊の持続的な勢いは持っていないが、それにもかかわらずその結果は非常に類似しているということも述べておかねばならない。いずれの場合にも先導者は犠牲とな

[090] ネルソンの図では中央であり、マハンも *The Life of Nelson*, Vol. II, p. 350ではそのように記述している。本書二七〇頁を見よ。

る——成功は先導者の疲弊した姿を越えて勝ち取られるのだ。しかし、敵隊形の一部分への継続的な衝撃は本質的には集中であり、もしそれが十分に長いこと維持されるなら、その結果は疑いを持つ余地などないものとなる。貫通と分断、切り離された一断片の包囲がその結果であるに違いない。トラファルガーでは、まさにその通りのことが起こった。また、いずれの縦陣の後衛に位置する船も、敵の戦列に到達するまで、いずれかの側面から敵船が攻撃を受けた中央を支援するために接近しようと試みるかもしれない海を、片舷斉射《ブロードサイド》を撃ちながら堂々と押し通ったということも言及しておかなければならない。実際には、〈仏西〉連合艦隊のいずれの先端からもこのような〈中央を支援しようとする〉試みはなかった。

イギリス艦隊の二つの縦陣はほぼ一マイル〈約一・六キロ〉離れて、並行する針路をとって前進した——ほぼ東、しかし敵艦隊の方向に徐々に前進するよう少し北に向かって。北側、ないし左手の縦陣は、風がどちらかといえばそちら側から吹いていたので通常「風上の戦列《ウェザー・ライン》」と呼ばれ、一二隻からなり、一〇〇門艦のヴィクトリー号に乗り組むネルソン自身によって率いられていた。同じ大きさでコリングウッドの旗艦だったロイヤル・ソヴリン号は、一五隻からなる右手の縦陣の先頭に立っていた。

イギリス艦隊の前進に対して、同盟国は詰め開きする伝統的な戦闘序列、長い単縦陣で対抗した——〈詰め開きとは、〉この場合には西北西の風で北に向かって進むことだった。一方の翼から他方の翼までの距離はほぼ五マイル〈約八キロ〉だった。いくぶんかは風の弱さのために、いくぶんかは隻数の多さのために、またいくぶんかは艦隊の多くの船が非効率だったために、戦列は非常に不完全に形作られていた。各船はあるべき位置になく、間隔は不規則な広さで、こちらでは船同士の間隔が詰まっておらず、あちらでは二隻が重なって一方が他方の射線を覆っていた。その全般的な結果は、〈一直線の〉戦列の代わりに、同盟国艦隊の隊列は東に向かって凸状となる、緩やかに伸びたカーブを描いた。したがって、西からのイギリス艦隊の接近に対しては、凹角にも似た配置となっていた。コリングウッドは、観察力の鋭い目で十字砲火のためのこの配置の利点に気づき、戦闘報告書の中で好意的に論評した。しかしながら、それは偶然の産物であって、意図されたものではなかった——司令長官の才能のためではなく、部下の技量不足のためだったのだ。

同盟国艦隊の司令長官、ヴィルヌーヴは戦列の前衛から一二番目の八〇門艦ビュサントール号に乗っていた。彼の直前には艦隊の中の巨人《ゴリアテ》、スペインの四層甲板船サンティシマ・トリニダー号があり、今や最後の戦いに出てきていた。

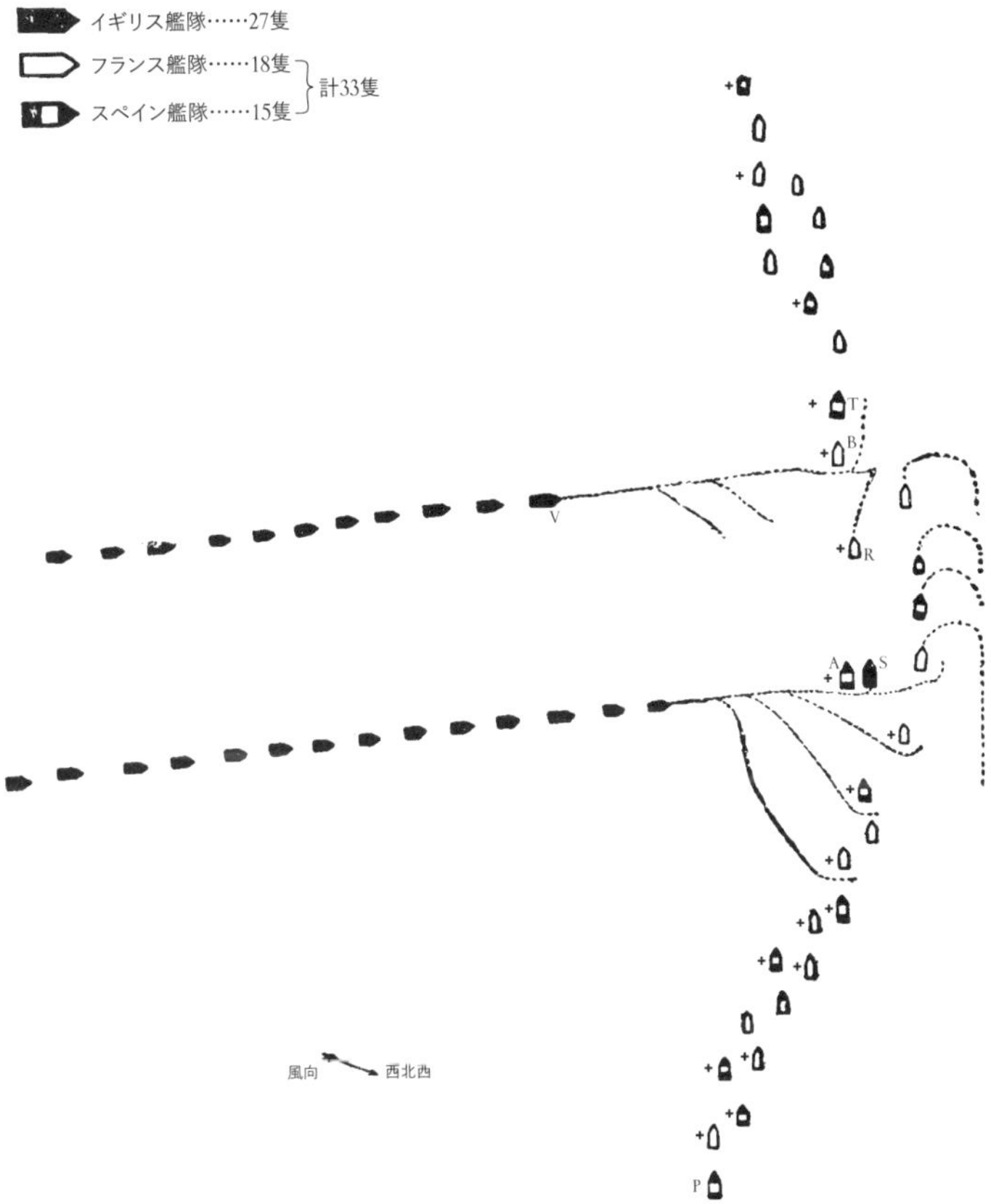

＋印がついたフランス船およびスペイン船はこの海戦で拿捕されるか破壊された。

参考表記

A. サンタ・アナ号(アラバ旗艦)
B. ビュサントール号(ヴィルヌーヴ旗艦)
P. プリンシペ・デ・アストゥリアス号(グラビナ旗艦)
R. ルドゥタブル号
S. ロイヤル・ソヴリン号(コリングウッド旗艦)
T. サンティシマ・トリニダー号
V. ヴィクトリー号(ネルソン旗艦)

最近の調査は、コリングウッドの分艦隊が本図表で示唆されているよりも敵に平行であって、ネルソンの当初の計画により酷似する隊形だったことを示している。——編者。

[**図13**]トラファルガーの海戦、一八〇五年一〇月二一日(正午五分過ぎ)

ビュサントール号の後ろ六番目、したがって全隊列の一八番目にはスペインの三層甲板船サンタ・アナ号があり、アラバ海軍中将❖091の将旗が翻っていた。これら二人の提督は同盟国艦隊中央の右翼と左翼を示しており、したがって両者に向けてイギリスの両指揮官はそれぞれ針路をとった――ネルソンはビュサントール号へ、コリングウッドはサンタ・アナ号へ。

ロイヤル・ソヴリン号は最近改装を受けており、新しい綺麗な銅板❖092により、使い古された後続船よりも速く帆走することが容易だった。したがって、コリングウッドが射程に入る際には、彼の船は他を四分の三マイル〈約一・二キロ〉も引き離しており、単独で射程に入って、二〇分の間、掩護もなく彼の船に届く敵船すべての砲火を耐え忍ぶということが起こった。確かに誇るべき行為ではあるが、決して模範として推奨されるべき行為ではない。戦闘の第一撃は、サンタ・アナ号の次に続くフグー号が撃った。これはちょうど正午のことであり、この最初の砲火とともに両艦隊の各船は軍艦旗《エンサイン》を掲げ、スペイン戦隊はまた後檣帆桁《スパンカー・ブーム》に大きな木製の十字架を吊していた。

ロイヤル・ソヴリン号は、一〇分後にサンタ・アナ号の船尾の真下近くを通過するまで、黙然と進んだ。それから敵船員の四〇〇人を薙ぎ倒した倍の弾丸《ダブル・ショット》を込めた片舷斉射を放ち、速やかに船首を風上に向けて、ほとんど互

❖091 イグナシオ・マリア・デ・アラバ・イ・サエンス・デ・ナバレテ海軍元帥(Ignacio María de Álava y Sáenz de Navarrete, 1750-1817)は、スペインの海軍士官。グラビナの副司令官としてトラファルガーの海戦に参加して重傷を負い、グラビナの死後はスペイン艦隊の司令長官となる。

❖092 銅板を船底に貼ることでフナクイムシなどの海洋有機体が付着せず、速度が維持されるとともに修理の手間が減ることが知られるようになり、一八世紀後半にはイギリス海軍は全艦隊に銅板を貼ることに着手した。

いの大砲の砲口が触れるほどに近く横付けする位置についた。ここでロイヤル・ソヴリン号はその主敵だけでなく、その他の四隻からも砲火を浴びた。そのうち三隻は、サンタ・アナ号をビュサントール号と密接に結びつけ、中央を突破しようとする敵に通り抜けられない障壁を据えるはずだった五隻の分艦隊に属していた。これらの三隻がすべて適切な位置よりも後方かつ風下にあったという事実は、同盟国艦隊の隊形の緩みを顕著に示している。

一五分の間、ロイヤル・ソヴリン号は近接戦闘している唯一のイギリス船だった。それから次に続く船が戦闘に加わり、縦列の残りの船が次々と続いた。サンタ・アナ号の後方には一五隻があった。これらの間を、コリングウッド麾下の艦は様々な方向に貫通した。しかしながら、主としては、当初に旗艦が先導した地点の近くであり、敵の中央と、後衛の先導船を包囲して各個撃破し、それから残りを制圧することに移った。こうした混乱と不明瞭さの中で多くが偶然に左右されたことは間違いないが、本来の戦術計画が敵隊列の限られた部分に圧倒的な集中を確実にした。数で圧倒されたためにこの部分は少ない損失で制圧され、様々なイギリス艦長の知力と技量は次第に減少する残余の破壊を容易に達成した。サンタ・アナ号を含む、同盟国艦隊の後衛を構成した一六隻のうち、一二隻が拿捕されるか破壊された。

一時まで、ないしコリングウッドの次に続く艦が交戦を開始してからほとんど三〇分たつまで、ヴィクトリー号はビュサントール号に到達することができなかった。ビュサントール号はサンタ・アナ号に降りかかったのと同じ悲惨な結果を伴って縦射を受けたが、風下の近くの船が進路を塞ぎ、ネルソンは敵の司令長官と格闘することができなかった。戦列を突き抜けることを阻止されたヴィクトリー号はフランスの七四門艦ルドゥタブル号に乗り上げ、この船とヴィクトリー号の間では猛烈な戦闘が続いた――両艦は密着していたのだ。一時半にネルソン自身が致命傷を受けて倒れたが、戦闘はまだ激しく戦われていた。

ネルソンの船の直後に続く船もルドゥタブル号に衝突し、こうしてルドゥタブル号は二つの敵と格闘することになった。イギリス艦隊の風上の縦列における〈ネルソンの船に〉続く三隻はそれぞれビュサントール号を相次いで縦射し、こうして敵の司令長官を捕らえるためにあらゆる努力をしなければならないというネルソンの命令を遵守した。通過しながら、これらの三隻は攻撃を最初はビュサントール号に、次にサンティシマ・トリニダー号に集中した。このように、同盟国艦隊の司令長官、そのすぐ前方の艦、そして本来の〈司令長官〉後続掩護艦ではないにせよその名誉ある位置に動き、そこを占めた艦に――要するに、敵序列の要所に――、最も有利な条件で三隻の一等艦を含む五隻の敵艦の砲火が結集されたのだった。その結果、〈同盟国艦隊の〉これらの三隻が拿捕船に加えられただけでなく、連合艦隊の前衛と後衛の間に大きな裂け目ができたのだ。この裂け目は、ヴィルヌーヴの本来の後続艦が示した奇妙な行為によってさらに広がった。ヴィクトリー号が交戦を開始した直後に、その船は戦列の外に向かって風下に進路を転じ、下手回しして後衛に向かって進み、これに他の三隻が続いた。この作戦行動は後衛を救援するという希望のためだとされている。もしそうだとしたら、それは良くても軽率で時を得ない行動であり、これらの船の一隻も拿捕されなかったという事実においてほとんど酌量の余地がない。

こうして、戦闘が始まってから二時間後に、同盟国艦隊は二つに分断され、後衛は包囲されて各個撃破させられつつあり、ビュサントール号とサンティシマ・トリニダー号、ルドゥタブル号はまだ降服していなかったが、実質的に制圧されていた。サンティシマ・トリニダー号の前には一〇隻の船があり、いまだに交戦していなかった。部分的には風の緩さにより説明することができるが、前衛の無活動は非難の正当な根拠となっている。前衛に対しては、一時五〇分にヴィルヌーヴが交戦を開始し、一斉に下手回しするよう信号を出した。これは、大波と風の不足のために、辛うじて達成された。しかしながら、三時にはすべての船が周辺にあったが、驚くべき不運のためにまとまっていなかった。

❖093 デュマノワ・ル・ペレ伯ピエール・エティエンヌ・ルネ・マリー海軍中将（Vice Amiral Pierre Etienne René Marie, Comte Dumanoir Le Pelley, 1770-1829）は、フランスの海軍士官。トラファルガーの海戦では前衛部隊を指揮した。

デュマノワ提督[093]率いる五隻は戦闘の風上に沿って進み、三隻はその風下を通過し、二隻は風下に船首を向けて完全に戦場を後にした。これらすべてのうち三隻が途中で捕まり、同盟国の損失を戦列艦一八隻の拿捕へと引き上げ、そのうち一隻には火がついて燃えてしまった。もし一時間早かったら、デュマノワ提督の接近はヴィルヌーヴを救出する役に立ったかもしれなかったが、今や遅すぎた。敵船と数回遠距離の片舷斉射を交わし、彼は四隻と共に南西へと離れていった。当初彼と共にいた一隻は分断されていた。

四時四五分に、戦闘中には隊列の後衛にあり、大きな損害を受けた船に乗っていたグラビナ提督は、カディスに向かって撤退し、降服していない艦に対して彼の旗艦の周りに整列するよう信号を出した。他にスペイン船五隻とフランス船五隻が彼に続いた。彼が撤退している間に、同盟国艦隊のうち最後まで抵抗していた二隻が旗を降ろして降服した。

二一日の夜の間、〈撤退した〉これらの一一隻は、南東からの陸風のためにカディスに入ることができず、カディスの入り口で停泊した。同時に、イギリス艦隊とその拿捕船も、海から吹く軽い風のために変針することができず、戦闘中に続いていた大波により海岸に向かって流されていた。その状況は切迫した危機だった。真夜中には風が強まったが、幸運なことに南に風向きを変え、二二日の間ずっと南から大風が吹いた。各船は、一三隻の拿捕船と共に、船首を西に向けて海岸を離れた。他の四隻〈の拿捕船〉はトラファルガル岬沖に停泊しなければならなかった。その朝、ヴィルヌーヴの旗艦だったビュサントール号はカディスの入り口の岩礁に乗り上げた。そしてその晩にかけて、ビュサントール号をとても立派に掩護したルドゥタブル号は、同艦を曳航するイギリス船の船尾で沈みつつあるのが分かった。二二日の夜の間に、同艦は乗組員一五〇人と共に沈没した。二四日には、フランス人提督の直前の先行艦だった大きなサンティシマ・トリニダー号に同じ運命が降りかかった。こうして、提督自身の船とその掩護艦二隻が海から姿を消したのだった。

数日間にわたって、北西と南西から激しい風が続いた。二三日には、グラビナと共に逃れた船のうち五隻が、海岸近くの拿捕船を切り離すために出帆した。二隻を取り戻すことに成功したが、これらの船は甚だしく壊れており、五隻の救援艦のうち三隻も浜辺に流され多くの死者を出して座礁したので、この善意の勇敢な出撃から得られた利益はほとんどなかった。他の二隻の拿捕船は、〈拿捕した側の〉わずかな人員では保全することができなかったので、拿捕船船長《プライズ・マスター》❖094により元々の乗組員に引き渡された。これらの船はカディスに到着した。イギリスの残る拿捕船のうち、四隻以外はすべて座礁するか、保全するのを諦めたコ

❖094 拿捕船を自港に運ぶために任命される海軍士官。

リングウッドの命令により破壊された。イギリス船は一隻も失われなかった。

十月二〇日にカディスを出帆したフランスとスペインの連合艦隊三三隻のうち、ほとんどは今や使い物にならない廃船となったフランス船五隻とスペイン船六隻の一一隻が、同月の最後の日にカディスに停泊していた。海に逃れたデュマノワ麾下の四隻は、一一月四日にオルテガル岬付近で同規模のイギリス戦隊と遭遇し、全艦が拿捕された。これで同盟国艦隊の損害は戦列艦二二隻に増えた――ネルソンが死に際に彼が予期していたと宣言した二〇隻よりも二隻多かった。

戦闘で粉砕された遺物によってカディスから移動する試みが再びなされることはなかった。一〇月二五日には、ロジリィが到着し、今や台無しになった艦隊の指揮官となった。ほとんど三年後に、長く総裁政府とナポレオンの従順な道具だったスペイン王家がナポレオンによって転覆され、スペイン国民が簒奪者に対して蜂起した時、五隻のフランス船はまだ港に留まっていた。イギリスによる封鎖と今や敵対的な海岸砲台との間に囚われて、ロジリィは、海岸砲台との二日間にわたる交戦の後に、その時乗り組んでいた四〇〇〇人の水兵と共に戦隊を引き渡した。この出来事は一八〇八年六月一四日に起きた。それはトラファルガーの海戦の最後のこだまだった。

これが、主要なあらましと直接の結果から見た、有名なトラファルガーの海戦だった。その永続的な重要性と遠くまで及ぶ結末は、シー・パワーが事態の推移に及ぼす静かだが最も重要な影響について、その同僚のほとんどよりも鋭く敏感な、一人の最近の歴史家により十分に述べられている。「トラファルガーの海戦は海軍の最大の勝利であるだけではなく、フランス革命戦争の全体を通じて、陸と海のいずれにおいても最大で最も重要な勝利だった。ナポレオンのいかなる勝利、また一連の勝利も、ヨーロッパに同じ影響を及ぼすことはなかった。……トラファルガーの海戦の後、フランスが再びイギリスを海で深刻に脅かすには一世代〈約三〇年〉かかった。イギリスが海軍を準備する資力を有している限り、イギリス海軍を壊滅させる見込みは消滅した。ナポレオンはこの後、大陸の各国にイギリスの通商を遮断するよう強いることにより、イギリスの資源を消耗させることに望みをかけた。トラファルガーの海戦は全ヨーロッパに軛《くびき》をかけるか、イギリスを征服する望みを放棄するかを余儀なくさせた。……ネルソンの最後の勝利は、イギリスを痛めつけるには、大陸の最終的な解放に帰結せざるをえない手段以外のどんな手段も残されていないような立場にイギリスを置いたのだった▼045」。

これらの言葉は非常にわずかな修正によって受け入れることができるだろう。

▼045 [C.A.] Fyffe's "[A] History of Modern Europe," Vol. I, [(London, 1880),] p. 281[-282].

その実行に伴う戦略的困難により幾度も妨害された、ナポレオンのイギリス侵略計画は、ヴィルヌーヴがブレストに到着する試みを諦めてカディスに向かった時に決定的に挫折した。同盟国の側では、トラファルガーの海戦は、ナポレオンが自身の計画の挫折による怒りを正しくも向けることになった優柔不断を示す、不運な提督の絶望によって結局は早められた、本質的には無益な大虐殺《ホロコースト》だった。ヴィルヌーヴは、自身の指揮下の部隊の不十分さの評価において——成功を妨げる数々の見込みに関する評価において——完全に明敏で、正しかった。彼が哀れにも失敗したのは、単純な服従義務を認めないことにおいてだった——たとえ彼の全戦力の壊滅へと導くとしても、万難を排して偉大な計画の中で自身に与えられた役割を完遂するという義務である。フェロルを離れる際に、彼をトラファルガーへと導いた自暴自棄にわずかでも襲われていたならば、イギリス侵略が——可能性は高くないが——成し遂げられたかもしれない。

しかしながら、トラファルガーの海戦のように印象的な出来事は、人類にとって、そこにおいて最高潮に達するすべての状況——たぶんより重要だが、それほど明白ではない——の象徴となる。この意味において、トラファルガーの海戦が、大陸からイギリスの通商を締め出すことでイギリスを壊滅させるというナポレオンの決意の原因だったと言うことができる——確かにそれが画期をなしたので――かもしれない。したがって、ここでこの大きな闘争に及ぶシー・パワーの影響の物語は厳密に海軍の出来事を辿るのを止め、通常は海洋戦争の二次的作戦だが、ナポレオンの治世の晩年には、唯一ではないとしても主要な交戦手段へと高められた、通商破壊のみにかかわるものとなる。

トラファルガーの海戦後の通商戦争

フランス革命中の通商に対する戦争は、共和国およびナポレオンのもとでの通商に対する戦争と同様に、当時の政治的および軍事的な企てを特徴付けたのと同じ情熱的激烈さ、同じ極端で遠大な着想、敵対するすべての戦力を完全に打倒し根絶させるという、同じ頑強な決意により特色づけられた。全世界の通商を自身の政策の軛のもとに従属させようとする努力の中で、その二つの主要な競争国、フランスとイギリスは、より弱い関係者の権益を踏みにじりながら、相手を破壊しようとする取っ組み合いの中で広大な土俵を前後に揺れ動いた。中立国としてか、または友好国や同盟国の臣民としてかを問わず、より弱い関係者は力なく傍観し、この自己保存のための大いなる闘争においては、抗議の声であれ、脅しであれ、絶望的な服従であれ、徐々に希望と生命の両方を押しつぶしてゆく圧力を弱めることには役立たないということを知った。ナポレオンとイギリス国民の間の問題は、皇帝自身によって簡潔かつ強力に示されたように、単なる持久力の問題となった。両者は現在の力を維持するために自らの資産を費やし、惜しげもなく未来にあてて手形を振り出していた。一方はお金で、他方は人で。二匹の怒り狂った犬のように、両者は争いの決定的な要素としての通商をめぐって咬み合っていた。体力が失われて咬む力が緩むか、生命力が弱らせられてしまうような傷を見物人が一方に与えるまで、どちらも咬みついた顎を緩めようとはしなかった。この後者の形で終わりが訪れたことを今や誰もが知っている。ヨーロッパの境界のうちから、私欲の熱望を持って組み打ちを見ていた大君主の通商政策が、ナポレオンを怒らせたのだ。自分の意志を強いるために、彼は新たに攻勢の領土併合を行った。ロシア皇帝は通商に関する迅速で断固たる布告でこれに応え、戦争が決意された。❖095「それはすべてオペラの中の一場面であり、イギリス人が背景を動かす裏方《シーン・シフター》である」とナポレオンは書いた。▼046 ナポレオンの後継者が生まれた一八一一年には、帝国の威光と外見上の堅固さを表現し尽くす言葉を当時の人々は見つけることができなかった。一八一二年一二月には、帝国の威光は小塔《タレット》から礎石まで粉々になった。❖096「海を陸によって征服する」❖097試みの中で挫折したのだ。確かに、場面が移り変わった。イギリスは戦場では戦勝者のままだったが、破滅の瀬戸際に立っていた。ヨー

❖095 以上の記述において、マハンは再びファイフ『近代ヨーロッパの歴史』を参照していると思われる。同書によれば、一八一〇年の終わりに中立国船舶にロシアの港を開き、フランス産品の多くに関税を課す命令がサンクト・ペテルスブルクで公布された。これはフランス皇帝に対するほとんど公然の挑戦だった。ナポレオンはロシア皇帝アレクサンドル一世の妹が嫁いだオルデンブルク公国を併合してロシア皇帝を侮辱し、これに対して新関税が直ちに施行された。一八一一年春にナポレオンは戦争を決意した。Cf. Fyffe, *A History of Modern Europe*, Vol. I, pp. 437-438.

▼046 [Napoleon] to the King of Wurtemburg, April 2, 1811; [in Napoleon,] "*Corr[espondance de*

ロッパ大陸から、そしてできる限り世界のその他の地域から完全に締め出すことによってイギリスの通商を衰弱させるという敵の確固たる決意に直面して、すべての中立国船舶がまずイギリスの港に立ち寄らなければ、イギリスの敵対国の港に入ることを禁止するという、同じくらい極端な手段によってこの困難に立ち向かった。大陸から締め出されて、イギリスはこの締め出しが続く間は大陸を外部との一切の交際から遮断すると告知した。「イギリスを通るものを除く交易を認めない」というのが、イギリスの指導者たちがその目的を表明する決まり文句だった。[098] この闘争にナポレオンの挑発を受けたロシアが参戦したことにより、これら二つの方針のいずれが他方を打ち破るかという問題が自然と解明されるのを妨げた。そして、その叙述が本章および次章の一つの目的である両手段の最終的な結果は、永遠に不確実であるに違いない。しかしながら、イギリスのような通商・工業国家は、その本質が交易の制限である闘争において、フランスのように国内資源に主に依存する国家よりも損害を被るということは明らかである。以前に述べたように、より大きな消耗をより大きな富により耐え忍ぶことができるかどうかが問題だった。概して、その兆候はイギリスが耐えることができ、ナポレオンはこの特別な闘争を始めるにあたって敵の強さの判断を誤ったというものだったし、最後までその兆候は変わらなかった。

Napoléon Ier],” Vol. XXII, [(Paris, 1867),] p. 19.〈訳註。実際には p. 16.〉

❖096 一八一二年六月に始まったロシア戦役では、首都モスクワを占領したものの、物資や食料が入手できず、冬を前に撤退を余儀なくされ、一二月にはロシア領から全軍が駆逐された。

❖097 Cf. Napoleon to Louis (King of Holland), December 3, 1806, in Napoleon, *Correspondance de Napoléon Ier*, vol. XIV (Paris, 1863), p. 28.

❖098 Cf. Order in Council, November 11, 1807, in *American State Papers: Foreign Relations*, Vol. III (Washington, 1832), pp. 269-270.

しかし、この他に、敵対者同士が互角であり、国力と規律、統率力がほぼ同等のすべての競争でそうであるように、ここにはさらなる問題があった。両者のうちいずれが最初に最大の間違いを犯すのか、そしてその相手がその誤りから利する用意がどれほどあるのか、である。非常に拮抗している場合には、最も賢明な予言者もどのように形勢が一変するかを予知することはできない。その結果は、剣士が武器を扱う技量だけでなく、攻撃を受け流す用心深さと反撃の素早さにも依存するだろう。その気性にも多くが懸かっている。ここでもナポレオンは敗北した。通商を巡る交戦が始まるやいなや、スペインでの反乱〈一八〇八年～一八一四年〉が自信過剰によって突然引き起こされた。イギリスは直ちに急いで反乱軍の側についた。その四年後、イギリス国民が長引く財政危機にうめき苦しんでいた時――予期された動乱と破滅が近い将来に訪れるという望みが仮にあったとすれば、まさにその時――、ナポレオンは、彼の厳格な封鎖が任された任務を完了するのを待つ代わりに、不必要な、ロシア皇帝が譲歩することができなかった要求により、動乱と破滅をさらに近く引き寄せようと努めた。イギリスは再び機会を摑み、以前の敵の艦隊を受け入れて[099]、その国庫を満たした[100]。ナポレオンの困難を認め、彼が直面した問題の複雑さを斟酌するとしても、スペイン国民の感情とスペインを征服する企ての危険、アレクサンド

❖099 一八一二年一〇月、ロシア皇帝はモスクワから撤退するフランス軍がサンクト・ペテルスブルクに向かうことを恐れ、艦隊をイギリスで冬営させる許可を求めた。ロシア艦隊は同年一二月にイギリスに到着し、一八一四年まで留まった。Cf. Sir Richard Vesey Hamilton, ed., *Letters and Papers of Admiral of the Fleet Sir Thomas Byam Martin* (London, 1898-1903), Vol. I, pp. xviii-xix; Vol. II, p. 310-311; Vol. III, p. ix. イギリスで冬営したロシア艦船二二隻の一覧は*The Naval Chronicle*, Vol. XXIX (London, 1813), p. 11を見よ。

❖100 一八一三年だけでも約一三三万ポンドの助成金が提供されたほか、艦隊の維持費用として五〇万ポンドが支払われた。Cf. Reichenbach Convention, June 15, 1813, in For-

ル一世[101]の決意を彼が完全に誤解したという事実は残る。その一方で、米国を敵に回したイギリス政府の政策に対する主要な非難を考慮しても、平和への情熱を持ったジェファーソン[102]に導かれた米国の我慢強さに関して、見込み違いはなかったというのはなお真実である。米国の服従はナポレオンが決定的な失敗を犯すまで続いたのであり、したがってイギリスが冒した危険を正当化し、イギリスに戦略的勝利を与えている。

……それぞれの政策から個別に見た、両者の行動の正当性に関しては、各人が国際法の言明にありとする権威にしたがって、おそらく常に見解が異なるだろう。ナポレオンの勅令も、イギリスの布告も、単純な自己保全の申し立て――人間にとってよりも、さらに国家にとっての第一法則――を除いては、その法廷で正当化され得ないということが直ちに認められるかもしれない。なぜなら、個人が最も崇高な動機のために捧げるかもしれない最後の犠牲に同意する権限を与えられている政府などないからだ。国際法として知られる条約の塊の恩恵ある影響には議論の余地がないし、その権威を軽々しく傷つけるべきではない。しかし、それは交戦国と中立国の権益の衝突を防ぐことはできないし、それが可能な場合にもすべての事例で完璧な明瞭さをもって意見を述べるわけではない。この点について、一七五六年規則《ルール》[103]がその全盛期に顕著な例を提示し

eign Office, *British and Foreign State Papers, 1812-1814* (London, 1841), Vol. I, Part I, pp. 63-68.

❖101 アレクサンドル一世(Alexander I, 1777-1825)は、一八〇一年から一八二五年までのロシア皇帝。

❖102 トーマス・ジェファーソン(Thomas Jefferson, 1743-1826)は、一八〇一年から一八〇九年まで第三代米国大統領。無数の小型砲艦による沿岸防衛を志向して軍事費を削減する一方で、ナポレオン戦争中の交戦国による米国の中立侵害に対しては、戦争ではなく経済的手段(一八〇七年の通商阻止法)により対抗しようとした。

❖103 一八世紀から一九世紀初頭にかけては、本国が植民地との交易を独占するのが通例だったが、戦時には交戦国の

ていた。交戦国は、以前は敵国が独占していた交易を中立国の国旗で覆い隠すことにより、中立国が合法的な獲物を奪うことで深刻な損害を与えるだけでなく、同様に中立違反についても有罪であると主張した。中立国は、敵国が平時だけでなく戦時にも通商規則を変更する権利を持つことに甘んじていた。筆者は米国人であるが、筆者にとっては交戦国の議論の方がより強力であるように思われるし、中立国の利益を上げようとするあっぱれな願望が、国家の存亡を巡る闘争に従事しているのだと正しくも信じる人々の、自国の国家資源に関する憂慮よりも崇高な動機だったとは思えない。オーストリアとプロイセンが受けた扱い[104]は、イギリスの国力が失われた場合にイギリスが予期するだろう運命の不吉な兆候だった。しかし、この特定の問題の実態に関する、より古く、より穏和《マイルド》な文明[105]の判決が何であれ、全盛期の両論争者の情熱的な真剣さについても、両者の正当性の確信についても疑う余地はない。こうした板挟み《ジレンマ》の中で、国際法の最後の答えは、戦争をすべきか、それともすべきでないかについては、すべての国が究極的な審判者であるというものでなければならない。すべての国は自国に対してのみ、この行動の正当性について責任があるのだ。しかしながら、もし中立国の方針により被る損害の条件が戦争を正当化するようなものであるなら、それは管制に関するより低次の手段をすべて正当化する。これら

船舶が拿捕される危険があるため、中立国船舶は戦時には交戦国植民地との交易に参入を許され、それによって利益を上げることができた。これに対して、七年戦争（一七五六年〜一七六三年）の際に、イギリス海事裁判所（アドミラルティ・コート）は中立国船舶に「中立国は平時に許されていない交戦国との交易を戦時に行うことはできない」という規則を適用した。Mahan, *Sea Power in its Relations to the War of 1812* (1905), Vol. I, pp. 90-91; Carl J. Kulsrud, *Maritime Neutrality to 1780: A History of the Main Principles Governing Neutrality and Belligerency to 1780* (Boston, 1936), Ch. 2および藤田哲雄『帝国主義期イギリス海軍の経済史的分析、一八八五〜一九一七年—国家財政と軍事・外交戦略

の手段の正当性に関する問題は消滅し、政策の正当性に関する問題だけが残るのだ。

準備を整えた中立国の状態により、中立国が不適切だと主張する〈交戦国の〉政策を得策でなくするのは、中立国の務めである。そうしそこなって、危機が起こるまで港を無防備にし、海軍を機能不全のままにする中立国はその時、米国が今世紀〈一九世紀〉の初めにそうだったように、国家文書《ステイト・ペーパー》を執筆する立派な機会を手にするだろう。❖106

―』(日本経済評論社、二〇一五年)、二一四～二一五頁を参照せよ。

❖104 一八〇六年の一連の戦いで敗北したオーストリアとプロイセンは、領土の多くを失った。

❖105 「穏和な文明」とはしばしば「野蛮な文明」と対比される表現であり、フランス革命戦争およびナポレオン戦争において再び現れた野蛮さ、暴力性との対比において「より古い」とマハンは述べている。

❖106 マハンは、米国には一八一二年に勃発した米英戦争への備えが十分ではなかったと示唆している。本戦争については、当事者である米国は当然ながら大量の国家文書を残し、マハンは後にこれらの史料を元に*Sea Power in its Relations to the War of 1812*, 2 Vols. (Boston, 1905)を執筆した。

第二六章　一八一二年戦争〈米英戦争〉の全般的戦略▼047

ここまでに提示された全般的考察は、米国の側での全般的な戦争計画がどのようなものであるべきだったかを示唆するには十分である。すべての戦争は、軍事的性格において攻撃的なもの、または専門用語を用いるなら攻勢でなければならない。なぜなら、敵に損害を与えない限り、当時の不平家の一部が主張したように、敵の奮闘に対する単純な防衛に留めるとすれば、明らかに敵が我々の主張に譲歩する気を起こすようにするものなどないからだ。しかしながら、そうは言っても、重要な権益は防衛されなければならない。さもなければ、それらと共に攻勢の力が失われてしまう。したがって、あらゆる戦争には防勢の側面と攻勢の側面があり、効果的な戦役計画ではそれぞれが適切な配慮を受けなければならない。さて、一八一二年には、全般的な自然条件に関する限りでは、米国は海の国境においては相対的に弱く、カナダ方面では強かった。実に、

▼047 Mahan, *Sea Power in its Relations to the War of 1812* (Boston, 1905), Vol. I, pp. 295-308; Vol. II, pp. 121-125.

十分な規模の海軍の創設により、先立つ一〇年間に海岸地帯に戦力を発展させることができたかもしれず、戦争に伴うイギリス権益への明白な危険により、それが戦争を防ぐことになっただろう。しかし、これは実行されなかった。自身の砲艦外交政策により、陸地からの掩護なしには価値のないこれらの船を二〇〇隻ほど建造していたジェファーソンは、言葉だけでなく行動により、単なる防勢に固執することを宣言した。したがって、海の国境は単なる防衛線となり、その主たる効用は外界との交通を維持すること、また戦争の結末を左右する財政力を維持することになる通商を支えることだった、ないしそうであるべきだった。

……概してこれが海の国境の状況であり、必然的に防勢に頼ることとなった。先に提示したように防衛されていたならば［戦力を集中する相当な戦艦の戦隊によって――編者］、イギリスは決して戦争を無理強いしたりしなかっただろうとさしあたり述べて、情勢が米国による攻勢に大いに優位だったカナダ戦線の状況の考慮に移ろう。なぜなら、この戦争は単に陸の戦争または海の戦争として、また攻勢の戦争または防勢の戦争として見なされるべきではなく、連続的かつ常に攻勢と防勢の両方、陸と海の両方が相互に影響していたものとして見なされるべきだからだ。

カナダをニューヨーク州、ヴァーモント州、そして合衆国東部から分断する人工的な境界を軍事的に重要でないものとして無視すると、両交戦国の陸上の位置を隔てる国境は五大湖とセント・ローレンス川だった。このことはある独特で珍しい特徴を呈した。それが水上の線だったことは珍しくない条件だったが、最大の遠洋航海用の船でも航行できる、広く深い内水を構成する広大な水域によって特に際立っている。途切れることなく継続的に流れるこの水系は、スペリオル湖から海までの全体にセント・ローレンス川という大河の名前を当てることで最も適切に表される。この大河は、一方ではこの水系を海に結びつけ、もう一方では、それさえなければ湖と海を自由に航行することのできる船の通行を妨げる急流の障壁によって、内水を外水と分断している。

軍事作戦にとっての湖の重要性は常に大きなものであるに違いないが、陸上交通が未発展だったという条件によって、一八一二年には重要性がさらに高まった。当時の状態の道路では、兵士の移動、ましてや物資の移動は陸路よりも水路によるほうが遥かに迅速だった。硬い雪が地面を覆う冬を除けばアッパー・カナダ[107]の道はほとんど通行不能だったし、春と冬の雨では重い車両は完全に通行不能だった。モントリオールから三〇〇マイル〈約四八〇キロ〉離れたヨーク——現在のトロント——への郵便は、輸送に一ヶ月かかった。[048] 戦争が実質的に

❖107 セント・ローレンス川上流、五大湖の北岸(現在の南オンタリオ)にあったイギリスの植民地。

▼048 [William] Kingsford's "[The] History of Canada," Vol. VIII [(Toronto, 1895)], p. 111.

終わった一八一四年一〇月には、ナイアガラにいたイギリスの将軍は、海軍が兵士を運ぶことを拒絶したせいで、重要な分遣隊が「キングストンからヨークまでのひどい道路をもがき進む」ままにさせられたと総司令官に向かって嘆いた[049]。彼の意見では、「増援と糧食が到着しないなら、海軍の指揮官が大いに責任を負わねばなりません[050]」。総司令官自身はこう書いた。「キングストンの兵士には一六日から二〇日の苛酷な行軍を必要とすることを、湖の制海が敵に二日で実行することを可能にしています。敵の兵士は元気いっぱいで到着しますが、我々の兵士は疲れ切って、消耗した装備で到着します。キングストンからナイアガラ境界地帯《フロンティア》までの距離は二五〇マイル〈約四〇〇キロ〉を超え、その道中の一部は物資には通行困難なのです[051]」。米国の側では、道路の状況は似ていたが、不利益は遥かに小さかった。オンタリオ湖による水路は輸送の手段として大いに好まれたし、一部では、また特定の季節には絶対に必要だった。たとえば、サケッツ・ハーバーの物資は初夏にはオスウィーゴまで運ばれ、そこから目的地まで、オンタリオ湖のいずれか側が一時的に優勢であるかによって、安全ないし危険の中で湖岸に沿って航行しなければならなかった。同様に、ナイアガラ境界地帯とオンタリオ湖東端の間は水路で移動するのがより便利だった。必要な場合には兵士は行軍することができたが。あるイギリス人旅行者は、一八

▼049 [Gordon] Drummond to [George] Prevost, Oct. 20, 1814. Report on Canadian Archives, 1896 [(Ottawa,1897)], Upper Canada, p. 9.

▼050 *Ibid.*, Oct. 15. [*Report on Canadian Archives, 1896* (Ottawa, 1897), Upper Canada, p. 8.]

▼051 Prevost to [Henry] Bathurst [(Secretary of State for War and the Colonies)], Aug. 14, 1814. Report on Canadian Archives, 1896 [(Ottawa, 1897)], Lower Canada, p. 36.

一八一八年にこう述べている。「オールバニからバッファローまでの旅路を一〇月には六日間で簡単に踏破することができたが、五月には大きな困難と苦しみの一〇日間が必要だった」[052]。さらに西方では、大いに遅れはしたものの、米国軍がオハイオ州とインディアナ準州を通ってエリー湖の湖岸まで安全に前進し、そこで陸上を通って送られる糧食で自活することができた。一方、エリー湖の西端、デトロイトの対岸のイギリス軍は、オンタリオとの間の陸路を脅かす敵軍がいなかったにもかかわらず、水路に完全に依存していた。イギリス軍にとって非常に損害が大きかったエリー湖の海戦は、ペリー戦隊[108]の登場のせいで、単に食糧不足によってイギリス軍に強いられたものだった。

……クレイグ[109]とブロック[110]のように、同時代の事実をすべて把握していた現場の有能な軍人たちの意見は、その状況の自然の特徴からいずれにせよ引き出されたかもしれない結論を追認するものとして、明白に受け入れることができるかもしれない。北西部地域の支配と平穏はマキノーとデトロイトに依存していた。なぜなら、マキノーとデトロイトがこの地域の交通線の重要地点を占めていたからだ。キングストンとモントリオールには、その位置と固有の利点のために、イギリスのシー・パワーを内包するセント・ローレンス川に沿った、またその北方のカナダ全域の交通が懸かっていた。キングストンとモントリオー

▼052 "Travels [through Part of the United States and Canada in 1818 and 1819]," J. M. Duncan, Vol. II, [(Glasgow, 1823),] p. 27.〈訳註。原文には若干の異同がある。〉

❖108 オリバー・ハザード・ペリー海軍代将(Oliver Hazard Perry, 1785-1819)は、米英戦争中にエリー湖の米国海軍部隊を指揮して功績を挙げた米国海軍士官。江戸時代に日本に来航したマシュー・カルブレイス・ペリーの長兄。

❖109 ジェイムズ・ヘンリー・クレイグ陸軍大将(General Sir James Henry Craig, 1748-1812)は、一八〇七年から一八一一年までカナダ総督。

❖110 アイザック・ブロック陸軍少将(Major General Sir Isaac Brock, 1769-1812)は、米英戦争開戦時のアッパー・カ

ルからしか継続的な支援が受けられず、それなしには最終的な敗北は避けようがなかっただろう。五大湖に維持された海軍力は東西間の大交通路を管制しており、また海軍力を有する側に内線の戦略的利点を与えた。すなわち、湖岸のある地点から作戦の場に近いある地点まで移動するのに、長さと時間の両方においてより短距離だった。当然の結果として、当初米国が占有していたデトロイトとミシリマキノー〈マキノー島の周辺地域〉は包囲攻撃に備えて防備を固め、守備隊を置き、糧食を準備するべきだったし、遅くとも一八一一年一二月に戦争が差し迫ったと見なされた時には、すぐに本国と密接な連絡をとるようにすべきだった。その地域で失うものが多く、相対的に得るものがほとんどなかったので、イギリスは防勢に頼らざるをえなかった。東方では、モントリオールやキングストンの占領がその北方のカナダ全域を海からの支援から切り離し、それはその崩壊を確実にすることと同義だっただろう。「あらゆる困難を克服することに私は最大限の力を尽くし続けるでしょう」と、後の事態の推移において情熱的で賢明な尽力を際立って示したブロックは書いた。「しかしながら、モントリオールとキングストンの間の交通が遮断されたなら、当地域〈アッパー・カナダ〉のこの区域にいる兵士の運命は決まってしまうでしょう」[053]。「モントリオール境界地帯は……最も重要であり、現在〔一八二六年〕ではカナダの中で明白に非常

ナダにおけるイギリス軍司令官。デトロイトおよびマキノーの砦を攻略するが、クイーンストン・ハイツの戦いで戦死した。

▼053 [Ferdinand Brock Tupper,] "[The] Life [and Correspondence] of [Major-General Sir Isaac] Brock," [(London, 1845),] p. 193.

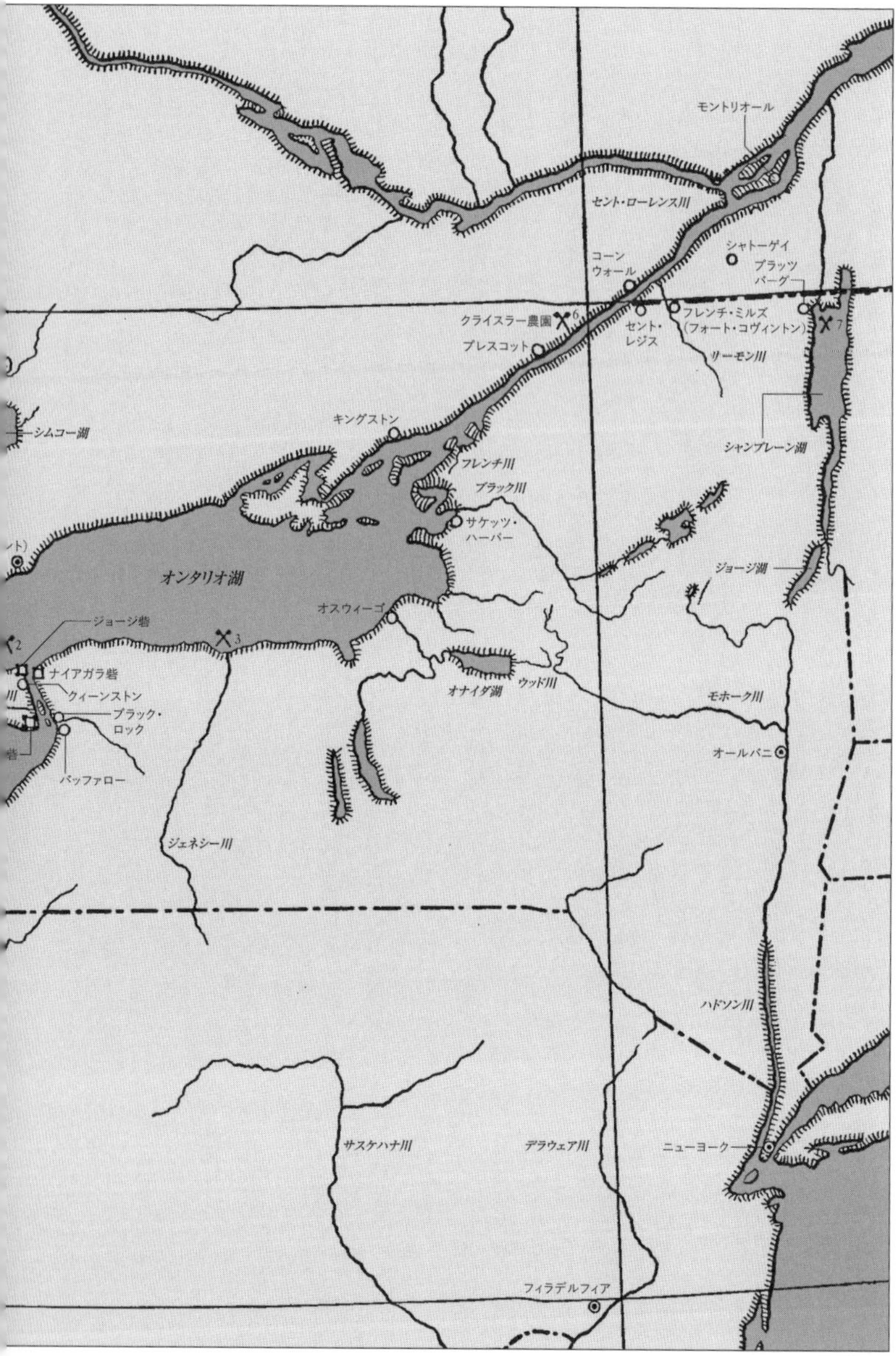
モントリオール
セント・ローレンス川
シャトーゲイ
コーン
ウォール
プラッツ
バーグ
クライスラー農園
6
セント・
レジス
フレンチ・ミルズ
(フォート・コヴィントン)
7
プレスコット
リーモン川
キングストン
シムコー湖
シャンプレーン湖
フレンチ川
ブラック川
サケッツ・
ハーバー
オンタリオ湖
ジョージ湖
オスウィーゴ
ジョージ砦
2
3
ナイアガラ砦
クィーンストン
ブラック・
ロック
オナイダ湖
ウッド川
モホーク川
バッファロー
オールバニ
ジェネシー川
ハドソン川
サスケハナ川
デラウェア川
ニューヨーク
フィラデルフィア

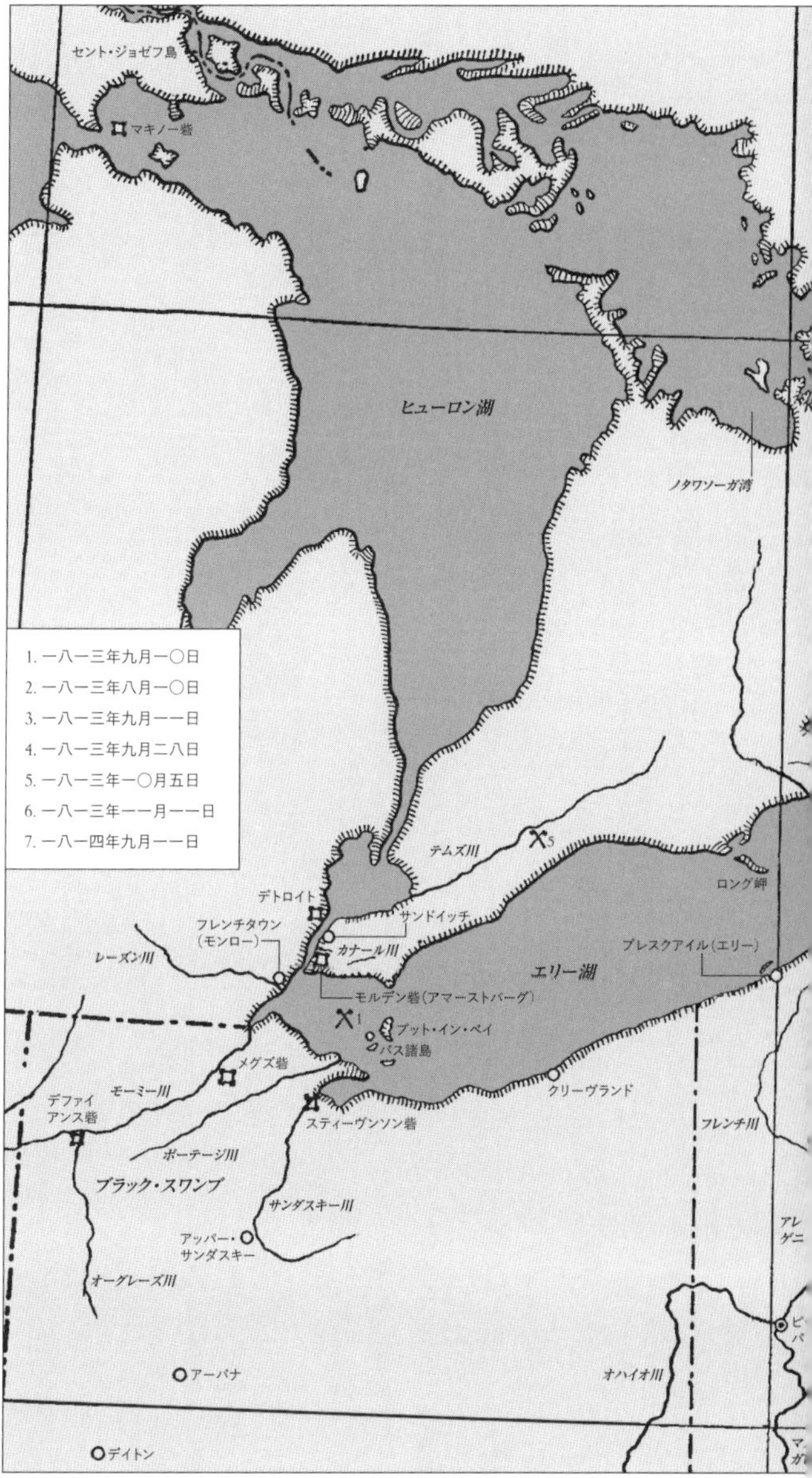

［**図14**］五大湖境界地帯、一八一二年～一八一四年

に脆弱で、接近しやすい区域です」と、カナダの防衛に関して報告するようウェリントン公に選ばれた士官は述べた。[054] そういうわけで、その区域は米国の攻勢作戦が向かう方向だった。なるべくならモントリオールへ、なぜなら〈作戦が〉成功すればより大きな領域が孤立化され、征服されるからだ。モントリオールが陥落すれば、キングストンは外部から何の助けも得ることができず、仮に一時的に抵抗することができたとしても、その降服は時間の問題でしかないだろう。この陸軍の前進と同期して、慎重な用心として湖の管制のための海軍拡張を進めるべきだった。しかしながら、キングストンとモントリオールが陥落した後には、内水海軍《インランド・ネイヴィー》にはほとんど用途がなかっただろう。なぜなら、イギリスの現地資源は対抗戦力を維持するには不十分だっただろうからだ。

北部戦役の結果

［オンタリオ湖の管制はエリー湖やシャンプレーン湖の管制よりも重要で、戦力もより大きかったけれども、一八一三年には、[111] また実に戦争期間を通じて、そこでは重要な海軍の交戦は起きなかった。イギリスの指揮官ヨウ[112]は海軍省の命令により一切の危険を冒すことを禁じられていたし、米国のチョーンシィ海軍代将は、そうした正当化の根拠なく同様の方針を採用した。これゆえに、戦争中の重要な艦隊交戦はその他の水域で起こった――一八一三年九月一〇日、エリー湖でのペリーの勝利、そして

▼054 ［James Carmichael Smyth, "Precis of the Wars in Canada," (London, 1826).］p. 167.

❖111 ジェイムズ・ルーカス・ヨウ海軍代将（Commodore Sir James Lucas Yeo, 1782-1818）は、米英戦争中の五大湖におけるイギリス海軍部隊の司令長官。戦後にはアフリカ西岸における司令長官となった。

❖112 アイザック・チョーンシィ海軍代将（Commodore Isaac Chauncey, 1772-1840）は、オンタリオ湖における米国海軍部隊を指揮した米国海軍士官。

一年後のシャンプレーン湖でのマクドナ❖113の勝利である。次段落の最初の一文は一八一三年一二月三〇日のバッファロー襲撃❖114に言及している。——編者。」

これとともに一八一三年の北部戦役が終結したと言うことができるだろう。

イギリスはナイアガラ半島の完全な支配を取り戻し、和平が締結されるまでニューヨーク州にあるナイアガラ砦を掌握し続けた。東端から西端までの全境界地帯における唯一の重要な成果は、エリー湖のイギリス艦隊の破壊と、その結果西部における権力が米国に移ったことである。これは米国の位置の左翼だった。同様の結果が右翼のモントリオール、ないしキングストンですら達成されたなら——その可能性はあった——、中央と左翼も崩壊したに違いなかった。ナイアガラに努力を間違って向けたことについては、現地の指揮官、ディアボーン❖115とチョーンシィに主に責任がある。なぜなら、アームストロング▼055は、キングストンからトロントへと努力の方向を変えることを好む海軍士官の議論に支えられた、敵戦力に関する前者〈ディアボーン〉の説明に、自身の正確な認識を譲歩したからだ。夏の努力をオンタリオ湖で台無しにしてしまった、この根本的な過ちをチョーンシィが自身で正式に認めていたかどうかは明らかではない。しかし、彼が経験から学んだことは、戦隊が係船された時に海軍長官に送った手紙▼056に示されている。この中で、彼は軍艦の巡航部隊が作られた時に帆走大型ス

❖113 トーマス・マクドナ海軍代将(Commodore Thomas MacDonough, 1783-1825)は、米英戦争中にシャンプレーン湖における米国海軍部隊を指揮した米国海軍士官。

❖114 米国軍によるニューアーク焼き討ちに対する報復として、イギリス軍がナイアガラ川を越えてバッファローとブラック・ロックの村を焼き払った。

❖115 ヘンリー・ディアボーン陸軍少将(Major General Henry Dearborn, 1751-1829)は、アメリカ独立戦争を戦い、ジェファーソンのもとで陸軍長官を務めた米国陸軍士官。米英戦争が始まると、ナイアガラ川からニューイングランドまでの北東方面における総司令官となった。

▼055 アメリカ合衆国陸軍長官。

クーナーが無駄になったことを認識し、[116]それによって自身の個人的な戦役運営の多くに非を認め、こう付け加えた。「もし戦争を攻勢的に遂行し、アッパー・カナダの征服を確保することを決意するなら、キングストンが確かに攻撃の第一目標となるべきであり、それも敵が準備しつつある海軍戦力の全体を用いることができないように、春初めに攻撃すべきでしょう」。

ここまでの三章の中で、[117]オンタリオ湖の諸作戦は、他の問題に遮られることなく――直接関係するエリー湖の作戦を除いて――連続して、また詳細に叙述されている。なぜなら、その諸作戦のために戦況が変わってしまい、またこの年の政府の意向により戦争の旗色が台無しになってしまったからだ。一八一三年は、春の始まりから冬が迫るまで、いくつかの理由により状況が米国の目的にとって非常に好都合な時期だった。一八一二年には、戦争は六月になるまで始まらず、またその時点では先立つ準備がほとんどなかった。両政府は交戦を阻止することを望んで、本腰を入れずに戦争が遂行された。一方で、一八一四年には、〈戦争に適した〉季節が始まった時にはナポレオンが没落しており、米国にはもはやイギリスの努力を逸らす非公式の同盟国がなかった。しかし、その間の一八一三年には、防勢の国境だった海岸地帯への圧力は間違いなく以前よりも大きなもので、多くの苛立たしいことや嫌がらせを被ったけれども、いずれ

――編者。〈訳註。ジョン・アームストロング・ジュニア陸軍准将(John Armstrong Jr., 1758-1843)は、一八一三年から一八一四年まで米国陸軍長官を務めた。〉

▼056 December 17, 1813. Captain's Letters, Navy Department.〈訳註。Cf. William S. Dudley, ed., *The Naval War of 1812: A Documentary History*, Vol. II (Washington, D.C., 1992), pp. 613-615.〉

❖116 五〇〇トン以上の軍艦が五大湖に登場すると、五〇～八〇トンの帆走大型スクーナーは兵員輸送などの補助的任務にしか利用できなかった。

❖117 Cf. Mahan, *Sea Power in its Relations to the War of 1812*, Vol. II, Chs. X-XII.

にしても避けがたい通商の抑圧を超える深刻な損害はなかった。北部の五大湖境界地帯では、攻勢と主導権は米国の手中にあり続けた。解氷のあと遅くまでカナダに相当な増援が到達することはなかったし、それも不十分な規模だった。イギリス海軍の準備は不十分な規模で、適切な専門家の監督は受けていなかった。逆に、米国政府には準備に冬のすべてを費やすことができたし、非常に有能な海軍組織者の尽力もあった。また、同じ期間に陸上部隊を準備する時間があったし、無能な陸軍長官と海軍長官は一月に両方の地位に相応しい有能な者たちに取って代わられた。[118]

これらすべてが米国に有利で、また一定の満足な成功があったにも関わらず、全般的な結果は全くの失敗であり、その失敗の完全な程度は、機会が存在する間にそれを摑むのを怠ることから生じる大惨事をナポレオンの没落が明らかにした時に初めて認識することができた。その時には潮が引いており、二度と潮が満ちることはなかった。これには、多くの原因を挙げることができる。世紀初めから流行していた、陸軍と海軍の準備に関する愚かな考えは問違いなく影響が大きかった。ディアボーンやウィルキンソン[119]のような老齢で衰えた者たちに総指揮権を託すのは、最もよく構想された計画をも台無しにするのに十分だった。しかし、これらの非常に重大な欠点にもかかわらず、戦略的に努力の方向

[118] 陸軍長官ウィリアム・ユースティス(William Eustis, 1753-1825)はジョン・アームストロング・ジュニアに、海軍長官ポール・ハミルトン(Paul Hamilton, 1762-1816)はウィリアム・ジョーンズ(William Jones, 1760-1831)にそれぞれ交代した。

[119] ジェイムズ・ウィルキンソン陸軍少将(Major General James Wilkinson, 1757-1825)は、アメリカ独立戦争を戦い、二度にわたって米陸軍最先任士官を務めた。ディアボーンに代わって北東方面での総司令官となった。

を誤ったことが失敗の最も致命的な原因だった。

スイス人軍事著述家[120]の単純だが非常に有益な言葉がある。それは、すべての陸軍の横隊は中央と両端、ないし両翼という三つの部分を持つものとして考えることができるというものだ。確固たる基本原則が、軍事的な努力が敵の位置全体に沿って分散されるべきではなく――圧倒的優位という珍しい事例でない限り――、明白に優勢な人数が敵の位置の限られた一部に集中されるべきであるということを求めているように、この三要素からなる区分という考えはどの所与の状況を考察する上でも大いに役立つ。敵横隊の三分の一、ないし三分の二を攻めたてることはできるが、全体を攻撃できることは滅多にない。すべては攻撃のためになされた選択に依存するだろう。さて、米国が攻めたてようとしたイギリスの境界地帯は、東のモントリオールから西のデトロイトまで広がっていた。その三つの部分とは、東ないし左翼のモントリオールとセント・ローレンス川、キングストンを中心とする中央のオンタリオ湖、右翼のエリー湖であり、最後に挙げた区域におけるイギリスの位置の強みはデトロイトとモールデンであった。なぜなら、両地点は先住民部族が東へ移動する通路が依存する瀬戸を占めていたからだ。上記のイギリスの位置に対して、米国の位置が重なっていた。同じ順序で述べるなら、シャンプレーン湖、オンタリオ湖岸とエリー

[120]『戦争術概論』の著者、ジョミニのこと。

湖岸、〈オンタリオ湖とエリー湖では〉それぞれサケッツ・ハーバーとプレスク・アイルの海軍基地を中心としていた。

異論を認めるには明白すぎるこれらの定義を容認すると、米国にとって攻撃の方向を規定するべき考察とは何だったのだろうか。努力が集中されるべき、三つの内の一つ、ないし二つの部分とは何だったのだろうか？　抽象的で一般に受け入れられた軍事的な基本原則の問題としての答えは確かなものである。原則に反する非常に切迫した理由がない限り、中央よりは〈横隊の〉一端を叩くということだ。なぜなら、攻撃者に対して、一端が他方の一端を助けようとするよりも、両端が中央を助けにやって来る方が素早いからだ。そして、両端の間では、敵が戦力を維持するために増援と補給を最も依存している方の一端を叩くということだ。時に、この決断は困難をもたらす。ワーテルローの戦いの前には、ウェリントンは自身の軍隊を関心の中心に置いた。右翼には海があり、イギリスからもたらされる補給物資と増援がそこからやって来た。左翼にはプロイセン軍があり、この軍隊からの支援が切迫して必要だった。どちらの翼にナポレオンは攻撃の重心をぶつけるだろうか？　おそらく海からの支援に長年にわたって公式に依存したことにより強まったイギリス人特有の先入観から、ウェリントンはナポレオンの攻撃が右翼に向かうと推論して、ウェリントンをプロイセン軍から分断するために敵が圧倒的な数で左翼に襲いかかった時にひどく必要とされた兵士の一団で、右翼を強化した。

一八一三年には、カナダに関してそのような疑いはありえなかった。カナダは完全に海に依存しており、モントリオールで海に触れていたのだ。米国は、陸軍が未熟だったとしても、海軍と陸軍の連合戦力により、一八一三年の初めには三つの部分のうち二つ――モントリオールとキングストン――に取り組むことが物質的な力において十分可能だった。モントリオールとキングストンが攻略されたなら、エリー湖は陥落しただろう。ペリーがこの湖で勝利した瞬間に、エリー地域全体がトランプで組み立てた家《ハウス・オブ・カーズ》のように崩壊したという事実により示されたように。モールデンと海の交通を途絶えさせたというだけで、彼の勝利は決定的だった。東での同様の成功により、遥かに広範な地域に影響を及ぼす同様の結果が達成されたことだろう。

第二七章　米西戦争の教訓[057]

「現存艦隊」の可能性

［セルベーラ提督[121]は一八九八年四月二九日にカーボベルデ諸島を出発した。五月一一日にマルティニークに立ち寄った後、一五日にキュラソーで給炭し、一九日にサンティアゴ〈デ・クーバ〉に入港した。

セルベーラがマルティニークに到着したという知らせを受けて、プエルトリコのサンプソン戦隊とハンプトン・ローズのシュライ高速戦隊はキーウェストに集中した。サンプソン[122]は二一日までに自戦隊の全戦力をハバナへの進入路に位置させ、シュライ[123]は二二日にはキューバ南部の主要港シエンフエゴス沖にいた。

「スペインがそうであったように、これほどまでに完全に稚拙な敵と交戦することを、我々は決して期待することができない。しかしながら、それにもかかわらずセルベーラの分艦隊は五月一九日、我々の分艦隊が召集できた全戦力でハバナとシエンフエゴスの前に現れる二日前に、サンティアゴ〈・

▼057　Mahan, *Lessons of the War with Spain* (Boston, 1899), pp. 75-85.

❖121　本書九二頁の訳註54を参照せよ。

❖122　ウィリアム・トーマス・サンプソン海軍少将（Rear Admiral William Thomas Sampson, 1840-1902）は、米西戦争における米国北太平洋戦隊の司令長官。サンティアゴ・デ・クーバの封鎖を指揮した。海戦時には封鎖艦隊を離れており、実際に指揮をとったシュライの功績を認めようとしなかった。

❖123　ウィンフィールド・スコット・シュライ海軍少将（Rear Admiral Winfield Scott Schley, 1839-1911）は、米西戦争において海軍代将として高速戦隊の司令長官を務める。米国艦隊が勝利したサンティ

デ・クーバ〉に到達した」[058]とマハン提督は書いている。――編者。]

既に述べたように、両国の装甲艦隊の間の不均衡は、名目上はわずかなものだった。そして、スペインには、非常に高速で、航行性能と武装の両方で非常によく似た装甲巡洋艦五隻[059]からなるほぼ同質の集団という、極めて重要な――そして我々とは比べものにならない――強みがあった。読者の多くが目にしたことがあるだろうが、たぶんとても完全に理解されているとは言えないような表現を使うなら、「現存艦隊《フリート・イン・ビーイング》」と見なされる船の一群に開かれていた可能性を高く見積もりすぎるのは困難である。

近年になって海軍に関する著述の中で広く使われるようになった「現存艦隊」という言葉は――「好戦的愛国者《ジンゴ》」という言葉と同様に――、精密な定義を要求する。そして、この一般的に受け入れられる定義はまだ得られていない。したがって、それは多少曖昧なままで、あるいは見解が実質的には異ならない人々の間に誤解を生じさせるのだ。筆者は定義を試みるわけではないが、この用語とその起源を簡単に説明するのは場違いではないだろう。この用語は、一六九〇年にイギリスの提督トリントン卿[124]によって、劣勢の戦力でフランス艦隊と決定的な交戦を行うことを拒絶する方針を弁護する時に初めて用いられた。当時、フランス艦隊は英仏海峡に優位を占め、その掩護を受けて大規模なフランス陸

アゴ・デ・クーバの海戦における実質的な指揮官であるが、サンプソンや海軍省の指示に従わなかったことが戦後に問題となった。

▼058 *Ibid.*, p. 157.

▼059 この数字にはエンペラドル・カルロス五世号が含まれる。しかしながら、本艦はセルベーラ麾下のその他の四隻に同行しなかった。

❖124 初代トリントン伯アーサー・ハーバート海軍元帥（Admiral of the Fleet Arthur Herbert, Earl of Torrington, 1647-1716）は、名誉革命に際してオラニエ公ウィレム〈英名・ウィリアム〉の侵略艦隊を指揮した後、九年戦争の初期に海軍大臣および海峡艦隊司令長官となった。艦隊の集結を待っていたトリントンの

軍がイングランド沿岸に襲来することが予期されていた。「実際とは異なり私が戦ったならば、我々の艦隊は完全に失われ、王国は侵略に晒されたことでしょう。当時、ほとんどの人はフランスが侵略してくることを恐れていました。しかし、私は常にそれとは異なる意見を持っていました。なぜなら、我々が現存艦隊を持っている間は、敵は思い切って侵略を試みたりしないだろうと常々言っていたからです」と彼は述べた。❖125

したがって、「現存艦隊」とは、劣勢であるにせよ、作戦域ないし付近での存在と維持が、多少なりとも〈攻撃に〉晒された敵の様々な権益に対する絶え間ない脅威となる艦隊のことである。敵はいつ攻撃が降りかかるかを知ることができず、したがって現存艦隊が破壊されるか無力化されるまで、それさえなければ可能な作戦を制限することを余儀なくされる。それは敵の「側面と後方の位置」と非常に密接に対応しており、そこでは、すべての軍事を学ぶ者が知っているように、小さな部隊の存在が攻勢運動を邪魔したり、麻痺させたりすらするだろう。こうした部隊が、装甲巡洋艦の艦隊がそうであるように、非常に機動的であるときには、その損害を与える力は非常に大きい。潜在的に、それは絶えず側面と後方に位置して、交通線を脅かす。実に、交通線に対する脅威として、「現存艦隊」は第一に恐るべきものなのだ。

意志に反して早期に交戦するよう求められ、ビーチー・ヘッドの海戦で敗れた。

❖125 Cf. H.W. Hodges and E.A. Hughes, *Select Naval Documents* (Cambridge, 1922), pp. 92-93.

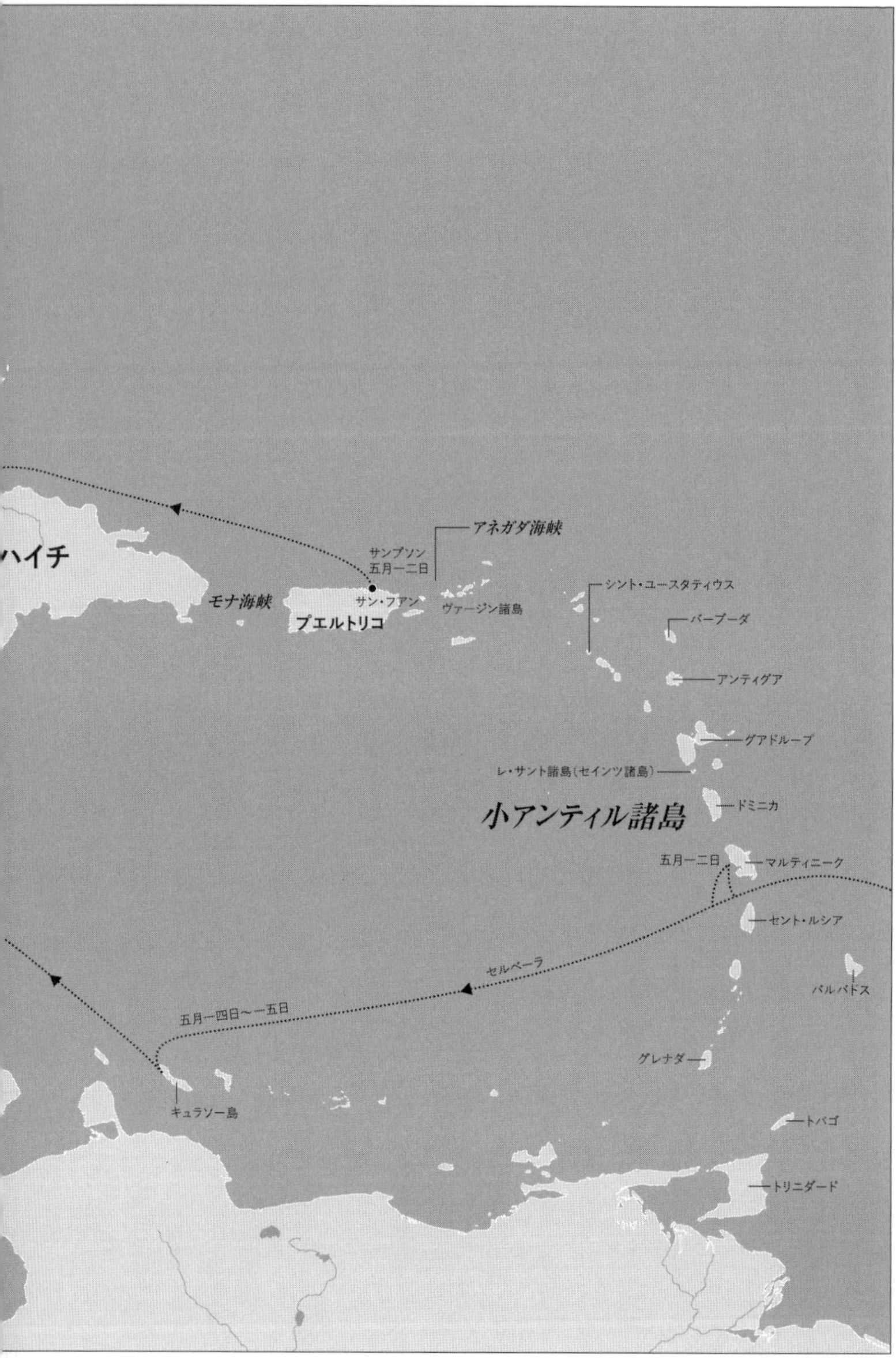
アネガダ海峡
サンプソン
五月一二日
ハイチ
モナ海峡
サン・フアン
プエルトリコ
ヴァージン諸島
シント・ユースタティウス
バーブーダ
アンティグア
グアドループ
レ・サント諸島（セインツ諸島）
ドミニカ
小アンティル諸島
五月一二日
マルティニーク
セント・ルシア
セルベーラ
バルバドス
五月一四日〜一五日
グレナダ
キュラソー島
トバゴ
トリニダード

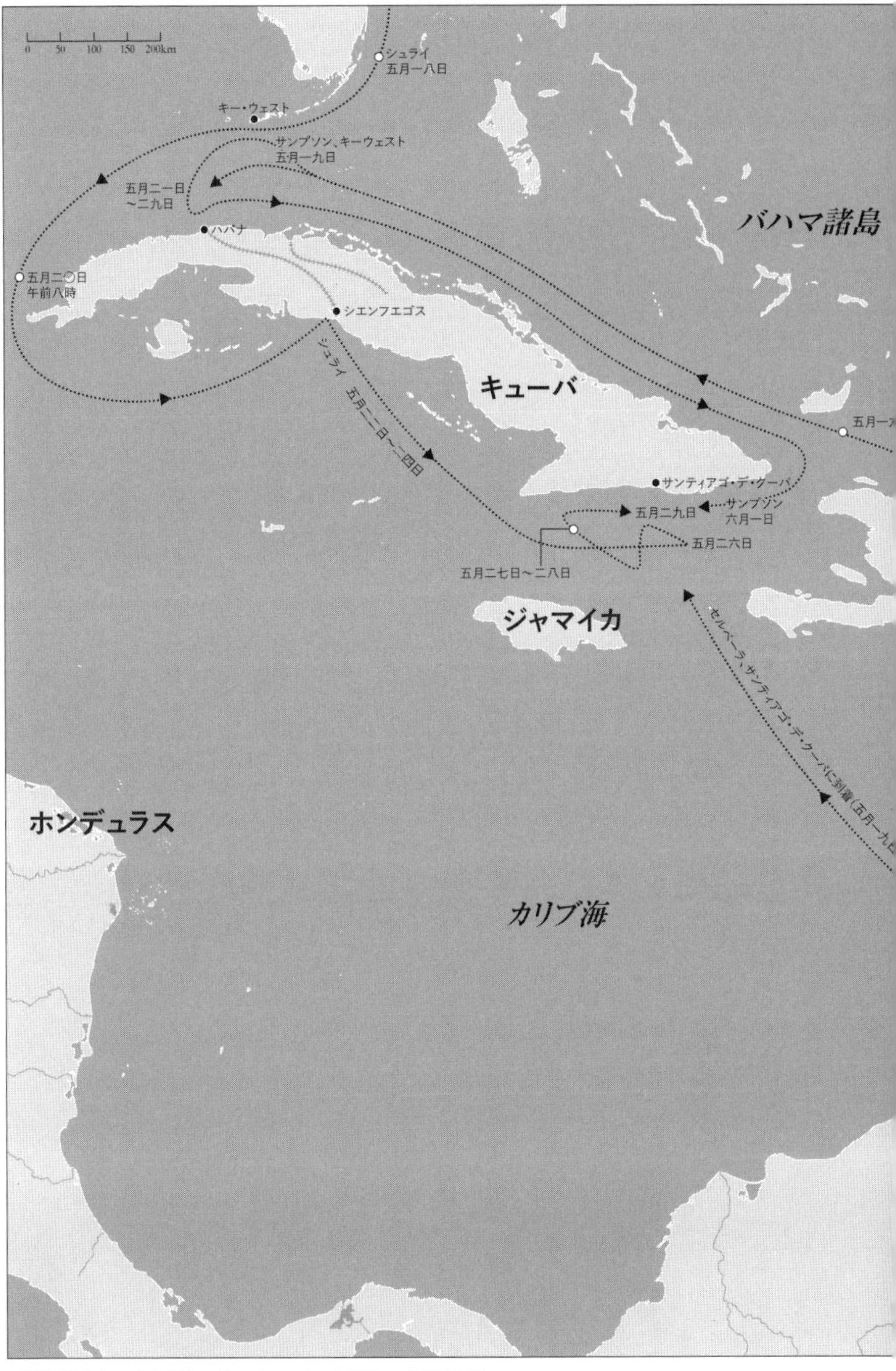

[**図15**]西インド諸島、サンティアゴ戦役の作戦行動

この理論には、最近の交戦の際に、サンティアゴ〈・デ・クーバ〉の前にセルベーラの脱出を非常に起こりそうにないものにするほどに強力であると同時に無数の戦力が集合されるまで、セルベーラ戦隊が我々の計画と作戦行動に及ぼした——それも当然に及ぼした——影響から、明確で説得力のある実例がもたらされた。封鎖が確立されても、夜間にキューバ北岸沖に一隻の装甲巡洋艦——その艦種であれば、ほとんど確実に敵艦だった——を視認した有能な士官から電報が届いた時には、その報告の正確性が検証されるまでシャフタ[126]の遠征軍の出航は止められた[127]。「現存艦隊」の実際的な、物質的影響——筆者の判断では、合理的な影響——はそんなところだ。精神的影響、想像力への影響に関しては、空想の驚くべき作用、我々にとっての危険とセルベーラの遍在という問題提起を我が国の国民、そして一部の外国の評論家から引き出した変幻自在の効果に言及する以上のことはほとんど必要ない。こうした震えの伝染に対しては、自らを、そしてもし可能なら人々を守ることが、責任ある者たちの課題の一つである。「自ら心像を作り出すな」というのが、将軍たちに対するナポレオンの警告だった。「私が統領になってからの海軍作戦はすべて失敗した。なぜなら、提督たちが物を二重に見て、危険を冒すことなく戦争をすることができると学んだ——どこで学んだのかは知らないが——からだ[128]」。

❖126 ウィリアム・ルーファス・シャフタ陸軍少将(Major General William Rufus Shafter, 1835-1906)は、アメリカ独立戦争で功績を挙げ、米西戦争ではキューバに遠征する第五軍団を指揮した。

❖127 六月八日にキューバ北方のニコラス海峡を航行していたイーグル号が前夜にスペインの装甲巡洋艦、二等巡洋艦、水雷艇駆逐艦を視認したと報じ、さらにレゾルート号も同海域で二隻に追跡されたと報告したため、遠征軍の出航が延期されると共に敵艦の捜索が行われた。一二日にはサンプソンから同海域を航行していた自国軍艦三隻を誤認した可能性が指摘され、遠征軍は一四日に出航した。Cf. *Appendix to the Report of the chief of the Bureau of navigation, 1898* (Washington, 1898), pp. 667-

筆者の意見では、「現存艦隊」のもっともらしい価値は誇張されている。なぜなら、最も恵まれた場合でさえ、まさにこの回避の勝負に固執するなら、その結末は一つしかないだろうからだ。優勢の戦力が最後には劣勢の側を追い詰めるだろう。しかしながら、その間に貴重な時間が失われるかもしれない。たとえば、セルベーラ戦隊がもし徹底的に効率的だったとしたら、迅速で十分に隠された作戦行動により、一八九八年九月のハリケーンがカリブ海を吹き荒れるまで、我々の艦隊を西インド諸島に留めておくことができたかもしれない、というのは考えられることだ。当時、我々には失われたり被害を受けたりした装甲艦と交換する予備艦艇がなかった。しかし、こうした行動を粘り強く続けるためには、滅多に得られない、そして瀬戸際で予想外の事件により失われがちな効率が「現存艦隊」の各艦に必要とされる。撤退する際のように、効率が、否、安全が単に作戦行動の機敏さに依存する場合には、動けなくなった船はその船の損失を意味する。または、航行不能になった船から本隊が離れないなら、艦隊が失われる。こうした効率性をおそらくセルベーラの分艦隊は決して持ち合わせていなかった。大西洋を横断する航行の期間は、水雷艇駆逐艦《トルピード(・ボート)・デストロイヤー》❖129に頻繁に給炭する窮迫のために長くなったにせよ、我々の海軍当局の極端な見積もりを遥かに凌駕していたので、セルベーラの分艦隊がスペインに戻ったという一

670.

❖128 Cf. Napoleon to Decrès, September 12, 1804, in Napoleon, *Correspondance de Napoléon Ier*, Vol. IX (Paris, 1862), p. 524.

❖129 一九世紀後半、水雷艇から主力艦を守るために開発され、後には単に駆逐艦と呼ばれるようになる。

見すると確からしい報告は直ちに信用された。こうした〈スペインへの〉集中は戦略的に見て正しく、カディスで得られたかもしれない増援なしに、本国から遠く離れて重要な分艦隊を大胆にも派遣するのは過ちだったために、ますます確からしいことだった。この個々の速度が当初は非常に速かった船の遅れは、米国海軍では一般的に機関室人員の非効率性に帰させられている。そして、この見解はスペインの「海軍雑誌《レビスタ・デ・ラ・マリーナ》」に掲載されたスペイン士官の著述により追認されている。「米国人はあらゆる海でいつも船を航行させており、したがって大規模で適任の機関室人員を有している。我々には機械工が少ししかおらず、火夫もほとんど欠いている」❖130。しかしながら、この不均衡は根本的には両国における機械の生産力と発展の重要な差のためである。筆者は、ある可笑しな話を数年前に我が国のキューバ領事の一人から聞いたことがある。二つの港の間のかなり荒れた海を航行する際に、彼はある年老いたキューバないしスペインの紳士があからさまに不安そうに機関室の中を頻繁に凝視するのを目にした。彼の不安の原因を尋ねると、その返答はこうだった。「機関担当者が機関に英語で話しかけないと、私は落ち着かないのです」。

　高速での移動を継続し維持する能力の必要が頻繁に給炭する必要性に加わり、敵海軍に接近する時間を許すとき、「現存艦隊」の活発な利用は、それがいかに

❖130 引用元不明。

敵を当惑させるものであるとしても、「現存艦隊」自体の指揮官にとっては不安かつ危険なものであるに違いない。この争いは戦略的機知をめぐるものであり、電信の時代にあっては、中央に位置する、より低速だがより強力な部隊が情報を受け取り、相手が石炭庫を満たすよりも先に相手を隅に追い詰めることが可能かもしれない。この事実については、我々の沿岸防衛が申し分のない状態にあることで、高速戦隊がハンプトン・ローズではなく、シエンフエゴス沖に、ないしハバナ沖にでさえ位置することができていたなら、非常に説得力ある例証がおそらく得られたはずである。セルベーラのサンティアゴ〈・デ・クーバ〉入港は二四時間以内に我々が知るところとなった。さらに二四時間のうちに高速通報艇によりシエンフエゴス沖にその情報が伝達され、その後四八時間以内に我々の分艦隊がサンティアゴ〈・デ・クーバ〉の前に位置しただろう。シュライ代将がシエンフエゴス沖に到着した時に、スペイン分艦隊が港内にいるか否かについて感じた不安は、彼の戦隊が前もって封鎖していたならば存在しなかっただろう。そして、その結果としての四八時間以上の遅れ——こうしてセルベーラに差し出された、滅多にない好機とあわせて——は起こらなかっただろう。その時間のうちに四隻の大艦艇に給炭することは、おそらくサンティアゴ〈・デ・クーバ〉の能力を超えていたが、その一方で、我々自身の移動について事実であると断定された速度は、配置が保証すると期待された速度を上回るよりもむしろ下回っている。

しかしながら、戦闘艦隊の大きな目的は追跡することでも逃げることでもなく、海を管制することである。セルベーラがサンティアゴ〈・デ・クーバ〉で我々の追跡から逃れたとしても、シエンフエゴスないしハバナで再び活動不能になっただけだっただろう。力ではなく速度を頼りにするとき、破壊を先延ばしにすることはできるかもしれないが、破壊を回避することができるのは港に留まることによってのみである。したがって、「現存艦隊」の一時的だとしても可能性のある効果から、速度が戦艦の全要素のうちで最高のものであると推論したりしないようにしよう。このもっともらしい、浅薄な考えは、熟慮することもなく慌てて機械に頼る時代においてあまりに容易に最も重要なものとして受け入れられているが、海軍の将来の実効性に対する大きな害となる恐れがある。速度ではなく、攻勢行動の力こそが、戦争における支配的要素なのだ。大規模な陸軍の明白に最重要な要素は常に歩兵であり、それがまた最も遅いことは言うまでもない。戦争術の簡素な要約、「最初に最大の兵力をもって到達すること」[131]は、海軍の――そしてそれ以上に一般的な――概念においては奇妙な頑迷さで曲解されており、二番目の、より重要な考慮すべきこと〈「最大の兵力をもって」〉が、前

[131] ネイサン・ベッドフォード・フォレスト陸軍中将(Lieutenant General Nathan Bedford Forrest, 1821-1877)の格言。南北戦争におけるアメリカ連合国のフォレスト将軍は、騎兵を用いた機動戦術で有名。Cf. John Allan Wyeth, *Life of General Nathan Bedford Forrest* (New York and London, 1899), p. 33.

者のそれほど本質的ではないこと〈「最初に…到達すること」〉に従属させられている。機動性のために力が存在するのではなく、力のために機動性が存在するのだ。敵が次々と到着する際に、我々も最大の兵力――より大きな戦力――を有しているのでなければ、一番に到着することに意味はない。これは特に海について真実である。なぜなら、大地の不規則さを思慮深く用いることで陸上では時に可能なようには、海では力の――砲力の――劣勢を埋め合わせることができないからだ。速度の増加が厳密な攻勢力を対価として得られるのではない限りにおいて、筆者は高速の有用性を疑ってみせることで自らばかげた言動を目論んでいるわけではない。しかし、速度の価値が誇張されていると率直に言うべき時が来ている。また、それは戦艦においては砲力に比べれば二次的なものであり、戦闘艦隊は、その時点で最も遅い艦を除けば、艦隊に所属するいずれの艦の最高速度に達することも、それを維持することもできない。なぜなら、海軍の交戦では艦隊速度は最も遅い艦の速度に等しいというのが一般的だからだ。誇張された速度ではなく、均一の速度――持続的な速度――が戦闘艦隊にとって必要なのだ。しばしば主張されるような機械ではなく、頭脳と大砲こそが、戦闘に勝利し海の管制を獲得する。戦争の真の速度とは向こう見ずな軽率さではなく、時間を浪費することのない不断の勢いなのだ。

これまでに挙げた理由により、劣勢の「現存艦隊」の最も効率が良くはないが最も安全な配備は、難攻不落の港ないし諸港に閉じこもり、脱出に対する用心という強烈で継続的な緊張を敵に強いることだ。これこそは、この成句の発案者であるトリントンが実行すると当時提案したことだった。こうして、トラファルガー〈の海戦〉の前にはある程度まで、しかしその後は故意に限定的な目的をもって、ナポレオンはこのようにフランス海軍を利用したのだった。彼はフランス海軍を継続的に増強していたが、彼の治世の終わりまで、いかなる重大な遠征も再び行うことを決して許さなかった。スヘルデ川〈仏名・エスコー川〉からトゥーロンまで、いくつかの手強い分艦隊を一見して準備が整った状態に維持するだけでも、イギリスに数多くの被害の可能性を提示したので、イギリスはフランスの各港の前に港内の戦力よりも強大な戦力を常に維持することを強いられ、それによってイギリスの持久力を消耗させることをフランス皇帝が望んだ費用と不安を必然的に伴った。ある程度まで、これはサンティアゴ〈・デ・クーバ〉におけるセルベーラの位置と機能であって、不治であるにせよ耐えることが可能な状況に決定的な結末を強いるために、港に対する陸からの攻撃の妥当性がそこから合理的に導かれた。あるイタリア人著述家は、結末が知られる前にこう正しく論評した。「セルベーラ戦隊の破壊が、サンティアゴへの遠征から帰結しうる唯一の実に決定的な事実である。なぜなら、それはスペインの海軍力を無力なものにするだろうからだ。この紛争の結末は、スペインのシー・パワーの破壊に終始左右されるのであり、領土襲撃[132]は状況を悪化させるとしても結末に影響しない[133]」。サンティアゴ〈・デ・クーバ〉の前の米国人提督〈サンプソン〉は、港湾を使い物にならないようにするために陸軍部隊の遠征を主張する際に、「この戦隊の破壊が戦争を終わらせるだろう」と電報を送ったし、実際にその通りになった。

[132] 一八九八年五月一二日、サンプソン率いる戦隊は、プエルトリコのサン・フアンのスペイン要塞を砲撃した。

[133] 引用元不明。

第二八章　サンティアゴ封鎖[060]

サンティアゴ〈・デ・クーバ〉の前の我々の戦闘艦隊は、もし敵戦隊が正々堂々とした戦いを試みるなら非常に短時間のうちに敵戦隊を壊滅させるのに十分以上に強力だった。この事実は非常に明らかだったので、そのような危険が冒されたりしないことは完全に明白だった。しかし、それにもかかわらず、我々は今やこの紛争を決する中心地となったこの場所にある装甲艦の数を減らす余裕はなかった。この状況の展開の可能性は二つあった。一つは敵が回避を試みて成功することであり、見張りのために集められる限り多くの軽巡洋艦の他に、時に給炭や修理のために一、二隻が不在でも構わないよう明確に優勢な戦艦部隊を維持することが我々には必要だった。もう一つは、機雷線《トルピード》により攻撃から守られた停泊地に単に静かに留まることで、我々の艦船を消耗させるだけでなく、ハリケーンの季節まで我々の艦船を引き留め続ける傾向のある状況を長引

▼060 Mahan, *Lessons of the War with Spain*, pp. 184-191.

かせるかもしれない――この危険性はおそらく米国の人々には適切に理解されていなかった。
　ここで、当時の海軍の交戦に重大な影響を及ぼし、またおそらく国民一般から見過ごされていた海軍の状況におけるその他の要素を紹介するのが望ましい。なぜなら、現在および直近の未来において、海軍に関して我々の国家政策に影響を及ぼすべき諸条件を具体的に例示するからである。船の数が少なすぎたために、我々は船を経済的に使用しなければならなかった。予備がなかったのだ。海軍省は終始、また特にこの時期には、サンティアゴの危急だけでなく、たとえば戦後間もなくニューヨーク湾で障害物に座礁したマサチューセッツ号のように、失われたり重大な損害を受けたりした艦と交換するために六ヶ月以内に準備できる戦艦が本国港に一隻もなかったという事実を念頭に置かなければならなかった。セルベーラ戦隊の壊滅の前にも後にも、たとえばファラガットがモビール湾で機雷線を越えたのと同じように、戦闘艦隊が港内の敵艦と取っ組み合いをするため、または陸軍の作戦を掩護するためにサンティアゴ〈へ・デ・クーバ〉に送り込まれなかったことに、軽蔑に近い驚きが表明された。その返答――そして、筆者の判断では、十分以上の理由――は、その時に得られた政治状況下では、当時の我が国には一隻の戦艦すら失ったり無力化したりしてしまう危険を冒す余裕がなかったというものだ。戦艦が危険に晒される企てに自艦隊と同等ないしそれ以上の損失を敵に与える合理的な見込みがあり、したがって事態の推移によって我々に対して今後勢揃いするかもしれない〈敵の〉海軍力と比べて以前と同じぐらいの相対的な強さが維持できない限りは。もし我々が一万人の兵士を失ったとしても、我が国は一万人の兵士を補充することができた。もし我々が戦艦を一隻失ったとしたら、我が国は戦艦を補充することができなかった。全体としても、また戦争が広がるあらゆる場所においても、戦争の結末は海軍戦力に依存しており、成功を達成するだけでなく、必要以上に遅れることなく成功を達成することが肝要だった。一〇〇万人の最良の兵士も、敵による海の管制の前には無力だっただろう。デューイ[134]は戦艦を持っていなかったが、この有能な提督は一隻以上の戦艦を持つべきだと考えたのは間違いないだろう。そして、我々に余裕があったとしたら、彼は戦艦を持つべきだった。確かに、二隻のモニター艦が到着した時には、それらにはいくらかの価値があっただろう。しかし、その艦種のすべての艦と同様に、機動性に欠けていた。[135]カマラ[136]がスエズ運河を通って東洋に向かって出発した時、我々が東洋に戦艦を持つべきだというのは以前と同じぐらいに明らかだった。それは初めから完全に明白だったのだ。しかし、兵士が同時に二つの場所にいることができない

❖134 ジョージ・デューイ海軍大元帥（Admiral of the Navy George Dewey, 1837-1917）は、米国アジア戦隊の司令長官。一八九八年五月一日のマニラ湾の海戦でほとんど被害を受けることなくスペイン戦隊を壊滅させた。一九〇〇年に創設された海軍総合委員会（General Board of the Navy）の委員長を務め、一九〇三年には米国史上唯一となる海軍大元帥に昇進した。

❖135 一八九八年五月一日のマニラ湾海戦の後、同月二七日と三〇日にデューイ海軍少将はモントレー号とモナドノック号という二隻のモニター艦が増派されることを知った。カディスに待機していたカマラ海軍中将の戦隊が東洋に派遣されることが伝わっており、このうち戦艦ペラヨ号の一二インチ砲二門と一一インチ砲

のと同様に戦艦が同時に二つの場所にいることはできず、カマラの〈東洋への〉移動が西方に転針する可能性を超えるまで、〈イベリア〉半島のスペイン艦隊は、西インド諸島とフィリピンという二つの戦場に関して、内的位置というよく知られた軍事的優位を有していた。東洋における劣勢を受け入れ、我々に利用可能な戦力を西インド諸島に集中させ、それによって西インド諸島でのスペイン船のありそうないかなる組み合わせに対しても優勢を保証することで、海軍省は正しく、また確かな軍事的先例に従って行動していた。しかし、スペイン海軍は当時考えられる唯一の相手ではなかったことを覚えておかなければならない。その国民が我々の敵の周知の同調者である、その他の国々との起こりうる政治摩擦に関する現在の噂に、米国政府がどの程度の重きを置いていたのか、筆者は当時知りうる立場になかったし、現在でも知らない。[137] そのことに関する一般大衆の知識は筆者と同じぐらいである。しかし、もしどこであれ介入する気持ちがあったとすれば、それは我々の少ない戦艦の一隻の損失というような、我々にとっての重大な海軍の災難により弱まったりはしなかっただろうということは明らかだった。キューバの港の専門的な「実効的」封鎖の維持においてそうであるように、戦闘艦隊の完全な状態と活発さを持続させることにおいても、直接の敵の強さだけでなく諸外国の態度も考慮しなければならなかった。こうし

二門、そして装甲巡洋艦エンペラドル・カルロス五世号の一一インチ砲二門は八インチ砲しかないデューイ戦隊にとって脅威だった。モニター艦は八ノットという低速ではあったが、モントレー号は一二インチ砲と一〇インチ砲を各二門、モナドノック号は一〇インチ砲を四門搭載しており、デューイはその到着を心待ちにしていた。George Dewey, *Autobiography of George Dewey* (New York, 1913), pp. 256-261.

❖136 マヌエル・デ・ラ・カマラ・イ・リベルモーレ海軍中将(Manuel de la Cámara y Libermore, 1835-1920)は、米西戦争中にカディスを拠点とした第二戦隊の司令長官。

❖137 マニラ封鎖の最中、ドイツ東洋艦隊はマニラに集中してスペイン側と密接に連絡を

た理由から、この点に関するサンプソン提督への命令は断固たるものであるべきだと勧告された。かと言って、サンティアゴ〈・デ・クーバ〉の機雷原に船を投げ込むという提案を自滅的な愚行と正しくも見なしたその士官の裁量に何ら疑念があったというわけではない。そうではなく、こうした決断の重荷は、もっと分別があるべきなのに分別を持ち合わせない者により、時に何も知らずになされる、過剰な用心という根拠のない非難から個人的な評判を傷つけられることの少ない、上位の権威者が負うべきだと感じられたからだった。「米国の装甲艦を危険に晒してはならないということを除いて、この件は貴官の裁量に任せる」[138]と電報には書かれていた。

いったんセルベーラ戦隊が追い詰められると、その聡明な相手は、海軍の準備がどのような状態にあるとしても、陸軍によってのみ可能な、後衛への攻撃によりセルベーラを港から追い出すことの妥当性を認めるだろう。ネルソンがある時に述べたように、「今求められているのはより多くの船ではなく、より多くの兵士だ」[139]。こうした状況が引き延ばされるべき事情はほとんどない。しかし、前段落に挙げた理由により、我々はこの問題を速やかに結末までもたらすことを二重に義務づけられ、タンパからの陸海連合遠征軍が直ちに命令された。その後の捕虜返還により示され、また我々が事前に鋭く感づいていたように、サ

とるなど不穏な動きを見せ、いずれ戦争に介入するのではないかと噂されていた。Cf. Dewey, *Autobiography*, pp. 262-267. また、現在ではドイツのヴィルヘルム二世が当時からアメリカ侵攻計画を検討していたことが明らかとなっている。Holger H. Herwig and David F. Trask, "Naval Operations Plans between Germany and the United States of America 1898–1913: A Study of Strategic Planning in the Age of Imperialism," *Militärgeschichtliche Mitteilungen*, Vol. II (1970), pp. 5–32; "A Footnote: Kaiser's Plan to Invade U.S.," *The New York Times*, April 24, 1971.

❖138 Cf. Long (Secretary of the Navy) to Dewey, July 13,1898, in *Appendix to the Report of the Chief of the Bureau of*

ンティアゴ〈・デ・クーバ〉周辺の地域における敵兵士の数を考えると、実際に送られたよりも大きな戦力を用いるのが間違いなく望ましかった。この本当に大胆な作戦行動に従事した兵士の不十分な数に対してなされた批判は本質的に確かな根拠があるものであり、もしこの企図そのものではなく、戦争勃発に際して我々に非常に小さな陸軍しか与えてくれなかった国家的な先見の明のなさに批判の矛先が向かうならそれは全く正確だっただろう。この作戦行動の非常に冒険的な性質は、マンザニーヨ〈キューバ東部の港湾都市〉から三〇〇〇人の兵力を有するエスカリオ[140]の隊列が七月三日にサンティアゴ〈・デ・クーバ〉に到着したという事実により示されている。到着が遅すぎた、この都市が食料と水をその掌握に依存していたサン・ファン〈高地〉とエル・カネイの防衛に参加するには非常に遅すぎたというのは事実である[141]。しかし、エスカリオが間に合ったとしたら、我々の兵士の仕事はどんなに困難なものになっていたか、背筋が寒くなるような示唆を与えるほどには遅過ぎたりはしない。この事件は、死に物狂いの勢いと時間の節約が切迫した災難から安全をもぎ取った、歴史上の事例の長い一覧にもう一つの事例を加えている。この機会は我々に大きな危険を冒すことを要求するものだった。そして、その成功は、有利と不利の明白なバランスから、その必要性により事前に正当化され、もし失敗したとしても非難の対象と

Navigation, 1898 (Washington, 1898), p. 625.

❖139 マハンの引用が恐らく不正確であるために引用元の特定が困難だが、ネルソンの発言はマルタ包囲（一七九八年〜一八〇〇年）に関するものだろう。イギリスはマルタ蜂起軍と共にフランス守備隊が立て籠もる首都ヴァレッタを陸海両方から封鎖していたが、ネルソンは首都攻略を早期に完了させて封鎖に必要な戦列艦を別任務に解放するため、ミノルカのイギリス軍や周辺諸国から兵士を派遣するよう繰り返し要請していた。Cf. Mahan, *The Life of Nelson*, Vol. II, pp. 6–9.

❖140 フェデリコ・エスカリオ・ガルシア・アグエロ・イ・モリナ陸軍准将（Federico Escario García Agüero y Molina, 1854-1913）は、キューバ

するには相応しくない試みを単に二重に正当化している。

しかしながら、海軍省は避けられるかもしれない損害のわずかな可能性にすら賭けるべきだとは考えていなかった。そして、危急に際して決定的な優位のために非常に大きな危険を冒すことができない者は指揮するのに相応しくない一方で、適度な警戒で備えることのできる重大な損害の小さな危険にすら〈備えをせずに〉賭ける者にはより小さいだけで過失があると述べることができるだろう。ネルソンが、敵を妨害したり撃破したりする際に指揮下の全艦隊〈の安全〉に注意したよりも、通常の航行に際して上檣《トゲルン・マスト》により注意していたとよく言われている。この明らかに対照的な資質の組み合わせは、すべての有力な軍人に完璧に見られるものであって、その完成には両方が必要である。

で反乱軍と戦っていたスペイン陸軍士官。
❖141 サンティアゴ・デ・クーバを守るサン・ファン高地とエル・カネイの防御拠点はいずれも七月一日に攻略された。

第二九章 「現存艦隊」と「要塞艦隊」▼061

日露戦争中の旅順戦隊

［一九〇四年二月の日露戦争勃発に際して、ロシアは装甲巡洋艦三隻をウラジオストックに、もう一隻を朝鮮の仁川に、また戦艦七隻と巡洋艦六隻、水雷戦隊を旅順に持っていた。旅順の艦船のうち三隻は二月八日の水雷攻撃で重大な損害を受け、仁川の巡洋艦は翌日破壊された。〈また、四月一三日には旅順艦隊のマカロフ司令長官の乗艦である戦艦ペトロパブロフスク号が触雷して沈没した。〉東郷は五月一五日に旅順沖の機雷原に突き当たって一等戦艦六隻のうち二隻〈初瀬と八島〉を失った。八月一〇日にはウラジオストックへ脱出する試みで旅順戦隊は戦艦一隻と巡洋艦数隻を失い、残りは旅順攻囲戦の中で沈没した。攻囲戦は五月二七日から一九〇五年一月一日まで続いた。一九〇四年二月八日以前から日本は朝鮮への兵員輸送を開始しており、旅順陥落後には、一九〇五年二月二四日の奉天決戦でクロパトキン将軍❖142に対して全戦力を投じることができた。——編者。］

▼061 Mahan, *Naval Strategy*, pp. 383-401.

❖142 アレクセイ・ニコラエヴィッチ・クロパトキン陸軍大将(General Aleksei Nikolaevich Kuropatkin, 1848-1925)は、一八九八年から一九〇四年まで陸軍大臣、日露戦争におけるロシア満州軍の総司令官。

海軍戦略とは直接関係のないある事例から、失策と敗北が成功よりも基本原則をより明白に例示するということに私は気づいた。敗れた側の記録からこそ、我々は最も確実に教訓を引き出すことができるのだ。これは打ち負かされた将軍や提督が国民に対して、またおそらくは政府に対して弁明をしなければならないという事実のためでもある。敗北した艦長や提督を軍法会議にかけるという海軍の習慣は、歴史と戦争術の双方を論じるために必要となる素材を非常に多く生み出している。軍法会議が開かれない場合でさえ、敗北は大声で説明を求める。その一方で、成功は慈善と同様に幾多の罪を覆い隠す。今日まで、マレンゴはナポレオンの勝利であって、ドゥゼの勝利ではない。[143] そして、初期の敗勢を引き起こしたフランス隊列の危険な伸張は、最終的な勝利の中でほとんどの人に忘れられている。失敗した者は失敗を軽くしたり、失敗の汚名から自らを逃れさせたりするすべてのことを自ら進んで明らかにするだろう。勝者はほとんど質問されることがないし、もし間違いに気づいているとしてもそれを明かす必要はない。クロパトキンとロジェストヴェンスキーの困難や功績を認める者よりも、彼らを批判する者の方が多い。おそらく、日本の二隻の戦艦、初瀬と八島がロシアの機雷で沈没した日の前日に、敵〈日本〉に対して大きな損害を与えた作業に従事していたロシア艦艇に気づくには、日本の偵察船は一隻

❖143 ルイ・シャルル・アントワーヌ・ドゥゼ（Louis Charles Antoine Desaix, 1768-1800）。マレンゴの戦いにおいて、ナポレオンの敗勢が濃くなった時に分遣隊を率いて合流し、命を落としながら勝利をもたらした。

も間近になかったということを知っているか、あるいはそれに注意している者はこの海軍の聴衆の中でさえほとんどいないだろう。その日、その作戦〈機雷敷設〉の間に、旅順の望楼からは日本の艦艇が一隻も見えなかったのだ。❖144

先に記した理由により、正しい行為の中で示されるものであれ誤った行為の中で示されるものであれ、基本原則の例証を求めて、まず始めに、またより具体的にロシア海軍の行動に目を向けよう。そして、ここでまず、ロシアの実践において主要な、また私の判断では根本的に誤っている、こうした原則ないし格言の定式化を二つ挙げよう。これらは知的な概念であり、その第一はロシアの計画を支配し、ロシアの軍事観念に影響を及ぼしていると明確に述べられているものだ。その一方で、第二は多くの影響を奮っていると推断して演繹することができるだろう。「要塞艦隊」と呼ばれる第一のものは、はっきりとロシア独自のものである。すなわち、他国の軍事思想に表れることがないというわけではないが、ロシアの理論と実践において如実に認められる。第二はよく知られた「現存艦隊」である。その表明においても起源においても明白にイギリスの概念であるが、第一のものと同様に、他国の海軍関係者にもその反響がある。現時点ではこの「現存艦隊」という概念を定義しないでおこう。その極端な表現を示すことで、後でその定義を試みよう。しかし、それ以上に細かく定義する

❖144 マハンはこれが日本側の失策であったと示唆しているが、実際には自然条件の影響が大きかった。一四日から一五日にかけては時折濃霧が周囲を覆い、旅順港を監視する第三戦隊は濃霧のために旅順港に接近することができなかった。一五日未明には吉野が濃霧の中で春日と衝突して沈没している。Cf. Julian S. Corbett, *Maritime Operations in the Russo-Japanese War, 1904-1905*, Vol. I (Annapolis, 1994), pp. 232-235.

ためには、ここで費やせる以上の紙幅が必要となるだろう。なぜなら、完全な定義には、この言葉が包含する理論の主唱者と自らを位置づける者によってこの表現――「現存艦隊」――に与えられた、差異が非常に大きい、様々な重要性の濃淡を提示することが必要だからだ。

しかしながら、極端な定式化において、「要塞艦隊」と「現存艦隊」という言葉に要約される二つの理論ないし基本原則は互いに正反対のものであると述べるのがここでは適切である。これらの理論は、いわば分極化した海軍の思考ないし陸軍の思考を示している。一方は、要塞にすべての重点を置き、要塞を支援することを除けば存在する理由がないというほどに艦隊を遥かに従属的なものとする。他方は、あるいは給炭や修理、補給する間の艦隊の艦船の一時的な避難所としてでなければ、要塞を完全に不要なものとする。一方は全国的な海岸線の防衛を要塞のみに頼り、他方は実際の防衛を艦隊のみに頼る。いずれの場合でも、艦隊と沿岸防御施設という二つの兵器の間の協力は、排他的というほどに明白な、一方の他方に対する優越により特徴付けられている。私が適切な解決策だと考える両者の対等関係が存在すると言うことはほとんどできない。この関係は対等の関係というよりも、従属の関係なのだ。［ここで譲歩と異なる目的の間の中庸を暗示する妥協、そして単一の目的への集中とその目的のためのあらゆる手段の対等関係を意味する調整という言葉でよく表現される、適切な手段が区別される。――編者。」

「妥協」という言葉が、軍艦を設計することになった時に、すべての特質がそれぞれ分け前を得られるように、すべての特質について何かを譲歩する心構えがなければならないという印象を頭に伝えることが本当にないのかどうか、熟慮してみる価値がある。仮にそれぞれの特質が、つい先ほど挙げた中央防衛戦力の事例〈マレンゴの戦い〉のように、それが自らの効力を保証するためであるにせよ、実質的に何かを譲歩しなければならないとしても、また私は譲歩そのものを否定するつもりはないが、その他すべてが従属すべき中心的概念を認める者のようにではなく、戦力を複数の通り道に分断する者のように問題に取り組んでも大過ないのだろうか？　私が最近よく利用する例だと認めざるをえないが、例として装甲巡洋艦を挙げよう。この艦は装甲を持ち、また巡洋艦でもある。その結果何が得られるだろうか？　我々の先達がかつて言っていたような「戦列に立つ」船だろうか？　否、そして然り。すなわち、必要とあれば、またその能力を超える危険を冒して、戦列に立つことができるだろう。では巡洋艦だろうか？　然り、そして否。なぜなら、戦列には適当でない装甲と武装を与えるために、巡洋艦に相応しい速度と石炭持久力に必要な以上の排水量を与えたからだ。装甲と武装にこの排水量を与えることで、自艦の速度と航続力を高めることであれ、追加の巡洋艦を提供することであれ、その他の利用から排水量を奪っている。そうした艦は必要以上に巡洋艦であって、装甲艦には劣るか、そうでなければ巡洋艦には劣り、必要以上に装甲艦なのだ。それは間違いなく妥協であるが、私はこれを融合とは呼ばない。二つのものをくっつけたが、二つのままであって一つになっていない。さらに排水量を考えると、それに見合った装甲艦ではないし、巡洋艦でもない。私はそれが無駄な艦だとは言わない。その排水量に相応しい有用な艦ではないと言うだろう。しかしながら、この一人の意見の正否は、これらの問題を適切な思考の線に沿って、また適切な表現手段、すなわち正しい基本原則と正しい用語をもって全般的に考察する士官〈の存在〉が望まれることと比べれば、非常に小さな問題である。

私がここで述べていることの例証としては、「要塞艦隊」と「現存艦隊」という二つの表現自体が、ロシアの実践と基本原則への究極的な影響においてそれを如実に物語っている。要塞艦隊はロシアの陸軍と海軍の思考において支配的な概念であった。日刊紙[062]からなので少し留保を付けて、しかしおそらく正確で、確かにロシアの理論に特徴的なものとして以下を引用する。「ビゼルトからスエズ運河に向かって出発する前に、ロシア戦隊を指揮するヴィレニウス提督[145]は、ロシアの計画は旅順とウラジオストックを帝国における二つの最も重要な工廠

▼062 The Kobe *Chronicle*, February 25, 1904、日本で発行されていた英字新聞。〈訳註。一八九一年に創刊され、一九〇二年にジャパン・クロニクルと改称、一九四〇年には現在のジャパン・タイムズと合併した。〉

❖145 アンドレイ・アンドレーヴィッチ・ヴィレニウス海軍中将（Vice Admiral Andrey Andreevich Virenius［or Wirenius］, 1850-1919）は、日露戦争開戦直前に極東に増援として派遣されたロシア分艦隊の指揮官。移動中に開戦したため、派遣は中止された。

とし、それぞれが対応する戦力の艦隊を持ち」——対応するとは、すなわち要塞に対して——「〈その艦隊は〉基地に頼るようにそこ〈要塞〉に頼る、と述べた」。この配置は、予想される敵、中央に位置する日本の目の前での分割である。なぜなら、その計画が主に要塞に関係しており、海軍の効率性に関係するものではないからだ。この構想は完全に誤っているというわけではない。もしそうであったならば、その誤りは察知されただろう。それには真実の要素があり、そこにこそ最大の危険があった。半面の真理、ないし四分の一の真理の危険である。艦隊は沿岸要塞の安全に貢献することが可能である。特に、その要塞がその国の海外領土にある場合には。その一方で、現存艦隊理論にも真実の要素、それも非常に大きな要素がある。そして、それは海軍関係者の前に非常に長いことはっきりと提示されているので、ロシアでは知られていなかったということはありえない。それは知られていたし、高く評価されていたのだ。この理論には多くの信奉者がいた。ロシア海軍参謀本部は制海を求めて叫んでいたが、責任をもって国家政策を指揮し形成する政府への影響としては、相応の重みを持っていなかった。適切に理解されなかったために——無視によるものかそれとも要塞艦隊という正反対の要素が既に人々の心を摑んでいたからかはともかく——、決して国家的計画における表明を確保することができなかったのだ。あるいは、妥協がなされた。現存艦隊と要塞艦隊の両方が試みられたが、そこには調整はなかった。要塞は終始、〈独立した〉艦隊としての艦隊を国民の概念においては無意味なものとしてしまった。その結果が、旅順において、艦隊から移設された大砲を除けば艦隊が要塞の防衛には何の貢献もしなかったので、ロシアには要塞艦隊がないということだった。ましてや、決して艦隊が現存艦隊として利用されることもなかったために、ロシアには現存艦隊もなかったのだ。

要塞艦隊というこの支配的な概念が国民的気質、すなわち国民の性格、国民の偏見を反映していると述べてみると興味深い。というのも、要塞艦隊とは何を表しているだろうか？　それは防勢の考えである。現存艦隊とは何を表しているだろうか？　それは攻勢である。いかなる種類の戦争において、ロシアは非常に著しく殊勲をたてているだろうか？　防勢においてである。確かにロシアにはスヴォロフ[146]がいたが、一八一二年〈ナポレオンのロシア侵攻〉、クリミア〈一八五三年〜一八五六年のクリミア戦争〉、また今再び一九〇四年から一九〇五年には、ロシアは防勢に傾いた。その領土の大きさと人口の多さのお陰で、衆を頼んでの生存を確信して、いわば敵に自国を叩かせたのだ。軍事的には、国家としてのロシアは冒険的ではない。ロシアには防勢へ向かう冷淡な偏見がある。国家ないし政府の決断の問題としては、ロシアは攻勢という考えを理解していないし、

❖146 アレクサンドル・ヴァシリエヴィチ・スヴォロフ陸軍大元帥（Generalissimo Alexander Vasiljevich Suvorov, 1729-1800）は、ロシア帝国の陸軍士官。常勝不敗の指揮官として知られ、ポーランド侵攻や二度の露土戦争、フランス革命戦争などで功績を挙げた。

国民としても、防勢に対する生来の傾向を正し、国家政策と軍事政策において防勢と攻勢に適切な調整を加えるほどには、攻勢の考えに支配されていないのだ。

「要塞艦隊」と「現存艦隊」という、共に現在通用する、比較的最近の二つのよく知られた表現において、したがって我々は戦争の二つの古くからある部門――防勢と攻勢――に直面する。我々はこれら馴染みのある区分が交戦においてよく知られた特徴と限界を示すと予期することができる。しかし、これらを新しい装いのもとで認めたうえで、攻勢と防勢について直接に言及するのではなく要塞艦隊と現存艦隊に言及し、まずロシアの行動におけるその影響を辿ることを試みることで、その新しい装いのもとでもこれらの区分を考察しよう。

……

それでは、なぜこの艦隊は旅順にあったのだろうか？　なぜなら、日本の攻撃が旅順に向かうことを予期していたロシア当局の目的が、その艦隊を敵海軍に対して攻勢的に利用することではなく、要塞艦隊として防勢的に利用することだったからである。防勢行動により要塞を防衛し、攻撃を待ち構えるのであって、攻撃を仕掛けるのではない。すなわち、要塞の機能は主として防勢のものと考えられ、攻勢のものとは考えられていなかった。後で、沿岸要塞の目的、その存在理由《レゾン・デートル》は本来攻勢的なものであるということを私は示したいと思っている。なぜなら、要塞は主に艦隊を庇護し、艦隊が攻勢的に行動する用意ができているよう保つという目的のために存在しているからだ。今のところは、この点は先延ばしにして、艦隊は防衛においてのみ行動すべきだという艦隊に関するロシアの構想が、その側面〈防衛〉についても不完全な行動を必然的に導いたことに言及するだけで十分だろう。実質的には、旅順分艦隊は、たとえ局地的にであっても、攻勢的に行動したことはなかった。現地の観察者はこう述べている。「駆逐艦の配置において、当局は駆逐艦に自由裁量権を与えたり、何かの機会に賭けることを許したりする気がないようだった」。そしてやはり、「水雷艇は日本の艦船や輸送船を攻撃する目的を持っては決して派遣されなかった。仮に出港して攻撃されたら戦ったが、陸軍の側面《フランク》を掩護するためには出港するとしても、攻撃する目的では出港しなかった」[147]。これら二つの行動は、「要塞艦隊」という表現により示唆される役割を定義している。日本側は、陸軍の上陸地点でもあった、彼らの海軍拠点を確かめるために偵察による試みが一切なされなかったことに驚きを表明した。五月一五日の戦艦二隻の沈没が旅順から見えたけれども、その成功の時、敵の士気喪失の時をさらに有利なものとする試みはなされなかった。旅順には二一隻の駆逐艦があり、そのうち一六隻は港外で航

❖147 引用には多少の異同がある。Cf. Newton A. McCully, *The McCully Report: The Russo-Japanese War, 1904-05* (Annapolis, 1977), pp. 160-161.

行中だったにもかかわらず。それで、まさに最後の時にも、艦隊は防勢の役割にすがりついたのだった。敵の砲弾により既に損害を受けて初めて出港し、その時も戦うためではなく逃げるためだった。

私が目を通したどの説明が示す限りでも、大砲を揚陸して、最後の苦闘が近づくと要塞の砲台を支援して備砲を利用する以外にその艦隊が要塞の防衛に何も貢献しなかったというのは、この行動方針に関する奇妙な論評である。しかし、最も極端な理論家も、艦隊を維持する意図としてこうした目的を主唱することはほとんどないだろう。揚陸された大砲は〈当初から〉陸上に設置される方がよいだろう。防衛に関する限りでは、ロシア旅順艦隊は終始クロンシュタット〈バルト艦隊が拠点とした軍港〉にいても同じだったかもしれない。実際、その方がよかっただろう。なぜなら、その場合には数を集中させてロジェストヴェンスキーに同行することができただろうし、そこで集合した全ロシア海軍は戦力において遥かに優勢で、その艦隊の一部が旅順港に存在するよりも、旅順の防衛として遥かに効果的な、日本の制海への脅威となったことだろう。

本隊として旅順に集合した極東におけるロシア艦隊は、その状況下で単に存在することにより、艦隊が従属する要塞に仕えるためだけにそこにいるのだということを公言していた。戦域のもう一方の端であり、主たる作戦の場でなければならない敵交通線の側面に位置するウラジオストックに集中していたならば、それは要塞が船に対して従属しており、その国家的軍事計画における主たる価値は、戦闘するために出港することが意図され、明確な目的をもつ組織〈艦隊〉を庇護し、修理を提供する、要するにその効率性を維持することにあるという明瞭かつ明白な宣言となっただろう。不運なロジェストヴェンスキーは、運命の日本海海戦を前に、私が彼の発言だと知った表現においてこの事実を表明した。つまり、もし彼の指揮下にある艦船のうち二〇隻のみがウラジオストックに到達したとしても、日本の交通路は重大な危機にさらされるであろう、というものだ。これは明瞭な「現存艦隊」理論であり、それも完全に純粋なものだ。なぜなら、それは作戦の場の近くでの強力な戦力の存在が、たとえ劣勢であるとしても、敵の行動に重大な影響を及ぼすだろうという極端な見解を表明しているからだ。この極端な学派は、それが遠征を阻止する、ないし敵が賢明であれば中止するはずだと主張しすらしている。私は長年にわたって、歴史上でそう示されているように、この見解が根拠薄弱であると主張している。こうした劣勢な「現存艦隊」は、通常の状況では敵によって十分な抑止力として甘受されるはずがない。過去においてそうではなかったし、日本もそれを受け入れなかった。旅順におけるロシアの「現存艦隊」は日本の輸送を止めなかった。日本は「現存艦隊」からの危険を認識して、それを無力化するために持てる力の中で一貫してあらゆる手段をとったが。日本の作戦は終始、一貫してこの目的に向けられていた。最初の部分的に成功した水雷攻撃、船を沈めることにより港を閉塞する試み、遠距離砲撃、港外に敷設された機雷、そして攻囲作戦の早期の確立と粘り強さ――そのすべての目的はただ一つ、港内に現存する艦隊の破壊であった。しかし、それにもかかわらず、その艦隊は日本陸軍の輸送を阻止しなかったのだ。

これら二つの同時作戦、現存艦隊の存在にもかかわらず行われた兵士輸送、そして同時に現存艦隊を破壊――ないし無力化――するための辛抱強い努力は、対立する考察の間での調整と私が呼ぶものを例証している。現存艦隊から受ける危険は認識されているが、陸上戦役の開始を遅らせることの危険もまた認識されている。現存艦隊学派は、旅順艦隊が存在する限り、輸送を非難するだろう。この学派は実際に輸送を強く非難した。この学派の影響を受けている、ないし当時受けていたロンドン・タイムズ紙は、戦争が始まる六週間前に海軍通信員と陸軍通信員による情勢の概要を掲載したが[148]、その中に以下の宣言が表れている。「旅順の大砲の影に敵艦隊が存在することで、日本が黄海への兵士派遣を敢行することなどほとんど不可能だろう[149]」。そして再び、四週間後には、「ロ

[148] 当時のタイムズ紙の海軍通信員はジェイムズ・サースフィールド(James R. Thursfield, 1840-1923)、陸軍通信員はチャールズ・レピントン(Charles à Court Repington, 1858-1925)であった。サースフィールドは自著の中でも「現存艦隊」の価値を認めている。Cf. James R. Thursfield, *Naval Warfare* (London, 1913), Ch. 4.

[149] "The Military Situation in the Far East," *The Times*, December 24, 1903.

シア艦船が沈められたり、拿捕されたり、その翼を事実上折られた状態で港に閉じ込められるまでは、遠征軍の海上交通路の安全はありえないというのは明白だ」[150]。これらは、劣勢の戦力に脅かされた攻勢への抑止的影響を当然視する現存艦隊学派に固有の誇張を明瞭に例証すると共に、ロシアの海軍作戦の遂行が彼らの要塞艦隊理論に潜む非効率そのものだったことを例示している。

もし安全が平時の安全を意味するなら、これらの現存艦隊に関する宣言も受け入れることができるかもしれない。しかし、軍事的な安全は完全に別物である。そして、最初の水雷攻撃と同時に、その結果が判明する前に、日本の遠征軍が仁川に向けて黄海に派遣され、推定五～六〇〇〇〇人の増援が急速に送られたということを我々は知っている。満州での大胆な企て、鴨緑江の河口西岸への兵士上陸はしばらくの間――二ヶ月ほど――遅れた[151]。その遅れの理由が何だったのか、何が開始の時を決定したのか、私は知らない。しかし、それが旅順港内のロシア戦艦四隻の眼前で行われただけでなく、最初の水雷攻撃で被害を受けた戦艦の修理により六隻に増えてからも続いたことを我々は知っている。早くも五月三一日には、〈ロシアの〉損傷艦の出撃準備がほぼ整ったことが東京では知られており、実際の出撃は六月二三日になされた。

日本はこのように大胆な企てを実行したけれども、彼らはそうすべきではな

[150] "The Military Situation in the Far East," *The Times*, January 19, 1904.

[151] マハンは、ほぼ同時期に行われた黒木為楨司令官率いる第一軍の鴨緑江渡河と奥保鞏司令官率いる第二軍の塩大奥・貔子窩上陸とを混同していると思われる。

かった、と言う余地は確かにある。したがって、日本は冒している危険に完全に気づいていたということに注意せよ。陸軍の交通路が戦艦に懸かっているということを知っており、彼らは始めから戦艦を極めて大事にしていた。その事実には現地の観察者たちが戦争の初期に気づいた。これは、彼らが旅順のロシア艦隊、そしてバルト海の艦隊の全状況、そして彼らの交通路に及ぶ危険の脅威を完全に認識していたことを示している。しかしながら、敵の「現存艦隊」から受けるこれらの様々な危険を認識しながらも、彼らは大胆にも実行したのだ。

三月半ば頃、すなわち戦争が始まってから六週間後に、三月一一日の雪嵐の中で旅順の艦船が脱出したという、日本当局者も部分的に信じた報告書が届いた。兵士の輸送がすべて一〇日間ほど停止されたということが報道されている。我々のスペインとの戦争でも、二人の異なる有能な目撃者から届いた非常に類似する報告が、それが検証されるまでシャフタ率いる陸軍のキーウェストからの移動を停止させたことが思い出されるだろう。日本の場合には、我々の場合と同様に、この事件は「現存艦隊」から受ける可能性がある危険を例証している。いずれの報告も、明白に非現実的というわけではなかったのだ。いずれの場合でもそれが真実だと判明したら、交通路への一時的な危険は明白だった。しかし、その危険は、その機会に賭けなければならないものだった。ナポレオンが述べたように、「危険を冒すことなく戦争をすることはできない」。港内で監視される敵艦隊が出港するかもしれない、そして〈輸送が〉損害を受けるかもしれないという状況は、その艦隊が港外に出たという事実とは全く異なるのだ。その可能性があるということは、輸送を止める十分な理由ではない。実際の事実があるなら、そうした状況で我々自身と日本がしたように、特別な用心をして新しい状況に配置を調整する十分な理由となる。敵が同等ないし優勢な艦隊を有しているなら、この問題は全く異なるものとなる。なぜなら、そのとき敵は自身の移動を完全に思い通りに行うことができ、海上にあり続けるために回避に頼ったりはしない。こうした場合の交通路は、単に一時的な攪乱だけでなく、恒久的な破壊を受ける危険もある。これを理解するのに何ら特別な警告は必要なく、「現存艦隊」学派の特徴は劣勢の艦隊による麻痺効果を強調することにある。

分断された戦力▼063

しかし、この戦争の最も重要な教訓には――容易に理解することができ、また永遠に適用することのできる戦争の原則の好例として、おそらく最も重要な教訓――、平時においてさえも、戦闘艦隊を仮想敵の艦隊よりも個々には小さい部分に分断することの不得策、恐ろしい危険が含まれる。旅順とウラジオス

▼063 Mahan, "Retrospect upon the War between Russia and Japan," *Naval Administration and Warfare* (Boston, 1908), pp. 167-173.〈訳註。一九〇六年の『ナショナル・レビュー』誌掲載記事。〉

トック、そしてロシアのヨーロッパにおける諸港におけるロシア分艦隊は、もし連合していたら、一九〇四年には日本海軍に規模において決定的に勝っただろう。そのうえ、日本海軍は交戦中に増強を受けることはできなかった。局地的な作戦の場への影響に関しては、艦船がバルト海とウラジオストック、旅順のいずれに集合していたかどうかは、比較的重要ではない。連合して存在する場合、日本が故意に無視した旅順分艦隊だけにより引き起こされた危険を比較にならないほど超越する危険なしに、そうして構成された艦隊を無視することはできなかっただろう。なぜなら、四ヶ月という期間で海洋交通路を脅かす組織としては旅順艦隊を無力化した手段に着手し、成功裡に実行したけれども、それにもかかわらず彼らは二月八日の水雷攻撃の前に大陸への陸軍の移動を始めていたのだ。利用可能なロシア海軍が連合していたとしたら、日本が同じことを敢行することなどほとんどあり得なかっただろう。艦隊がウラジオストックで氷漬けになったとしても、それは全く問題ではなかっただろう。兵士を大陸に横断させることに冬を活用したとしても、もし夏が来た時に敵が圧倒的な海軍戦力で現れるならば、日本の立場は改善せず、むしろ悪化したことだろう。東郷が、ロジェストヴェンスキーの分艦隊だけを前にして、艦隊に「皇国の興廃この一戦にあり」と信号を送ることができたとして、前年八月に東郷の艦船に多少の損害を与えた旅順の艦船がロジェストヴェンスキーの分艦隊に加わっていたとしたら、状況はどれほど深刻なものになっていただろうか。

教育を受け、思慮深く、海軍を理解する米国人にとって、戦艦部隊を大西洋と太平洋の二つの分艦隊に分割するよう、優柔不断、ないし軍事をよく知らない施政者に一般大衆の喧噪が影響を及ぼす恐れほどに危険な、海軍に関心を持つ国に重大な悪影響を及ぼす不慮の事態は他にない。軍事問題について教育を受けた決然とした大統領は間違いなく譲歩したりしないだろうが、懸念を和らげ、抗議を静めるため説明に努めるだろう。しかしながら、その危険は存在する。そして、効率的な軍事組織は戦争における──また平時における──効力をその位置ではなく、集中された戦力に依存しているという単純な基本原則を人々は理解しないので、その危険は常にある程度は存在するだろう。これは位置とその価値を無視しているわけではない。その逆に、「戦争は位置の業である」というナポレオンの含蓄のある言葉を明瞭かつ即座に思い出しながら書かれている。しかし、この偉大な指揮官は、この言葉が現れる手紙の中で、その手紙の宛先である元帥に対して、急速に合流することができるように、また敵がいずれかの部隊を攻撃する前に一団となって敵を迎え撃つ、ないしフランスの別の重要な権益に対して現在の位置から遠く移動することができるように、彼の軍団の各師団を補給のために共通の中心の周辺に配置するようすぐに指示している。[152]

実に、先ほどの分析でも、集中それ自体も位置の選択であると正しく定義されるだろう。すなわち、様々な部隊ないし船は、別の一部がある場所に、また一部が別の場所に存在するのではなく、すべてが一つの場所に存在すべきであるということだ。我々米国人は、幸運にも我々自身で犠牲を払うことなく、古くからの友好国の犠牲により、客観的な教訓を得ている。日本との戦争が迫っていた時点では、ロシアには事実上の世論がほとんどなかったということが一般的に信じられている。公職者に対するダイナマイトの使用に現れたような世論は、[153]軍事であれ何であれ、国際関係を考慮に入れていないように思われる。しかし、ロシア帝国の評議会において、その評議会がどう構成され、軍事要素の重みがどれほどであったとしても、非常に単純で明確で、教訓と経験により継続的に強調された基本原則の絶対的な無視が行動において示された。市民生活においても軍人生活においても、完璧によく知られた非常に確固たる基本原則が、先入観や特定の傾向に対してはたいてい持ちこたえることができないということを我々が誰しも目にしたことがなければ、その事実〈基本原則が無視されること〉は理解できないほど単純で明白な基本原則なのだ。交通路が戦略を支配し、

[152] Cf. Napoleon to Marshal Marmont, February 18, 1812, Napoleon, *Correspondance de Napoléon Ier*, vol. XXIII (Paris, 1868), pp. 234-235.

[153] たとえば、一八八一年にロシア皇帝アレクサンドル二世が爆弾により暗殺された。

大陸戦争における日本の交通路が海を通るということは、真昼のように明らかだった。その場に連合したロシア全海軍があれば十分であり、その半分ではおそらく不十分、また確実に危険であるということも同じぐらい明白だった。しかしながら、〈ロシアの船は〉一隻ずつ、半分が極東に集合し、この分割のプロセスが日本の利益になるほどに進んだのを日本が目にして開戦するまでそれは続いたが、開戦後には当然ながらロシアの戦艦は単独で〈極東に〉前進することはできなかった。

　軍事的観点からすると、この手続き〈戦力の分割〉の不条理は明らかである。しかし、国家の安全のためには、政治家と国民にとっても同じぐらいそれが明白でなければならない。人々の思考の働きについてわずかでも知識がある外部の観察者は、ロシア評議会での議論を聞くのにほとんど想像力を必要としないだろう。「東洋の情勢が荒れ模様だ、艦隊を増強しなければならない」と一人が言う。「そうとも、増強すべきだ。我々が持っている船をすべて、それも同時に、用意ができたらすぐに送るべきだ」ともう一人が言う。「いや、でも」と三人目が加わる。「既に日本と協定〈同盟〉を結んでいるイギリスが我々に宣戦布告した場合に、バルト海沿岸がどれほど攻撃に晒されるかを考えなければならない」。それに対する明らかな返答、つまり、イギリスが宣戦布告した場合には、バルト艦隊についてすべきことはクロンシュタットの大砲の内側にしっかりとすり寄せることだ、という返答がおそらくなされるだろう。それがなされたとしても、心に留められなかった。代議政府では、きっとさらなる発言が聞こえてきたことだろう。「沿岸都市の保護のために一切船が残されていないことを目にする我々の沿岸都市における反感は非常に強いものだろうから、我が党が次の選挙に勝つことができるかは疑わしい」。これに対しては、大衆の理解を除いては何の対策もない。恐れる理由などない内陸部では、〈大衆の理解を求めることが〉おそらく有効だろう。

政治的混乱により脅されたわけでもない政府にあっては許しがたい、このロシアの過ちの最も啓蒙的な特徴は、それが平時に、戦争が迫る状況を前にしてなされたということである。実際、しばしばそうなのだが、戦争が起こった時には平時の失敗や怠慢を適切に矯正するには既に遅すぎるのだ。二〇年以上前に、筆者はあるフランス人著述家の言葉を強調して引用したことがある。「海軍戦略」——海軍の戦略的考察——「は、平時にも戦時と同じぐらい必要である」[154]。一九〇四年には、日本が中国との戦争で獲得したもののほとんどを奪われてからほぼ十年が経っていた[155]。その時以来、ロシアは自国の目的を推進し、日本が「重要な権益と国家の誇り」と見なすものに反して、着実に侵略的な方針を追求

❖154 Cf. Anonymous, "La Stratégie Navale," *Revue des Deux Mondes*, Troisième Période, Tome 94 (1889), p. 780. マハンは『シー・パワーが歴史に及ぼす影響』の中でもこの表現を引用している（*The Influence of Sea Power upon History, 1660-1783*, pp. 22-23, 89.）。

❖155 日清戦争の結果として割譲された遼東半島を、日本はフランス、ロシア、ドイツによる三国干渉により失った。

していた。ロシアの艦隊が日本の艦隊に比例して、またロシア自身の目的に比例して増強され、手元に維持される、すなわち集中されているのでなければロシアの行動が軍事的に非常識であるということを理解するには、両国の見解についいて意見を述べる必要はない。連合していれば、開戦時にロシア艦隊がバルト海とウラジオストックのいずれにいたかはほとんど問題ではなかっただろう。ロジェストヴェンスキーがそうしたように、しかし彼の二倍の戦力でやって来るという事実は、その艦隊がバルト海にあったとしても遥か遠く東洋にあるのに劣らず際立ったことだっただろう。

それは、応用においても原則においても、米国の大西洋沿岸および太平洋沿岸と全く同じである。どちらも共に攻撃に晒されている。どちらも他方より攻撃に晒される必要はない。なぜなら、世界の他の強国に対する地理的位置のお陰で、艦隊の一時的な位置ではなく、適切な数と効率性を有し、戦力を集中する単なる存在こそが両方の海岸を守るからだ。一方ないし他方からのどんな侵略者も、陸軍を戦争の間ずっと支援するためには海洋交通路に依存しなければならない。単に米国艦隊を一方から他方へと移動させるのに必要な三ヶ月間だけではないのだ。しかし、もし二つの大洋に艦隊が分割された状態で戦争が始まったら、旅順艦隊がそうだったように半分は圧倒され破壊されるかもしれない。そしてその後に現れるもう半分は、ロジェストヴェンスキーに降りかかったような状況を回復するには力不足であると判明するかもしれない。すなわち、集中は両方の海岸を守り、分割は両方を攻撃に晒すのだ。日露海戦を熟考する際に、人々がその認識の中でこの点についてバルト海に代えて大西洋を、旅順に代えて太平洋を用いることが、米国の国民にとって極めて重要である〈強調は著者〉。人々が認識するだけでなく、理解することができるように。

第三〇章　対馬でのロジェストヴェンスキー[064]

［ロジェストヴェンスキーが率いるロシア艦隊は、一〇月一五日にリバウ〈ラトビア西部の都市、現リエパーヤ〉を出発し、一九〇五年一月一日、旅順が降服した日にマダガスカルに到着し、五月二六日の朝に朝鮮海峡ないし対馬海峡に進入した。[156] 一部の補助船舶は長江河口に残されたが、病院船と修理船、そして海軍物資を積載した船は艦隊に同行した。ロジェストヴェンスキー提督の軍法会議での証言によれば、馬鞍群島からウラジオストックまでは九〇〇マイル〈約一四五〇キロ〉しかなかったが、戦艦は三〇〇〇マイル〈約四八〇〇キロ〉分の石炭を積んで海峡に進入した。］

ここでの批判は、行動からその意図を推論するもう一つの事例である。しかし、ロジェストヴェンスキーの行動の様々な部分をつなぎ合わせると、そこから推定されるのは、劣勢の現存艦隊が有する影響力の過大評価が彼の想像力に取りついていたということにほとんど間違いない。過剰な石炭積載の他にも、もしウラジオストックに到達したならば同様に修理の源泉ともなったに違いないが、悪名高い戦術的な困惑の源泉である輸送船の船列を彼は同伴していた。

▼064 Mahan, *Naval Strategy*, pp. 416-420.

❖156 実際にロシア艦隊が朝鮮海峡に侵入したのは、二六日深夜から二七日早朝にかけてだった。二七日午前二時四五分に、九州の五島列島西方を哨戒していた信濃丸がロシア艦隊を発見した。

そして、彼自身の側では前進偵察を試みたり、彼にそうすることができたかもしれないように、現れた日本の偵察船を追い払ったりした証拠がない。その結果は、東郷はロジェストヴェンスキーの配置をすべて知っており、ロジェストヴェンスキーは敵本隊を目にするまで東郷について何も知らなかったということだ。

さて、これはすべて敵の眼前での悪い運用《マネジメント》であり、その限りにおいて悪い戦術であるが、この悪い戦術は戦略の誤りに起因しているということなのだ。そして、この戦略の誤りは、戦略の真髄であり、単一の限定された狙いにその他すべての要素と考察を従属させ調整する構想の統一、目的の単一性を欠いていたためだった。これらの頁を書く際に、私はドイツ最高の哲学的な歴史家の一人、ランケの偉大な著作の一つ『一七世紀のイングランド』の中の数行を見つけた。それは政策についてのものだが、政策は戦略とは双子の兄弟である。以下にそれを引用するのを許してほしい。

「なぜウィリアム三世はアイルランドでジェイムズ二世に勝てたのだろうか？なぜなら、自身を取り囲む数々の込み入った状況の中で、彼は単一の偉大な考えから常に目を離さなかったからだ。あらゆる瞬間に彼が下した決断は、彼には唯一の目的があり、それは事態の推移によって強いられたものだったという事実に基づいていた❖157」。

❖157 原著はLeopold von Ranke, *Englische Geschichte, Vornehmlich im Sechzehnten und Siebzehnten Jahrhundert*, 7 Vols. (Berlin, 1859-1868) であるが、マハンは英訳版を参照していると思われる。Cf. Leopold von Ranke, *History of England Principally in the Seventeenth Century*, Vol. IV (Oxford, 1875), pp. 612-613. 強調はマハン。

これをロジェストヴェンスキーに適用してみよう。事態の推移によって彼に強いられた単一の目的は日本艦隊の破壊であって、その艦隊はおそらく日本がその戦争のために集められる限りのすべての装甲艦で構成されていた。戦闘の直前に出された東郷の信号▼065はこの単一の目的を認識しており、彼の敵がそれを同じくらい認識すべきではなかった理由はない。ウラジオストックに到達することは、その目的に対する手段に過ぎなかった。それは非常に重要な目標だった。なぜなら、ウラジオストックに到達することができたら、ロシア艦隊を戦闘のための最良の状況にもたらしただろうからだ。しかし、これは決して単一の必須の目的——戦闘——に代わるものではなかった。そのうえ、それは当面の考察と準備の問題としては、その目的を先延ばしすることすらなかった。なぜなら、ウラジオストックまで〈敵艦隊を〉回避して通り抜けることは可能かもしれなかったが、確実ではなかったからだ。すべての条件下で、それは可能性が高いとすらいえなかった。したがって、すべての用心と配慮がもし可能なら回避を実現するためのものであるべきだった一方で、仮に戦闘が強いられるとしても、戦いは回避という考えにより条件付けられるべきではなく、また艦隊は、戦闘準備の整った船のように、馬鞍群島を出発した瞬間から艦隊の足手まといとなるものすべてを切り離すべきだという明瞭な決断を伴うべきだったのだ。

▼065 「皇国の興廃この一戦にあり。各員一層奮励努力せよ」。——編者。

艦隊は、戦い以外の何かに気をとられながら戦闘に入るときには、既に半分負けている。

ロジェストヴェンスキーがこれらの事実を相応の重要性と割合において認識していたなら、また戦闘が彼の単一の目的であり、ウラジオストック到着の後まで先延ばしすることができないという少なくとも非常に現実的な可能性があると納得していたなら、彼は以下のように推論しなければならなかったと私には思われる。距離と各船の〈石炭〉消費量に関する合理的な計算に基づいて、ウラジオストックに到達するのに十分な石炭を積載しなければならない。距離と各船の消費量は両方とも分かっていた。この量に安全のための十分な余裕を加える。もし可能なら〈敵を〉回避する目的のためには、この合計量が運搬される必要がある。ことによると、起こる可能性が高い煙突に穴があく場合でも戦闘中に耐えるのに十分な量を追加する。さらに、各船にはその機動の必要に最適な喫水がある。これらの両方の目標に有利な一つの位置が朝鮮海峡にあるので、おそらく敵は海の狭まった部分か、海軍工廠の近くで我々を待ち構えようとするだろう。もし戦うことになるとしたら、おそらくそこで戦わなければならないだろう。したがって、できる限りにおいて、出発時に艦隊が積載する石炭は、海峡に到達する時点までの消費量が艦隊を最適な戦術状態とするような量であ

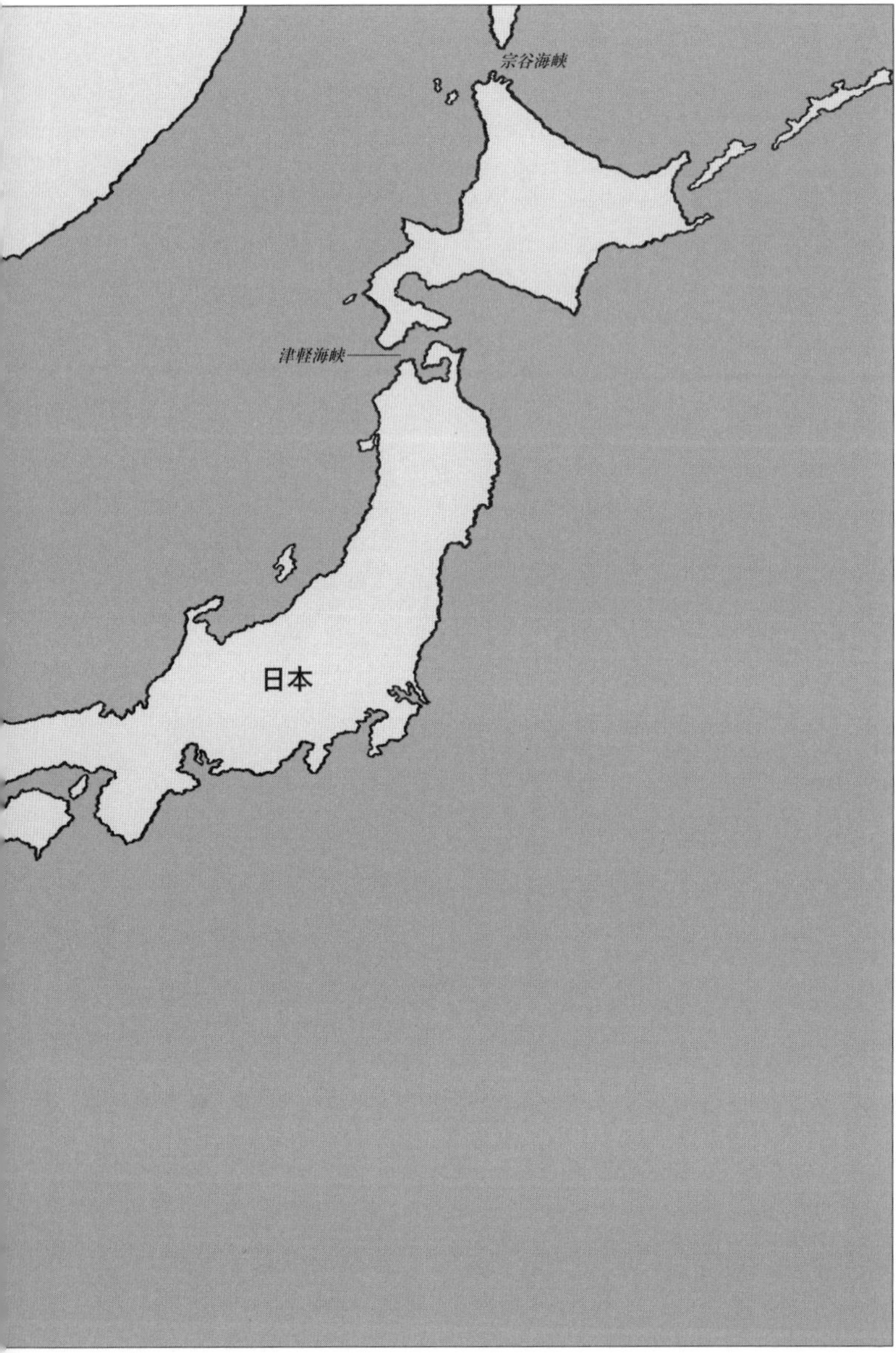
宗谷海峡
津軽海峡
日本

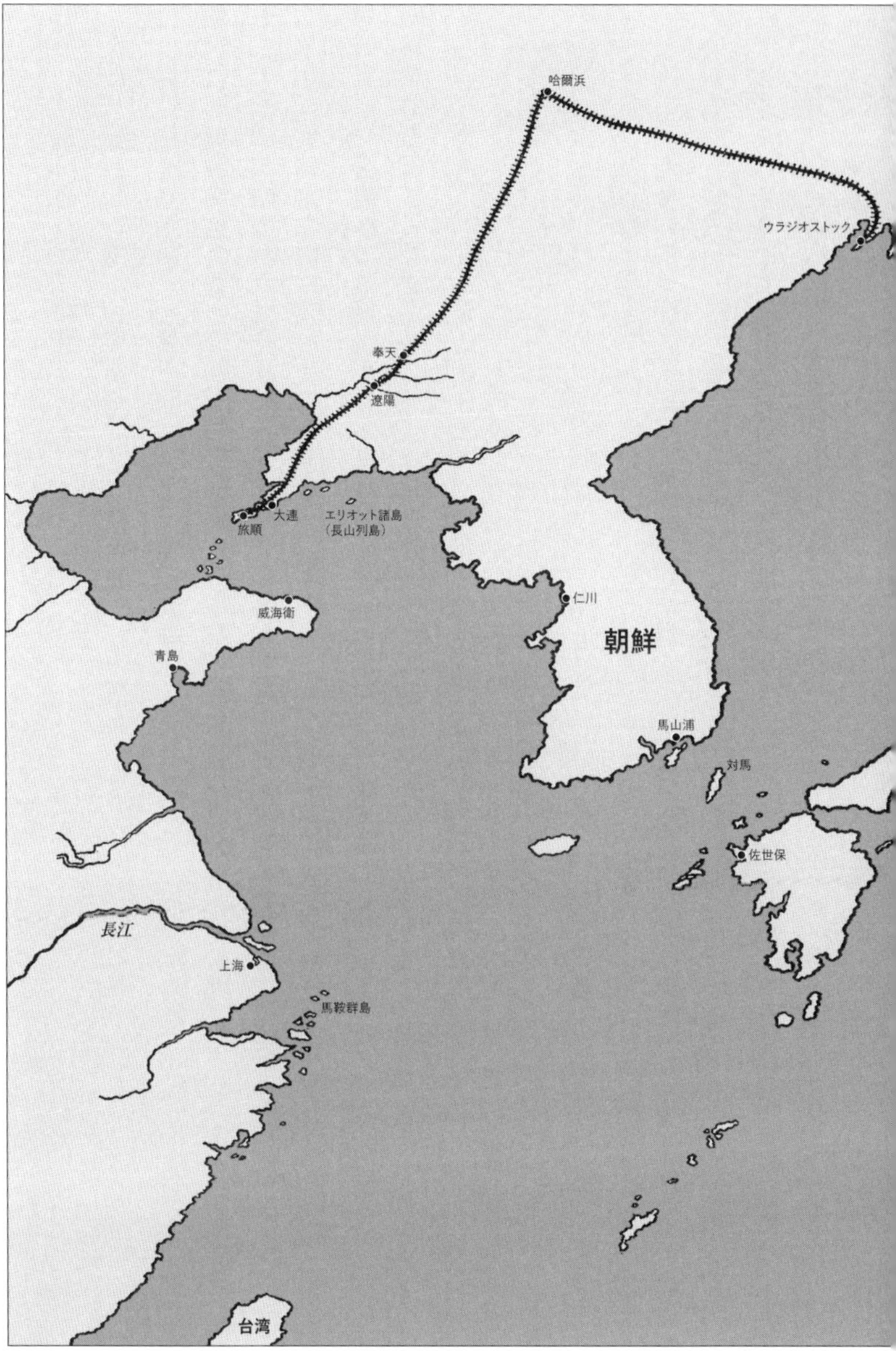
哈爾浜
ウラジオストック
奉天
遼陽
旅順
大連
エリオット諸島
（長山列島）
仁川
朝鮮
威海衛
青島
馬山浦
対馬
佐世保
長江
上海
馬鞍群島
台湾
[**図16**] 日露海戦の舞台

るべきだ。ウラジオストックに到達するために必要な石炭供給量は、こうして戦争の危急にあわせて調整される。

次に、輸送船に関してである。さしあたり、この宿命的な最後の航路において、輸送船には結果に影響を及ぼすような重要性は全くなかった。輸送船の調整とは、戦闘が終わるまで輸送船を脳裏と存在から消すことである。もし敗れたとしたら、輸送船の損失はロシアにとってほとんど重要ではないだろう。もし成功したら、指定された合流地点から召集され、その時に得策と思われる保護のもとで目的地まで護衛されるだろう。もし全艦隊が一斉に錨を上げ、夜間に分離するなら、護衛されて日本の東を進む補給船は発見されなかったかもしれない。または、もし発見されたとしても、この報告は東郷の迷いを晴らすよりもむしろ困惑させたことだろう、とあるオーストリア士官は示唆している。この指摘については、それは補給船を除外する一つの方法だっただろうという以外には私は論評しない。

状況の緊迫は日本の全戦闘部隊を朝鮮海峡に引きつけるはずだったたし、実際に引きつけており、それはロジェストヴェンスキーが考慮すべき要素の一つだった。セミョーノフによれば、補助蒸気船テレク号とクバン号がわざわざ注意を引くように〈日本〉東岸に派遣されたが、誰にも出会わず、その存在は日本に知

られることはなかった。❖158

もしロシア戦隊が東郷を回避したとしたら、そしてもし分離された補給船列が途中で捕捉されたとしたら、それはウラジオストックで整備を行う軍艦にとって非常にやっかいだっただろうということに異議を唱えたり、疑ったりする気はない。ましてや、こうした回避が達成された場合には、甲板に積むほどに積載された結果として残った石炭が将来の作戦にとって大いに価値があったであろうことに異議を唱えるものではない。アイルランドでウィリアム二世にとってそうだったように、これらの気を散らす考察がより現実的で、より重要であればあるほど、欠くべからざる一つのこと、つまり戦闘の日に最大限に備えるということにそれらの考察を従属させることの重大さ、そしてまた必要性がますます際立ったものになる。それらはまた、妥協し、まんべんなく何かを譲歩する、すなわち回避と戦闘という二頭の馬にまたがる傾向がいかに人を誤らせるものであるかも例証している。

ロジェストヴェンスキーの方針は妥協であり、回避と戦いの混同だった。事態の推移によって明瞭に示唆されていた欠くべからざる一つのことに注意を集中しなかったという点において、そもそも戦略的な失敗であり、さらにこれゆえに包括的に戦術的〈な失敗〉と呼ぶことができる一連の失敗に必然的に帰結した。

❖158 Cf. Commander Wladimir Semenoff, *Rasplata: The Reckoning*, translated by Louis Alexander of Battenberg (London, 1909), p. 467.

ある精神状態の結果として、すべてが結びついていたのだ。石炭の過積載、そこから生じる火災の危険増大、装甲帯の水没、速度と戦術力〈機動性〉の損失、偵察活動の軽視、輸送船の同伴――それぞれは戦術的誤りである――、これらはすべて、この戦争においては、戦略を支配する単一の考慮事項は最も有利な状況で海戦を行うことだということを遵守しそこねたことに由来している。それは旅順分艦隊の失敗の繰り返しである。自ら望むよりも不利な状況下で戦わなければならないかもしれないということが明瞭に切迫してくると、条件が変化する。しかし、それに含まれる基本原則には変化がない。ウラジオストックに到達したら、できる限りで戦闘に適した状態になるように、最小限の時間で工廠が提供できる最大限の準備を基本原則は要求したかもしれない。馬鞍群島では、その同じ〈戦闘〉適合性は、起こりうる戦闘への準備をそうした思考が修正するかもしれない限り、ウラジオストックとそこにある補給物資に関するすべての思考を行動への影響から捨て去ることを要求していた。ロジェストヴェンスキーの行動から推論される欠陥のある概念が、不安な海外への旅に必然的に伴った補給物資に関する深い没頭により強調され、補強されたのは、非常にありそうなことだと思われる。彼の思考と気力はある癖、永久ひずみ《パーマネント・セット》をつけてしまい、それから回復することはできなかった。

第二部

海軍政策と国家政策

第三一章　領土拡大と海外基地[001]

ハワイ併合

〔日付が示唆しているように、本論説はハワイ併合の六年前、ハワイにおける革命〈一八九三年〉の時点において執筆された。本論説のこれより前の部分では、ハワイが米国の交易路と海軍の進入路を管制するために米国がハワイ諸島に持つ顕著な権益を指摘し、イギリスの植民地拡大から世界が受けた恩恵に言及する。――編者。〕

しかし、もし世界の福祉という嘆願が国家的な自己利益の口実のように疑わしく思われるなら、国家的な自己利益を確かに適切な動機として率直に受け入れようではないか。一部の者が我々を限定しようとする狭小な自己利益に対して、広大な自己利益を競わせることを意図的に避けたりしないようにしよう。我々の三つの大きな海岸、大西洋とメキシコ湾、太平洋の必要は――それぞれ

[001] Mahan, "Hawaii and Our Future Sea Power," *The Interest of America in Sea Power* (Boston, 1897), pp. 51-54.〈訳註。一八九三年の『ザ・フォーラム』誌(*The Forum*)掲載記事。〉

個別に、またそれぞれの間の結びつきをより密接なものとすることから生じる強さのために全体として――、それに沿ってのみあらゆる時代に富が移動する広大な海洋共有地《シー・コモン》を〈中米〉地峡運河を通じて延長することを要請している。常に制約を受け、したがって常に遅い陸上輸送〈鉄道〉は羨ましそうに、しかし絶望的に遅れて骨折りながら進み、自然そのものが作り出した壮大な交通路〈海〉を押しのけ、取って代わろうと無駄に努めている。軍隊と少数派の強みである集中の力において精力的な〈鉄道〉会社の権益は、自ら欲するものをぼんやりとしか意識していない群衆のまとまりの悪い努力にしばらくはここで立ちはだかるかもしれない。しかし、群衆はたとえ一時的に妨害され当惑させられるとしても、自然の盲目的な力のように必要な進歩に立ちはだかるものすべてを最後には必ずや圧倒するだろう。このように、〈中米〉地峡運河は米国の未来の必然的な一部であるが、その運河に依存する政策に必然的に付随するその他の事件から切り離すことはできず、その詳細を正確に予見することはできない。しかし、今後に適切ないし必要となるかもしれない的確な処置をまだ確実には予言することができないということは、機会が生じた時の導きとなる行動の基本原則を確立すべき理由が薄弱であるということではなく、むしろそのより大きな理由となる。海の管制、そして特に国益ないし全国の通商により引かれる偉大な線

〈交通路〉に沿っての管制が、国家の力と繁栄における単に物質的な要素の中で主たるものであるという、歴史に保証された根本的な真実から始めよう。それは海が世界の循環の偉大な媒介であるためなのだ。ここから、そうした管制を補足するものとして、制海を確保することに貢献する海洋拠点を占領することが、それが公正に行われる場合には肝要であるという基本原則が必然的に導かれる。もしこの基本原則を採用するなら、〈中米〉地峡への進入路上の拠点——そして、それは多数ある——を占拠することに何のためらいもなくなり、地峡の権益はそれらの拠点が我々〈の占拠〉を求めるようにするだろう。それはまたハワイの現在の事例にも適用される。

しかしながら、世界がまだその必要性を超越してはいない、軍事的観点から一つ注意しなければならないことがある。陸上であれ海上であれ、軍事拠点、要塞化された駐屯地は、いかに強固であったり、見事な位置にあったりするとしても、それのみでは管制を与えることはない。しばしば人々は、こうした島や港がとある海域の管制を与えると述べる。それは嘆かわしく破滅的な、全くの誤りである。なるほど、適切な庇護や適切な海軍に関するその他の暗黙の条件を忘れることなく、この言葉は一部の者によって非常に緩く用いられるかもしれない。しかし、我々の国民が持つ、生来の国力への自信と港の防衛および艦隊の充足への無関心さは、前に踏み出す一歩のすべての結果が真剣に熟考されていないのではないかという恐れの根拠となっている。分別があるはずのナポレオンはかつてこのように述べていた。「サン・ピエトロとコルフー〈現在のケルキラ〉、マルタの島々は我々を全地中海の主人とするだろう」[001]と彼は書いたのだ。何という自惚れた自慢だろう！　一年のうちにコルフー島が、また二年のうちにマルタ島が、これらの島々を海軍で支援することのできなかった国から引き離された。[002]否、それだけではない。ナポレオンが堕落しているが無害な政府〈マルタ騎士団〉の手からマルタの要塞を奪い取らなければ、この地中海の砦はあるいは——おそらく——彼の主敵の手中に移ることはなかっただろう。ここにも我々にとっての教訓がある。

❖001 Cf. Napoleon to Talleyrand-Périgord, September 13, 1797, in Napoleon, *Correspondance de Napoléon Ier*, Vol. III (Paris, 1859), p. 392.

❖002 一七九七年にフランスが獲得したコルフー島は、一七九八年から一七九九年まで露土連合艦隊に封鎖され、フランス駐留軍が降伏した後にコルフー島を含むイオニア諸島はイオニア七島共和国として自治国となった。一方、マルタ島は一七九八年にナポレオンにより占領されたが、イギリス艦隊に封鎖されて一八〇〇年にはフランス駐留軍が降服し、イギリス領となった。

第三二章 モンロー主義の適用▼002

英米権益共同体

筆者は、ここで同じ内容を繰り返すことができないほど、パナマを中心とする戦略状況について、直接ないし付随的にあまりに頻繁に議論してきている。しかし、モンロー主義についてここで一言か二言述べるのは場違いではないだろう。我が国の対外政策を拡張の方向へと大きく修正した新しい状況がおそらく永続的なものだと認めるなら、パナマ地峡に軍事的影響を容易に及ぼしうる地域にはヨーロッパ国家体制の侵入を許さないという決意を弱めるものはこの新しい状況にはなく、むしろ決意を強めるものがある。たとえば、一部の者が予期している変化が起こり、オランダがドイツ帝国に併合されてしまうと、その時にはキュラソーがその併合の一部をなすことに同意できないと我々が主張

▼002 Mahan, "The Problem of Asia," *The Problem of Asia* (Boston, 1900), pp. 133-144.〈訳註。一九〇〇年の『ハーパーズ・ニュー・マンスリー・マガジン』誌掲載記事。〉

する必要があるため、それ〈モンロー主義〉を今でも理解されるようにしておくことは有益だろう。パナマ地峡は――太平洋沿岸と大西洋沿岸の間の結び目としての、我々にとっての特別な重要性に加えて――、我々にとって特に重要な大西洋と遥か東洋の間にある二つの偉大な交通路の一つであるということに本質的に要約され、我々がスペインとの戦争に勝利した結果として地中海においてポルト・マオン港〈ミノルカ島〉を獲得することを我々自身が想定できないように、カリブ海における要塞のこうした移譲に同意することはできない。

　このような権益の考察は、一方と他方に公平でなければならない。そして、こうして我々が対処する相手の見解と必要を完全に虚心坦懐に迎え入れなければならない。この熟考のプロセスの間には先入観を捨て去らなければならないだけでなく、公平な判断が下されるまでは再び揺らぎ始めたりしないように感情それ自体も脇に置いておかなければならない。その発展に数年ではなく数日しかかかっていない現在のアジアの問題は、その結果として古い格言の変更を一切必要としないかもしれないが、それにもかかわらず現在の事実に鑑みてそれらを再検討することが必要である。もしこれからいかなる態度の変化も生じないとしても、真面目な再考により追認された決意は、それだけでも国家の利益となるだろう。この新しい東洋の問題は交通路の重要性に大きな影響を及ぼし、より短い航路の重要性を増し、政治状況と軍事状況——商業状況とは区別されるものとして——を逆転させ、地中海を再び関心の前面に引き出し、こうして地中海に大昔の卓越を再び与えている。同じ理由から、カリブ海はパナマ地峡への影響のためにかつてなかったような地位を得ており、カリブ海へのモンロー主義の適用を際立たせている。太平洋はその結果として、開かれつつある市場としてだけでなく移動の手段として、また、そこでの新しい領土がより大きな機会をもたらすことにより、それ相応に大きな国家的責任の重荷を必然的に伴うがためにも、多様な面で米国に接近している。現在と将来の地峡運河——スエズとパナマ——はこれらの変化の本質的性格を端的に表し、局地的に際立たせており、両運河はこれらの変化の象徴であると共にその一要素でもあるのだ。人類がマゼラン海峡をパナマ地峡に移し、喜望峰を地中海の奥に移したということは重大な問題であろう。

これらの新しい状況に相関しているのは、アフリカ大陸とアメリカ大陸の南端の相対的な孤立、そしてその重要性の低下であり、両者は世界の政策に強いられた変化の方向から今や遠く離れてしまっている。そこに位置する諸地域は大航路に及ぼす影響は小さくなり、その固有の生産価値からこれらの地域に残るであろう重要性を引き出さなければならない。それなら、我々のことを好きなわけでもなく、アマゾン川流域南部というその地理的位置が〈中央〉アメリカ地峡への有効な影響範囲の外にある、南米諸国への我々の支援を保証するほどに、モンロー主義を推進することに確固たる国益の根拠は残されているのだろうか？　それを推進する傾向は健全な政策から生じているのか、それとも感情から生じているのか、はたまた単なる習慣から生じているのだろうか？　そして、そのいずれかだとして、その事実はより大きな国家的重要性を持つ場における我々の実効的な行動を妨げるかもしれない責任の重荷を保持することを正当化するだろうか――南アフリカが、スエズに関して必要なイギリスの戦力を弱体化させるということが証明されるかもしれないように？❖003　要するに、モンロー主義が依拠する基本原則が最近の変化により損なわれていないだけでなく、強化されているとしても、基本原則の適用がある地域では戦力を強化し、別の地域では戦力を減らすという修正を要求しているということはないだろうか？

同時代の二つの出来事――スペイン植民地帝国の没落と東アジアにおける危機の火急――によりもたらされた、少なからず印象的で重要な状況が、二つの偉大な英語話者の国家を一層親しく引きつけている。両国においてそれを好ましく思わない者たちによるそこかしこでの頑強な反対にもかかわらず、明瞭に認識された現在と未来の利害一致のお陰で、その事実は非常に重要な命を与え

❖003　一八九九年から一九〇二年にかけてのボーア戦争（南アフリカ戦争）。準備不足だったイギリス軍は当初ボーア軍に圧倒され、イギリス本国や帝国各地から大規模な増援を送らざるをえず、人員および財政において大きな負担となった。

られ、またその結果として必然的な成長を遂げ、今でも具体的で明白なものであり続けている。長いこと静かに育まれてきた〈親英〉感情が好都合な時に強力な影響を振るうよう十分に成熟してきたのだが、それは単なる感情的な位相《フェーズ》ではない。そうではなく、相変わらず、まずは物質的なもの——利害の一致——があり、その後で初めて精神的なもの——感情の互恵〈共感〉——が米西戦争の原因と動機により相互に認識されるまで喚起されたのだ。この戦争、そしてそれに付随する事件は、両国は苦しみと抑圧に対する責務という理想において団結しているが、世界のその他諸国の共感からは相対的に孤立しているということを強力に示していた。▼003

米国における諜報の優越が、その共感の合理的な指針として、トランスヴァールにおける戦争は我々自身の革命が戦われた問題、すなわち代表権が否定される場合には課税は暴力的な圧制であるという問題の時代遅れの再現に過ぎないこと❖004をはっきりと見分け、また表面上は混乱させる多くの細部の中にあってそれを心に留めた精密さにより、この事実の重要性は際立っている。この基本原則はイギリスと我々に共通するものであり、我々の反乱を導いた一時的な逸脱にもかかわらず、イギリスの全歴史の網に織り込まれている。この二重の出来事——二つの戦争と、その両方で双方の国民が基本原則と理想の一致を認めた

▼003「イギリスに対してなされた(米西戦争の際に)、我々の力の行使を制限するための連携行動——五年前に日本がロシアとフランス、ドイツの共同行動〈三国干渉〉により無理強いされたように——に加わる提案に対する返答は、こうした連携行動に加わることを消極的に拒否するだけでなく、それがもし試みられたら積極的に抵抗するという確約だったということを、筆者が完全に信頼している権威者により保証されている」。——Mahan, *The Problem of Asia* (1900), p. 187.——編者。

❖004 一八八六年のゴールドラッシュでトランスヴァール共和国にはイギリスから移民が殺到したが、彼らの参政権は大きく制限されており、これが第二次ボーア戦争の原因

の一つとなった。

ために喚起された共感――は、人類の結束へのもう一つの大きな接近を示唆している。それは時が来れば実現するだろうが、力ずくや夢見る者たちの焦りにより急かされるべきではない。米国の内戦の結果、イタリアの統一、新ドイツ帝国、イギリスにおける帝国連合《インペリアル・フェデレーション》という考えの影響力拡大、これらはすべてより大きな集団になろうとする人類の傾向を例示しており、ここに参照した事例では多少なりとも公式に明瞭に定義された政治同盟という結果をもたらした。これらの各段階の推進と確立に対して、戦争が主たる役割を果たしている。戦争こそが我が合衆国を維持したのだ。戦争こそがイタリアの政治統一を完了させ、帝国の基礎と存続が基づく感情、そして広く認められた利益の一致へとドイツ人を導いた。戦争こそがイギリスとその植民地の間の共感を実に今こそ奮い起こさせ、さもなければ与えられることがなかったであろう具体的な行動への促進を帝国連合に与えている。そして、イギリスの米国への共感を積極的な行動へと刺激し、米国がこうして差し出された貴重な支援を喜んで受け入れ、誠意を込めて報いるような気にさせるには、戦争の圧力、博愛の使命における姉妹国への外からの介入という脅威が必要だったのだ。

戦争は確かに非常に大きな害悪である。唯一最大のものではないが、人類を苦しめる最大の害悪の一つである。しかし、「仲裁」という言葉が、おそらくは、その問題の一面しか表しておらず、両面の合理的な考察のためというよりは、それが連想させる快い調べ――説教者の「メソポタミア」のように❖005――により大衆の想像力を摑んだ時に、二年間に二つの戦争が勃発し、いずれの戦争の正当な目的もより穏健な手段では得られないものだったということを今ここで思い出しておこう。米国がスペインと開戦した時には、飢餓のじわじわとした苦難で四〇万人のスペイン植民地民が命を落としていた。それは、何世紀にもおよぶ圧制と繰り返し破られた誓約により駆り立てられた反乱を鎮圧することが意図されていたが、それには不十分であると証明された手段――再集住政策《リコンセントレーション》❖006――により引き起こされたのだ。この戦争の根拠は、基本的な人道性に基づいて介入する権利と、被統治者にとって無害な手段により遠隔の植民地を統治できないというスペインの立証された無能さであった。必ずしもスペインの誠実さを疑うわけではないが、繰り返される失敗により証明されてきた、公正で立派な統治を行う政治的な無能力のために、新たな約束を〈米国が〉受け入れることは不可能だった。

イギリスのトランスヴァールとの戦争の根拠は、同様の介入の権利――圧制をやめさせるため――と、「代表のない課税は専制である」という、我々の植民地時代の先祖たちが母国と戦った広範な一般原則に基づいている。実際、イギ

❖005 メソディスト派創始者の一人とされるジョージ・ホウィットフィールド(George Whitefield [or Whitfield], 1714-1770)は、その説教の巧みさで知られ、「メソポタミア」という言葉を様々に口にするだけで人々に涙を流させたり、震えさせたりすることができたと言われている。Cf. Robert Philip, *The Life and Times of Reverend George Whitfield, M.A.* (London, 1838), p. 575.

❖006 キューバ独立戦争の最終段階に実行された、スペイン軍の駐屯地や抑留所にキューバ人を抑留する政策。

リスは悪政を施された外国に住む臣民に参政権を与えることを要求したのではない。イギリスはただ、歳入の一〇分の九を生み出す代わりに、海外臣民に与えられていない、国からの公正な扱いが得られるかもしれない手段として参政権を示唆しただけなのだ。しかし、イギリスと米国の自由が基づく極めて重要な原則が冒瀆されていただけでなく、外国人がトランスヴァールに移住することが奨励されていた時には法律により五年で参政権が得られたのに、その五年が経過する前に法律が書き換えられ、この特権は遡及法により取り上げられたのだということを思い出そう。

これらの戦争のそれぞれにおいて二つの英語話者国家の一方がかかわり、それぞれにおいて交戦する一方の国は、他方の国からのみ率直な共感を得ている。部分的には問題があまり明瞭ではない、ないしあまり明瞭に述べられていないために、また主として外国生まれの米国市民の多くは、国益の認識から生じるはずの先入観よりも、生まれた場所の先入観をいまだに持っているために、トランスヴァール戦争〈ボーア戦争〉ではこの事実はそれほど明らかではない。

それにもかかわらず、その基礎はしっかりとしている。我々は利害と伝統の一致、平等と法律の理念において互いを知り始めている。この認識が広まるにつれて、二つの国家は様々な一致においてますます精神の結束へと近づき、両国は同盟の字句による束縛を避けようとするので〈両国の結束は〉一層確かなものとなるだろう。

第三三章 米国と日本の変化▼004

国民精神——変化が遥かに緩慢な——においてではなく、手段における日本の西洋化は、一八九四年の中国との戦争〈日清戦争〉によって驚愕する世界に対し完全に示された。それは一九世紀の終わりに起きた出来事の一つである。この軍事的領域、ナポレオンが野蛮人の科学《サイエンス・オブ・バーバリアンズ》❖007と呼んだ戦争の実践におけるこの偉業には、すべての国際的尊厳と特権の日本への譲歩、その結果として、従来どの東洋の国家も獲得したことがなかった国内の外国人の間における司法権の支配をもたらした民事制度の発展を加えなければならない。このように、国際的均衡における日本の重みは、卓越していることが示された偉業の質ではなく、その国力の総量に依存していることが明らかとなっている。そのうえ、富と人口、それらに依存する資源において日本は不足している——急速に成長しているが——かも知れないが、東洋の権益の中心に対する相対的な地理的位置、そ

▼004 Mahan, "Retrospect and Prospect," *Retrospect and Prospect* (Boston, 1902), pp. 15-17. 〈訳註。一九〇一年の『ワールズ・ワーク』誌（*The World's Work*）掲載記事。〉

❖007 Cf. John S.C. Abbott, *The History of Napoleon Bonaparte*, Vol. I (New York, 1855), p. 83.

して島国であることの利点は、こうした欠陥を埋め合わせるのに十分である。これらのことは、ヨーロッパと大西洋、地中海を中心とする国際関係にイギリスが持っていたし、いまだに持っているのと同程度ではないにせよ、東洋の問題における一つの要素として似た種類の影響力を日本に与えている。

しかし、日本における変化はそれ自体でも著しく、太平洋とアジアの大きな問題に影響を及ぼしているが、米国で起きている変化と比べれば顕著でも重要でもない。東洋において一つの国家が一日にして誕生したと言われるとしても、その出来事はそれでも我々自身の国に訪れている精神と理想の転換——新生——と比べれば突然でも革命的でもないのだ。ここ〈米国の事例〉では、日本の他国民への注目に押しつけられた物質的進歩の認識と採用における日本の事例のような、意識して計画された熟考と内なる自己決定のプロセスよりも、外的な源泉からの衝動を示す急速さと徹底が明らかである。新しい政策の採用において我が国民を導き、左右したとうそぶくことができる者も集団もなく、その受容は理性的というよりは直感的——筆者は霊感に触発された《インスパイアード》、と言うのを好む——なものなのだ。過去半世紀の間に最も変化した二つの国民、日本と我々の間にはまさにこの違いがある。日本は別の手段を採用したが、我々は別の使命を授かったのだ。一方の転換は物質的なものであり、他方の転換は精神的なものである。我々が膨張について語るとき、我々は観念の領域にいる。膨張による物質的な追加――言うなれば面積――は、[008] 我々のこれまでの領土、または過去数年の間のヨーロッパ諸国による併合と比べれば取るに足らない。その他の点における物質的利益、我々にとっての国家的獲得は、どう見ても不確かなものだ。我が国が膨張の中で獲得したものは革新的な考えであり、心の高揚であり、将来の有益な活動の種であり、潤沢に与えられた賜物を伝えるために自己の殻を破って世界に出て行くことである。

[008] 米国は一八九八年の米西戦争の最中にハワイを併合し、また戦後にはスペインからフィリピン、グアム、プエルトリコを獲得し、キューバを保護国化した。

第三四章　太平洋における米国の権益[005]

［本論説の前の数頁は、「門戸開放」政策の太平洋における国際的な勢力均衡への依存、そしてドイツ海軍の増強とヨーロッパにおける緊張の高まりによるこの均衡の変化を説明している。――編者。］

その結果は、二つの主要な太平洋国家、その海軍が太平洋に海岸線を持つただ二つの大海軍である米国と日本が、太平洋において勢力均衡を代表するままになっているということだ。これは国際平和にとって最高の安全保障である。なぜなら、それは協定《バーゲン》ではなく、容易に確かめることのできる事実を象徴しているからだ。これら二つの海軍は他のどの海軍よりも太平洋に戦力の集中をたやすく維持することができる。また、堅実な軍事政策は大西洋ではなく太平洋を米国戦闘艦隊の基地とするのではないかと問われさえするかもしれない。なぜなら、イギリスとドイツの艦隊を北海に留めておくことを強いるヨーロッパにおける海軍力の均衡は、太平洋の状況において相当するものがないほどに、

[005] Mahan, "The Open Door," *The Interest of America in International Conditions* (Boston, 1910), pp. 198-202.

米国の大西洋沿岸――そしてモンロー主義――を守っているからだ。現在の情勢では、ドイツとイギリスのいずれも、モンロー主義に象徴される米国の対外政策を侵害することをたとえ望んだとしても、それを実行する余裕がない。

太平洋における日本、そして門戸開放に対する日本の態度については、ヨーロッパやアメリカの列強の場合とは非常に異なる。日本の中国と満州、朝鮮への近さは、短距離で素早い輸送が常にもたらす、自然な商業的優位を与えている。日本の労働力はまだ安価で、これは開かれた競争におけるもう一つの優位である。しかし、これらの近接した自然な市場、そしてそれらにおける日本の権益というまさにその事実が、組織化が不十分な国家と交際する際に、究極的には武力による支配を意味する政治的支配の試みへといつの間にか容易に変わってしまう、所有権の感覚を育まざるをえない。これゆえに、真実であるか否かを問わず、こうした優位が追求され達成されているという頻繁な報告があるのだ。その当否はともかく、これらは機会が提供されたり機会を作り出したりできるときに、各国が頻繁に追求するものを例示している。これは我々が保護と呼ぶものに厳密に一致している。しかし、保護は国際法ないし競合国家の政策により正統であると一般に認められている領域の中で行使されるものだという違いがある。中国の交渉者の弱さと頑迷のごた混ぜがそうした試みを招き、門戸開放を脅かす。武力に基づく不当な影響が待遇の平等に影響を与えたり、将来の不平等の基礎を築いたりするという継続的な疑いを生じさせる。ロシアと日本の最近の全般的態度は、いかに立派に意図されているとしても、こうした疑いを生じさせているのは間違いない。[009]

その反面、米国の領土、ハワイ諸島の労働人口は大部分が日本人である。その状況は、せいぜい一世代〈約三〇年〉という期間の結果として、〈米国〉太平洋沿岸部の日本人移民の嫉妬を正当化している。最後に、太平洋岸の人口は相対的に少なく、そこから東への交通路は、急行列車のために速いとしても、戦争が暗示し必要とする兵員と物資の膨大な交通には遅い。すなわち、西海岸に増援を送るには、ロッキー山脈以東の国土の力にとっては克服しなければならない障害が多く、運輸も貧弱なのだ。パナマ運河への素早い海洋アクセスという我々の利点とは正反対である。艦隊が不在であれば、侵略は容易かもしれない。後で艦隊が到着することにより損害はそれなりに回復されるだろうが、現在の世界情勢下では太平洋沿岸が米国海岸線の三つの大区分——大西洋、メキシコ湾、そして太平洋——のうちで比較にならないほどに最も攻撃に晒されているように思われる。

009 原書には以下の註釈が付けられている。「一九一〇年八月六日付『ロンドン・タイムズ』紙の非常に重要な社説、『満州問題』(The Question of Manchuria)を見よ。『タイムズ』紙は終始一貫して日英同盟の強力な主唱者であった。また、『ナインティーンス・センチュリー』誌九月号の『現状の謎』(The Mystery of the Status Quo)も見よ」。Cf. *The Interest of America in International Conditions*, p. 201.

第三五章 ドイツ国家とその脅威▼006

近代ドイツの原型はむしろローマ帝国に見出される。ある意味で、現在のドイツ帝国はローマ帝国に少なくとも歴史的に結びついている――その継承者でないとしても――と言うことができるかもしれない。神聖ローマ帝国は、オーストリア・ハプスブルク家に結びついたやや軽い虚構へと融合し、一九世紀の初めについに滅亡した。しかし、その概念自体は生き残り、現在の強力なドイツ民族の結束がとった形と名称を決める上で影響力を振るった。ドイツの国民的性格は、国家への個人の従属という、古代のものとはそう違わない要素をこの結束に与えている。国民的性格の問題として、これは主としてイギリスと米国において例示されるような、個人の自由と権利というより近代的な概念とは劇的に異なるものだ。後者〈個人の自由と権利〉をより優れた理想、進歩のより高次の段階、究極的にはより有益な政治的発展として認め、しかしそれと同時に、

▼006 Mahan, "The Origin and Character of Present International Groupings in Europe," *The Interest of America in International Conditions* (Boston, 1910), pp. 38-46.

共同体の利益を増進するために個人の利益を従属させ、個を全体に没入させる集団行動の大きな直接の利点を認めることも可能である。ここではさらに強調したりしないが、ドイツとは異なる場で同様に自己主張と膨張の飽くなき必要をはっきりと示している日本帝国は、同じく個の集団への没入という過去からの遺産を受け継いで現在に至っている。それは古代ギリシアの都市国家の中でスパルタに同様に特徴的だったもので、スパルタが一時有していた優位をスパルタに与えた。社会発展を示すものとしては、個人の権利がより完全に認められる社会発展に対して一般的に前時代的であり、劣っている。しかし、経済においてであれ国際政策においてであれ、単なる力の要素としては優れているのだ。

個人の権利と国家の権利という二つの対照的な概念は、歴史を学ぶ者すべてによく知られたものだ。二つは確かにどこでも共存しなければならず、調和させられなければならない。しかし、その一方ないし他方が明白に優越する調整の性質が、個々の共同体にとって事実上根本的な差異をなす。対立する考えを代表する国家間の国際関係においては、軍隊の単純な規律と、工業、農業、商業という人々の複雑で幅広い活動との間の対比を再現する。それは、単一で大きな連合体に対する多くの小さな商事会社の苦闘を繰り返し示しているのだ。

どの分野でも、究極的な結末が何であれ――そして、最後には多数派が優勢となるだろう――、当面の結果は優勢で集中した勢力が一時的に望みを達成するということであり、したがってそれは大きく不必要な苦難の時期となるかもしれない。その勢力は望みを達成するだけでなく、自分の思い通りに振る舞うだろう。なぜなら、いかに世界が進歩したとしても、人々や国家が自身の利益を自ら進んで他者の利益への穏当な配慮にさえ従属させるような段階には到達していないからだ。悲観的な不安に溺れたり、「世論」の名の下にまとまった道徳的な力の真の進歩を否定したりする必要はない。この世論は、確かにかつてよりも遥かに大きな影響力を持っている。しかし、力を持つ者が奪取すべき、という古くからの略奪本能は戦争ばかりでなく工業と商業においても生き残っており、道徳的な力は物理的な力に支えられない限りにおいては問題を決着させるには十分ではない。政府は法人であって、法人には魂がない。そのうえ、政府は被信託者《トラスティー》であって、統領《プリンシパル》ではないのだ。そうであるがゆえに、その行政区、自国民の正当な利益を第一としなければならない。

ドイツ政府が現在心に抱いている特別な意図が何であるかはほとんど問題ではない。同時代の世界が注意を向ける必要がある事実は、ドイツ帝国のような強国の純然たる存在に世界が直面しているということだ。それは必然的にオーストリア＝ハンガリーという強国により増強されている。なぜなら、その国内問題と対外的野心が何であれ、オーストリアは近さにより、劣った力により、そして部分的に両国に共通する利益により、月が地球に結びつけられ、地球と共に惑星系の中の単一の集団をなしているのと同じぐらい確かにドイツに結びつけられているからだ。これに対して、現時点ではロシアとイタリア、フランス、イギリスといういくつかの国家が立ち向かっている。ロシアの最近の行動はその国際的な弱さを示しており、その国内的な原因は最も不注意な観察者にも明らかである。イタリアはまだ三国同盟に属しており、この同盟のその他の加盟国はドイツとオーストリアである。しかし、過去の共感を源泉とし、また部分的に島国であり、部分的に半島でもあるために必然的に海軍的である国家としての、イタリアのイギリスへの好意はよく知られているし、以前の疎遠と比較して最近フランスに引きつけられていることもそうだ。また、バルカン地域およびアドリア海では、最近の併合とそれに先立つ諸事件❖010に示されているように、イタリアの権益とオーストリアの野心——ドイツに支援された——の間には相違以上のものがある。並外れた鋭い洞察力により併合を予示したオーストリアの雑誌は、最近こう書いている▼007。「我々はアドリア海北部を支配し、」——そこにはオーストリアのトリエステだけでなくイタリアのヴェネツィアも存在

❖010 一九〇八年一〇月、オーストリア＝ハンガリーは、一八七八年のベルリン協定以後同国の施政下にあったボスニア＝ヘルツェゴビナの併合を宣言し、ボスニア危機を引き起こした。

▼007 *The Mail*, April 20, 1910.〈訳註。メイル紙について、マハンは別の著作で「週三回発行のロンドン・タイムズ紙」と註釈を付けている。Cf. Mahan, *Armaments and Arbitration* (New York and London, 1912), p. 170.〉

する――「陸軍の作戦を支援し、我々の主要な通商港を敵の海からの作戦行動から守り、我々がオトラント海峡〈アドリア海とイオニア海を結ぶ海峡〉で抑え込まれることを阻止することができるほど強力な艦隊を非常に緊急に必要としている。このためには、艦隊は少なくとも我々の仮想敵とおおよそ同等の強さを獲得しなければならない。もし我々が海軍増強計画の発展において後れをとるなら、イタリアは我々が決して追いつくことができないほどに我々を引き離すだろう。他のどこよりもここで停止することは後退することに等しい。いや、後退することはオーストリアの歴史的使命を放棄することになるだろう」。オーストリアのドレッドノート級建艦は進んでおり、上記は三国同盟の均衡の側面に興味深い光を当てている。〈第一次〉モロッコ事件[011]に関するアルヘシラス会議では、イタリアはドイツを支持しなかった。オーストリアだけが支持したのだ。

このように現在のヨーロッパの国際関係を分析すると、一方にフランスとイギリス、ロシアの最近成立した三国協商《アンタント》、他方にオーストリア＝ハンガリーとドイツ、イタリアの三〇年続く三国同盟があるのが分かる。イタリアへの状況の圧力と公式の連合とは区別すると、イタリアの共感〈の対象〉ははっきりしない。この状況の本質的要素は、三国協商に二つの軍事的な中欧君主国が対抗しているることに要約できるように思われる。

❖011 一九〇五年三月、ドイツ皇帝ヴィルヘルム二世がモロッコのタンジールを訪問し、モロッコの領土保全・門戸開放を求めてフランスの影響力に公然と挑戦したために、独仏両国が対立した。事件収拾のためにスペインのアルヘシラスで開催された国際会議では、ドイツは参加国の支持を集めることができず、譲歩せざるをえなかった。

イギリスのシー・パワーの砦▼008

［この直前の数頁は、陸の国境で攻撃に晒されていることでヨーロッパ大陸の同盟国からイギリスに与えられる援助が弱くなることを示している。――編者。］

これらの結論は、もし合理的なものであるとすれば、イギリス海軍の世界政治における最高の重要性を強調するだけでなく、イギリスを海軍力で助ける余裕があるのは二つの海軍国だけだということも示している。なぜなら、この二つの国だけがドイツ国境に接する陸の国境を持っていないからだ。これらの国家は日本と米国である。将来に目を向けると、両国にとって、イギリスの海軍覇権をドイツの海軍覇権と交換することが両国にとって有益か、それを許す余裕があるかという問題となるだろう。なぜなら、この選択肢が登場するかもしれないからだ。現在の状況では、これら両国とドイツは公海を除けば互いに触れることができない。その一方で、イギリス帝国の性格はあらゆる場所に海の国境があるようなもので、たとえばオーストラリアやその他の東洋の領土のように、局地的な海軍優勢が存在しない場所ではどこでも攻撃を受けるのだ。米国は、陸上の攻撃に開かれているカナダというさらなる留め具をイギリスに対して持っている。

▼008 Mahan, "Relations between the East and the West," *The Interest of America in International Conditions*, pp. 161-164.

イギリスの没落により覇権を握り、海外作戦に大規模な遠征軍を容易に出すことのできる最高のドイツ陸軍を伴うドイツ海軍というのは将来の可能性の一つである。イギリスは長期にわたって、一七五六年から一八一五年の間に起きた七年戦争とナポレオン期の苦闘でまさにそうすることが可能だったし、実際に実行している。それはイギリスに最高の陸軍があったからではなく、その島国という立地条件のお陰で、イギリスの海軍覇権が本国拠点と遠征軍の両方を効果的に掩護していたからだ。このように、ドイツが行動する将来の能力は、イギリスの予算上の困難とロシアの全般的な混乱、フランスの人口停滞によりそれが見込まれるところまで際立っている。イギリスの国民は遥かに豊かな国民であるが、まさにより大きな富を長く享受してきたという理由により、ドイツの経済的耐久力に慣れていない。ましてや、イギリスと米国における個人の自由という習性は、強迫を受けない限り、近代国家の中で際立つドイツの国力を構成する組織化、個人の行動の規制という重い軛を受け入れることはできないだろう。

ドイツとイギリスの間の今日の競争は、ヨーロッパの政治にとってだけでなく、世界政治にとっても危険な点なのだ。

第三六章｜島国の位置の利点[009]

イギリスと大陸列強

すべての戦争には防勢と攻勢という二つの側面があり、それぞれには対応する活動の要素がある。攻勢には何か得るものがあり、防勢には何か失うものがある。人々、特に教示を受けていない者たちの耳は、防勢の要求に対してより容易に、好意的に開かれる。それは裕福な者たちの間で優勢な保守主義、そして見込みがあるが不確実な利益のためにいかなる危険を冒すことも躊躇する、一般にはびこる臆病さに訴えるのだ。その感情自体は完全に立派なもので、その力が最も深刻な動機以外のため——単に何かしら獲得する利益のため——の平和侵害に対して行使されるときには立派という以上のものである。しかし、その限界も理解されなければならない。国力の拠点を維持する強固な防勢計画

[009] Mahan, "Considerations Governing the Disposition of Navies," *Retrospect and Prospect* (Boston, 1902), pp. 151-170.〈訳註。一九〇二年の『ナショナル・レビュー』誌掲載記事。〉

は、戦争が基づく土台である。しかし、上部構造を意図することなく土台を築く者がいるだろうか？　戦争における攻勢の要素が上部構造、防勢が存在する主眼であり、それなしには一切の戦争の目的にとって無益である以上に悪いものとなる。戦争が必要だと不本意ながら認めたときには、その成功は勝利以外の何物も意味しない。そして、勝利は攻勢的手段によってのみ追求されなければならず、それらによってしか確保することはできない。「〈喧嘩口論には関わるな。しかし、〉関わってしまったなら骨があることを相手に思い知らせよ」❖012。単なる防勢の態度や行動は、そうした目的には決して役立たない。それが直接の軍事行動であれ、国民の幸福の源を断つことによる敵国の全国民の消耗であれ、攻勢行動のいかなる具体的な形態を採用するとしても、どんな手段を選ぶにせよ、攻勢、損害、必要なら殲滅まで敵を弱体化させることが交戦国を導く方針でなければならない。成功は相手を防勢の位置に追いやり、そこに留める者が手にするだろう。

　したがって、攻勢は支配的であるが、他を除外するわけではない。防衛の必要性は、従属的であるとしても必須のままである。二つは補完的なものだ。優先的な重要性が防勢に割り当てられる、役割の逆転においてのみ、究極的な敗北を伴う。これがすべてということでもない。考えとしては対立し、行動の手

❖012 シェイクスピア『ハムレット』第一幕、第三場より。

段としては分離することができるけれども、守ると同時に攻める戦役の単一の全般的な計画において、二つの結合を状況が往々にして許している。「フィッツジェイムズ[013]の刀身は剣であり盾でもあった[014]」。これについては、ナポレオン戦争中のイギリス海軍による封鎖体制が顕著な例だった。フランスの港に向かって突き出し、フランスの海岸に沿って並び、イギリス海軍はあらゆる海で自国の通商と遊弋艦の作戦を掩護《カバー》——保護《シールド》——していた。その一方で、同時に、港内の艦隊といわば刃を交え、敵が港の庇護を放棄して好機を与えるなら攻撃する用意があるようにいつも警戒しており、それによってのみ敵が状況を反転させることを望むことができる各戦隊の連合に向けた敵の努力を妨害した。これはすべて防勢だったが、同じ作戦行動が敵から海上通商を奪うことで敵の国力の腱を断ち、敵植民地の縮小を助長した。これらは両方とも攻勢の手段だった。そして、両方とも全国の交通路、国民の幸福の源泉に向けられていたということを付け加えてもよいだろう。その手段は一つだったが、その効果は二重だった。……

［島国国家の場合には、攻勢と防勢がしばしば密接に結びつき、本国の安全保障はその国家の艦隊の攻勢行動により保証される海の管制に依存するということが示される。——編者。］

唯一純粋に海洋的でありえる島国国家は、したがってその政策の二重の集中

❖013 ジェイムズ・フィッツジェイムズ(James Fitz-James, 1670-1734)はヨーク公ジェイムズの非嫡出子としてフランスで生まれ、カトリック教徒として育てられた。軍人となってロレーヌ公シャルル五世に仕え、父がイングランド王ジェイムズ二世として即位した後にイングランドに戻るが、名誉革命で追放された。フランス王ルイ一四世のもとで大同盟戦争〈九年戦争〉やスペイン継承戦争に従軍し、フランス元帥に叙せられた。

❖014 Cf. Sir Walter Scott, *The Complete Works of Sir Walter Scott*, Vol. I (New York, 1833), p. 476.

から生じる、まず確実な先行的優勢という立場から戦争を熟考する。防勢と攻勢は密接に連携し、またもし賢明に用いられるなら、そのエネルギーは海軍戦力の増強に基づいてより限定された形をとる陸軍戦力を明瞭に従属させることに向けられる。その状況は攻勢の目的と防衛の目的の間における努力の分割を最小限にし、またそれに対応する大きな艦隊の発展により、戦場全体の特定の地点において機動的優位を作り出すために可処分戦力のより大きな余裕をもたらす傾向がある。こうした行動の重要地点における決定的な局地的優位は、戦術においても戦略においても、軍事術《ミリタリー・アート》の主目的である。これゆえに、もしその政策を規定するはずの状況に注意を払うなら、島国国家は必然的にその独特な種類の力において優勢になるよう導かれ、その力の機動性は地球上のより遠く離れた地域にその力を投射し、また比類ない速度で意のままに適用地点を変えることをより容易に可能にするのだ。

ここまでに提示された全般的考察は、自身の大陸から外を見て、国家的影響力と国力を拡大するための海洋膨張に注意を向ける限りにおいて、ヨーロッパの大国すべてに関係するものである。しかし、それぞれの行動への影響は、その様々な状況によって必然的に異なる。たとえば、海の防衛の問題は主にあらゆる場所での、また特に本国港の近くに引き寄せられる際の国家通商の保護に関係している。沿岸部や港そのものへの重大な攻撃は二次的な考察である。なぜなら、商船を守るためにその力を海の遠くまで拡張することができる国家には、〈沿岸部や港への攻撃は〉ほとんど起こらないだろうからだ。この観点からすると、ドイツの位置は世界全体に関して海岸線を一つしか有していないという事実により直ちに妨げられている。ドイツの海上交通路はすべてここから発し、ここに着かなければならない。三〇〇マイル〈約四八〇キロ〉にわたってその片側にフランス、もう一方の側にイギリスがある英仏海峡を通過するか、または、非常に不便な迂回路だが、オークニー諸島経由で北回りに進み、この迂回路に頼って不完全でしかない庇護を手にするかのいずれかだ。オランダは、大昔のイングランドとの戦争において、両国が数においてほぼ互角であった時に、その海軍が数において相手にほとんど劣っていなかったにもかかわらず、この不本意な位置の悲惨な経験をした。これは、距離が一定数の船と同等の要素であるという真実のもう一つの例証である。フランスやイギリスと戦争する際のドイツの海洋防衛《シー・ディフェンス》は、少なくとも北海において確立された海軍優勢を意味する。また、その海洋防衛が海峡を通って、イギリスが大西洋にまで海洋防衛を投射しなければならなくなるまで広がらない限り、ドイツの海軍優勢が完成したと見なすこともできない。これはドイツの位置が抱える当初の不利であり、数における十分な優勢によってのみ克服することができる。またこの不利は、ドイツのバルト海交易の安全、そしてバルト海を敵から閉じる容易さではほとんど埋め合わせることができないのだ。実際、北海交易が全体の四分の一でしかないイギリスは、アイルランドがイギリスに対してそうしているように、ドイツに対して大西洋への両航路の側面に位置しているのだ。しかし、イギリスの海岸部の大いなる発展、その無数の港と十二分の国内交通路は、避難港への豊富なアクセスという海洋防衛の要素を強化している。

ドイツの東にあるすべての海洋国家からなるバルト海列強にとって、オークニー航路の商業上の不利益は、バルト海からの出口がイギリスの北端と南端からほぼ等距離にあるという点で、〈ドイツの〉ハンブルクおよびブレーメンよりは少しましだ。それにもかかわらず、英仏海峡航路と比べた距離の超過は相当に大きなものである。当初の海軍の不利は決して小さくなったりしない。ドーバー海峡以東のすべての共同体にとって、北海の決定的な管制が確立されない限り、戦争においては通商が麻痺し、またその結果として生じる国力の減少を伴うのは真実のままだ。北海の管制が確立されると、北回り航路による通商は安全だろう。しかし、これだけでは単なる防衛である。地球上のどこでも実行される攻撃には、北海を掌握するために必要な戦力に加えて、ブリテン諸島の西に戦力を拡張し、維持するのに十分な戦力の余裕を必要とする。英仏海峡を挟む列強のいずれか一方との戦争の場合でも、二つの敵の間と同じように、東方の交戦国〈ドイツ〉は、中央位置を占め、内線を持ち、敵の拡張された前線のいずれかの側面を選んで攻撃することができる相手に対して、長い交通線を護衛し、遠隔の位置を維持しなければならない。英仏海峡とその分岐としてのアイルランド海が北海および大西洋と持つ関係――内的位置としての関係――は、地中海が大西洋およびインド洋と持つ関係と同じである。ましてや、スコットランドの北を迂回する航路に喜望峰回りの航路への類似を発見するのは単なる空想というわけでもない。それは縮小模型における再現なのだ。状況は似ており、縮尺が異なっている。一方がヨーロッパ北部を場とする戦争にとって持つ意味は、他方が東アジアにおけるヨーロッパ列強の作戦行動にとって持つ意味と同じなのだ。

こうした状況を長引かせることとは、位置が不利な交戦国の資力と士気にとって耐えがたいことだ。これは当然ながら我々をすべての海戦の根本原則、すなわち防衛は攻撃によってのみ保証されるということ、そして攻勢の唯一の決定的な目標は敵の組織された戦力、戦闘艦隊であるということに我々を直ちに引き戻す。したがって、英仏海峡を挟む列強の一つと、その東方にある一つ以上の列強の間で起こる戦争の場合には、北海の管制が直ちに決着されなければならない。東方の国家にとっては、それは明白な即時の必要性の問題、商業的な自己保存の問題である。西方の国家にとっては、攻勢の動機は同じぐらい肝要なものであるが、イギリスにとっては防勢の必要もある。イギリスの帝国は、大陸の陸軍と同規模の陸軍を維持することを経済的に実行不可能にするほどに、海軍戦力の発展を強いている。したがって、侵略に対する安全保障は艦隊に依存する。さらに遠隔の権益を後回しにして、イギリスはここ〈北海〉に争う余地のない優勢を集中しなければならない。しかしながら、どの一列強に対してであれ、イギリスが遠方の領土すべてを事実上掩護する優勢をここで最初から行使することができないということなどは思いもよらないことだ。それ自体でも諸国家の中でのイギリスの地位を揺るがすだろう経済的衰退だけが、イギリスにとっては攻撃と防衛が合致し、制海という単一の要素に実現されているという事実においてイギリスが有している当初の利点を返上させるようにすることができる。大陸の国境を一ヶ所でも有している国家は、〈島国には〉人口と資源が少ないとしても、島国である国家と海軍増強において競争することができないということを歴史は決定的に示している。列強の連合は実にその均衡に影響を及ぼすことはできるかもしれない。しかしながら、連合に相対する一国家は一般に内的位置、集中した戦力を有している。予想は様々な可能性を然るべく考慮に入れるべきだが、その描写を示すにあたって想像力にあまりに自由な影響を許すことには用心すべきだ。東方の列強が連合したら、イギリスが自国商船の安全な航行のために北海を利用するのを妨げるかもしれない。しかし、そうだとしてもイギリスは通商上一つの取引を完全に失うだけで、〈どのみち〉その大半は戦争という事実だけでも消えてしまうのだ。イギリスの艦隊が完全に北海に現れないようにすることができない限り、侵略は不可能だ。その地理的な位置から、イギリスは平時に通商の四分の三を支える外界との門を開いたままにしている。

第三七章　政治発展による海軍政策と海軍戦略の偏向[010]

一二年前およびそれ以前に顕著だったヨーロッパの対外活動は、再びある程度までヨーロッパ自体の中の競争によって取って代わられている。しかしながら、これらの競争は以前の対外活動の結果であり、煎じ詰めるとドイツの通商の発展に依存している。これはドイツ帝国を桁外れの海軍増強計画へと鼓舞しているが、この計画は全ヨーロッパに影響を及ぼしており、また米国にも影響を及ぼすかもしれない。一八九七年に、私はヨーロッパにおける二つの顕著な状況を、それぞれの同盟国と共にフランスとドイツの間に当時存在していた均衡、そしてイギリスが大陸の出来事への積極的関与から手を引いていることとして要約した。[015]当時、オーストリアとドイツ、イタリアの三国同盟がフランスとロシアの二国同盟に対抗していた。イギリスは両同盟から距離を置いていたが、ロシアとフランスには少し敵対心を持ち、ドイツの君主たちやイタリアに

▼010 Mahan, *Naval Strategy*, pp. 104-112.

❖015 マハンは、地中海における陸軍国と海軍国の均衡について「カリブ海とメキシコ湾の戦略的特徴」で、またイギリスの孤立について「海戦への備え(海戦軍備充実論)」「二〇世紀の展望」で触れている。Cf. Mahan, "Strategic Features of the Caribbean Sea and the Gulf of Mexico," "Preparedness for a Naval War," "A Twentieth Century Outlook," *The Interests of America in Sea Power, Present and Future* (Boston, 1897).

は持っていなかった。こうした敵意は完全にヨーロッパ外の状況から生じていた――ロシアに対してはインドで、フランスに対してはアフリカで。その後、日本にロシアが負けたこと、またロシア国内の問題のためにロシアが麻痺すると、フランスが一時的に孤立した。その間、こうして陸の攻撃から安全になったドイツは、拡大する通商の保護者として資金の多くを艦隊に捧げることが一層可能になった。その結果が予期される大ドイツ海軍であり、モロッコ事件に関するドイツとフランスの争いである。この事件はイギリスに海軍危機の予感を喚起し、現在では三国協商《アンタント》として知られているフランスとロシアとの合意へと――それにどれほどの価値があるにせよ――イギリスを推進させた。要するに、イギリスは二〇年前の孤立を放棄し、二国同盟に加わって、それは三国協商になっている。

米国にとって、かつてはモンロー主義が及ぶ問題における主たる敵対者であって、しかし後に事態の必然によりその敵対から手を引くよう導かれ、そのために一八九八年には事実上ヨーロッパに抗って我々を支持し、その後ヘイ＝ポーンスフット条約[016]として知られるパナマ協定を容認したイギリスは、現在では世界中の海軍問題で以前ほどには重きをなしていない。それは、米国と日本にとって、相互の義務を意味する条約により縛られていない限り、仮にイギリスが望

[016] 中米地峡において米国単独での運河建設を阻止していた以前の条約(クレイトン＝ブルワー条約)を無効化し、米国の影響下でのパナマ運河建設を容認した条約。一九〇一年に締結。条約名は、交渉を行ったヘイ国務長官とポーンスフット駐米大使の名前に由来する。

んだとしても一方ないし他方に肩入れできないほどに、イギリスは本国で大きな問題を抱えているということを意味する。イギリスと日本の間にはそうした明確な義務が存在する。それは米国の場合には存在せず、両国がお互いに支援する気があるのか、あるならどの程度までか、または日本と米国の間で困難が生じた場合にイギリスの態度はどのようなものになるか、というのは海軍戦略に直接影響している問題である。▼011

イギリスは今のところ確かにドイツをこれまで抑え込んでいるので、ドイツ帝国も自身のヨーロッパにおける権益を守る以上のことはできない。しかし、イギリスに海軍の災難が降りかかり、ドイツを海軍情勢の支配者とするようなことにでもなれば、世界は再び優勢な陸軍に支えられた優勢な艦隊、それもイギリスのように植民地領土に十分に満足している国家ではなく、世界情勢に遅れて足を踏み入れたがために重要な植民地領土を一切所有していない国の手にある優勢な艦隊を目にすることになるだろう。ドイツが現在建設を進めているような海軍は、直接提起されているものとは別の目的にも有効であるということを理解しそこなう思考習慣は偏狭である。こうした艦隊の存在は現代の政治においては不変要素であるが、状況に応じてそれが果たすだろう役割を常に予見することはできない。ドイツの植民地への野心は現在でこそ一時的に停止さ

▼011 この文章が書かれてから、イギリスと日本の間で一〇年間有効な新同盟条約が調印された――一九一一年七月一三日付。その条項により、イギリスと米国の間でまとめられたような、一般仲裁条約が存在する第三国に対しては、いずれの国も他方の締結国に対する軍事的義務から解放されるだろう。

れているが、海外での獲得により領土を拡張し、商業的権益や政治的権益を支えるために海外基地を確立し、今ではイギリス帝国を構成する助けとなっているような血縁の共同体、海外移民の住む場所、産業にとっての市場、それらの産業が必要とする原材料を供給する源を築き上げるためには、領土拡張の願いは存在せずにはいられない。

　こうした状況と野心はすべて、包括的に考察される戦略が扱わなければならない問題である。モンロー主義の継続的な宣言により、米国はアメリカ大陸の土地のごく一部たりとも、現在の所有者以外のいかなる非アメリカ国家の手に移ることを許さないという立場を明らかにしている。諸外国間のいかなる成功裡の戦争、購入、交換、ドイツがオランダに対してする可能性がないとは言えないような併合も、そうした譲渡の正当な理由としては認められない。これは非常に広範な契約であり、「十分」という言葉がいかに定義されるとしても、その唯一の保証は十分な海軍である。〈戦力の〉十分さは、たとえばイギリス海軍とドイツ海軍が現在互いに影響を及ぼし、それが今のところモンロー主義の遵守を確保しているような、既存の勢力均衡にのみ依存しているわけではない。「最強の海軍国にとってさえ、ドイツとの戦争が自国の覇権を危うくするような危険を伴うほど強力な艦隊」を作り出すというドイツの意図の公式宣言のように、

❖017　一九〇〇年のドイツ艦隊法の草稿。Cf. "Entwurf einer Novelle zum Gesetze, betreffend die deutsche Flotte, vom 10 April 1898," January 25, 1900, in *Verhandlungen des Deutschen Reichstages, 10. Legislaturperiode 1898/1900*, [Anlagen-] Band 12, No. 548 (Berlin, 1900) p. 3359; Matthew S Seligmann, Frank Nägler and Michael Epkenhans, *The Naval Route to the Abyss: The Anglo-German Naval Race 1895-1914* (London and New York, 2015), p. 63.

▼012　これらの言葉が書かれた後に、イギリス内閣の閣僚の一人、エドワード・グレイ外相によりこうした公式宣言が一九一一年五月二三日になされた。*The Mail*, May 24, 1911.

こうした均衡を妨害すると脅かす明白な政策も考慮に入れなければならない[017]。これは少なくとも、イギリスが今後は一八九八年のように思い切ってヨーロッパの介入に対して米国を支持したり、モロッコにおいてフランスを支援したり、ドイツに対するようには日本との同盟を遂行したりはしないだろうということを意味する。それは、特にモンロー主義の主張に反対する、長年にわたる米国との闘争の後で、イギリスがそうした趣旨の公式宣言はしていないとしても[012]、イギリスがついに米国の観点と相当に合致するようになるという、海軍戦略における非常に明確な結果をもたらす問題である。こうした国家間の関係は主に政治家の関心事、国際政策の問題であるが、それは一国の艦隊の構成と規模を決定する要素の中の一つなので、陸軍だけでなく海軍の戦略家が考慮しなければならない情報《データ》にも含まれている。

ここでフランスのダリゥ大佐[018]の声明に賛意を表して引用しよう。

「戦略の考えが引き起こす複雑な問題の中で、艦隊の構成以上に重要なものはない。また、一大国の対外関係やその資源により定められる物質的制約を考慮に入れないすべての計画は、薄弱で不安定な基礎の上に立っている[019]」。

また、フォン・デア・ゴルツ[020]からの引用を繰り返そう。「我々は国家戦略、国家戦術を有していなければならない[021]」。かつては海軍において非常に伝統的であっ

❖018 ピエール・ジョゼフ・ガブリエル・ジョルジュ・ダリゥ海軍中将(Vice Amiral Pierre Joseph Gabriel Georges Darrieus, 1859-1931)は、フランスの海軍士官。一九〇六年から一九〇七年まで海軍大学校(École Supérieure de la Marine)で戦略と戦術を講義し、一九〇七年には『海戦の戦略と戦術』(*La Guerre sur Mer, Stratégie et Tactique*)を出版した。本書は『海戦史論』と題して一九一九年に興亡史論刊行会から邦訳が刊行されている。

❖019 多少の異同がある。Cf. Gabriel Darrieus, *War on the Sea: Strategy and Tactics*, translated by Philip R. Alger (Annapolis, MD, 1908), p.8.

❖020 コルマール・フォン・デア・ゴルツ男爵(Colmar Freiherr von der Golz, 1843-

たために専門的と呼ばれるかもしれない論調を反映する、私自身のうわべだけの言葉――「政治問題は軍人よりも政治家に相応しい」――を完全に否定しても否定し過ぎることはない。これらの言葉は筆者がかつて行った講義の中に出てくるものだが、私は軍事に関する親友、ジョミニからすぐに学んで考えを改めた。出版された私の著作のいずれにおいても、対外政治は軍人にとって専門的な関心事ではないという意見を是認しているものはないと信じている。

この変化した意見にしたがって、一八九五年に❖022、また再び一八九七年に、私が考えるヨーロッパの状況を要約し、当時の目立つ特徴は、勢力均衡《バランス・オブ・パワー》と呼ばれるものを構成する大陸における実質的な均衡、またこうしてもたらされた平穏に関係して実質的にすべての大国が関わった巨大な植民地化運動であると指摘した。私はこれを海軍戦略家が注目するに値するものとして示唆した。なぜなら、様々な理由から、モンロー主義を無視してこの〈植民地化〉運動を引きつけるかもしれない場所がアメリカ大陸にあったからだ。

その時以来、情勢は大きく変化しており、その変化の目立つ特徴は工業と商業、海軍力――三つすべて――におけるドイツの成長であり、それと同時に、ドイツ海軍の成長がイギリスの海上における優勢を制限しているように、フランス陸軍の改善によりいくらか制限されているとはいえ、陸軍の卓越を維持し

1916)、プロイセンの陸軍中将、オスマントルコ陸軍の元帥、また一九世紀後半の代表的な軍事著述家。『国民皆兵論』(*Das Volk in Waffen*)、『戦争の指揮』(*Kriegführung*)などの著作がある。

❖021 マハンはダリゥの著作から孫引きしていると思われる。Cf. Darrieus, *War on the Sea*, p. 23; Colmar von der Goltz, *The Nation in Arms*, translated by Philip A. Ashworth (London, 1887), p. 117; *Das Volk in Waffen: ein Buch über Heerwesen und Kriegführung unserer Zeit* (Berlin, 1883), p. 155.

❖022 Cf. "The Future in Relation to American Naval Power," *The Interests of America in Sea Power, Present and Future* (Boston, 1897), pp. 137-172. 一八九五年の『ハーパーズ・ニュー・マンスリー・マガジ

ていることである。このドイツの発展と同時に起こっているのが、一般に理解されている原因によるロシアの衰退、ドイツの人口が五〇パーセント増加する一方でのフランスの人口停滞、単に条約が両国を結びつけるよりも強い統制力を持つ理由によるドイツとオーストリアの非常に密接な接近である。その結果が、今日の中央ヨーロッパ、すなわちオーストリアとドイツが実質的に一体となって、海から海へ、北海からアドリア海へと拡張し、陸上ではヨーロッパのいかなる連合も対抗することができない軍事力を振るっているということなのだ。勢力均衡はもはや存在しない。すなわち、この中央集団と比べて、その他の国々を特徴付ける状況と分散に関する筆者の推定がもし正しければ、であるが。

新しいドイツ工業に対するイギリスの交易上の嫉妬、またドイツの海軍増強計画と同時に生じているこの状況は、イギリスが勢力均衡により許されていた孤立から脱するよう強いた。三国協商はこの均衡の乱れを正す試みである。しかし、協商はその方向に資するものではあるけれども、望まれる完全な結果をもたらすには不十分である。均衡は崩れたままで、その結果としてヨーロッパの関心は、二〇年前の植民地化運動の代わりにヨーロッパ情勢に集中している。一二年前には〈植民地化の野心が〉顕著であったけれども、ドイツでさえも駐米大使

ン』誌掲載記事。

の口から公式にはそうした植民地化の野心を否認し、ドイツ外相もそれを追認している。実に、様々な事件が示しているように、ヨーロッパ域内は本質的に不穏になっているが、これらの植民地化運動に関しては、平穏の時、均衡の時に達したと言うことができるかもしれない。

ここで我々にとって重要な点はドイツ帝国の増大する力であり、その点において有機体としてのその国家の効率性はイギリスの効率性に遥かに勝っているし、また米国の効率性にも勝っていることが証明されるかもしれない。二つの英語話者の国はそれぞれ個別に、ドイツの富に大きく勝る富を有しており、行動を共にするならさらに大きな優位に立つだろう。しかし、いずれの国においても政府が資源を扱う効率性はドイツの効率性に匹敵していないし、またヨーロッパで今やドイツとオーストリアが協同しているように両国が協同する明白な好機も、一般に認められる誘因もない。その結果は、両国が今自ら進んで考えるよりも遥かに効果的に、ドイツが相次いで個別に対処するかもしれないということだ。オーストリアにはそうする十分な動機があると徹底的に理解しているように、オーストリアがドイツに味方する限りにおいて、ヨーロッパはその結末に影響を及ぼすには無力である。

この推論の筋道こそが、ドイツ海軍の力が米国にとって最重要の問題となることを示している。ドイツを制御する力は、イギリス海軍を除けばヨーロッパには存在しない。そして、イギリスの社会状況と政治状況が現在見込まれているように展開するなら、イギリス海軍は相対的な戦力においておそらく衰退し、したがって広範な政策方針においてはドイツに思い切って抵抗しようとはせず、最も狭義にイギリスの権益に直接関係する点においてのみ抵抗するだろう。この状況すら消えてなくなるかもしれない。なぜなら、ドイツの国民生活が盛んになるのと同時に、イギリスの国民生活は衰微しているように思われるからだ。二世紀に及ぶ伝統により、ドイツは今や高度に発展しているだけでなく、国家統制に慣れた人々を伴う国家統制の体制――力の大きな要素――を受け継いでいるというのが真実なのだ。また、それも共同体による――すなわち、国家による――個人の統制がますます時代の特徴となっている時に、である。ドイツはこの問題について大きく先行している。日本もほとんど同じだ。

イギリスや日本と同様に、米国には海によってのみ接近することができるということを思い出すと、我々自身の国境を守り、現在二つの主要な要素、すなわちモンロー主義と門戸開放を柱とする我々の対外政策を維持するためには、我々の力を主に海に基礎づけなければならないということに気づきそこなったりすることはほとんどないだろう。モンロー主義について、議会への最初の教書で、タフト大統領❖023はそれが一般的な受容に向けてかなり進んでおり、将来の難局におけるそうした立場の維持は過去そうだったほどには不安を引き起こさないと述べている。これを認め、ヨーロッパによるモンロー主義の尊重が、ヨーロッパが介入する能力を少なくとも部分的に制限しているヨーロッパの敵対関係――ロシアの力が一〇年の間に変化したのと同じぐらい、突然変化するかもしれない状況――に依存しているということを無視しても、門戸開放政策はモンロー主義とほとんど同程度に確かに、また直接に海軍力を必要としているのが明らかであることに変わりはない。なぜなら、門戸開放の争いの場は太平洋であり、米国にとっての太平洋への門は〈中米〉地峡であり、〈中米〉地峡との交通路はメキシコ湾とカリブ海を経由しているからだ。したがって、その海洋地域への関心は、二〇年以上前に私が最初にその戦略的研究に着手した時よりも、今ではさらに大きなものとなっている。モンロー主義と全般的な通商利害にとっての重要性は、仮に変化しているとしても、残されたままだ。

カリブ海に関するこうした研究を行い、海軍戦略に関する一定の基本原則を公式化することを私が最初に試みた時点では、シー・パワーと、戦略の研究を形づくるシー・パワーを応用する手段に関するヨーロッパと米国の関心については、明確な大衆の意識がいくらかでも存在していたと述べることなどほとん

❖023 ウィリアム・ハワード・タフト（William Howard Taft, 1857-1930）は、一九〇九年から一九一三年まで第二七代米国大統領。

どできない。こうした海に対する無関心さの最も顕著な例証は、積極的な意味において当時のヨーロッパ最高の政治家だったビスマルク[024]に見出された。フランスとの戦争とアルザス＝ロレーヌ獲得の後で、彼はドイツについて領土拡張に十分満足した国家として語っていた。対外政策に関して、ドイツは彼が持っていた野心の限界に達したのだ。そして、その時以来というもの、彼の思考は、国家を調和させ、自らドイツのために勝ち取った統一と力をドイツに保証するはずの国内の発展に固定された。ビスマルクの対外関係の計画はヨーロッパを越えて拡大しなかったのだ。彼は工業と商業が発展するにつれて人々の要求に従うことを無視しなかったが[025]、その時には異なる構想に切り替えるには年老いすぎていた。

ビスマルクが例示した海への無関心という状況と、現在存在する状況の間の対比は著しく、近代における偉大さを他の誰よりも彼に負っているドイツ帝国は、この変化の最も顕著な例証を提供している。〈海軍戦略の講義を始めた〉一八八七年以降の世界における新しい大海軍はドイツと日本、米国の海軍である。ヨーロッパのすべての国は、世界の直近の権益、したがって自国の国益は他の大陸にあるに違いないという事実に今や目覚めている。相対的に安定した状況にあるヨーロッパは、実際に冒険的事業や重大な出来事のための策源地を提供して

❖024 ラウエンブルク公オットー・エドゥアルト・レオポルト・フォン・ビスマルク＝シェーンハウゼン(Otto Eduard Leopold Fürst von Bismarck-Schönhausen, Herzog zu Lauenburg, 1815-1898)は、プロイセン首相として一八七一年にドイツ統一を達成し、以後ドイツ帝国宰相としてヨーロッパの勢力均衡を維持するために外交手腕を振るった。

❖025 一八八四年四月から一八八五年五月にかけて、アフリカ各地と太平洋のニューギニア島北東部、それに隣接するビスマルク諸島がドイツ保護領となった。Cf. 飯田洋介『ビスマルク』(中央公論新社、二〇一五年)、一九八〜二〇三頁。

おり、そうした作戦の場は政治的後進性や経済的後進性がほとんど革命的な種類のものとなる進歩に取って代わられなければならない国々だろう。これは動乱なしに達成することはほとんどできず、その構図は武力に依存するだろう。ヨーロッパ国家によるこうした武力は――ロシアという唯一の例外、またあるいはロシアほどではないにせよオーストリアという例外を除き――、海軍によってのみ行使されうる。

第三八章　海上における私有財産の拿捕[013]

海上での「私有財産」の拿捕に伴う問題の本質は輸送であり、一世紀の間に起きた三つの顕著な事例[014]により、その効果は歴史的に実証されている。交戦国は、いまだ国際法により放棄されていない権利の行使において、敵に対して事実上以下のように伝える。「貴国市民に商業資産の海洋輸送を禁じる。いかなる性格の品物であれ、それらを運ぶ船を含み、この正当な命令に違反するものは拿捕され、押収されるだろう」。拿捕は移動の際に起こる可能性がある。さもなければ、その資産は単に母国に留まるよう命じられるのみで、そこでは安全だろう。これはすべて普通の状況下における法の執行と厳密に一致している。その実践は、この特定の問題に向けられた数世紀にわたる法律学の発展という、その他の法的裁決に一致する正確さと体系で今や規制されている。その一般的傾向については、私はいくつかの具体的な事例を用いて指摘した。それは情勢に

[013] Mahan, "The Hague Conference of 1907, and the Question of Immunity for Belligerent Merchant Shipping," *Some Neglected Aspects of War* (Boston, 1907), pp. 171-191.〈訳註。一九〇七年の『ナショナル・レビュー』誌掲載記事。〉

[014] ナポレオン戦争、一八一二年戦争〈米英戦争〉、南北戦争。これらの闘争における通商戦争の効果については、本書一三一～一四〇頁を見よ。——編者。

よって、戦争の目的に多少なりとも有効である。その影響を受ける共同体全体に負担を分配することで、拿捕からの免除では不十分なので、平和をもたらす傾向がある。もし戦争の苦難が実際に戦場にいる戦闘員の身にのみ降りかかるなら、その他の国民は邪魔されることなく通常の本業に従事することを保証する力により危害や損失から守られ、人々の利己的行動は自らの目的を遂行するためにより容易に暴力に訴えることだろう。

輸送の妨害の広範な影響を確認するために、海洋拿捕からの「私有財産」の免除を求める最近の論者の一人から喜んで引用しよう。個人の損失は決して国家に和平を強いたりしないために押収は無効であると一頁にわたって主張した後に、彼はこう言って記事を締めくくる。

「この問題はすべての国の何千という人々に直接かつ重大に関係している。それは船に乗って海に出る者たち、また大洋において事業を営む者たちにとって極めて重要である。すべての船主だけでなく、その商品が海を通って運ばれるすべての商人、穀物を海外に送るすべての農場主、外国市場に売り込むすべての製造者、また自国民の繁栄に依存するすべての銀行家に訴える問題だ[026]」。

一人の論敵によるこの鮮明な提示をさらに充実させることなど筆者にはほとんどできない。しかし、その顧客が倹約することになる肉屋やパン屋、仕立屋、

[026] Cf. James Gustavus Whiteley, "Private Property at Sea," *The Forum*, Vol. XXXII (1901), p. 413.

靴屋、食料雑貨屋、大荷馬車を駆って船と行ったり来たりし、その仕事がなくなったのを知る者たち、貨物輸送が減少してしまう大運輸業者である鉄道会社、配当金が減る株主たちを彼のリストに加えるとしても、この輸送への妨害の遠くまで及ぶ影響を余すところなく挙げることなど決してできないだろう。それは敵共同体のすべての人に作用する交戦手段であり、保険がその他の損失の負担を分配するように、このように戦争の害悪を分配することにより、すべての人に戦争の害悪を思い知らせ、各人に平和を求める気持ちを育むのだ。

海洋拿捕の問題に精通している読者は、筆者がここまで封鎖による輸送の妨害と公海上の拿捕による輸送の妨害とを区別していないことにおそらく気づいているだろう。前者はまだ問題となっておらず、後者だけが異議申し立てを受けていると言うことができるだろう。その根底にある軍事的原則——そして、私が根拠と主張するもの——は両者で同じであり、我々は戦争の問題を扱っているのだから、軍事的原則は他のどの原則にも勝るとは言えないにせよ、同等に考慮すべきであるというのがその理由だ。それによって生じる効果は、その性格において両者で同じである。効力において両者は異なり、この点における両者の相対的価値は議題とするに値する。しかしながら、原則と手段において両者は一致している。両方とも敵の資源を破壊する手段として輸送を停止させることを狙っており、両方とも命令に違反する「私有財産」の拿捕と押収により施行される。

この作戦の一致は非常に明らかなので、歴史的に、一方の事例において没収から私有財産の免除を主張する者は、軍事的手段としての封鎖は通商に対しては行われないこと——戦時禁制品に対してのみ、または港が海だけでなく陸にも「包囲されている」場所でのみ封鎖に訴えることができること——を求めるか、少なくとも示唆している。これはベルリン勅令[027]におけるナポレオンの主張であって、一時の危急という圧力のもとで、一八〇〇年と一八一二年の間に米国も一度ならず同じ見解を提示したことには重大な関心を向ける価値がある。筆者はこれを一八一二年戦争〈米英戦争〉の歴史の中で示している。[015] この意見が当時広まっていたならば、アメリカ分離戦争〈南北戦争〉の過酷な封鎖は適用されなかったことだろう。もし合衆国と連合国の代表がハーグ会議に参加するのを想像すれば、一方による制限された封鎖の熱心な主張と、他方の頑固な拒絶を思い描くことができる。これは慣例による権利を保持ないし譲渡するもっともらしい便法を分析するための重大な戒めを伝えている。もし筆者のこれまでの議論が正しいなら、そこには道徳的な問題はない。私は実際にそう考えているのだが、交戦国の主張を強いるために血を流すよりも金銭的な圧力に訴える方が道徳的であ

❖027 一三三頁の訳註92および一三五頁を参照せよ。

▼015 [Mahan, *Sea Power in its Relations to the War of 1812*,] Vol. I, pp. 146-148.

るということを除いては。しかしながら、便法に関しては、影響が遠くに及び、その実施においてしばしば戦争を抑制したり短縮したりする有益な基本原則を放棄する前に、それぞれの国家は自国と相手国、また国家群の一般的未来への影響を慎重に熟考するべきである。

海運に代わって現在利用可能な無数の選択肢により状況が大きく変化したので、以前の効力はもはや予期することができないと力説されている。時折の局地的苦難はあるかも知れないが、共同体全体としては供給の流れがたくさんあるので全般的な大衆の困窮という著しい結果は、決定的なほどまでには得られないだろう。この議論は本当に十分熟考されているだろうか？　当然ながら、特定の条件が大きく変化したこと、それもよい方向に変化したことに異議を唱える者はいない。蒸気〈機関〉は人と物の陸上輸送の速度を増加させているだけなく、道路の増加を引き起こし、それらを良い状態に保つことを強いている。こうした維持のお陰で、我々はかつてのように季節に左右されることが大幅に減り、各共同体は、以前は一つの交通路に頼っていた場所でも今やいくつかの交通路を持つようになっている。それにもかかわらず、安さと容易さという明白な理由から、水上輸送は優位を保っている。往時よりはいくらか輸送の割合が小さいかもしれないが、空を活用することに成功しない限り、水路は輸送の大きな手段であり、また常にそうあり続けるに違いない。開かれた海は建設も修復も必要のない道路なのだ。その無限の広がりと比較すると、二本の軌条《レール》の線が供給する収容量は小さい――その運輸量を厳格に制限する条件である。

［鉄道と競合する内水路の場合でさえも、水上輸送は通商においていまだに大きな役割を果たしており、通商の妨害はそれに巻き込まれた国家に大きな重荷となるということが示される。――編者。］

海洋輸送の確立された体制のこうした攪乱は、それに巻き込まれた海運が敵の海岸近くを通過しなければならないときには、また到着する見込みがある港がほとんどない場合にはなおさら徹底的なものであり、また容易なものだろう。これはイギリスに対するドイツとバルト海の事例として顕著であり、またアイルランドが独立して敵対的だった場合のイギリスの事例だろう。ドイツの商業総トン数の著しい発展は、ドイツ帝国の増大する威光と影響力、野心を意味している。イギリスとの戦争の場合、またより小さな程度においてフランスとの戦争の場合における〈ドイツの通商の〉露出は、その他の理由が欠けていたとしても、海軍拡張の切迫した要求の理由となるだろう。その他の理由が欠けているわけではないが、その通商海運の発展において、陳腐な文句を使うなら、ドイツは幸運の女神に人質を与えたのだ。❖028 交戦国の商船とその積み荷を「私有財産」として拿捕から免除すると主唱し、ここで〈筆者が〉反対する手段によるのでなければ、

❖028 将来困難を招くかもしれないことを行ったという意味。

ドイツは平和を維持することを誓約させられている。国家の安全——重要な利害——ないし名誉に関わる機会がドイツを駆り立てない限り、またはドイツが苦労して作り上げた運輸業を完全に保護するというほどに大きな課題に十分対処できる海軍を準備しない限りは。この交易の露出は、単なるドイツの権益の問題や、イギリスの権益の問題ではない。それは国際的な関心事であり、平和を作り出す条件なのだ。

これに対する反論は見越されている。自国の商業運輸、運送業の重要性が明白に小さく、したがって輸送の問題に大きな影響を及ぼさない国家の場合にはどうなのか？　輸送は中立国によって維持され、循環による国富の増大は戦争行為によってほとんど損なわれることなく続くかもしれない。第一の最も明らかな回答は、それは一般的な問題における明白に特別な事例であって、その発生と継続はしばしば異なる状況に依存している。それは永続性の要素を欠いており、したがって過去と未来に片目を向けながら現在を注視しなければならない。半世紀前の米国の商業海運は、またそれ以前のほとんど一世紀にわたって、イギリスの商業海運と大差のない第二位だった。今日では、沿岸交易を除いて米国の海運は事実上存在しない。その一方で、それ以前の時期には、繁栄するハンザ同盟都市❖029がドイツ海運のほとんど唯一の代表だったが、ドイツ海運は今

❖029 ハンザ同盟とは、海外と交易を行う商人の連帯を基礎として、一三世紀に成立した北海・バルト海一帯の諸都市が加盟した都市同盟。一四世紀に最盛期を迎えた後に徐々に衰退して一七世紀には実態を失い、一八六二年に公式に解散された時点ではドイツのリューベック、ハンブルク、ブレーメンの三都市だけが加盟都市として残っていた。

なお狭い海岸線の同じ港から出発し、今や米国が引き払った場所を手にしようと帝国の旗の下で急速に突き進んでいる。

　二つの顕著な事例における状況のこうした逆転のゆえに、どの一事例における今日の問題も昨日の問題と同じではないし、明日の問題とも同じではないかもしれない。十年毎に経験は風見鶏のように変化し、その上に乗せられた政治家は二心ある人《ミスター・フェイシング・ボスウェイズ》❖030になる。通商封鎖の拒否という、ジョン・マーシャルとジェイムズ・マディソンという非常に著名な法学者により示唆された一八〇〇年の米国の国家的便法は、一八六一年から一八六五年にかけての国家にとっては破滅的な手かせとなっただろう。❖031 実際の状況だけでなく、見込まれる状況を顧慮して未来に関する政策を比較検討する政府は、既存の力——掌中の鳥——を放棄する前に、むしろ自国の地理的位置、その海洋航路との関係——いわば全般的な恒久的状況の戦略——、また海洋拿捕が基づいている軍事的な基本原則を考慮した方がよいだろう。その光のなかで、一時的な戦術的情勢、今日の状況について、より正確な推定——たとえば、イギリスの現在の大法官《ロード・チャンセラー》❖032により提示されたような▼016——がなされるだろう。「私有財産」の拿捕からの免除を支持する手紙の中で、彼はイギリスが直面する危機、イギリスに不利な点を不相応に強調している。これは、重大な戦術的誤りである。露出に基づく議論が

❖030 ジョン・バニヤン（John Bunyan）の寓話『天路歴程』（*The Pilgrim's Progress*）に登場する、同時に二つの方向を向く人のこと。

❖031 ジョン・マーシャル（John Marshall, 1755-1835）は一八〇〇年から一八〇一年まで米国国務長官、一八〇一年から一八三五年まで米国最高裁判所長官。ジェイムズ・マディソン（James Madison, 1751-1836）は、一八〇一年から一八〇九年まで米国国務長官、一八〇九年から一八一七年まで第四代大統領。マハンは、米英戦争に関する著作の中で、マーシャルとマディソンがそれぞれ一八〇〇年と一八一一年に通商封鎖に反対する考えをイギリスに伝えていた事例を挙げている。Cf. Mahan, *Sea Power in its Relations to the War of 1812*, Vol. II, pp.

高度に発展しているので、「私有」財産の望ましい免除を確保するために協力が必要な仮想敵は、協力の要請を鳥の近くで網を広げるようなものだと見なしかねない。そのむなしさに気づくのに賢人である必要はない。その一方で、イギリスの立地条件に由来する、イギリスにとっての拿捕の攻勢的な利点は、私の判断では、十分に評価されていない。

この〈手紙の〉著者は、我が国のシャーマン将軍❖033が「丘の向こう側の者」が何をするかに関する過剰な想像力と見なした誤りに陥っている。それは「自ら心像を作り出すこと」に対するナポレオン一世の警告の古風な表現である。イギリスの危険の心像は過剰に描かれており、その敵に対する危険――「我々が大陸国家に対して及ぼすことができる最大限の損害」――は不十分にしか描かれていない。彼の理解においては、まるで「イギリスの海運に対する通商破壊船によるわずかな略奪行為からさえ起こる悲惨な結果▼017」は、大陸交易に対するイギリス遊弋艦の成果とは比較にならないほど大きなものであるかのようだ。たとえば、海から遮断されたとしても、フランスやドイツはアントウェルペンやロッテルダムなどから鉄道で補給を受けることができる。しかし、長引く海の戦いという万一の事態において、同じ港が中立国船舶によりイギリスを同じように補給することなど明らかに思いもよらないことだ。おそらく自動的に互いの海

145-148.

❖032 初代ローバーン伯ロバート・スレシィ・リード（Robert Threshie Reid, 1st Earl Loreburn, 1846-1923）、一九〇五年から一九一二年までイギリス自由党内閣の大法官。ここで取り上げられている彼の手紙は、後に小冊子として出版された。Cf. Francis W. Hirst, ed., *Commerce & Property in Naval Warfare: A Letter of the Lord Chancellor* (London, 1906).

▼016 The "Times" of October 14, 1905.

❖033 ウィリアム・テカムセ・シャーマン陸軍大将（General of the Army William Tecumseh Sherman、1820-1891）は、南北戦争で北軍を率いて活躍した米国陸軍士官。

路は閉鎖され、互いの陸路だけが開かれている。こうして、攻勢がより大きな強調を必要としているというのに、防勢の動機に過剰な重要性が置かれているのだ。イギリスの商船総トン数が大きくなればなるほど、より大きな防勢の要素を伴うのは事実だ。しかし、イギリスのより大きな海軍、グラスゴーからブリストルまで、またサウザンプトンまでの大西洋に開かれたイギリス西部の港すべてを含むその立地条件により、防勢の条件は有利に修正されているのではないのか？　また、こうした防勢の拠点は、海洋拿捕による攻勢に最適な拠点と一致しているのではないか？　その場所のイギリス艦はまた給炭により優位な位置を占めている。イギリスへの大西洋の接近路を脅かす敵にとっての給炭の困難は、敵の通商破壊船に夢中になった想像力によってあまりに過小評価されすぎているように思われる。

ローバーン卿の手紙の結びには、軍事思想においてよく知られた警告が含まれている。「イギリスは、他の列強の大半が長いこと切に望む変化から多くを得るだろう」。想定される敵の願いは、〈危険な〉浅瀬を示す灯台である。真実は、もしイギリス海軍が優越を維持するなら、「私有財産」の拿捕からの免除を手にすることがイギリスの敵の利益になるということなのだ。もしイギリス海軍が没落するなら、拿捕できることが敵の利益となるだろう。まず確実な仮想敵は、

▼017 間接的に、ということだろう。

もしそのような敵が存在し、またこのように現れる願いを抱いているとするなら、イギリス海軍をすぐに破壊できるとは予期していないと推定するのが無難である。

その論拠には納得できないものの、多くの感情的レトリックを一掃する明確で実践的な宣言をこの手紙の中に認めるのは新鮮である。「私は感情や人道性という理由からではなく〈実際、海上における非武装船舶の拿捕ほどに苦難の小さな戦争の作戦行動はない〉、冷静に熟考された議論の比較衡量に基づくと、イギリスの利益はこの変化から多くを得るだろうという理由から、〔私有財産の免除〕を主張するのだ」。筆者はこの結論の正しさを疑って余りあるが、その冷静さは、米国の主唱者の一部がこのありふれた功利主義的な宣言を包み込むのを好む、「高貴で啓蒙された行動」や「栄冠[034]」などの〈表現の〉横溢と見事な対照となっている。

ここまでに考察されたその他の可能性よりも遥かに重大な影響を全般的に及ぼすのは、中立国の運送船が現在の法律で拿捕に晒されている一国の海運に取って代わるという可能性である。これは米国が独立国家となり、それから三四半世紀〈七五年〉後にイギリスが航海法[035]を公式に廃止してから、海運業の全般的状況に起こった変化の一段階なのだ。この廃止に先立つ議論は、同時に起こった自由貿易運動と合わさって、一八五六年のパリ宣言[036]にほんの数年先行し、その

❖034 これらの表現はJames Gustavus Whiteley, "Private Property at Sea," *The Forum*, Vol. XXXII (1901), p. 407に現れている。

❖035 イギリスおよびその植民地の交易をイギリス船ないし原産国船舶に限定する法律で、三度の英蘭戦争の原因、アメリカ植民地の本国に対する不満の源泉となった。一六五一年の制定後、数度にわたって改訂され、一八四九年に廃止された。

❖036 原書では「パリ条約」(Treaty of Paris)とあるが、これは「パリ宣言」(Declaration of Paris)を指す。本書一三九頁の編註20を参照せよ。

条約の中で中立国船舶が運ぶ敵の財産を拿捕する権利を放棄するようイギリスに促したであろう刺激を与えた。言ってみれば、その譲歩は漠然としたものであって、そのことはその譲歩が伝染性のものにすぎず、賢明なものではなかったということを示している。しかしながら、多くの慌ただしい処置と同様に、いざ一歩を踏み出すとおそらく後戻りはできない。

この譲歩の効果は、その条約に調印する複数の大国の間で、以前は拿捕される可能性があった中立国船舶による交戦国財産の輸送を合法化するというものである。後の施行においては、敵財産の押収は、中立国船舶を入港させ、所有者の問題について裁定を下し、交戦国のものであると判明した場合にはその財産を取り除くために必要な遅れ以上には、中立国輸送船に影響を及ぼさなかった。しかしながら、こうした拘留は強力な抑止力であり、中立的な手段による交戦国の富の循環に対する妨害として作用した。それは交戦国を困らせ、貧しくする傾向があった。これゆえに、その権利を取り上げることは非常に重大な変更なのだ。したがって、それは以前には多少なりとも重大な損失の危険を冒してしか行われなかった中立国の海運は、今や自由に戦争行為に関わることができるようになった。自国船舶では拿捕される可能性がある交戦国の財産を輸送することは交戦国を助けることであり、戦争に参加するということなのだ。

そうした改善――もしそれが改善だと見なされるなら――を考慮する際に、その程度を誇張することはあり得ることだ。もしある国が海運を大事にして、その輸送の大部分を自国船舶で行い、戦争においてそれらを守ることができないなら、こうした革新の恩恵は部分的なものでしかないだろう。海から駆逐された自国の海運は世界の全交通の一大要素であり、それに取って代わる手段は直ちに手元にあるわけではない。中立国は、より弱い交戦国の商業だけでなく、自国の商業も維持しなければならない。たとえ中立国に可能だとしても、弱い交戦国の商業すべてを引き受けたりしないだろうし、たとえ引き受けたとしても、直ちにその手段があるわけではないだろう。海から駆逐され、一時的に交通から失われた蒸気船は、昔の帆船のように急速に取り替えることはできない。そのうえ、中立国商人は交戦が短期間で終わり、駆逐された交戦国の海運が平和の曙とともに全力で戻ってきて、自国の海運を棚晒しにする可能性を検討しなければならない。要するに、交戦国は、以前は限定的な利用しか許されていなかった、中立国船舶の自由な利用を可能にする変化から利益を得る一方で、少なからぬ困窮は残る。その効果は、少数の主要港を封鎖する結果として以前に示唆されたものと、基本原則と作用において一致している。輸送機関のとある大きな一部が麻痺し、それによってなされていた仕事は、それに必要な設備を有していない港や道路に頼られる。それはまるで鉄道の主要幹線が接収され、差し押さえられているようなものだ。全般的体制が混乱し、価格が上昇し、経済的困窮が結果として生じ、実業界全体に伝播する。これは何千という個人の苦難と、その結果としての歳入の減少により国民全体に影響を及ぼす。

したがって、現代の状況下にあってさえも、海洋拿捕――「私有」財産の――は戦争の目的にとって重要な手段であり、個々の市民と交戦国の財政力に直接作用し、その効果は敏感な実業界の恐怖に及ぼす間接的な影響により強化されるように思われる。これらの政治的結果と財政的結果は、この実践を軍事的な基本原則とまさに一致させている。なぜなら、敵の資源に向けられるなら、外界との交通を遮断することにより、軍隊とその基地との交通路――戦略の主目標の一つ――に対する作戦行動と厳密に類似したものとなるからだ。交通路の維持に軍隊の生命は依存しており、通商の維持に国家の生命力が依存している。お金、信用貸しは戦争の命である。それを減らせば勢いは衰え、それを破壊すれば抵抗が絶える。これらの結論を受け入れるなら、各国はこの実践の継続か廃止が自国の運命にどう関係すると見込まれるかを比較検討しなければならない。軍事的観点からすると、この問題は単に、または主に「この長年の歳月に認められた手段を放棄することにより、我が国民は何から逃れることができるのか?」というものではなく、「敵を負かすためのどの力を我々はそのために放棄すべきなのか?」というものだ。それは攻撃と防御の間の均衡の問題である。交渉決裂に脅された際にジェファーソンが述べたように、「我々のどちらが相手に最大の損害を与えられるかを試す不合理なプロセスを始めなければならないだろう」[037]。戦争の要約としては、この文章は滑稽な表現だが、たまたまファラガットの警句、「最高の防御は我々自身の大砲からの速射である」[038]を体現している。戦争の成功のためには、攻勢は防勢より優れている。また、これやその他の軍事手段を熟慮する際には、誰かが傷ついたり何か損害を受けたりすることなく戦争を遂行することができ、勘定書は貸方のみを示し借方を示すべきではないという希望をばかげたものとして直ちに捨て去ろう。

〈利害を共有する〉国家群のためには、戦争をより効果的なものとする傾向があるものは何でも戦争を短縮し、戦争を防ぐ傾向があるという観点から、幅広い見方をするべきである。

[037] 一八〇五年、ジェファーソンがスペインからフロリダを獲得しようと始めた交渉は決裂した。原文には多少の異同がある。Cf. Thomas Jefferson, "Fifth Annual Message to the Senate and the House of the United States," December 3, 1805, in H.A. Washington, ed., *The Writings of Thomas Jefferson*, Vol. VIII (Washington, 1854), p. 49.

[038] 原文では「速射」(a *rapid* fire)ではなく、「狙いすました砲撃」(a *well-directed* fire)であり、マハンはファラガットの伝記では正確に引用している。Cf. D.G. Farragut, "General Order for Passing Port Hudson, Mississippi," 1863, in *Annual Report of the Secretary of the Navy* (Washington, 1863), pp. 337-338; Mahan, *Admiral Farragut* (New York, 1892), p. 218.

第三九章 戦争の道徳的側面▼018

詩人の言葉「人類の議会、世界の連邦」❖039が、今夏しばしば人々の口に上った。その理想の美しさを否定することはできないが、それを熟考する中で、自然が一般的に目的を成し遂げる進化の緩慢なプロセスを軽蔑し、協定によって自らを希望に委ねる手段を強制する傾向も明らかに存在した。果物は早まってもぎ取ることで最高に熟したりしないし、目標にこうした近道で到達することもできない。過去には、人類は剣を用いて一歩一歩登ってきたのであり、そのより最近の進歩だけでなく現在の状況も、これまで人類に尽くしてきた梯子を蹴り落とす時がまだ来ていないことを示している。会議が招集された地の人々は三〇〇年前に剣でもって市民と宗教の平和、そして国家の独立をスペインの独裁からねじりとったのだ。❖040その時にスペイン帝国の崩壊、そしてその圧制からの人々の解放が始まったが、これは昨年に完了したばかりであり、それもやはり

▼018 Mahan, "The Peace Conference and the Moral Aspect of War," *Some Neglected Aspects of War*, pp. 45-52.〈訳註。一八九九年の『ノース・アメリカン・レビュー』誌（*North American Review*）掲載記事。〉

❖039 イギリスの桂冠詩人、アルフレッド・テニスン（Alfred Tennyson, 1809-1892）による長編詩「ロックスリー・ホール」（"Locksley Hall," 1835）より。

❖040 一五八一年にネーデルラント北部七州がスペインからの独立を宣言したハーグにおいて、一八九九年の平和会議が開催された。

剣――米国の――によってである。[041]

その間の数世紀に、高い地位にいる邪悪に直面した際に、「武勇を備える正義の女神」[042]が剣に訴えることで成し遂げるよう強いられなかったことがあっただろうか？　米国の誕生はそのお陰であり、とりわけその恩恵の中には、イギリスがもはや属領の支配者ではなく、その母となるようにした苦い経験があった。フランス革命、そしてナポレオンの破滅的な火の、邪悪から善への制御は剣のお陰だった。歴々たる名前と行為、そして圧制を無駄ではなく耐えた者たちの長い列が、我々の時代には奴隷制の根絶による米国の新生、そしてつい最近ではあるが暴政と同一視される植民地帝国〈スペイン〉の崩壊に――実に、その終わりにほとんど到達しようとしているとすれば――結実したのだ。その剣、それも正義と良心の厳格な要求、慈善の愛情深い声によりこの上なく鍛錬された剣がインドとエジプトのために何をしたのかは、ここで繰り返すにはあまりに長いと同時にあまりによく知られている話だ。[043] 実に、平和はすべての進歩にとって十分ではない。爆発によってのみ克服されうる抵抗があるのだ。戦争ほどに暴力的でないどんな手段が、半年の間にカリブ海の問題を解決し、一世紀に及ぶ先入観に深く根差す国民的思考を粉々にして、ごく近い将来の大きな世界問題に直面するよう米国をアジアに植えつけただろうか？　一八九八年の戦争〈米

❖041 米西戦争によるキューバのスペイン支配からの解放を指す。

❖042 シェイクスピアの『マクベス』第一幕、第二場より。

❖043 Cf. Mahan, *The Problem of Asia*, pp. 59-62.

西戦争〉以外の何が、英語話者の共同体が互いに目を合わせるのを妨げてきた覆いを引き裂き、互いに兄弟の顔を露わにしただろうか？　比較的流血が少なくそうした結果をもたらした戦争の後で、平和会議を求める声が結果として生じたのはほとんど驚くにあたらない！

力、武力は国民生活の一つの能力である。神により諸国民に委ねられた才能の一つなのだ。複雑な組織のその他すべての資質と同様に、それは啓発された知性と高潔な心の統制のもとに掌握されなければならない。他の資質と同様に、利用を託されたものを地中に埋める者に責任を生じさせることなしに、それを不注意ないし軽率に放棄することはできないということなのだ。必要なら武力を用いてでも正義を維持するこの責務は、すべての国家に共通するが、その資力に比例してより強大な国に特に懸かっている。多くを与えられた者には、多くが求められるのだ。そのような視点からすると、適切な組織とその他の必要な準備により、国家の固有の強さと世界における立場の合理的な要求に従って、国家の力を素早く発揮する能力は、キリスト教の言葉「油断しないこと《ウォッチフルネス》」──予期されているかどうかにかかわらず、訪れるかもしれない天命への備え──に含まれる明確な義務の一つである。武力に訴えることなく除去することができない邪悪など存在しない、ないし世界を脅かしていないということが証明できるまでは、備える責務は存続しなければならない。そして、邪悪が強大で反抗的な場合には、武力——すなわち戦争——を用いる責務が生じる。ましてや、それに先だって、裁判所により執行されるように、これらの条件と責務を精密に成文化された法律の文言にすることも不可能だ。法治主義の精神は、一般的に「軍国主義」に帰せられるものと同じぐらい現実の欠陥により特徴づけられており、より高尚というわけではない。国民生活や世界史の危機において善と悪、正と邪を決定する考察は、国際的なものであろうとなかろうと、法律の単なる規則や原則といったもので決定するにはしばしば複雑すぎる衡平《エクイティ》の問題である。ブルガリアとアルメニア、キューバの事例が全く適切な例である。❖044 そして、中国の未来に関する闘争がさらなる例証を提供するのはほぼ確実だろう。各国の国益が関係する問題でさえも、道徳的要素が入ってくる。なぜなら、全盛期の各世代は続く世代の保護者であるからだ。したがって、すべての保護者と同様に、その最善の判断に従って行動する力を持つ一方で、単に平和のためにその被後見人に対してなされる既知の不正義を許容する権利は持っていないからだ。

　世界中の諸国民に一貫する、仲裁に賛成する現在の強力な感情は、それ自体ほとんど純粋な祝福に値する。それは実に期待を抱かせるものであり、その確信はいかなる紙の契約も主張することができないほどだ。なぜなら、それは内

❖044 スラヴ系諸民族の反乱にロシア帝国が介入したために露土戦争（一八七七年～一八七八年）が勃発し、その結果ブルガリアを含むバルカン諸国がオスマントルコ帝国から独立した。一八九四年から一八九六年にかけてオスマントルコ帝国で起きたアルメニア人虐殺に対して、西欧列強は互いの権益衝突のために介入できなかった。Cf. Mahan, *Some Neglected Aspects of War*, p. 44.

なる信念により良心に影響するのであって、外からの足枷によって影響するのではないからだ。しかし、まさにその普遍性と、それが明白な賞賛に値するがゆえに、こうした感情には調整が必要だということを覚えておかなければならない。なぜなら、それ自体過剰ないし軽率という大きな危険を帯びているからだ。過剰とは、戦争は悪であるだけでなく、純粋で不必要な邪悪であり、したがって常に正当化できないものと見なす、あまりに流行している傾向に表れる。その一方で、望ましいと考えられる結果に手を伸ばす軽率さは、戦争に訴えることを防ぐために、事前になされた一般的な誓約により仲裁を強制するという希望に明示されている。両方の考え方は、熟慮や均整の欠如を主たる特徴とする話し手の言葉の中に表れてくる。こうして、ある著名な市民がこう述べたと報じられている。「二人の人物がその争いを棍棒で決着をつける機会がないように、二つの国家が戦争をする機会ももはやない[❖045]」。奇妙なことに、この視点はキリスト教に特有の教えを代表しているかのように装っている。そうする中で、キリスト教は、「強制的」な仲裁がそうするかもしれないようには宗教上の議論以外により良心を強要することはしないけれども、「現世」の領域における邪悪への抵抗と救済の手段として剣を確かに認めているという事実を故意に無視している。

❖045 引用元不明。

仲裁の大きな好機が、諸国家の道徳水準が進歩する中でやって来ている。その進歩によって、故意に悪事を行うという傾向は消え、その結果として武力により邪を正す機会が生じる頻度は減っている。しかしながら、最近の出来事、特に、平和会議の呼びかけの後で始まり、▼019全世界の世論に反してその開会中にも猛然と続いた、非常に悪名高い横暴な圧制を考慮すると、こうした機会が完全に過去に属するものだと想定するのは早計である。いわんや、ある共同体が名誉と義務により特定の方針が求められていると誠実かつ完全に信じ、同じぐらい誠実な〈別の〉共同体はその方針を自らの構成員の権利と責務とは矛盾するものであると考える事例がもはやないと想定することはできない。たとえば、特に最近オランダ〈ハーグ平和会議〉を訪れた者にとっては、イギリスとボーア人がそれぞれの主張の相当な正当性について同程度に確信していると考えることがまったく可能である。主権国家間の争いにおいて、両者について良心に忠実であることと平和とを調停する方法を仲裁が見出すだろうと願うことは全くもって差し支えないが、もしその良心の確信が揺るがないなら、戦争は良心に背くよりもましである――広く認められた悪に不本意に従うことよりもましなのだ。仲裁が維持することを目指す大義すら脅かす、見境なく仲裁を唱道することの大きな危険は、戦争は完全な悪なので、それを除けば黙認されるその他の邪悪

▼019 これが朝鮮における日本の最近の方策を暗示していると誤解されるといけないので、本論説での平和会議への言及はすべて一八九九年の平和会議へのものであるという注意を新たにしておきたい。〈訳註。ここでマハンが言及しているのは、ボーア人の圧政に対するイギリスの介入としての第二次ボーア戦争である。本書三七四〜三七五頁を参照せよ。〉

は悪ではないという信念で自分たちの良心をなだめすかし、衡平を勝手に変更して、不公正なことに妥協するよう人々を導くかもしれないということだ。アルメニアを見よ、またクレタ[046]を見よ。戦争は回避されたが、こうした不法を目にして、手出しを控えた国家的良心はいかがなものか?

[046] 一八六六年に始まったクレタ蜂起において、反乱軍が立て籠もるアルカディ修道院をオスマントルコ軍が攻撃し、婦女子を含む多数の死傷者が出た。この事件によりクレタ蜂起に国際世論の関心が集まるが、欧州列強は積極的に介入しなかった。

第四〇章｜戦争の実際的側面[020]

私が自身の確信を表明したように、世界中で道徳的動機が力を得ているというのが真実なら、我々はそれが広まる時がくることを願うことができる。しかし、それはすべての国家に同等に広まるか、同等に近づくのでなければならず、そうでなければ二つの論争国の間の議論は同じ水準に基づくものではないということが明らかである。米国とスペインの間の相違においては、米国の主張、提案された行動の自国に向けた道徳的正当化は、キューバの悪政、そして不必要なキューバ人の苦悩が、スペインには遠隔の属領に対して善政を行う能力がないということを示すほどに長く続いたということだろうと思う。スペインの善政を行いたいという願望、その目的のための主張と手段いずれの誠実さを疑う必要はなかった。しかし、その努力に効力を与えるだけの能力がスペインになかったということが非常に明らかだったのだ。さて、スペインがそうした見

▼020 Mahan, "The Hague Conference and the Practical Aspect of War," *Some Neglected Aspects of War*(Boston, 1907), pp. 75-80, 90-93.〈訳註。一九〇七年の『ナショナル・レビュー』誌掲載論文。〉

方をとったと仮定すると、（想像の上では）スペインの施政者たちがこう述べることが考えられる。「そう、我々が失敗し続けているというのは真実だ。キューバ人には善政を受ける道徳的権利があり、我々は彼らにそれを与えることができていないので、我々は手を引くのが正しい」。しかし、スペインがこうした崇高な道徳的確信と自制に達していないと想定すると、実際問題として米国には何ができただろうか？　米国はまったく実際的なことをした。米国は国際法に基づいて国家としての最後の議論〈武力行使〉を行ったのだ。しかし、米国が仲裁に向かったとして、法廷はどのような根拠によって進行しただろうか？　スペインがキューバから撤退しなければならないという裁定だったとして、その裁定の確固たる既定の根拠は何だったのだろうか？　国際法という形をとる現在の諸国家間における協定の中に、そうした力を与える何かがあるのだろうか？　また、さらに直接関係することには、仲裁法廷の見解では暴政を敷いている領土、または征服の後で保持すべきでないとされる領土から諸国家が出て行くよう命じる力を、諸国家は今や仲裁法廷に認める用意があるのだろうか？　たとえば、シュレスヴィヒ＝ホルシュタイン、アルザス＝ロレーヌ、トランスヴァール、プエルトリコ、またフィリピン諸島についてはどうだろうか？

または、切迫して非常に重大な、果てしない問題を孕んだもう一つの事例を挙げよう。もし筆者が正しく状況を理解しているなら、太平洋に接する英語話者の共同体の間では、それらが占領するまばらにしか定住者がいない領土における雇用から、日本と中国に見出されるような集中し密集した人間の集団を排除するという、奥深い直感的な大衆の決意があり、それは施政者たちが従わなければなければならないものの一つなのだ。他の何よりも、これが太平洋の問題を要約している。人口と経済的条件において非常に異なる水準にある二つの人間集団《シー・オブ・ヒューマニティ》は、一方が他方に押し寄せ、殺到することを禁じる、立法という人工的堤防によってのみ隔てられている。筆者が賛成するかどうかはともかく、筆者が共感することができる態度を批判するわけではない。しかし、この立法に注視して、物理的条件を対照すると、最大限に大衆の確信と意図を伝えているとしても、その法律を信じるオーストラレイシア[047]の先見の明のなさが、彼らを脅かすものからその土地を守ることができるのかは疑わしい。「家に帰れ」とアメリカの不穏な時代にフランクリン[048]は仲間の植民者に言った。「そして、子どもを作るように伝えるのだ。それが我々の困難をすべて解決するだろう」[049]。自分の土地を自分たちだけで所有し続けたいと願うなら、自分の親族で土地を満たすのだ。北アメリカの太平洋岸諸州は人で満たされつつあり、より重要なことに、人の潮流が急速に注ぎ込んでいる他の大きな共同体に隣接し、政治的に

❖047 オーストラリア、ニュージーランド、その他付近の諸島の総称。

❖048 ベンジャミン・フランクリン(Benjamin Franklin, 1706-1790)は、米国建国の父の一人として知られる政治家、外交官。アメリカ独立戦争中には駐仏公使としてフランスから援助を受けられるよう交渉した。

❖049 Cf. William Gordon, *The History of the Rise, Progress, and Establishment, of the Independence of the United States of America*, Vol. I (London, 1788), p. 167.

も一体である。しかし、もし現地の利益〈安価な外国人労働者の利用〉になると考えられるもののために自民族の移民を妨げるなら、これらの州でも自らの計画を労働者が革命的に挫折させるかもしれない。海によって同族から隔てられ、したがって自立しなければならない者たち〈オーストラレイシア〉にとっては〈状況は〉大きく異なる。イギリス帝国のすべての海軍力も、人口が豊富に増えるわけでもなく、自由に移民を受け入れたりしない遠隔の共同体を守るには究極的には不十分である。

我々は今これらの問題を人種的なものとして語っており、この表現は便利なものだ。それは簡潔で、こうした状況の一つの側面を正しく象徴しているけれども、その状況は本質的には経済的で領土的なものである。昔から定住している諸国では人種と領土は意味が一致する傾向があるが、人種が国境線ほどには人々を結束させるものではなく、経済的事実ほどにすら結束させるものではないということを知るのに、一瞬過去を回想するのもほとんど必要ない。主に経済的事実が米国のイギリスからの分離をもたらした。経済的事実がアメリカ合衆国を生み出し、それを結束させ続けている。現在イギリス帝国を構成する領土のより密接な連合は経済的適応に見出されなければならず、共通の人種という事実は連合には十分ではない。さて、経済的影響は最も純粋な物理的秩序

——個人的な私利の秩序——である。個人的な私利の秩序という形において、経済的影響はとにかく大多数の人々にとって魅力的である。なぜなら、教育を受けた政治経済学者は、どの共同体においても少数の割合しかいないからだ。人種然り、領土——国家——然り。心は躍り、目は潤み、自己犠牲は自然に思え、一時的に道徳的動機が優勢となる。しかし、長期的には、経済的真実の圧迫が独裁者の暴政を受けるものに降りかかる。実際、この数百万という仲間に降りかかる圧倒的な重荷の中に、直接の抵抗ではなく迂回することによって対決し、打倒すべき敵を見出して、環境を改善することでその影響力を和らげ、より高尚な感情を発揮する、崇高な指導者も少なからずいる。しかし、これらの人々がそう努めるためには、言ってみれば彼らは自活していること、日々の糧の支配から解放されていることが必要である。そして、その成功においても失敗においても同様に、彼らの使命そのものが実社会における経済的条件の圧倒的な重みを証明しているのだ。……

ある国民に富と人口、機会があっても、なお地歩を保てるように白らの力を組織することができないなら、富と機会は欠けているけれども、組織化する能力と戦う意志を持っている国民が、必要の圧力のもとで、倫理的に彼らに当然与えられるべきだと必要から確信させられる遺産を手に入れたりしないと思うことは現実的ではない。〈人口が〉密集する母国と、オーストラリアおよびカリフォルニアの相対的な機会を認識して、自らが力ずくで排除されていると知った、知的な中国人や日本人の労働者はどう判断するだろうか、と問われるだろう。力によって妨げられている、より良い状況における分け前を要求するために彼の国民が力に訴えるべきではないとする、いかなる倫理的価値、いかなる道徳的価値を、彼はその闘争の中に見出すだろうか？　通商上の利益に影響するだけだったが、白色人種は日本と中国における孤立政策をどう尊重しただろうか？私は持てる者による排除――現在大いに挑戦を受けている、所有の権利――の倫理的適否について宣告するつもりは微塵もない。筆者はただ、相反する経済的状況の事実を用いて、倫理的議論の見かけ上の優劣に注意を引いているだけだ。こうした状況においては、現実的な仲裁者は物理的な力であり、そのうちで戦争は時折の政治的表現に過ぎない。

単なる武力衝突だけでなく、危害の脅しをはねのけたり、国家的権利を維持したりするために、国民が必要に応じて物理的な国力――人口と財政、軍事――のすべてを発揮することを可能にする準備状況と心構えも包含する広範な見解においては、戦争とは諸国民の移動を規定し調整するものであって、こうした移動がその傾向と結果において歴史を形づくるのだ。これらは自然な力であって、その起源と能力において人類とは独立して自存している。それらに対する人類の備えが戦争、すなわち、本質的にはそれほど物質的に強力ではないが、知的な連携と指揮がもたらす利点を持つ、それ以外の力の人工的な組織化なのだ。これにより、人類はその範囲や傾向、突然さにおいて破滅的であることを脅かす結果を慎重に制御したり、導いたり、遅らせたり、さもなければ恩恵あるように修正したりすることができる。このように見なされる戦争は治癒的であったり、予防的であったりする。

治療者《ヒーラー》の語彙から得られたこれら二つの形容詞は、戦争の実際的正当化と道徳的正当化の双方を体現していると筆者は理解している。一オンス〈一六分の一ポンド〉の予防は一ポンドの治癒に値する。内科医が体の病気に影響を及ぼすために道徳的な力を用いるように、世界の邪悪を治療する助けとして道徳的な力に訴えるのがよいのかもしれないが、それだけに頼る用意があるものはほとんどいない。我々は物質的な助けも必要としている。オランダの堤防は、それらが守る土地を飲み込もうとする北海の自然の使命に直接抵抗することにより耐えている。ミシシッピ川の土手は強力な流れの進路を抑制し、より良い方向に導いており、それなしには水流の力が両岸を荒廃させることに浪費されるだろう。これら二つの人工物は、時間とお金、エネルギー、またいわゆる非生産的な労働力の膨大な消費を象徴している。しかし、それらは洪水よりも安価なのだ。我が国の大都市の警察は犯罪の突発を予防しており、そうした犯罪の恐るべき可能性は、物質的予防が何らかの原因により一時的に失われる、幸いにも滅多にない機会に現れる。警察組織は大きな支出だが、数日間の無政府状態よりは費用がかからない。そして、合理的な主張の議論に組織化された物質的な力の強力な掩護が与えられない限り、我々が国民や人種と呼ぶこれらの人間集団を駆り立てる強力な物質的衝動を抑制したり導いたりすることができるなどという空想により、思い違いをしたりしないようにしよう。もし組織されたものが失われたら、組織されていないものはより確実で、より恐ろしい衝突を始めるだけだろう。

日本とロシアの間の戦争からは、さらにもう一つの結論が導かれる。それは、筆者自身が共有し、あるいはその普及にいくらか貢献してきた、以前の全般的な印象とは相反するものだ。その印象とは、海軍がその存在の原因と根拠として海洋通商に依存しているというものだ。もちろん、ある程度までこれは真実だ。そして、まさにある程度まで真実であるがために、この結論はなおさら人を誤らせてしまう。部分的に正しいために、無条件の真実として受け入れられてしまうのだ。ロシアは、少なくとも自国船舶では、ほとんど海洋通商を行っていなかった。ロシアの商船旗は滅多に見かけないし、その海岸には非常に欠陥があり、決してロシアを海洋国家と呼ぶことはできない。それにもかかわらず、ロシア海軍は先の戦争において決定的な役割を果たした。その戦争は、ロシア海軍が十分に大きくなかったからではなく、海軍が不適切に利用されたた

▼021 Mahan, *Naval Strategy*, pp. 445-447.

めに不成功に終わったのだ。おそらく、ロシア海軍は本質的にも不十分だった――質において劣っており、指揮能力も兵卒もお粗末だった。その破滅的な結果は、ほとんど海運を行っていないにもかかわらず、ロシアが否応なしに海軍を必要としていたという真実と矛盾していない。

ここで通商の海軍に対する関係を定義することには筆者はそれほど関心がない。商業海運が存在する場所では、海軍と呼ばれる保護の形態が発展する合理的な傾向があると述べることは合理的であるように思われる。しかし、具体的な事例により、海運が存在しない場所でも海軍が必要になるかもしれないということが完璧に明確となっている。今日のロシアと米国はその適切な事例だ。特定の事例における海軍の歴史的起源がどのようなものであれ、海軍の機能は明白に軍事的で国際的なものであることがますます明らかとなっている。たとえば、米国の海軍は純粋に商業的な考察から誕生した。対外的な権益は商業の権益に限らない。それは商業的なものであると同時に政治的なものかもしれない。中国における「門戸開放」の主張のように、商業的であるがゆえに政治的なのかもしれない。パナマ運河とハワイのように、国防に必須の軍事的なものであるがゆえに政治的なのかもしれない。ヨーロッパに存在するような国民の先入観と共感、人種的共感、またはモンロー主義のような伝統のために政治的なのかもしれない。当初のモンロー主義は、部分的には商業上の権益の宣言であり、植民地体制におけるスペインの独占の復活に対して向けられていた。部分的には軍事的であり、ヨーロッパからの侵略と危険な近接に対する防勢であった。部分的には政治的であり、自由を求めて闘争する共同体への共感だった。

商業的な海洋権益と海運の広範な基盤は、資源と人員の予備を供給することにより、確かに海軍の効率に資するだろう。また、代議政体においては、商業海運が我々に提供するような、広範に及び深く根差す市民の関心によりもたらされる支持がなければ、軍事的権益は減損なしにすますことができない。

平時における戦争への備えは、代議制の通商国家にとっては実行不可能である。なぜなら、概して国民は、準備をする気にさせる圧力を感じるほどには、軍事的必要性や国際的な問題に十分な注意を払わないだろうからだ。海軍士官にできることは、商業海運とは一国の対外関係が取りうる多くの形態の一つに過ぎないということを鮮明に自覚し、それを自身の思考の一部とすることだけだ。我々は、モンロー主義、パナマ運河、ハワイ諸島、中国市場、また付言するなら、人口が乏しく資源開発が不十分で、アジア人種に対していくぶん乱暴な態度を取る、太平洋岸の露出にそうした対外問題を抱えている。攻撃的な目的を持たないが、公言された政策――準備に気乗りしないとしても、そのためなら国民が戦う心構えができている——を維持するためだけに、米国は隻数が多く効率的な海軍を必要としている。たとえ、商船が二度と米国旗を掲げたりしないとしても。もし我々がこれらの真実を明確かつ包括的に、また確信を持って心に抱くなら、おそらく我々は立法に影響を及ぼす者たちに影響を及ぼすことができるかもしれない。いずれにしても、そのように心に抱くことに害はないだろう。

附録

マハンの年譜

＊原書の年譜に一部加筆した。

一八四〇年九月二七日	デニス・ハート・マハン米陸軍士官学校教授の息子、アルフレッド・セイヤー・マハンがニューヨーク州ウェストポイントで誕生。
一八五四年～一八五六年	ニューヨーク市コロンビア・カレッジで学ぶ。
一八五六年九月三〇日	海軍士官候補生《アクティング・ミジップマン》として、米海軍兵学校の第三学年（二年生）に編入。ニューヨーク第一〇下院選挙区からの任官。
一八五九年六月九日	任官待ち海軍士官候補生《パスト・ミジップマン》❖01として卒業。
一八五九年～一八六一年	ブラジル海軍管区のフリゲート艦コングレス号（USS *Congress*）。
一八六一年八月三一日	海軍大尉に昇進。
一八六一年～一八六二年	仮装蒸気船ジェイムズ・アジャー号（USS *James Adger*）に一〇日間乗り組む。ポトマック小艦隊の蒸気コルベット艦ポカホンタス号（USS *Pocahontas*）の副長。一八六一年一一月七日ポート・ロイヤル攻略（マハンの唯一の戦闘体験）。南大西洋封鎖戦隊。
一八六二年～一八六三年	ロードアイランド州ニューポートの海軍兵学校の船舶操縦術科教官（スティーヴン・B・ルース海軍少佐と出会う）。一八六三年のイギリスへの夏季練習航海ではマケドニアン号（USS *Macedonian*）の副長（艦長はルース海軍少佐）。
一八六三年～一八六四年	西メキシコ湾封鎖戦隊の蒸気コルベット艦セミノール号（USS *Seminole*）の副長。
一八六四年～一八六五年	ジェイムズ・アジャー号の副長。蒸気砲艦シマロン号（USS *Cimarron*）で初めて艦長を務める。南大西洋封鎖戦隊のダールグレン少将の幕僚。再びジェイムズ・アジャー号。
一八六五年～一八六六年	「ダブルエンダー」❖02の蒸気砲艦マスクータ号（USS *Muscoota*）の副長。
一八六五年六月七日	海軍少佐に昇進。
一八六六年	ワシントン海軍工廠の兵器部勤務。

一八六七年〜一八六九年	蒸気スループ艦イロコイ号(USS *Iroquois*)に乗り組み、喜望峰経由でアジア海軍管区へ。一八六九年には払い下げが決まっていた砲艦アルーストック号(USS *Aroostook*)の艦長となる。任務を終えローマとパリを経由して帰国。
一八七〇年〜一八七一年	ニューヨーク海軍工廠。
一八七一年	本国海軍管区のウスター号(USS *Worcester*)に乗り組み、イギリスを訪れる。
一八七二年	海軍中佐に昇進。ニューヨークの新兵収容艦《レシービング・シップ》ヴァーモント号(USS *Vermont*)に配属。
一八七三年〜一八七五年	ラ・プラタ川(南米)の蒸気外輪船ワスプ号(USS *Wasp*)の艦長。初めて「海戦」に関する講義を行う。
一八七五年〜一八七六年	ボストン海軍工廠。
一八七七年〜一八八〇年	アナポリス海軍兵学校の砲術科長を務める。一八七九年に最初の論文が海軍協会プロシーディングス誌に掲載される。
一八八〇年〜一八八三年	ニューヨーク海軍工廠。一八八三年に最初の著書『メキシコ湾と内水』が刊行される。
一八八三年〜一八八五年	南太平洋戦隊の蒸気スループ艦ワチューセット号(USS *Wachusett*)の艦長。
一八八五年	海軍大佐に昇進。海軍史および海軍戦略の講師として海軍大学校に任命され、翌年から始まる講義に向けて準備を進める。
一八八六年〜一八八九年	海軍大学校校長を務める。
一八八九年〜一八九二年	ピュージェット湾の海軍工廠用地選定委員会の委員長。航海局の特別任務(各種戦策の立案)。一八九〇年に『シー・パワーが歴史に及ぼした影響』を出版。海軍大学校での講義および『シー・パワーがフランス革命と帝国に及ぼした影響』の執筆。
一八九二年〜一八九三年	再び海軍大学校校長を務める。
一八九三年〜一八九五年	ヨーロッパ海軍管区のエルベン海軍少将旗艦、巡洋艦シカゴ号(USS *Chicago*)の艦長。
一八九五年〜一八九六年	海軍大学校での特別任務(講義および『ネルソン伝』の執筆)。

一八九六年一一月一七日	四〇年の勤務の後に、海軍大佐として依願退役。
一八九八年	米西戦争の際の海軍戦争委員会の委員を務める。
一八九九年	ハーグ国際会議の代表団に参加。
一九〇二年～一九〇五年	『一八一二年戦争との関係におけるシー・パワー』の執筆。
一九〇六年六月二九日	南北戦争に従軍した退役海軍士官を一階級昇進させる特別法により、退役名簿上で海軍少将に昇進。
一九〇八年～一九一二年	海軍大学校に関係する特別任務（講義および『海軍戦略』の執筆、対日戦策の批評）。
一九一四年一二月一日	ワシントンの海軍病院で死去。

❖01 海軍大学校に入校する者はミジップマン（海軍士官候補生）という階級を与えられ、昇進試験に合格することができれば、卒業時にパスト・ミジップマン（Passed Midshipman）となった。南北戦争まで、ミジップマンは一般的に海上経験を数年積んだ後にマスター（海軍中尉）に昇進したが、一八六二年にエンサイン（海軍少尉）の階級が新たに作られた。マハン世代のミジップマンは、南北戦争のために昇進試験なしでレフテナント（海軍大尉）に飛び級している。なお、一八八三年にはマスターがレフテナント・ジュニア・グレード（海軍中尉）に改称された。

❖02 艦首と艦尾が同じ形をした実験的な艦。

名誉学位など

英オックスフォード大学民法学博士号（D.C.L.）	一八九四年
英ケンブリッジ大学法学博士号（LL.D.）	一八九四年
米ハーバード大学法学博士号（LL.D.）	一八九五年
米イェール大学法学博士号（LL.D.）	一八九七年
米コロンビア大学法学博士号（LL.D.）	一九〇〇年
加マギル大学法学博士号（LL.D.）	一九〇九年
米国歴史学協会《アメリカン・ヒストリカル・アソシエーション》会長	一九〇二年

公刊著作一覧

刊行年	書名	本書の対応章
一八八三年	『メキシコ湾と内水』(*The Gulf and Inland Waters*)	なし。
一八九〇年	『シー・パワーが歴史に及ぼした影響、一六六〇～一七八三年』(*The Influence of Sea Power upon History, 1660-1783*)	第一章、第三章、第一〇章、第一五章、第一六章、第一七章、第一九章、第二〇章。
一八九二年	『シー・パワーがフランス革命と帝国に及ぼした影響、一七九三～一八一二年』(*The Influence of Sea Power upon the French Revolution and Empire, 1793-1812*)、全二巻	第二三章、第二四章、第二五章。
同	『ファラガット伝』(*The Life of Admiral Farragut*)	なし。
一八九七年	『ネルソン伝――イギリスのシー・パワーの権化』(*The Life of Nelson: the Embodiment of the Sea Power of Great Britain*)、全二巻	第二五章。
同	『シー・パワーへの米国の関心、現在と将来』(*The Interest of America in Sea Power, Present and Future*)	第一四章、第三一章。
一八九九年	『米西戦争の教訓』(*Lessons of the War with Spain*)	第二七章、第二八章。
一九〇〇年	『アジアの問題およびそれが国際政策に及ぼす影響』(*The Problem of Asia, and its Effect upon International Policies*)	第七章、第三二章。
同	『南ア戦争の物語、一八九九～一九〇〇年』(*The Story of the War with South Africa, 1899-1900*)	なし。
一九〇一年	『イギリス海軍史から得られる海軍士官の諸類型』(*Types of Naval Officers, Drawn from the History of the British Navy*)	第一八章、第二一章、第二二章。

一九〇二年	『回顧と展望——海軍と政治の国際関係の研究』(*Retrospect and Prospect: Studies in International Relations, Naval and Political*)	第一三章、第三三章、第三六章。
一九〇五年	『一八一二年戦争との関係におけるシー・パワー』(*Sea Power in its Relations to the War of 1812*)、全二巻	第一〇章、第二六章。
一九〇七年	『軽視される戦争の諸側面』(*Some Neglected Aspects of War*)	第三八章、第三九章、第四〇章。
	『帆船から蒸気船へ——海軍生活の回想』(*From Sail to Steam: Recollections of a Naval Life*)	なし。
一九〇八年	『海軍行政と戦争』(*Naval Administration and Warfare*)	第二章、第四章、第一二章、第二九章。
一九〇九年	『内なる収穫——キリスト教徒の人生の考察』(*The Harvest Within: Thoughts on the Life of the Christian*)	なし。
一九一〇年	『国際情勢への米国の関心』(*The Interest of America in International Conditions*)	第三四章、第三五章。
一九一一年	『陸上の軍事作戦の原則および実践と対比・対照される海軍戦略』(*Naval Strategy, Compared and Contrasted with the Principles and Practice of Military Operations on Land*)	第五章、第六章、第七章、第八章、第九章、第一一章、第二九章、第三〇章、第三七章、第四一章。
一九一二年	『軍備と仲裁——国際関係における力の位置』(*Armaments and Arbitration: Or, the Place of Force in International Relations*)	なし。
一九一三年	『アメリカ独立戦争における海軍の大規模作戦』(*The Major Operations of the Navies in the War of American Independence*)	なし。

❖ウェストコット編の原書の附録には、この他に著書に未収録の記事一覧およびマハンに関する参考文献一覧が含まれているが、本訳書では割愛した。雑誌・新聞記事を含む完全な著作一覧については、John B. Hattendorf and Lynn C. Hattendorf, *A Bibliography of the Works of Alfred Thayer Mahan* (Newport, R.I., 1986)を見よ。参考文献一覧については、麻田貞雄訳『アメリカ古典文庫⑧　アルフレッド・T・マハン』(研究社、一九七七年)および麻田貞雄編・訳『マハン海上権力論集』(講談社学術文庫、二〇一〇年)、またJohn Tetsuro Sumida, *Inventing Grand Strategy and Teaching Command: The Classic Works of Alfred Thayer Mahan Reconsidered* (Washington, 1997)を参照せよ。

訳者あとがき

本書は、Allan Westcott, ed., *Mahan on Naval Warfare: Selections from the Writings of Rear Admiral Alfred T. Mahan* (Boston, 1918) の全訳である。ただし、附録の一部は割愛した。

一——アルフレッド・セイヤー・マハンとその時代

米国の海軍軍人であるアルフレッド・セイヤー・マハン(Alfred Thayer Mahan, 1840–1914)は、日本では『海上権力史論』として知られる『シー・パワーが歴史に及ぼした影響、一六六〇年～一七八三年』(一八九〇年)を執筆して、海軍史家・海軍戦略家として世界的に注目されるようになった。二〇世紀前半の伝記的研究ではマハンの独創性が、そして一九七〇年代頃までの研究では世紀転換期の米国の海外膨張と海軍増強にマハンが及ぼした影響が強調されてきたが、近年はマハンを同時代の海軍士官という社会階層やその知的潮流という文脈の中で相対的に評価しようという変化が見られる。▼01 マハンの伝記については、ひとまず編者序文を参照していただくこととして、ここではマハンを時代背景の中に位置付けてみたい。▼02

独立以来一世紀におよぶ米国の海軍戦略は、主に防勢志向を助長する政治状況および地理的条件に大きく規定されていた。当時の米海軍のドクトリンは沿岸防衛と限定的な通商破壊に基づいており、戦時には私掠船によって補完される小規模の海軍だけが平時に維持されていた。南北戦争(一八六一年～一八六五年)の最中に米海軍の規模は急激に拡大するが、戦後は以前の規模まで一気に縮小した。▼03 諸外国が技術革新にしのぎを削る中でも、予算を大幅に削減された米海軍はほとんど新規建艦を行うことが許されず、むしろ既存の木造船の改造に予算が浪費された。▼04 海軍士官団にとって海軍縮小と建艦抑制の影響は大きく、人脈がある米海軍兵学校《ネイヴァル・アカデミー》卒業生の多くが昇進を諦めて海軍を離れていった。▼05 このように衰退する米海軍を目の当たりにしたことがマハンの著作や世界観に大きな影響を及ぼしている。▼06

その一方で、この時期には海軍士官の専門職化が進み、米海軍が一八八〇年代半ば以降に近代的な「ニュー・ネイヴィー」として再興する礎が築かれたのも事実である。昇進機会が制限された若手士官は海軍の改革を目指して自己研鑽に励み、また古参士官とともに海軍の地位向上を求めて議会と世論への働きかけを強めていった。一八七三年に創設された米海軍研究所《ネイヴァル・インスティテュート》は、海軍兵器の急速な進歩や諸外国での海軍戦略の発展など、海軍士官の関心を集める諸問題を自主的に論じる場となった。一八六〇年代後半から一八七〇年代には複数の海軍士官がヨーロッパ諸国を旅して各国の建艦や新技術に関する情報を収集していたが、一八八二年には海軍情報部が設立されて体系的に情報収集が行われるようになった。さらに、一八八四年には、歴史に根差す独自研究と専門的な海軍教育のために、時に海軍省の反対を受けつつも米海軍大学校《ネイヴァル・ウォー・カレッジ》が設置された。これらの諸機関に改革派の海軍士官が集い、近代的な海軍建設を目指して様々な運動を繰り広げていたのである。[07]

マハンが改革派の運動に初めて関わったのは、やや遅れて一八七五年のことである。この年、マハンはボストン海軍工廠の司令官補佐となって政治腐敗を目撃し、ジョージ・M・ロブソン海軍長官(George M. Robson)の罷免を求めて活動した。しかしながら、歯に衣着せぬ個人攻撃が昇進の妨げとなったと感じたためか、こうした改革派としての表立った活動は一八七〇年代の半ば以降は影を潜めた。[08]一八七七年に海軍兵学校の講師となると、マハンは海軍研究所およびその創設以来の会員たちと交流するようになる。一八七八年には同研究所の副所長に選ばれ、同年の第一回懸賞論文に応募して第二位の選外佳作《セカンド・オノラリー・メンション》となった(受賞作を含めると第三位)。海軍研究所が発行するプロシーディングス誌に翌年掲載されたこの論文がマハンの最初の著作である。一八八三年には最初の著書『メキシコ湾と内水』が「南北戦争における海軍」三部作の最終巻として刊行された。[09]

マハン自身は回想録でも海軍研究所に一切言及していないが、[10]著述活動の初期に海軍研究所およびその出版物から大きな知的影響を受けたことは間違いない。通商と海軍の関わり、制海やシー・パワーの重要性など、マハンの初期の著作を通じて普及した主要な議論やアイディアの多くは、海軍研究所が発行するプロシーディングス誌上で論じられていたことだった。たとえば、マハンが最も体系的にシー・パワーを論じているためにしばしば引用される『シー・パワーが歴史に及ぼした影響、一六六〇年〜一七八三年』の第一章「シー・パワーの諸要素」は、草稿を読んだ出版社からの要請を受けて急遽追加されたものだが、一八七七年以降にマハンが交流を深めた海軍研究所関係者やプロシーディングス誌上の議論を総合するもので、マハンの独創的な議論ではない。特に、有名な「シー・パワーに影響を及ぼす主要な諸条件」は、一八八二年に同誌に掲載された複数の懸賞論文で挙げられていた諸条件とほぼ同一であった。[11]

また海軍史から戦略を論じるという手法もマハンの独創ではない。マハンの良き指導者となったスティーヴン・B・ルース大佐(Stephen B. Luce)ら有力な改革派の海軍士官は、イギリスにおける近代的海軍史研究の創始者ジョン・ノックス・ロートン(John Knox Laughton)から大きな影響を受けて、将来への指針として海軍史を研究することに価値を認めていた。[12]一八七三年には、海軍兵学校のカリキュラムに海軍史講義が含まれるようになっていたが、[13] ルースはロートンとの交流や一八七七年に陸軍の砲兵学校を訪れた経験から、海軍の高等教育機関を設置するよう海軍省に働きかけた。この結果として一八八四年に設置されたのが海軍大学校であった。そのカリキュラムはルースらがイギリスや陸軍の事例なども参考に決めており、マハンが講義を始める前に既に枠組みはできていた。[14] マハンが海軍大学校講師の人選において第一位ではなかったことも重要であろう。[15] ある歴史家は、仮にマハンが海軍大学校の役職に就かなかったとしても、同様の講義をするようルースに求められた別の人物が同様の命題を提示することがありえたとすら指摘している。[16]

一八七三年以降の改革派海軍士官たちの運動が実を結び、また南米諸国の海軍建設が米海軍の相対的な弱さを浮き彫りにしたこともあって、一八八三年には鋼鉄艦四隻の新規建艦が議会で承認されて「ニュー・ネイヴィー」の建設が始まった。しかしながら、当初の建艦計画に含まれていたのは主に巡洋艦であって、沿岸防衛と通商破壊に基づく海軍戦略には変化がなく、戦艦を中心とする戦闘艦隊に基づく海軍戦略が公式に採用されるのは一八八九年を待たなければならなかった。[17]

一八八五年から一八八六年にかけて、沿岸防衛を評価するためのエンディコット委員会(Endicott Board)や下院海事委員会(House Naval Affairs Committee)などで改革派の海軍士官らの攻勢的な外洋海軍建設を求める声が表出したが、民主党のウィリアム・C・ホイットニー海軍長官(William C. Whitney)の反対もあって実現しなかった。[18] 一八八七年以降、ホイットニーとルースの間に溝が生まれ、ルースとマハンは独立した研究・教育機関としての海軍大学校を存続させるためのロビー活動に奔走しなければならなかった。マハンは一八八八年一一月には太平洋北西沿岸に海軍基地の建設場所を選定する委員会の長に任命され、体よく海軍大学校から一時的に追放された。[19]

一八八九年三月には、共和党のベンジャミン・F・トレイシー(Benjamin F. Tracy)がホイットニーに代わって新海軍長官になり、ルースとマハンの影響を受けて海軍戦略の再検討に着手した。[20] 同年、海軍研究所のプロシーディングス誌にはエンディコット委員会の委員だったサンプソン海軍大佐(William T. Sampson)の論文、そして海軍大学校で提示される戦略思考に基づくルースの論文が相次いで掲載され、決戦で敵艦隊を破るために戦艦を中心とする攻勢指向の海軍建設を提案した。[21] トレイシーが一八八九年一一月に発表した、将来的に戦艦二〇隻からなる戦闘艦隊を建設するという計画は、その規模においても理論的根拠においてもルースの論文に依拠している。一八九〇年には三隻の戦艦を含む建艦予算が議会で承認され、ヨーロッパの海軍国と肩を並べる大海軍建設が始まった。[22]

このようにマハンを同時代の海軍を巡る知的潮流、そして新しい海軍政策策定へ向かう政治過程の中に位置付けると、米国の「新しい海軍政策はマハンの教えと著作から生まれた[23]」というかつての理解は、マハンの独創性と影響力を過大評価しているようと言えるだろう。マハンはしばしば初期の伝記で描かれるような時代の先駆者だったのではない。新しい海軍政策の形成とマハンの著作の主要な議論には、一八七〇年代半ばから一八八九年までに海軍研究所や海軍情報部、海軍大学校などに集った改革派の海軍士官たちの集合知が反映されていた。つまり、マハンの真価は著作の独創性よりも、最高のタイミングで同時代の集合知を巧みに総合したことにある[24]。それゆえに、マハンの著作は英米両国で好意的に受け入れられただけでなく、米国と同じように近代海軍を建設しようとしていたドイツや日本などで特に熱心に読まれることになった。

一八九〇年に出版された『シー・パワーが歴史に及ぼした影響』は各国の大海軍主義者により利用され、海軍政策を巡る議論の土台となった[25]。以後、歴史家からの批判や支援を通じて歴史研究の質を高める一方で、マハンは徐々に同時代の事象に関する雑誌記事の執筆に比重を置くようになった。一般向けの時評の方が大きな経済的利益が得られたためだが、マハンの伝記を書いたシーガーは、執筆に向けての調査が不十分で、こうした記事はしばしば皮相的だったと指摘している[26]。日露戦争に関する著作を巡る論争から明らかなように同時代の技術発展について理解しておらず、一九〇五年以降の著作にはいくつかの「一般原則」がほとんどあらゆる状況に適用できるという過信が反映されていた。主著の一つとされる『海軍戦略』(一九一一年)は一八八〇年代の講義録をもとにしており、十分な調査に基づく書き下ろしは日露戦争に関する二章だけで、戦術および戦略の解釈において二〇年間に大きな変化はなかった[28]。

日露戦争後には、マハンは東アジア諸国からの移民問題と日本の脅威をますます意識するようになった。ロシアの極東での勢力拡大が問題となっていた一九〇三年から既に従来の大西洋岸ではなく太平洋岸に艦隊を集中することを提言していたマハンにとって、一九〇六年から一九〇七年にかけての太平洋岸への日本人移民問題、そして日米戦争の危機は太平洋岸の脆弱性を際立たせるものだった。太平洋におけるシー・パワーと日本人移民問題を結びつけて論じる一方で、マハンは一九一一年まで海軍大学校や海軍総合委員会から主に太平洋方面について諮問を受け、対日戦策に批評を加えるほか、日本による侵略の可能性を指摘して太平洋の軍備強化を提言していた[29]。

一九一四年七月末に第一次世界大戦が勃発したとき、マハンはヨーロッパの争乱に乗じて太平洋で日本が領土拡張を図ることを懸念しており、艦隊を集中させるべきとの記事をローズヴェルトから依頼を受けて寄稿した[30]。ウィルソン大統領の命令で戦争に関する批評を禁じられる直前には、いくつかの新聞で戦争の展開を予測した。イギリス海軍による封鎖がドイツ海軍との交戦を導くという大戦略については当たっていたが、無数の軽巡洋艦と水雷艇がドイツ諸港を近接封鎖し、主力艦隊はドイツ潜水艦の航続距離外でドイツ艦隊の出撃を待つという作戦上の推測は潜水艦の影響を過小評価していた。[31] 実際には、第一次世界大戦の最大の海戦となったジャットランドの海戦でも戦略状況が大きく変わることはなく、むしろドイツの無制限潜水艦作戦がイギリスを一時的とはいえ追い詰めることになった。

第一次大戦後のマハンは米海軍の中でカルト的な信仰の対象となるが、その一方で平和主義と孤立主義が影響力を持った米国の世論からは強く批判された。[32] マハンの著作はドイツ皇帝ヴィルヘルム二世の海外領土獲得と海軍増強に影響を及ぼしただけでなく、マハンの地政学的ヴィジョンはマッキンダーの「ハートランド」論とともにドイツの地政学に取り込まれ、日独で「生存圏《レーベンスラウム》」「大東亜共栄圏」といった構想を生み出した。[33] また、マハンの教えは秋山真之と佐藤鉄太郎を通じて日本海軍に浸透し、日米両海軍間に一種の「ミラー・イメージ（鏡像）」が形成されて真珠湾に向かう衝突コースを辿ることになった。こうした「マハンの亡霊」の影響は、冷戦期のソ連海軍、そして近年の中国海軍にも認めることができる。[34]

二――『マハン海戦論』と米海軍の海軍史教育

『マハン海戦論』は大きく三部に分かれている。第一部は、海軍戦略と海軍戦術に関する原則に焦点を当てており、すべてというわけではないが、主に『シー・パワーが歴史に及ぼした影響』および『海軍戦略』からの抜粋である。第二部は、マハンの歴史叙述を時代順に提示する中で、シー・パワーの興亡、海軍戦略と戦術、指揮と統率に関するマハンの見解を浮き彫りにしており、「シー・パワー」シリーズや伝記、『海軍戦略』から主に抜粋されている。第三部は、海軍政策と国家政策に関するマハンの時事評論からの抜粋で、地政学者および戦略アナリストとしてのマハンの世界観、さらにその変化が読み取れる。本書はマハンの多数の著作のうちの一三冊から幅広く収録しており、マハンの著作の全体像を概観するためには非常に有益な抜粋集となっている。[35]

編者のアラン・ファーガソン・ウェストコット（Allan Ferguson Westcott, 1882–1953）についても簡単に紹介しておこう。ウェストコットは一八八二年一一月二二日にニューヨークで生まれた。ブラウン大学を一九〇三年に卒業し、翌年には修士号を授与された。一九〇五年からはコロンビア大学で英文学を学び、チューターや講師として働きながら一九一一年に博士論文『イングランド王ジェイムズ一世の新詩編』(*New Poems by James I of England*)を出版した。同年に米国海軍兵学校の英文学講師となり、一九一八年夏には米海軍情報部の歴史課での業務に携わった。『マハン海戦論』が刊行された一九一八年には准教授、一九二〇年には教授に昇進。一九一六年に『サウジーのネルソン伝』[36](*Southey's Life of Nelson*)註釈版を出版したほか、一九二〇年に『シー・パワーの歴史』(*A History of Sea Power*)、一九四三年に『米海軍の歴史』(*The Unites States Navy: A History*)をいずれも米海軍兵学校の同僚と共著で執筆した。一九一六年から一九四四年にかけて、米海軍協会プロシーディングス誌で当初は「外交小報」(Diplomatic Notes)、後に「国際情勢小報」(Notes on International Affairs)の標題で国際時評を毎号担当するだけでなく、編集にもかかわっていた。

ウェストコット編『マハン海戦論』の特色は、米海軍兵学校《ネイヴァル・アカデミー》の教科書として利用されることを念頭に編集されている点にある。米海軍兵学校の生徒は海軍士官候補生《ミッドシップマン》と呼ばれ[37]、二〇世紀初頭には入校試験の時点で一六歳以上、二〇歳未満であることが要件の一つだった。[38] 本書はいわば高校生から大学生にあたる読者を想定しており、マハンの著述の要点を簡単に知ることができるように工夫されている。

海軍兵学校において、既存の歴史の授業に海軍史の講義を含める形で海軍史教育が始まったのは一八七三／七四年であった。一八七七／七八年からは独立した一学期(年間二学期制)の海軍史授業が始まり、一九一二／一三年から二学期の海軍史授業に拡張された。海軍史授業は一九二二年に再び一学期に減るが、代わりに一九二六年から米国史の授業が導入された。[39]

海軍兵学校での授業は指定教科書を中心として構成されており、一九一〇年頃からは海軍兵学校講師陣が執筆した教科書を採用するようになった。一九一〇年に刊行された『米海軍小史』(George Ramsey Clark, et al., *A Short History of the United States Navy*)はウェストコットによる新しい教科書が出版される前年の一九四二年まで、一九二〇年に刊行された『シー・パワーの歴史』は三五年間にわたって教科書として利用された。[40] その後も講師陣による海軍史の著作執筆が続き、海軍兵学校は海軍史研究の中心としての評判を高めることになった。[41]

『マハン海戦論』が海軍兵学校で教科書として利用されたのは一九一八／一九年〜一九二一／二二年までで、一九二二年に海軍史授業が一学期に減らされた際に教科書として利用されなくなった。一九四一年から一九四四年までの各年および一九四八年には新版が刊行ないし増刷されており、第二次大戦期に再び教科書として利用されたようだ。[42] 抜粋集が作られたことからも分かるように海軍兵学校ではマハンの著作そのものは利用されていなかったが、マハンの思想はこうした教科書を通じて海軍士官候補生に伝えられていった。

皮肉なことに、マハンが教鞭をとった海軍大学校での歴史教育および研究は衰退した。二〇世紀初頭から海軍大学校は戦策策定に関わるようになっていたが、一九〇九年の組織再編で海軍大学校の管轄が航海局から作戦補佐官《エイド・フォー・オペレーションズ》に移ると、海軍大学校はそれまで以上に戦略立案過程に密接に組み込まれることになった。さらに、一九一二年にはドイツ式の実習教示法《アプリカトリー・システム》が正式に導入され、理論よりも応用に重点が置かれるようになったのである。[43] こうした変化の中で歴史研究は停滞し、海軍大学校ではマハンの教えが教条的に繰り返されるだけだったと言われている。[44] 第一次大戦後のカリキュラム再編で、海軍大学校は開かれた対話と議論の場からより厳格な教育の場へと変化した。[45] マハンが海軍大学校を去って以来、数十年にわたって海軍史の常勤講師職は空席となった。[46] 一九二二年には海軍大学校の改革案の一つとして歴史学部の創設が提案されたが実現していない。海軍大学校で歴史研究に再び光が当たるのは、第二次世界大戦後のことだった。[47]

その一方で、第一次大戦頃まで、海軍大学校ではマハンの講義録の代読という形での講義が行われており、またマハンの著作は一貫して読書リストに含まれていた。[48] 戦間期の指定読書リストでも、海軍中佐《コマンダー》および海軍大佐《キャプテン》を対象とする上級士官クラスについては「海軍士官はマハンの著作に精通しているものと当然推測される」として敢えてマハンの著作を必読書に挙げていないが、任意読書リストには含まれている。一方で、海軍大尉《レフテナント》および海軍少佐《レフテナント・コマンダー》を対象とする下級士官クラスについては、ウェストコットの『シー・パワーの歴史』と『マハン海戦論』がそれぞれ月別必読書に指定された。[49] 歴史教育は指定読書リストでの独学が主体となり、各士官は政策と戦略、戦術、指揮という四つの分野すべてについて論文を提出することが求められた。[50]

米海軍大学校での教育が米海軍士官を第二次世界大戦に備えることに成功したのかどうかについては様々な見解がある。ジャットランドの海戦の分析と対日戦争の兵棋演習《ウォーゲーム》に没頭して、マハン的な艦隊決戦に夢中になるあまりに航空機と潜水艦の運用を軽視し、戦略に関しては視野狭窄が進んだという批判もあれば、[51] 指揮官とその部下が情勢分析を行い、それを究極的な目標に結びつけ、望ましい成果を生むための最適な手段を選択する道具としての実習教示法こそが実践的で非常に価値あるものだったと評価する声もある。[52] しかし、マハンの言葉を用いれば、第二次世界大戦という徹底的な試練は、米海軍士官が海軍大学校の教育を通じて行動の時に向けて十分「実践的」に備えていたことを証明したと言えるのかもしれない。

三――現代のマハン

本書の構成から明らかなようにマハンの議論は多岐にわたるが、海軍史家のスミダはそれを政治、政治経済、政府、戦略、専門という五つの議論に分類し、さらに前三者を「海軍の大戦略」、後二者を「戦争における指揮の術《アート》と科学《サイエンス》」とまとめて分析している。さらに、マハンの著作に内在する複雑さ、不確実性、変化、矛盾が、彼の洗練されたニュアンスに富む概念を理解することを困難にしていると指摘する。[53] マハンの議論の一部が時代遅れであると指摘することは簡単だが、現代にも変わらず通用する概念が含まれていることは否定できない。これまでも国際情勢の変化に伴ってマハンへの関心は増減してきており、二一世紀に入って再びマハンに積極的な関心が集まりつつある。本節では、特に戦略論の視点からマハンの評価の変遷をたどってみたい。

戦間期には第一次世界大戦勃発の火付け役、「死と破壊の哲学者」などと批判されたマハンであるが、[54] 第二次世界大戦を迎えてマハンの思想への積極的な関心が再び高まった。一九三九年には、一九三〇年代の批判に対してマハン擁護の論陣を張ったウィリアム・D・プルストンによるマハン伝が出版されている。[55] また、ヘルベルト・ロジンスキーとバーナード・ブロディは、マハンとコーベットの議論と発展的に融合させて、エア・パワーの優位を主張する声に対して第二次世界大戦におけるシー・パワーの有効性を論じていた。[56] ウィリアム・E・リヴジも、第二次世界大戦のすぐ後に出版された『マハンのシー・パワー論』初版ではまだマハンの海軍戦略の有効性について楽観的であった。[57]

しかしながら、核兵器の登場と英米両国の圧倒的な海軍力という現実を前にして、第二次大戦後には海上での武力衝突の可能性は小さくなったと見られるようになり、シー・パワーへの関心は低下していった。ヨーロッパの火種は海上ではなく陸上(ドイツ)にあり、朝鮮戦争やベトナム戦争では艦隊同士の交戦はなく、朝鮮戦争中の仁川上陸作戦を除けば海軍の主任務は海軍航空部隊による地上軍の支援や兵站の維持だった。それでも米国海軍は欧州北部のソ連海軍基地への空母による攻撃というマハン的な攻勢作戦に基づく「拠点攻撃」(attack at source)を対ソ連作戦の柱としていたし、[58] マハンの理論を核時代に応用しようとする動きもあったが、[59] 海軍の新戦略の創出には至らなかった。むしろ、陸海空軍を国防(総)省が統括する時代には、海軍をより高次の戦略の中に位置付けるリデル＝ハートの大戦略やワイリーの総合戦略のような見方が求められていた。[60]

その一方で、マハンは歴史学の分野において過去の思想家として研究されるようになった。一九六〇年代から七〇年代にかけて、「ニューレフト」の歴史家はマハンをアメリカ帝国主義、海外膨張論の主唱者として批判的に取り上げた。[61] また、一七世紀および一八世紀の海軍史研究者は、実証研究に基づいてマハンの結論を再検討し、全般的戦略における決定的要因として海上での戦闘を重視するマハンの見解に異議を唱えた。[062] 海軍史研究の再興を画するポール・M・ケネディの『イギリス海軍覇権の興亡』は、マハンの歴史研究の主題だったイギリス海軍の興亡を、チューダー期から現代までというより長い時間軸の中で、マハンのシー・パワー論とマッキンダーのハートランド論を対比させつつ再検証している。[63]

この間、決してシー・パワーが価値を失ったわけではない。一九五〇年代には核の脅威が通常兵器による紛争を不可能にするという見通しは幻想に過ぎないことが明らかになっていたし、ソ連・中国のランド・パワーを抑え込むのに西側諸国のシー・パワーは不可欠だった。さらに、ポラリス（潜水艦発射弾道ミサイル）の搭載により原潜が核攻撃能力を獲得し、シー・パワーは核戦力における優位をエア・パワーから奪うことができた。[64] J・C・ワイリーやサミュエル・ハンチントンらは、コーベット的な限定戦争および戦力投射を重視する海洋戦略を提唱した。[65] さらに一九七〇年代には、ジェイムズ・ケーブルやエドワード・N・ルトワック、ケン・ブースらによって、マハンやコーベットがほとんど触れていなかった平時の海軍力の役割に関する議論が深まった。[66]

マハンの海軍戦略には一九七〇年代から英米両国で再び光が当たることになるが、皮肉なことにその契機となったのはソ連海軍戦略の分析であった。ソ連海軍の増強を主導したセルゲイ・ゴルシコフ海軍総司令官の論文や著作は西側諸国で翻訳され、詳細に研究されるが、その戦略思想の背景にはマハンの影響が強く認められ、ゴルシコフは「ソ連のマハン」とすら呼ばれた。[67] ソ連の海軍増強に急かされるようにして米海軍戦略の見直しが始まったのも不思議ではなく、この過程でマハンやコーベットの古典的海軍理論が再発見された。[68] 一九八四年に初めてまとめられ、その二年後に改訂版が機密扱いを受けない公開文書として発表された「海洋戦略」（Maritime Strategy）はマハンから大きな影響を受けた海洋戦略を提示している。[69] 米海軍研究所は一九八〇年代後半から「シー・パワーの古典」シリーズとして海軍戦略の基本書に解説を付けて再刊するが、その中には当然ながらマハンの巻も含まれていた。[70] また、『シー・パワーが歴史に及ぼした影響』の出版一〇〇周年となる一九九〇年には、海軍史家や海軍士官が一同に介してマハンの遺産を再検討する国際会議が開催された。[71]

冷戦終結とソ連海軍の崩壊は、第二次世界大戦直後と同じく存在意義に関する問いを英米海軍に突きつけた。一九八〇年代の議論の経験から英米海軍は比較的素早く現状に適合する海洋戦略を提示することができたが、その際に指針となったのはマハンの海軍戦略ではなく、むしろコーベットの海洋戦略であった。[72] 米海軍が発表した「……フロム・ザ・シー」（一九九二年）と「フォワード……フロム・ザ・シー」（一九九四年）、イギリス海軍の「イギリス海洋ドクトリン」（一九九五年）といった文書は、海上管制から陸上への戦力投射へ海軍の任務のシフトを顕著に示している。[73]

ところが、近年ではこうした「マハンからコーベットへ」という戦略観の変化には歯止めがかかり、「マハン回帰」と呼べるような現象が起きつつある。その契機となったのは、周知のように中国海軍の勃興と南シナ海で頻発する中国と周辺諸国との間の摩擦である。『大国の興亡』の著者として知られる歴史家ポール・ケネディは、西洋から東洋への地政学的な地殻変動が起きており、アジアにおける大海軍主義《ネイヴァリズム》の新時代が始まっていると指摘する。[74] 二〇一一年以降のオバマ政権の「アジアへのピボット」ないし「リバランス」は、中東情勢の悪化とクリミア危機により挫折を余儀なくされたが、こうした変化への対応を目指すものだった。ジェイムズ・スタヴリディス米退役海軍大将が『海の地政学』で述べているように、米国が「今世紀も繁栄し、主導的立場を取り続けるつもりなら、一貫した国家戦略が必要だ。その重要な構成要素は、時代を超えたマハンの戦略的原則を現代世界に当てはめたもの、我が国の地理や国家的特徴〈国民の性格〉、海洋の潜在力に対する鋭い認識を踏まえたものでなくてはならない」[75]。

急速な経済発展を背景とする中国海軍の増強、特に接近阻止・領域拒否(A2/AD)能力の向上は、米国の従来の海軍戦略を大きく揺るがしている。制海は米国海軍にとって所与の前提ではなくなり、再び交戦によって勝ち取らなければならないものになりつつある。二〇一五年以降の米国の海軍戦略も、こうした状況の変化を受けて戦闘とハード・パワーに焦点を当てるようになった。二〇一五年三月に発表された「二一世紀の海軍力のための協力戦略」(A Cooperative Strategy for 21st Century Seapower)は、二〇〇七年の同名文書を発展させたものだが、敵国による領域拒否環境下でのマハン的な制海・海上管制とコーベット的な戦力投射がより強調されている。[76] 二〇一七年一月に発表された「水上部隊戦略――海上管制への回帰」(Surface Force Strategy: Return to Sea Control)も、陸上への戦力投射の前提として、領域拒否環境において攻撃的に海上管制を獲得するための「ディストリビューテッド・リーサリティ」(Distributed Lethality, DL)構想を中核に据えている。[77] マハンが重視していた艦隊間の交戦が将来生起する可能性を否定することはできなくなりつつあるのだ。

新しい兵器が登場する度にマハンの理論は批判に晒されてきたし、しばしばマハンの主張の核心と指摘される戦艦の重視と帝国主義的な海外基地の獲得は、明らかに現代世界には適合しない。しかしながら、マハンが論じていたような共通の価値観を持つ国々による海洋秩序の維持の重要性は一層増している。また、現代の国際関係および国内政治を考える際に、本書の記述の一部に既視感を覚える読者もいるだろう。近年たびたび指摘されているように、一九世紀後半に始まるヨーロッパにおける建艦競争と現代のアジアにおける建艦競争には類似性を見出すことができる。[78] ドイツのヴィルヘルム二世がマハンの著作を熟読していたように、中国もマハンに学んでいる。[79] マハンが指摘したシー・パワーと国力との関わりを今日でも多くの国が意識せざるを得ないのは確かである。マハンが提示した問いは現在でも有効であり、この点にこそ二一世紀にマハンを読む意味があると言えよう。[80]

四――訳者による編集

初期の著作では、マハンはほとんど註を付けていない。本人が認めているように記憶に頼って引用したり、原典の記述を要約して引用したりしていると思われる例もある。本書では、マハンが参照したと思われる書籍を可能な限り訳註で指摘しているが、引用元が判然としない箇所はそのままにしてある。いずれにせよ、本書にある引用は必ずしも原典と一致しないことに注意が必要である。

マハン自身が参照文献を挙げている場合にも、註が非常に簡略化されている。本書では、参照文献を確認した上で註に必要な情報を追記し、マハンが参照している版を極力明らかにするよう心がけた。なお、編註については参照形式を修正し、訳註と統一している。

また、歴史や同時代に関する言及において、マハンが想定する読者には広く知られている人物や事件等については詳しく説明しておらず、文脈を正確に捉えるためには海軍史や軍事史、同時代の国際情勢に関する知識が必要となる。本訳書では、現代の読者の便を考えて訳註を付した。

マハンは、特に本書の第二部で様々な地名を挙げながら戦例を解説したり、地理的条件を分析したりしている。編者も一部の地図をマハンの各著作から収録しているが、必要と思われる箇所に新たに地図を挿入した。

マハンはしばしば引用されるが、その著作は実際にはほとんど読まれていないというのが欧米でも一般的な認識となっている。以上の編集により、「悪文」として知られるマハンの著作に少しでも触れやすくし、マハンの思想の広がりと深みを読者に感じていただくことが訳者の願いである。本抜粋集を手がかりに、ぜひマハンの著作に手を伸ばしていただきたい。

謝辞

本書の刊行に当たっては多くの方にお世話になった。広島大学准教授の薩摩真介氏、防衛省事務官の中西杏実氏、東京大学大学院博士課程院生の小風尚樹氏には、校正中の原稿に目を通していただき、多数の有益なコメントをいただいた。沖田恭祐氏には、貴重な史料の写しをご提供いただいた。浅井慶子氏には、原稿の整理を手伝っていただいた。担当編集者の百町研一氏には、価値ある本を作りたいという訳者の意思を汲んでいただき、多数の訳註や図版の追加などに柔軟に対応していただいた。なお、訳者が本書の存在を初めて知ったのは、元防衛大学校教授・海将補の堤明夫氏のブログを通じてである。謹んで謝意を表したい。

矢吹啓

二〇一七年九月

▼01 こうした新研究の嚆矢がRonald H. Spector, *Professors of War: The Naval War College and the Modern American Navy, 1885-1915* (PhD diss., Yale University, 1967); Peter Karsten, *The Naval Aristocracy: The Golden Age of Annapolis and the Emergence of Modern American Navalism* (New York, 1972)である。スペクターの博士論文は、一九七七年に米海軍大学校の歴史モノグラフとして刊行された。以下、本稿ではこの一九七七年版を参照している。伝統的な視点からの反論については、以下を参照せよ。William E. Livezey, *Mahan on Sea Power*, Rev. ed. (Norman and London, 1981), pp. 337–340.

▼02 マハンの伝記としてはRobert Seager II, *Alfred Thayer Mahan: The Man and His Letters* (Annapolis, MD, 1977)が非常に詳細だが、マハンに対して辛辣過ぎるとの批判もある。Suzanne Geissler, *God and Sea Power: The Influence of Religion on Alfred Thayer Mahan* (Annapolis, MD, 2015)は、マハンへの宗教の影響に焦点を当ててシーガーの著作とは大きく異なるマハン像を描き出しており、あわせて参照する必要がある。また、マハンの戦略と戦術の分析についてはJon T. Sumida, *Inventing Grand Strategy and Teaching Command: The Classic Works of Alfred Thayer Mahan Reconsidered* (Washington, 1997)を参照せよ。邦語の伝記としては、シーガーの著作に大幅に依拠する谷光太郎『アルフレッド・マハン——孤高の提督』(白桃書房、一九九〇年)および『海軍戦略家マハン』(中公叢書、二〇一三年)があるほか、麻田貞雄編・訳『アメリカ古典文庫⑧　アルフレッド・T・マハン』(研究社、一九七七年)および『マハン海上権力論集』(講談社学術文庫、二〇一〇年)に収録されている各解説も参考になる。また、小山弘健『増補新版　軍事思想の研究』(新泉社、一九八四年)は、マハンを近代軍事思想史の中に位置付けている。

▼03 Philip A. Crowl, "Alfred Thayer Mahan: The Naval Historian," in Peter Paret, ed., *Makers of Modern Strategy from Machiavelli to the Nuclear Age* (Princeton, NJ, 1986), pp. 469–470; Robert E. Mullins, *The Transformation of British and American Naval Policy in the Pre-Dreadnought Era: Ideas, Culture and Strategy*, edited by John Beeler (Switzerland, 2016), pp. 180–181.

▼04 Lawrence Sondhaus, *Naval Warfare, 1815–1914* (Abingdon, 2001), pp. 126–128.

▼05 若手士官が昇進するには古参士官の死亡か退役を待たなければならなかった。Karsten, *The Naval Aristocracy*, pp. 279–282.

▼06 Cf. Mark Russell Shulman, *Navalism and the Emergence of American Sea Power, 1882–1893* (Annapolis, MD, 1995), pp. 77–84.

▼07 Karsten, *The Naval Aristocracy*, pp. 289, 292–293, 298–300; John B. Hattendorf, "History and Technological Change: The Study of History in the U.S. Navy, 1873–1890," *Naval History and Maritime Strategy: Collected Essays* (Malabar, FL, 2000), pp. 1–16; John B. Hattendorf, "'In a Far More Thorough Manner': The Professionalization of the U.S. Navy at the Dawn of the Twentieth Century," *Talking about Naval History: A Collection of Essays* (Newport, R.I., 2011), pp. 245–254; Mullins, *The Transformation of British and American Naval Policy*, Ch. 6, esp. pp. 180, 183–188, 200–203, 204–217.

▼08 Seager II, *Alfred Thayer Mahan*, pp. 102–116, 121. マハンは待命(waiting orders)となり、その後に賜暇(furlough)となった。ただし、海軍全体の縮小のためにマハン以外にも多くの海軍士官が影響を受けており、マハンが狙い撃ちにされたとは言えない側面もある。

▼09 Seager II, *Alfred Thayer Mahan*, pp. 116–121, 134–137; Lawrence C. Allin, "The Naval Institute, Mahan, and the Naval Profession," *Naval War College Review*, Vol. XXXI, No. 1 (Summer 1978), pp. 33–36. 当初、海軍研究所の関係者は航海局長のジョン・グライムズ・ウォーカー海軍大佐(John Grimes Walker)を出版社に推薦した。ウォーカー、そしてジョージ・デューイ海軍中佐(George Dewey)が辞退したためにマハンが選ばれた。Karsten, *The Naval Aristocracy*, p. 331; Mullins, *The Transformation of British and American Naval Policy*, p. 190を見よ。

▼10 一八八五年以降、マハンは海軍研究所と距離を置き、プロシーディングス誌にほとんど記事を投稿していない。これは同誌上では自身の歴史や戦略に関する論考が技術や兵器に関する多くの論考の中に埋没することを懸念していたこと、一八八九年には海軍大学校の講義録を同誌上で発表することを断った際にマハン自身の私信が無断で掲載されたこと、一九〇六年に同誌で発表した日露戦争に関する論考が誌上で批判されたことなどが影響しているかもしれない。Cf. Seager II, *Alfred Thayer Mahan*, pp. 189 and 641–642, n. 14; Mark William Wever, *The Influence of Captain Alfred Thayer Mahan Upon the United States Navy through the United States Naval Institute's Proceedings* (M.A. Thesis, U.S. Army Command and General Staff College, 2013), pp. 84–95.

▼11 Karsten, *The Naval Aristocracy*, pp. 306–314; Seager II, *Alfred Thayer Mahan*, pp. 205–208 and 641–642, n. 14; Allins, "The Naval Institute, Mahan, and the Naval Profession," pp. 38–40. マハンに先立つ海洋戦略を巡る議論に関するより最近の論文として、Benjamin L. Apt, "Mahan's Forebears: The Debate over Maritime Strategy, 1868–1883," *Naval War College Review*, Vol. L, No. 3 (Summer 1997), pp. 86–111も見よ。

▼12 ルースに焦点を当て一九世紀後半から二〇世紀初頭の海軍改革、またその背景となる「ネイバルアカデミズム」を扱う論文として、北川敬三「ネイバルアカデミズムの誕生——スティーヴン・ルースの海軍改革」『海洋国家としてのアメリカ』(田所昌幸・阿川尚之編、千倉書房、二〇一三年)、六一~八六頁がある。北川はドイツの軍事思想が米陸軍を介してルースに与えた影響を強調するが、英海軍大学校講師のロートンから受けた影響も忘れてはならない。Cf. John D.

Hayes and John B. Hattendorf, eds., *The Writings of Stephen B. Luce* (Newport, R.I., 1975), pp. 31, 71; Andrew Lambert, *The Foundations of Naval History: John Knox Laughton, the Royal Navy and the Historical Profession* (London, 1998), pp. 30, 46, 71, 121–122.

▼13 イギリスのロートンのように、米国で海軍史教育の普及に大きな役割を果たしたのはジェイムズ・R・ソーリ(James R. Soley)だった。ソーリは、ハーバード大学を卒業した翌年の一八七一年に海軍兵学校の助教授となり、一八七三年から一八八二年にかけては英語・歴史・法律学科の学科長を務めた。一八八二年には海軍省の司書となって海軍省公式文書の収集と保存に努め、さらに一八八四年に図書館・戦争史料局が設立されるとその局長となって南北戦争の史料集刊行を準備しながら、設立されたばかりの海軍大学校で国際法を講義した。一八九〇年から一八九三年にかけてトレイシー海軍長官の下で海軍次官を務めた。

▼14 Karsten, *The Naval Aristocracy*, pp. 332–333; Seager II, *Alfred Thayer Mahan*, pp. 163–165; Hattendorf, "History and Technological Change," pp. 2–3, 5–10, 12; Mullins, *The Transformation of British and American Naval Policy*, pp. 205–206, 237–238.

▼15 ルースは海軍大学校の設立に関わった改革派同志のキャスパー・F・グッドリッチ海軍中佐(Casper F. Goodrich)に打診して断られ、その後に米海軍研究所設立時のメンバーだったモリス・R・S・マッケンジー海軍大尉(Morris R. S. MacKenzie)のことも検討していた。同じく海軍士官だったマッケンジーの父は独立戦争および米英戦争で活躍した米海軍士官の伝記や旅行記を出版しており、二人の兄は南北戦争中の陸海軍軍人として活躍した。Cf. Mullins, *The Transformation of British and American Naval Policy*, p. 215.

▼16 Karsten, *The Naval Aristocracy*, p. 342. カーステンによれば、マハンは「偉大な思想家」ではなく「有効な普及者」だった。シュアマンも、「マハンは天才ではなかったが学者としての直感を備えていた」、天才と呼ぶに相応しいのはルースの方だったと指摘している。Donald. M. Schurman, "Mahan Revisited," in John B. Hattendorf and Robert S. Jordan, eds., *Maritime Strategy and the Balance of Power: Britain and America in the Twentieth Century* (New York, 1989), p. 104.

▼17 Sondhaus, *Naval Warfare*, pp. 152–155; Mullins, *The Transformation of British and American Naval Policy*, pp. 228, 236–237

▼18 Harold Sprout and Margaret Sprout, *The Rise of American Naval Power, 1776-1918* (Princeton, 1939; 1966, Rev. ed.), pp. 198–201; Mullins, *The Transformation of British and American Naval Policy*, pp. 227–237.

▼19 Seager II, *Alfred Thayer Mahan*, Ch. 7 and pp. 191–192; Mullins, *The Transformation of British and American Naval Policy*, pp. 243–254. 海軍大学校の理論偏重のカリキュラムに対しては海軍内部から批判があり、士官教育の効率化ないし経済性という観点から海軍兵学校や水雷艇基地と合併すべきだという主張もあった。Seager II, *Alfred Thayer Mahan*, pp. 178–179を見よ。

▼20 北大西洋戦隊司令官になっていたルースは、ワシントンのデイヴィッド・D・ポーター海軍大将(David Dixon Porter)を介して就任

直後のトレイシー新海軍長官に接触して、戦略・戦術レベルにおける戦いの原則を明らかにするための歴史研究を基礎とする海軍大学校での研究と教育の重要性を訴えた。その後の七月、夏季休暇中のマハンはニューポートに呼び出され、トレイシーと面会した。また、トレイシーは『シー・パワーが歴史に及ぼした影響』の草稿を読んでマハンの主力艦理論の妥当性を理解していたとされる。Mullins, *The Transformation of British and American Naval Policy*, pp. 255–260 and 273–274, n. 137.

▼**21** W.T. Sampson, "The Naval Defense of the Coast," *U.S.N.I. Proceedings*, Vol. XV, No. 2 (1889), pp. 169–232; Stephen B. Luce, "Our Future Navy," *U.S.N.I. Proceedings*, Vol. XV, No. 4 (1889), pp. 541–559. サンプソンの論文はエンディコット委員会報告書の附録を元にしており、沿岸防衛専用の艦艇に必要な能力を提示することを主眼としているが、その一方で通商保護・破壊、敵沿岸部への攻撃、敵艦隊の破壊のための攻勢指向の外洋海軍が存在することを前提にしている。Cf. W.T. Sampson, *Floating Batteries: Appendix to Report of Committee to Consider and Report Upon Floating Batteries* (Washington, 1886).

▼**22** Mullins, *The Transformation of British and American Naval Policy*, pp. 254–264.

▼**23** Sprout and Sprout, *The Rise of American Naval Power*, p. 201.

▼**24** Karsten, *The Naval Aristocracy*, pp. 300–314; Seager II, *Alfred Thayer Mahan*, p. 199; Mullins, *The Transformation of British and American Naval Policy*, pp. 264–266, 282–283. マハンが著書の出版準備している間に、イギリスの歴史家ジョン・R・シーリーの講演録が米国の雑誌に掲載されると、その論旨が自著とあまりに一致していることにマハンは驚愕した。John R. Seeley, "War and the British Empire," *Journal of Military Service Institution of the United States*, Vol. X (1889), pp. 488-500; Seager II, *Alfred Thayer Mahan*, pp. 199, 202–203.

▼**25** 著述家としての成功は味方だけでなく多くの敵を作ることにもなった。特に現役時代に発表した雑誌論文は当時の国家方針とは乖離しており、たびたび問題となった。Seager II, *Alfred Thayer Mahan*, pp. 248–252, 266-270, 415.

▼**26** Seager II, *Alfred Thayer Mahan*, pp. 328–331, 473–475.

▼**27** マハンはドレッドノート級のような全主砲の大型戦艦の建艦に反対し、副砲を備えた小型戦艦を多数建艦することを主張しており、日本海海戦の事例を用いて自説を広めようとしたが、若手海軍士官にプロシーディングス誌上で論破された。日本ではマハンを「大艦巨砲主義」と結びつける見方があるように思われるが、これは不適切である。Cf. Seager II, *Alfred Thayer Mahan*, pp. 522–533.

▼**28** Seager II. *Alfred Thayer Mahan*, pp. 533, 545–552. なお、『海軍戦略』の翻訳は一九三二年に刊行されているが、それ以前の一九二四年に、コーベットの『海軍戦略の諸原則』と同じく日本の海軍大学校第二二期甲種学生の分担で各章の抄訳およびコメント「兵術思想ノ一般並精華」がまとめられていた。戦略参考資料としてガリ版刷りされた本史料には第三章～第九章、第一三章～第一五章の抄訳が含まれている。『マハン著　海軍戦略論摘録』(海軍大学校、一九二四年、沖田恭祐氏所蔵)。

▼29 Seager II, *Alfred Thayer Mahan*, pp. 476–489; Sadao Asada, *From Mahan to Pearl Harbor: The Imperial Japanese Navy and the United States* (Annapolis, MD, 2006), pp. 17–25. あわせて、麻田編・訳『マハン海上権力論集』、三七〜四三頁を見よ。

▼30 John H. Mauer, "Mahan on World Politics and Strategy: The Approach of the First World War, 1904–1914," in John B. Hattendorf, ed., *The Influence of History on Mahan* (Newport, R.I., 1991), p. 174.

▼31 Robert Seager II and Doris D. Maguire, eds., *Letters and Papers of Alfred Thayer Mahan*, Vol. III (Annapolis, MD, 1975), pp. 698–700, 706–710. マハンは潜水艦の航続半径を二〇〇マイル（約三二〇キロ）と推測していたが、第一次世界大戦が始まった時点でのドイツ潜水艦の航続距離は七六〇〇海里（約一四〇〇〇キロ）を超えていた。一九一八年には、米国沿岸でもドイツ潜水艦が活動することができた。Robert Gardiner and Randal Gray, eds., *Conway's All the World Fighting Ships, 1906–1921* (London, 1985), pp. 173–180; Paul G. Halpern, *A Naval History of World War I* (Annapolis, MD, 1994), pp. 430–434.

▼32 Crowl, "Alfred Thayer Mahan," pp. 444, 474; Robert Seager II, "Alfred Thayer Mahan: Christian Expansionist, Navalist, and Historian," in James C. Bradford, ed., *Admirals of the New Steel Navy: Makers of the American Naval Tradition, 1880–1930* (Annapolis, MD, 1990), pp. 54–56

▼33 Cf. Mackubin Thomas Owens, "In Defense of Classical Geopolitics," *Naval War College Review*, Vol. LII, No. 4 (Autumn 1999), pp. 65–66; Jon Sumida, "Alfred Thayer Mahan, Geopolitician," in Colin S. Gray and Geoffrey Sloan, eds., *Geopolitics, Geography and Strategy* (London, 1999), p. 58.（奥山真司訳『進化する地政学——陸、海、空、そして宇宙へ』（五月書房、二〇〇九年））

▼34 Asada, *From Mahan to Pearl Harbor*, Chs. 2 and 3, esp. pp. 42–44; James R. Holmes and Toshi Yoshihara, "Mahan's Lingering Ghost," *U.S.N.I. Proceedings*, Vol. CXXXV, No. 12 (December 2009), pp. 40–45. あわせて、麻田編・訳『マハン海上権力論集』、四三〜五五頁、五七〜六三頁も参照せよ。

▼35 本書に類似する抜粋集として麻田編・訳『マハン海上権力論集』、同『アルフレッド・T・マハン』があるが、主に太平洋に関する論考を収録し、中略を多用するなど編集方針が異なる。本書の第一章、第三章、第一四章、第一六章、第三一章は上記の二書と重複し、第三四章および第三九章は『アルフレッド・T・マハン』とのみ重複する。また、『シー・パワーが歴史に及ぼした影響』『海軍戦略』からの抜粋となる各章は、北村謙一訳『マハン海上権力史論』（原書房、一九八二年および二〇〇八年）、山内敏秀編著『戦略論大系⑤ マハン』（芙蓉書房出版、二〇〇二年）、井伊順彦訳『マハン海軍戦略』（中央公論新社、二〇〇五年）の各書と重複している。

▼36 ロバート・サウジーの原著は増田義郎訳『ネルソン提督伝』（原書房、一九九二年および二〇〇四年）として邦訳がある。

▼37 一八七〇年にミッジップマン（Midshipman）からカデット・ミジップマン（Cadet Midshipman）へ、さらに一八八二年にはネイヴァル・カデット（Naval Cadet）へと名称が変更されたが、一九〇二年にはミ

ジップマンに戻された。

▼38 米海軍兵学校の入校年齢は一九世紀後半から二〇世紀前半の間に徐々に引き上げられた。一九〇三年より前は一五歳以上、二〇歳未満であり、また現在は一七歳以上、二三歳未満となっている。

▼39 Kenneth J. Hagan and Mark R. Shulman, "Putting Naval Before History," *Naval History*, Vol. IX (September/October 1995), pp. 24–26; *Annual Register of the United States Naval Academy*.

▼40 Hagan and Shulman, "Putting Naval Before History," pp. 25–26. なお、後にE・B・ポッターが編集し、海軍兵学校の講師陣が分担執筆した教科書がウェストコットの各著作に代わって教科書として採用された。E.B. Potter, ed., *The United States and World Sea Power* (Englewood Cliffs, NJ, 1955); E.B. Potter, ed., *Sea Power: A Naval History* (Englewood Cliffs, NJ, 1960).

▼41 Jack Sweetman, revised by Thomas J. Cutler, *The U.S. Naval Academy: An Illustrated History*, 2nd ed. (Annapolis, MD, 1995), p. 173.

▼42 米海軍兵学校で利用されていた教科書については、一九三二／三三年までは*Annual Register of the United States Naval Academy*に記載されている。またロジンスキーは、一九四一年の雑誌論文で、当時マハンの著作に代わって抜粋集が米海軍の士官教育に利用されていることに批判的に言及している。Cf. Herbert Rosinski, "Mahan and World War II," in B. Mitchell Simpson III, ed., *The Development of Naval Thought: Essays by Herbert Rosinski* (Newport, R.I., 1977), p. 21.（初出は*Brassey's Naval Annual*, 1941.）

▼43 実習教示法に関する知見を海軍大学校にもたらしたのは、一九〇七年から一九〇九年にかけて陸軍大学校に連絡士官として出向したウィリアム・L・ロジャース(William L. Rogers)海軍中佐である。任期を終えたロジャースは、陸軍大学校で用いられていた実習教示法を海軍大学校に導入することを提案した。一九〇九年から試行が始まり、ロジャースが一九一一年一一月に海軍大学校校長に着任してから正式にカリキュラムに組み込まれた。この点に関するルースの貢献は、海軍士官が陸軍史を学んで陸軍の思考と海軍の思考を関係づけるよう力説し、ドイツ参謀本部に由来する実習教示法が海軍大学校で受け入れられる素地を作った点にある。その一方で、ルースは海軍大学校が戦略立案過程に組み込まれ、純粋な教育機関としての特色を失うことに警鐘を鳴らしていたことも忘れてはならない。John B. Hattendorf, B. Mitchell Simpson, III, and John R. Wadleigh, *Sailors and Scholars: The Centennial History of the U.S. Naval War College* (Newport, R.I., 1984), pp. 70–72; Hayes and Hattendorf, *Stephen B. Luce*, p. 126; Hattendorf, "Technology and Strategy," pp. 37–41; Stephen B. Luce, "On the True Relations between the Department of the Navy and the Naval War College," *U.S.N.I. Proceedings*, Vol. XXXVII, No. 1 (March 1911), pp. 83–86; Charles W. Cullen, "From the Kriegsacademie to the Naval War College: The Military Planning Process," *Naval War College Review*, Vol. XXII, No. 5 (January 1970), p. 10.

▼44 Ronald Spector, *Professors of War: The Naval War College and the Development of the Naval Profession* (Newport, R.I., 1977), pp. 117–120, 128–129;

Karsten, *The Naval Aristocracy*, pp. 345–346; Hattendorf, et al., *Sailors and Scholars*, pp. 60–65, 70–75; Crowl, "Alfred Thayer Mahan," pp. 474–475.

▶45 Michael Vlahos, *The Blue Sword: The Naval War College and the American Mission, 1919-1941* (Newport, R.I., 1980), pp. 63–64. 本書は戦間期海軍大学校のエートスや教育内容、兵棋演習などを詳細に論じており、非常に有益である。

▶46 レイモンド・スプルーアンス海軍大学校校長の提言を受けて、一九五一年に任期一年のアーネスト・J・キング海事史教授職が設けられた。民間教員の増加に伴って一九七四年からは任期なしとなり、一九八〇年までフィリップ・A・クロール(Philip A. Crowl)、一九八四年から二〇一六年までジョン・B・ハッテンドルフ(John B. Hattendorf)が同教授職に就いていた。Cf. Hattendorf, *Talking about Naval History*, pp. xiii–xiv.

▶47 Gerald J. Kennedy, "United States Naval War College, 1919–1941: An Institutional Response to Naval Preparedness," NWC research paper (Newport, R.I., 1975), p. 101, n. 6; Hattendorf, et al., *Sailors and Scholars*, pp. 169–171, 175–177, 183–185.

▶48 Hattendorf, et al., *Sailors and Scholars*, pp. 40, 57, 77, 79.

▶49 Department of Intelligence, Naval War College, *Prospectus of Lectures, Presentations, Theses, Reading Courses, and International Law Courses, Senior and Junior Classes, 1936-1937* (Newport, R.I., 1936), pp. 7-12.

▶50 Hattendorf, et al., *Sailors and Scholars*, pp. 119–122, 125–134; Paul M. Ramsey, "Professor Spencer Wilkinson, Admiral William Sims and the Teaching of Strategy and Sea Power at the University of Oxford and the United States Naval War College, 1909–1927," in N.A.M. Rodger, et al., eds., *Strategy and the Sea: Essays in Honour of John B. Hattendorf*, (Woodbridge, 2016), pp. 222–225.

▶51 Spector, *Professors of War*, pp. 128–129, 145–150; Crowl, "Alfred Thayer Mahan," p. 475.

▶52 Hattendorf, et al., *Sailors and Scholars*, pp. 160–161; Vlahos, *The Blue Sword*, pp. 157–158. マハン自身も、この実習教示法と兵棋演習を高く評価していた。Cf. Alfred Thayer Mahan, "The Naval War College," in *Armaments and Arbitration: Or, the Place of Force in the International Relations of States* (New York and London, 1912), pp. 207–215.

▶53 Sumida, *Inventing Grand Strategy and Teaching Command*, pp. 6, 106–107.

▶54 麻田貞雄「解説　歴史に及ぼしたマハンの影響」『マハン海上権力論集』、五五〜五六頁。ただし、一九三〇年代のマハン批判の口火を切った歴史家は、冷戦期に再版された『シー・パワーが歴史に及ぼした影響』の序文で、マハンが提示したシー・パワーの政略と戦略は今でも米国の安全保障の鍵であると評価を改めている。Cf. Louis M. Hacker, "Introduction," in Mahan, *The Influence of Sea Power upon History, 1660-1783* (New York, 1957).

▶55 W.D. Puleston, *Mahan: The Life and Work of Captain Alfred Thayer Mahan* (New Haven, 1939).

▶56 B. Mitchell Simpson III, ed., *The Development of Naval Thought: Essays by Herbert Rosinski* (Newport, R.I., 1977); Bernard Brodie, *Sea Power in the*

Machine Age (Princeton, 1941); Bernard Brodie, *A Layman's Guide to Naval Strategy* (Princeton, 1942; 1944, 3rd ed.). ヘルベルト・ロジンスキーはドイツ海軍兵学校で教鞭をとり、一九三六年にイギリスに亡命したユダヤ系ドイツ人である。英米両国でのクラウゼヴィッツ理論の受容に功績があるが、まとまった著作をほとんど残していないためにあまり知られていない。Cf. Christopher Bassford, *Clausewitz in English: The Reception of Clausewitz in Britain and America, 1815-1945* (Oxford, 1994), pp. 186–189.

▼57 William E. Livezey, *Mahan on Sea Power* (Norman and London, 1947; 1981, Rev. ed.).

▼58 Geoffrey Till, *Seapower: A Guide for the Twenty-First Century*, 3rd ed. (Abingdon, 2013), pp. 59–61.

▼59 この一例がAnthony E. Sokol, *Seapower in the Nuclear Age* (Washington, 1961)（筑土竜男訳『原子力時代の海洋力』（恒文社、一九六五年））である。

▼60 John B. Hattendorf, "Recent Thinking on the Theory of Naval Strategy," in Hattendorf and Jordan, *Maritime Strategy and the Balance of Power*, pp. 137–140, 146.

▼61 Cf. Crowl, "Alfred Thayer Mahan," pp. 466–467; Robert Seager II, "Alfred Thayer Mahan," pp. 56–57; Schurman, "Mahan Revisited," p. 95–96. 日本でもアメリカ帝国主義、「アメリカ帝国」論の文脈でしばしばマハンの思想が言及される。たとえば、高橋章「アルフレッド・マハンの海外膨張論」『アメリカ帝国主義成立史の研究』（名古屋大学出版会、一九九九年）は、「ニューレフト」の歴史家の一人、ラフィーバー(Walter LaFeber)の研究に依拠してマハンを論じている。

▼62 Hattendorf, "Recent Thinking on the Theory of Naval Strategy," pp. 138–139.

▼63 Paul M. Kennedy, *The Rise and Fall of British Naval Mastery* (London, 1976). 本書は複数の出版社から再版されているが、二〇〇四年と二〇一七年にペンギン社からそれぞれ新しい序文付きの版が出ている。

▼64 Andrew Lambert, "Naval Warfare," in Matthew Hughes and William J. Philpott, eds., *Palgrave Advances in Modern Military History* (Basingstoke, 2006), pp. 189–190; Jeremy Black, *Naval Warfare: A Global History Since 1860* (Lanham, 2017), pp. 165–166, 173–177.

▼65 高橋弘道「一九四五年以降のアメリカ海軍の戦略概念」立川京一ほか編『シー・パワー——その理論と実践』（芙蓉書房出版、二〇〇八年）、三一三〜三一五頁。

▼66 James Cable, *Gunboat Diplomacy: Political Applications of Limited Naval Force* (New York, 1971; 1994, Rev. ed.); Edward N. Luttwak, *The Political Uses of Sea Power* (Baltimore, 1974); Ken Booth, *Navies and Foreign Policy* (London, 1977).

▼67 Sergei Georgievich Gorshkov, "Navies in War and in Peace," *U.S.N.I. Proceedings*, Vol. 100, Nos. 1, 3, 5–11 (January–November, 1974); Sergei Georgievich Gorshkov, *The Sea Power of the State* (Annapolis, 1979). 宮内邦子訳『ソ連海軍戦略』（原書房、一九七八年）および町屋俊夫訳『研究資料82RT－11R　国家の海洋力』（防衛研修所、一九八二年）

としていずれも邦訳がある。

▼68 John B. Hattendorf, *The Evolution of the U.S. Navy's Maritime Strategy, 1977–1986* (Newport, R.I., 1989; 2004), pp. 20–21, 43. 本書は一九八九年の初版では秘密指定されていたが、二〇〇四年に附録を加えて公刊された。海洋戦略に関する米海軍内部の議論を詳細に辿っており、同著者が編集した史料集とあわせて、第二次大戦後の米海軍戦略の発展を考える上で非常に有益である。Cf. John B. Hattendorf, ed., *U.S. Naval Strategy in the 1970s: Selected Document* (Newport, R.I., 2006); John B. Hattendorf, ed., *U.S. Naval Strategy in the 1990s: Selected Documents* (Newport, R.I., 2006); John B. Hattendorf and Peter M. Swartz, eds., *U.S. Naval Strategy in the 1980s: Selected Documents* (Newport, R.I., 2008). 一九五〇年代および六〇年代、二〇〇〇年代の史料集の出版も計画されている。

▼69 Till, *Seapower*, p. 60.

▼70 John B. Hattendorf, ed., *Mahan on Naval Strategy: Selections from the Writings of Rear Admiral Alfred Thayer Mahan* (Annapolis, 1991).

▼71 John B. Hattendorf, ed., *The Influence of History on Mahan* (Newport, R.I., 1991).

▼72 ジュリアン・スタフォード・コーベット、エリック・J・グロゥヴ編、矢吹啓訳『コーベット海洋戦略の諸原則』(原書房、二〇一六年)。

▼73 Till, *Seapower*, pp. 71–73; Elinor C. Sloan, *Modern Military Strategy: An Introduction*, 2nd ed. (London and New York, 2017), pp. 9–13. コーベットの現代戦略への影響については、高橋「一九四五年以降のアメリカ海軍の戦略概念」、三一八〜三二二頁も参照せよ。

▼74 Paul M. Kennedy, "Introduction to the 2017 Edition," in *The Rise and Fall of British Naval Mastery* (London, 2017), pp. xxxi–xxxiii.

▼75 James Stavridis, *Sea Power: The History and Geopolitics of the World's Oceans* (New York, 2017), p. 330.(ジェイムズ・スタヴリディス著、北川知子訳『海の地政学――海軍提督が語る歴史と戦略』(早川書房、二〇一七年)、二九九頁。)米海軍のトップであるジョン・M・リチャードソン米海軍作戦部長も、二〇一六年一月に発表した戦略構想の中でマハンの戦略観は今でも有効であると述べ、マハンやコーベットら戦略家の教訓に学ぶ必要性を強調している。Cf. John M. Richardson, *A Design for Maintaining Maritime Superiority*, January 2016. (http://www.navy.mil/cno/docs/cno_stg.pdf [accessed 19 September 2017].)

▼76 Sloan, *Modern Military Strategy*, 2nd ed., pp. 15–17.

▼77 山下要「制海をめぐる米海軍及び米海兵隊の動向とアジア太平洋の海洋安全保障」『防衛研究所紀要』第一九巻第二号(二〇一七年三月)、一四九〜一五六頁。

▼78 当然ながら差異も多数あり、建艦競争が必ずしも戦争を導くとは限らない。この点に関する洞察については、Geoffrey Till, "What Arms Race? Why Asia Isn't Europe 1913," *The Diplomat*, 15 February 2013; Geoffrey Till, *Asia's Naval Expansion: An Arms Race in the Making?* (London, 2012)を見よ。

▼79 James R. Holmes and Toshi Yoshihara, *Chinese Naval Strategy in the 21st Century: The Turn to Mahan* (London and New York, 2008).

▼80 Benjamin F. Armstrong, ed., *21st Century Mahan: Sound Military Conclusions for the Modern Era* (Annapolis, MD, 2013), p. 7; James R. Holmes and Kevin J. Delamer, "Mahan Rules," *U.S.N.I. Proceedings*, Vol. CXLIII, No. 5 (May 2017), pp. 40-44.

る

れ

ろ

わ

へ

ほ

ひ

ふ

に

ね

の

は

す

せ

さ

し

く

け

こ

き

え

お

か

あ

い

う

［著者］

アルフレッド・セイヤー・マハン❖Alfred Thayer Mahan

一八四〇—一九一四年。米国の海軍士官、海軍史家、海軍戦略家。最終階級は海軍少将。二度にわたって海軍大学校校長を務め、海軍戦略を講義した。一八九〇年、海軍大学校の講義録を元に『シー・パワーが歴史に及ぼした影響』(*The Influence of Sea Power upon History*)を出版し、海軍史家および海軍戦略家として世界的に名声を博す。同時代の国際関係や外交に関する著作も多く、政治家との交流や世論への働きかけを通じて米国の外交・海軍政策に影響力を振るった。マッキンダーとともに地政学の祖としても知られる。主著は「シー・パワー」シリーズ三部作のほか、『ネルソン伝』(*The Life of Nelson*)、『アジアの問題』(*The Problem of Asia*)、『海軍戦略』(*Naval Strategy*)など。

［編者］

アラン・ウェストコット❖Allan Westcott

一八八二—一九五三年。米海軍兵学校の教授。コロンビア大学から博士号を授与された後に、米海軍兵学校の英文学講師となる。『マハン海戦論』(*Mahan on Naval Warfare*)を編集したほか、共著に『シー・パワーの歴史』(*A History of Sea Power*)、『米海軍の歴史』(*The United States Navy: A History*)などがあり、いずれも海軍兵学校の教科書として利用された。

［訳者］

矢吹啓❖Hiraku Yabuki

東京大学文学部卒業、東京大学大学院修士課程修了、東京大学大学院博士課程満期退学。キングス・カレッジ・ロンドン戦争研究科博士課程留学。日本学術振興会特別研究員。主として一九世紀から二〇世紀初頭にかけてのイギリス海軍史・海戦史および日英関係史を研究している。主要業績として、"Britain and the resale of Argentine cruisers to Japan before the Russo-Japanese War," *War in History*, Vol. 16, No. 4 (2009)、「二〇世紀初頭の英国海軍史における修正主義——フィッシャー期、一九〇四〜一九一九」『歴史学研究』(第八五一号、二〇〇九年)、「ドイツの脅威——イギリス海軍から見た英独建艦競争、一八九八〜一九一八年」『ドイツ史と戦争』(彩流社、二〇一一年)など。翻訳書にジュリアン・スタフォード・コーベット著、エリック・J・グロゥヴ編『コーベット海洋戦略の諸原則』(原書房、二〇一六年)がある。

マハン海《かい》戦《せん》論《ろん》

二〇一七年一〇月三〇日　初版第一刷発行

著者　アルフレッド・セイヤー・マハン
編者　アラン・ウェストコット
訳者　矢吹《やぶき》　啓《ひらく》
発行者　成瀬雅人
発行所　株式会社原書房
〒一六〇-〇〇二二　東京都新宿区新宿一-二五-一三
電話・代表　〇三(三三五四)〇六八五
http://www.harashobo.co.jp
振替・〇〇一五〇-六-一五一五九四
ブックデザイン　小沼宏之
印刷　新灯印刷株式会社
製本　東京美術紙工協業組合

ISBN978-4-562-05436-7
Printed in Japan

Mahan on naval warfare: selections from the writings of Rear Admiral Alfred T. Mahan
by Alfred Thayer Mahan
edited by Allan Westcott

This book was originally published in 1918 by Little, Brown, and co., Boston.